# Heidelberger Taschenbücher Band 139
Basistext Medizin

W. G. Forssmann  Chr. Heym

# Neuroanatomie

Vierte, neubearbeitete Auflage

Mit 119 Abbildungen

Springer-Verlag
Berlin  Heidelberg  New York  Tokyo

Prof. Dr. Wolf Georg Forssmann
Prof. Dr. Christine Heym
Anatomisches Institut der Universität
Im Neuenheimer Feld 307, W-6900 Heidelberg, FRG

ISBN-13:978-3-540-15354-2　　e-ISBN-13:978-3-642-95472-6
DOI: 10.1007/978-3-642-95472-6

CIP-Kurztitelaufnahme der Deutschen Bibliothek
Forssmann, Wolf Georg: Neuroanatomie / W.G. Forssmann; Chr. Heym - 4., neubearb. Aufl. -
Berlin; Heidelberg; New York; Tokyo: Springer, 1985
(Heidelberger Taschenbücher; Bd. 139: Basistext Medizin)

NE: Heym, Christine; GT

Das Werk ist urheberrechtlich geschützt. Die dadurch begründeten Rechte, insbesondere die der Übersetzung, des Nachdruckes, der Entnahme von Abbildungen, der Funksendung, der Wiedergabe auf photomechanischem oder ähnlichem Wege und der Speicherung in Datenverarbeitungsanlagen bleiben, auch bei nur auszugsweiser Verwertung, vorbehalten. Die Vergütungsansprüche des § 54, Abs. 2 UrhG werden durch die „Verwertungsgesellschaft Wort", München, wahrgenommen.

© by Springer-Verlag Berlin Heidelberg 1974, 1975, 1982, 1985

Die Wiedergabe von Gebrauchsnamen, Handelsnamen, Warenbezeichnungen usw. in diesem Werk berechtigt auch ohne besondere Kennzeichnung nicht zu der Annahme, daß solche Namen im Sinne der Warenzeichen- und Markenschutz-Gesetzgebung als frei zu betrachten wären und daher von jedermann benutzt werden dürften.

Zeichnungen: Wolf-Dietrich Wyrwas, Sylvia Fehn, Hedwig von Eickstedt
und Rolf Nonnenmacher

Gesamtherstellung: G. Appl, Wemding
2124/3140-543 21 - Gedruckt auf säurefreiem Papier

# Vorwort zur vierten Auflage

Das Taschenbuch der Neuroanatomie hat nun nach zehn Jahren seinen Platz in der Literatur für den medizinischen Unterricht etabliert. Die Möglichkeiten einer vierten Auflage führen zu einer weiteren Einführung in neue Konzepte der modernen Neuroanatomie. Insbesondere die rasche Entwicklung der Erforschung des autonomen Nervensystems erforderte eine fast vollständig neue Fassung des 4. Kapitels. Zukunftsweisend ist, daß im autonomen Nervensystem wahrscheinlich für jedes Organ speziell aufgebaute Regelkreise beschrieben werden müssen, die auch durch unterschiedliche Neurotransmitter in den einzelnen Neuronenketten charakterisiert sind. Ein übergeordnetes allgemeines Bauprinzip ist daher z. Zt. schwer zu erkennen. So sind auch im Kapitel der Cytologie die neuen putativen (vermuteten), peptidergen Transmitter besprochen. Schließlich sind kleinere Änderungen in den übrigen Kapiteln und Verbesserungen der Abbildungsqualität notwendig gewesen.

Wir danken an dieser Stelle Frau HANNELORE EHLERS für die Hilfe bei der Manuskriptgestaltung und Herrn ROLF NONNENMACHER für die neuen Abbildungsvorlagen und auch allen Studenten, die durch Zuschriften zu Verbesserungen und zur Vermeidung von weiteren Fehlern geholfen haben.

Heidelberg, August 1985       W. G. FORSSMANN
                     CHR. HEYM

# Vorwort zur ersten Auflage

Kaum ein Gebiet der Anatomie, in dem neue Forschungsergebnisse und Verbindungen mit Nachbardisziplinen im Vordergrund stehen, entwickelt sich so rasch weiter wie die Neuroanatomie. Die moderne funktionelle Neuroanatomie ist eng mit der Neurophysiologie verbunden, denn die meisten Ergebnisse über Bahnenverbindungen im Zentralnervensystem können in ihrer funktionellen Bedeutung nur mit neurophysiologischen Methoden erkannt werden. Aus diesem Grunde ist es um so schwieriger, die komplizierten morphologischen Verhältnisse im Zentralnervensystem in kurzer und prägnanter Form darzustellen, ohne wesentliche Gesichtspunkte außeracht zu lassen. Es wurde in diesem Buch der Versuch gemacht, die hohen Anforderungen, die heute an einen Medizinstudenten gestellt werden, nicht weiter in die Höhe zu treiben. Mithin sollte durch zahlreiche Vereinfachungen erreicht werden, das Gebiet der Neuroanatomie so darzustellen, daß es im Rahmen des verkürzten Studiums zu bewältigen ist. Neben dem Bedarf einer komprimierten Darstellung der Daten der Neuroanatomie kann das vorliegende Buch auch als eine schematische Übersicht im Sinne eines Begleiters für neuroanatomische Präparierübungen dienen. Von den Atlanten für Neuroanatomie ergänzt, können die morphologischen Bedürfnisse eines Mediziners erfüllt werden. Zum Verständnis der Funktion des Nervensystems wurde die Neurohistologie vorangestellt, die unter Einschluß der neuen Ergebnisse in der Ultrastruktur des Nervengewebes abgehandelt wurde. Auch hier muß als Nachteil der kurzen Darstellung die Vereinfachung und teilweise unproblematisch erscheinende Abhandlung in Kauf genommen werden. Nur an wenigen Stellen kann auf die Probleme der morphologischen Darstellbarkeit aufmerksam gemacht werden.

Die Autoren sind Herrn Dr. med. GERHARD AUMÜLLER, Herrn cand. med. WOLFGANG JÖRGER und Fräulein cand. med. BERGIT WALTER für die sorgfältige Durchsicht des Manuskriptes zu Dank verpflichtet. Frau ROSWITHA BOTZ und Frau BRIGITTE RAULE haben uns bei der Herstellung des Manuskripts geholfen. Die vorzügliche Ausführung der Abbildungsvorlagen verdanken wir Frau HEDWIG VON EICKSTEDT und Herrn WOLF-DIETRICH WYRWAS.

Ohne die Hilfe der genannten Mitarbeiter wäre die Ausführung dieses Buches nicht möglich gewesen.

Heidelberg, Oktober 1973 W. G. FORSSMANN
CHR. HEYM

# Inhaltsverzeichnis

| | | |
|---|---|---|
| **Einleitung** | | 1 |
| **1** | **Nervengewebe** | 4 |
| 1.1 | Ursprung, Entwicklung und Differenzierung | 4 |
| 1.1.1 | Histogenese des Nervengewebes | 4 |
| 1.1.1.1 | Frühe Entwicklung des Nervensystems | 4 |
| 1.1.1.2 | Differenzierungsvorgänge am Neuralrohr | 6 |
| 1.1.1.3 | Einwanderung von mesodermalen Elementen | 9 |
| 1.1.1.4 | Ausdifferenzierung der Nervenzelle | 9 |
| 1.1.2 | Nervenzellen | 10 |
| 1.1.2.1 | Typen von Nervenzellen (Neuronen) | 12 |
| 1.1.2.2 | Struktur des Perikaryon | 13 |
| 1.1.3 | Nervenfasern | 16 |
| 1.1.3.1 | Zentrale Nervenfasern | 16 |
| 1.1.3.2 | Periphere Nervenfasern | 17 |
| 1.1.4 | Synapsenlehre (Synaptologie) | 23 |
| 1.1.5 | Neuroglia und Bluthirnschranke | 32 |
| 1.1.6 | Ependym (einschl. Epithel des Plexus choroideus) | 36 |
| **2** | **Zentrales Nervensystem** | 39 |
| 2.1 | Rückenmark (Medulla spinalis) | 39 |
| 2.1.1 | Entwicklung des Rückenmarks | 39 |
| 2.1.2 | Lage des Rückenmarks | 41 |
| 2.1.3 | Makroskopische Anatomie des Rückenmarks | 44 |
| 2.1.4 | Mikroskopische Anatomie des Rückenmarks | 48 |
| 2.1.4.1 | Neuronaler Aufbau der grauen Substanz | 48 |
| 2.1.4.2 | Schichtenbau der grauen Substanz | 50 |
| 2.1.4.3 | Aufbau der weißen Substanz | 50 |
| 2.1.4.4 | Stützgewebe (Glia) des Rückenmarks | 51 |
| 2.2 | Gehirn (Encephalon) | 51 |
| 2.2.1 | Entwicklung des Gehirns | 51 |

2.2.1.1 Entwicklung des Rautenhirns . . . . . . . . . . 53
2.2.1.2 Entwicklung des Kleinhirns . . . . . . . . . . . 56
2.2.1.3 Entwicklung des Mittelhirns . . . . . . . . . . . 57
2.2.1.4 Entwicklung des Zwischenhirns . . . . . . . . . 60
2.2.1.5 Entwicklung des Endhirns . . . . . . . . . . . . 60
2.2.2 Gliederung des Gehirns . . . . . . . . . . . . . 63
2.2.3 Stammhirn . . . . . . . . . . . . . . . . . . . . 65
2.2.3.1 Rautenhirn (Rhombencephalon) . . . . . . . . 65
2.2.3.2 Mittelhirn (Mesencephalon) . . . . . . . . . . . 70
2.2.3.3 Zwischenhirn (Diencephalon) . . . . . . . . . . 79
2.2.4 Endhirn (Telencephalon) . . . . . . . . . . . . . 91
2.2.4.1 Endhirnkerne . . . . . . . . . . . . . . . . . . . 91
2.2.4.2 Großhirnmantel (Pallium) . . . . . . . . . . . . 97
2.2.4.3 Großhirnfasersysteme . . . . . . . . . . . . . . 112
2.2.5 Kleinhirn (Cerebellum) . . . . . . . . . . . . . . 115
2.2.5.1 Gliederung des Kleinhirns . . . . . . . . . . . . 115
2.2.5.2 Kleinhirnrinde (Cortex cerebelli) . . . . . . . . 117
2.2.5.3 Funktionsprinzip des Kleinhirns . . . . . . . . . 119
2.2.5.4 Kleinhirnbahnen . . . . . . . . . . . . . . . . . 119
2.3 Neuronale Regelkreise . . . . . . . . . . . . . . 122
2.3.1 Reflexbögen . . . . . . . . . . . . . . . . . . . . 122
2.3.1.1 Eigenreflexe . . . . . . . . . . . . . . . . . . . . 122
2.3.1.2 Fremdreflexe . . . . . . . . . . . . . . . . . . . 125
2.3.2 Sensible Bahnen . . . . . . . . . . . . . . . . . 126
2.3.2.1 Vorderseitenstrangbahnen . . . . . . . . . . . . 127
2.3.2.2 Hinterstrangbahnen . . . . . . . . . . . . . . . 128
2.3.3 Motorische Bahnen . . . . . . . . . . . . . . . . 131
2.3.3.1 Pyramidenbahn (Tractus corticospinalis) . . . . 131
2.3.3.2 Extrapyramidalmotorische Bahnen . . . . . . . 134
2.3.4 Kleinhirnregelkreise . . . . . . . . . . . . . . . 136
2.3.4.1 Vestibuläre Bahnen . . . . . . . . . . . . . . . . 137
2.3.4.2 Spinocerebelläre Bahnen . . . . . . . . . . . . . 139
2.3.4.3 Tegmentocerebelläre Bahnen . . . . . . . . . . 141
2.3.4.4 Corticocerebelläre Bahnen . . . . . . . . . . . . 141
2.3.4.5 Efferente Kleinhirnbahnen . . . . . . . . . . . . 141
2.3.5 Limbisches System . . . . . . . . . . . . . . . . 142
2.3.5.1 Strukturen des limbischen Systems . . . . . . . 143
2.3.5.2 Bahnen des limbischen Systems . . . . . . . . . 144
2.4 Sinnesbahnen . . . . . . . . . . . . . . . . . . . 148
2.4.1 Riechbahn . . . . . . . . . . . . . . . . . . . . . 148
2.4.2 Sehbahn . . . . . . . . . . . . . . . . . . . . . . 151

| | | |
|---|---|---|
| 2.4.3 | Hörbahn | 155 |
| 2.4.4 | Geschmacksbahn | 157 |

**3 Peripheres Nervensystem** ............. 159

| | | |
|---|---|---|
| 3.1 | Hirnnerven (Nervi craniales) | 159 |
| 3.1.1 | Funktionelle Übersicht der Hirnnerven | 159 |
| 3.1.2 | Motorische Hirnnerven | 167 |
| 3.1.3 | Kiemenbogennerven (Nervi branchiales) | 170 |
| 3.2 | Spinalnerven (Nervi spinales) | 183 |
| 3.2.1 | Entwicklung der Spinalnerven | 183 |
| 3.2.2 | Allgemeiner Bau und Topographie der Spinalnerven | 183 |
| 3.2.3 | Plexus der Rami ventrales der Spinalnerven | 185 |
| 3.2.4 | Halsgeflecht (Plexus cervicalis) | 187 |
| 3.2.5 | Armgeflecht (Plexus brachialis) | 189 |
| 3.2.6 | Intercostalnerven (Rami ventrales nervorum thoracicorum oder Nervi intercostales) | 198 |
| 3.2.7 | Lendenkreuzbeingeflecht (Plexus lumbosacralis) | 199 |
| 3.2.8 | Lendengeflecht (Plexus lumbalis) | 199 |
| 3.2.9 | Kreuzbeingeflecht (Plexus sacralis) | 205 |
| 3.2.10 | Steißgeflecht (Plexus coccygeus) | 212 |
| 3.2.11 | Segmentale Innervation der Spinalnerven | 212 |

**4 Autonomes Nervensystem** ............. 215

| | | |
|---|---|---|
| 4.1 | Enterales System | 218 |
| 4.2 | Spinotegmentales System | 218 |
| 4.2.1 | Sympathicus (Orthosympathicus) | 219 |
| 4.2.2 | Parasympathicus | 222 |
| 4.2.2.1 | Cranialer Parasympathicus | 222 |
| 4.2.2.2 | Sacraler Parasympathicus | 225 |
| 4.2.3 | Regulationsmechanismen des autonomen Nervensystems | 227 |
| 4.3 | Übergeordnete Steuerungszentren | 228 |
| 4.4 | Paraganglien | 230 |

**5 Hilfsapparat des Nervensystems** ......... 231

| | | |
|---|---|---|
| 5.1 | Häute des Zentralnervensystems | 231 |
| 5.1.1 | Dura mater encephali | 231 |

| | | |
|---|---|---|
| 5.1.2 | Leptomeninx encephali | 233 |
| 5.1.2.1 | Arachnoidea encephali | 233 |
| 5.1.2.2 | Pia mater encephali | 233 |
| 5.1.3 | Subarachnoidalraum (Cavitas subarachnoidalis) | 234 |
| 5.1.4 | Dura mater spinalis | 234 |
| 5.1.5 | Arachnoidea spinalis | 234 |
| 5.1.6 | Pia mater spinalis | 235 |
| 5.2 | Liquor cerebrospinalis und Liquorräume | 235 |
| 5.2.1 | Liquor cerebrospinalis | 235 |
| 5.2.2 | Liquorräume | 236 |
| 5.2.2.1 | Ventrikel (Ventriculi cerebri) | 236 |
| 5.2.2.2 | Zisternen (Cisternae subarachnoidales) | 239 |
| 5.2.3 | Adergeflechte (Plexus choroidei) | 239 |
| 5.2.4 | Liquorproduktion | 240 |
| 5.2.5 | Liquorresorption | 240 |
| 5.3 | Blutversorgung des Zentralnervensystems | 241 |
| 5.3.1 | Blutversorgung des Gehirns | 241 |
| 5.3.1.1 | Arterien der Dura mater (Arteriae durae matris) | 241 |
| 5.3.1.2 | Arterien des Gehirns (Arteriae encephali) | 241 |
| 5.3.1.3 | Venen des Gehirns (Venae encephali) | 245 |
| 5.3.1.4 | Blutleiter der Dura mater (Sinus durae matris) | 246 |
| 5.3.2 | Blutversorgung des Rückenmarks | 248 |
| 5.3.2.1 | Arterien des Rückenmarks (Arteriae spinales) | 248 |
| 5.3.2.2 | Venen des Rückenmarks (Venae spinales) | 249 |

**Allgemeine Literatur** . . . . . . . . . . . . . . . . . . . . . 251

**Weiterführende Literatur** . . . . . . . . . . . . . . . . . . 253

**Sachverzeichnis** . . . . . . . . . . . . . . . . . . . . . . . . 263

# Einleitung

Das Nervensystem stellt für jedes Individuum ein unerläßliches Organ dar. Es ermöglicht, die Außenwelt mit der Innenwelt des Organismus sowie die inneren Regulationen des Organismus miteinander zu verknüpfen. Das Nervensystem stellt im wesentlichen ein celluläres Gebilde dar; von ihm werden Reize aufgenommen, in Erregungen umgewandelt und umgearbeitet effektorischen Bewegungssystemen, entsprechend der Reizeingänge, zugeleitet. So erfolgt durch Vermittlung des Nervensystems auf jeden Reiz eine wohlgeordnete Antwort, die als Grundlage der Erhaltung des Lebens angesehen werden kann. Das Nervensystem wird topographisch in einen zentralen Anteil (Gehirn und Rückenmark) und einen peripheren Anteil (Nerven und kleine Nervenzellanhäufungen = periphere Ganglien) gegliedert. Entsprechend der Verarbeitung von Reizen aus der „Außenwelt" sowie der Registrierung von „Innenweltzuständen" kann man das Nervensystem in ein auf die Außenwelt und ein auf die Innenwelt bezogenes System einteilen. So stellen wir dem **cerebrospinalen** oder **animalischen Nervensystem** das **autonome** oder **vegetative** Nervensystem gegenüber.

Das cerebrospinale Nervensystem hat die Aufgabe, durch Receptoren Umweltreize wahrzunehmen, sie dem zentralen Nervensystem zuzuführen und im wesentlichen durch Muskelinnervation in einer bestimmten „Stellungnahme" zum Umweltsystem zu reagieren. Ein anderer Anteil der reizaufnehmenden Nervenfasern registriert Blutdruck, Sauerstoff/$CO_2$-Gehalt, Elektrolyte und osmotische Veränderungen an bestimmten Stellen des Körpers sowie Schmerzen der inneren Organe; sie gehören dem Innenwelt-Nervensystem bzw. autonomen Nervensystem an, das ebenfalls in periphere und zentrale Anteile gegliedert ist. Gegensätze zwischen cerebrospinalem und autonomem Nervensystem sind weiter, daß das autonome Nervensystem im wesentlichen vom Willen unabhängig ist, während die effektorischen Anteile des animalischen Nervensystems (also Änderungen des Bewegungsapparats) durch den Willen gesteuert werden können.

Wie im weiteren ersichtlich, ist der prinzipielle Aufbau des vegetativen und animalischen Nervensystems jedoch gleichartig: man unterscheidet einen cellulären Aufbau peripherer sowie zentraler Elemente. Beide Systeme besitzen Nervenzellen, die mit ihren Fortsätzen die Nervenfasern und Verbindungen zueinander bilden. Durch synaptische Verknüpfungen kann die

Erregung von Zelle zu Zelle übertragen werden, und in beiden Systemen entsteht dadurch eine Polarisierung der Zellen. Im Zentralnervensystem sind das vegetative und animalische Nervensystem morphologisch und funktionell intim miteinander verbunden, während im peripheren Nervensystem nur topographisch eine enge Relation zwischen autonomem und cerebrospinalem Nervensystem besteht: praktisch besitzt jeder periphere Nerv Anteile beider Systeme.

Im vegetativen wie auch animalischen Nervensystem kann man peripher prinzipiell die Fasern in **„Afferenzen"** und **„Efferenzen"** einteilen, d. h. in der Richtung ihrer Erregungsleitung. Afferenzen sind Fasern, die die Erregungen von den Receptoren zum Zentralnervensystem hinleiten, wohingegen Efferenzen Fasern sind, die die Erregung vom Zentralnervensystem in die Peripherie leiten. Im übrigen kann man für jede Ganglienzellanhäufung (Kerne oder Rindengebiete des ZNS) auch von Afferenzen und Efferenzen sprechen, wenn diese jeweils als Zentrum einer Betrachtung angesehen wird. Die Afferenzen des cerebrospinalen Nervensystems werden in „sensible" und „sensorische" Systeme unterteilt. Dabei stellen die sensiblen Anteile die niederen Sinne dar (Gefühlsqualitäten wie: Schmerz, Temperatur, Tastsinn usw.), während die sensorischen Anteile die höheren Sinne, also Sehorgan, Hörorgan, Gleichgewichtsorgan, Geruchsorgan und Geschmacksorgan umfassen. Im angloamerikanischen Sprachgebrauch bedeutet aber Sensorium einen Grundbegriff für alle receptorischen Funktionen.

Das vegetative oder autonome Nervensystem (auch Eigensystem oder idiotropes System genannt) kann wiederum in zwei funktionelle Gegenspieler, nämlich in den **Sympathicus** und **Parasympathicus** unterteilt werden. Die Unterscheidung in sympathisches und parasympathisches Nervensystem ist nach dem klassischen Konzept auf Grund antagonistischer Wirkungen der effektorischen Anteile des autonomen Nervensystems zu verstehen. Ihre Wirkstoffe unterscheiden sich in der Anregung der Herz- und Kreislauftätigkeit, Darmtätigkeit, sekretorischen Aktivität sowie in ihren Wirkungen auf den Stoffwechsel. Insgesamt kann man den Sympathicus als den Teil des vegetativen Nervensystems ansehen, der den Körper in einen aktiven Zustand der Bereitschaft versetzt, während der Parasympathicus das aufbauende, beruhigende Steuersystem des vegetativen Nervensystems darstellt. Morphologisch ist die Unterscheidung in diese Anteile des vegetativen Nervensystems nur mit Einschränkungen durchführbar, da sich Sympathicus und Parasympathicus an vielen Stellen weitgehend überlappen und schließlich nur noch **funktionell**-physiologisch definiert sind. Insgesamt gliedern wir damit das Nervensystem wie folgt:

1. **Cerebrospinales Nervensystem** (animalisches, oikotropes System)
a) Zentrales animalisches Nervensystem (Gehirn und Rückenmark ohne vegetative Anteile)
b) Peripheres animalisches Nervensystem (Hirn- und Rückenmarknerven):
Afferenzen (sensible, zum ZNS leitende Nervenfasern)
Efferenzen (motorische Nervenfasern, Muskelinnervation).
2. **Autonomes Nervensystem** (vegetatives, idiotropes Nervensystem)
a) Zentrales Steuerungssystem (im Gehirn, s. Hypothalamus, Formatio reticularis)
b) Zentrales parasympathisches und sympathisches Nervensystem (in Gehirn und Rückenmark)
c) Peripheres autonomes Nervensystem (mit Afferenzen und Efferenzen).

Neben dieser funktionellen Gliederung ist das Nervensystem insgesamt **topographisch** zu unterteilen in:

1. **Zentrales Nervensystem** ( = ZNS: Gehirn und Rückenmark)
2. **Peripheres Nervensystem** ( = PNS: Ganglien, Nervenfasern und Receptoren).

# 1 Nervengewebe

## 1.1 Ursprung, Entwicklung und Differenzierung

### 1.1.1 Histogenese des Nervengewebes

#### 1.1.1.1 Frühe Entwicklung des Nervensystems

Zwischen der 2. und 4. Woche der menschlichen Embryonalentwicklung gliedert sich das Gewebe des Nervensystems vom Ektoderm (der primären Epidermis) ab. Die weitere Entwicklung nach dieser Phase führt zu der makroskopischen Form des zentralen Nervensystems: wesentliche Ereignisse der Neurohistogenese haben in dieser Zeit schon stattgefunden (Differenzierung in zentrales und peripheres Nervensystem).

Das ektodermale Gewebe, welches über der Chorda dorsalis liegt, differenziert sich „durch Induktion" zum sog. **Neuroektoderm**. Dieses Neuroektoderm enthält das ursprüngliche Gewebe des späteren gesamten Nervensystems. Zuerst bildet sich eine Verdickung des ektodermalen (epithelialen) Gewebes, die als **Neuralplatte** bezeichnet wird. Die Neuralplatte beobachtet man beim ca. 14 Tage alten Embryo (Abb. 1.1a).

Mit den bis jetzt genannten Ereignissen hat auch eine Differenzierung des Embryos in eine craniocaudale Längsachse stattgefunden. In der 2. und 3. Woche zweigen sich also die gesamten Zellen, die das Nervensystem bilden, vom Ektoderm ab. Durch eine in der Mitte des Neuroektoderms beginnenden, sich längs fortsetzende Einsenkung entsteht die **Neuralrinne** mit den beiderseits gelagerten **Neuralwülsten** (Abb. 1.1b). Schon direkt nach dieser Einkerbung am 18. und 19. Tag treten die Neuralwülste am oberen Rande der Neuralrinne zusammen. Es kommt zu einer Verschmelzung des Neuroektoderms und zu einer Röhrenbildung: Das geschlossene **Neuralrohr** tritt zuerst in der Mitte des Embryos auf und die Bildung schreitet in beide Richtungen nach cranial und nach caudal fort (Abb. 1.1c u. 1.2). Am Ende der 4. Woche befinden sich lediglich 2 lochförmige Öffnungen an beiden Enden des Neuralrohrs: der **Neuroporus anterior** und der **Neuroporus posterior** (Abb. 1.2).

Während der Schließung des Neuralrohrs nimmt die Zahl der Zellen im cranialen Abschnitt der Neuralrinne, wo sich die Gehirnanlage befindet,

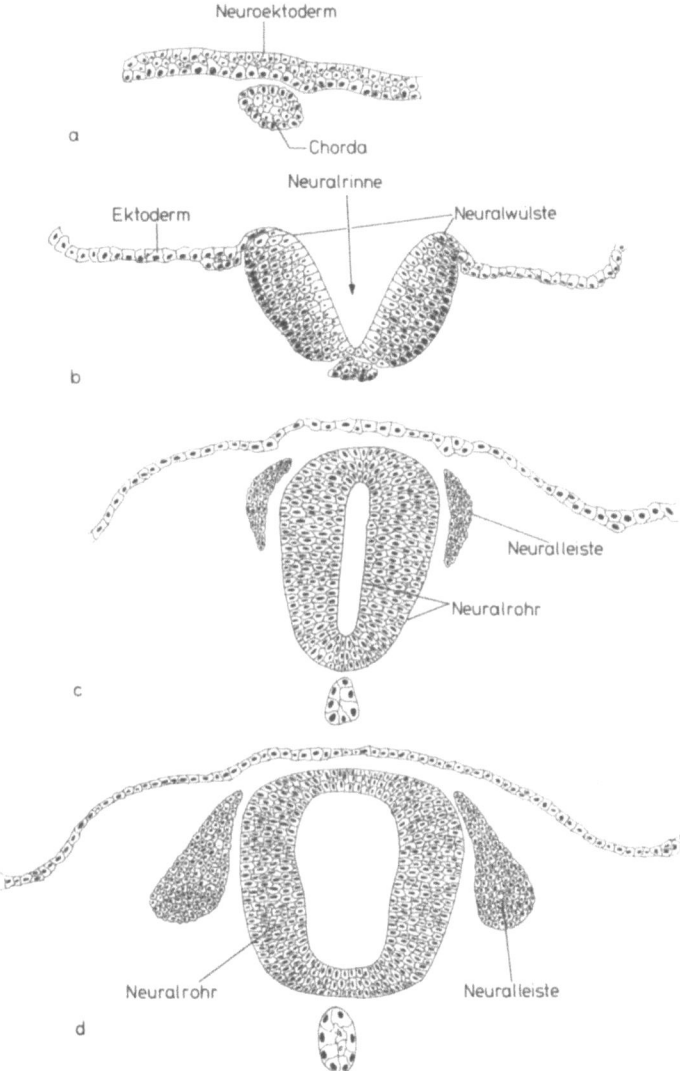

**Abb. 1.1 a–d.** Bildung des Neuralrohrs. **a** Darstellung des Neuroektoderms mit Chorda dorsalis. **b** Das Ektoderm hat sich zur Neuralrinne mit Neuralwülsten ausdifferenziert. **c** Der Schluß des Neuralrohrs ist erfolgt, man erkennt die beiden Neuralleisten. **d** Weitere Verbreiterung des Neuralrohrs (Zeichnung nach Originalpräparaten)

6 Nervengewebe

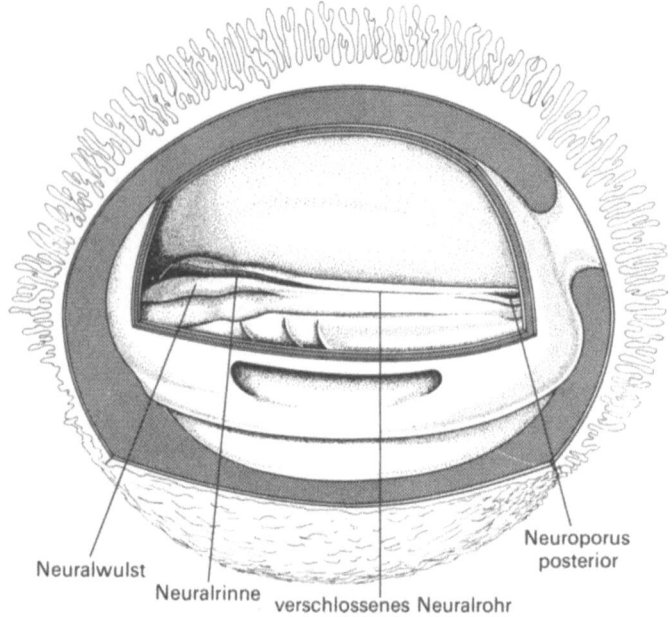

Abb. 1.2. Schema der Lage des Embryos nach Bildung der Neuralleisten bzw. Neuralwülste in der 3. Embryonalwoche

schneller zu. Der vordere Neuroporus wird dann in der 4. Woche oder Anfang der 5. Woche geschlossen, dagegen bleibt der Neuroporus posterior noch bis Ende der 5. Woche offen.

Bei der Bildung des Neuralrohrs verkleben, wie oben gesagt, Anteile der Neuralwülste. Dabei wandern aus den Neuralwülsten Zellen aus, die beiderseits des Neuralrohrs je einen Zellstrang bilden, die sog. **Neuralleiste** (Abb. 1.1 d). Aus der Neuralleiste entstehen die Anteile des peripheren Nervensystems und die sog. neurogenen Gewebe (s. S. 8).

Störungen der Entwicklungsphasen, die bisher beschrieben sind, führen zu Mißbildungen wie Anencephalie (Fehlen des Gehirnwachstums), Spina bifida aperta (Rachischisis, Fehlen des Verschlusses der Neuralrinne zum Neuralrohr).

*1.1.1.2 Differenzierungsvorgänge am Neuralrohr*

Mit der Bildung des Neuralrohrs beginnt die Differenzierung der **neuroektodermalen Stammzelle** in die verschiedenen Zellen des Nervensystems. Im wesentlichen entstehen aus den Zellen der Neuralrinne die zentralen Zellen, während aus den Neuralwülsten die peripheren Zellen stammen. Aus

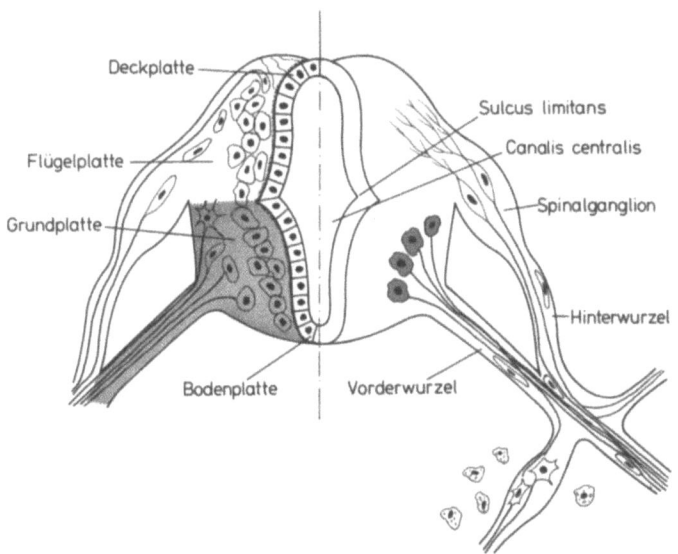

**Abb. 1.3.** Histogenese des Rückenmarks mit Spinalganglion und auswandernden Neuroblasten bei älterem Embryo. (Nach DA COSTA 1947)

den zunächst gleichartigen Zellen der Neuralrinne bezw. des Neuralrohrs ergeben sich folgende Differenzierungen:

Die innerste Schicht um das Neuralrohr (später Canalis centralis und Ventrikelsystem) wird zu einem System hochprismatischer Zellen, die eine gesonderte epitheliale Schicht – die **primitiven Ependymzellen** – bilden. Diese Ependymzellen haben zunächst noch lange Fortsätze, die bis an die äußere Schicht des Neuralrohrs reichen. Die primitiven Ependymzellen (Ependymoblasten) an der Innenwand des Neuralrohrs sind stark mitotisch aktiv; man spricht von **ventriculären Mitosen.**

Aus den Ependymoblasten wandern zahlreiche Zellen ab, die ihren Zusammenhang mit dem Neuralrohr bzw. dem späteren Ventrikelsystem verlieren. Sie werden zur Neuroglia, d.h. Astroglia und Oligodendroglia (s. unten).

Eine mittlere Zellschicht bildet die zentralen Neuroblasten, wobei frühzeitig zwei Regionen abgrenzbar sind: eine sog. **Flügelplatte** (dorsolateral) und eine **Grundplatte** (ventrolateral), die die verbreiterten, lateralen Anteile des Neuralrohrs ausmachen. Die dorsale und ventrale Wand des Neuralrohrs bleiben als **Deck-** und **Bodenplatte** dünn und enthalten praktisch keine Neuroblasten (Abb. 1.3).

## 8 Nervengewebe

Die aus den Neuralwülsten ausgewanderten Zellen bilden die Neuralleiste oder wandern noch weiter in die Peripherie; sie werden zum gesamten peripheren neurogenen Gewebe. Aus diesen Zellen gehen also alle neurogenen Elemente hervor, die außerhalb des zentralen Nervensystems zu liegen kommen: periphere Neuroblasten, periphere Gliazellen, Sympathoblasten, Melanoblasten u.a.m.

Im einzelnen sind die aus der neuroektodermalen Stammzelle abgeleiteten Elemente in Abb. 1.4 angegeben. Darunter sind auch Zellgruppen, bei denen die Herkunft aus der neuroektodermalen Stammzelle noch umstritten ist: so sollen u.a. alle polypeptidhormonbildenden Zellen (APUD-Zellen, „amine precursor uptake and decarboxylating cells") auch aus der Neuralleiste stammen, eine Anschauung, die keineswegs als gesichert gelten darf. Ebenso ist für die Herkunft von manchen Receptorzellen (z.B. MERKEL-Zellen der Haut) eine andere Möglichkeit der Ausdifferenzierung zu diskutieren.

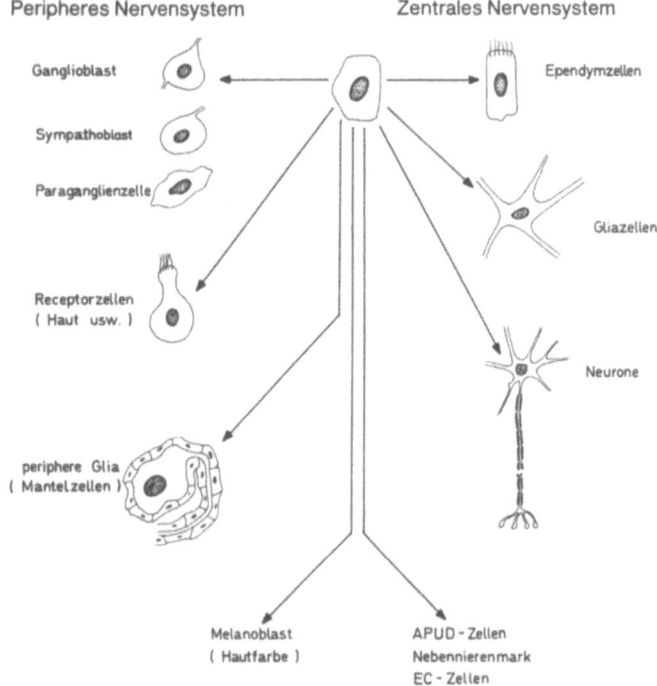

**Abb. 1.4.** Darstellung der aus der neuroektodermalen Stammzelle entstehenden neurogenen Zellen. Die Ableitung bestimmter Zellen (APUD-Zellen usw.) ist fraglich

Während der Embryogenese findet also eine Differenzierung der neuroektodermalen Stammzellen in die verschiedenen Zellen des ZNS und PNS statt (Abb. 1.4). Die Teilungsfähigkeit der Neuroblasten und Bildung von Neurocyten ist im wesentlichen mit der Geburt abgeschlossen, wogegen aber die Glia noch bis in das hohe Alter ihre Teilungsfähigkeit behält. Die Entwicklung des Nervensystems ist mit der Geburt noch lange nicht abgeschlossen. Noch über mehrere Jahre dauert die Reifung der Markscheiden. Auch die funktionelle Verknüpfung der Nervenzellen des ZNS ist sicherlich über das ganze Leben hin wandelbar und veränderbar. Dadurch erklärt sich die funktionelle Anpassung, die Plastizität des Nervensystems bei Zerstörung einzelner Anteile.

### *1.1.1.3 Einwanderung von mesodermalen Elementen*

Weitere Zellen, die aus dem **Mesoderm** herkommen, dringen in den epithelialen Verband des zentralen Nervensystems ein. Sie bilden einerseits die **Mesoglia** und andererseits das gesamte Blutgefäß-System des ZNS.

### *1.1.1.4 Ausdifferenzierung der Nervenzelle*

Bei der Differenzierung der Nervenzelle (Neurocyt) – in Abb. 1.5 an einem Beispiel gezeigt – geht der Neuroblast, eine rundliche Zelle, zuerst in eine unipolare Zelle über, die einen plumpen Fortsatz besitzt. Der Fortsatz beginnt sich zu verzweigen. Später wachsen weitere Fortsätze aus, eine mul-

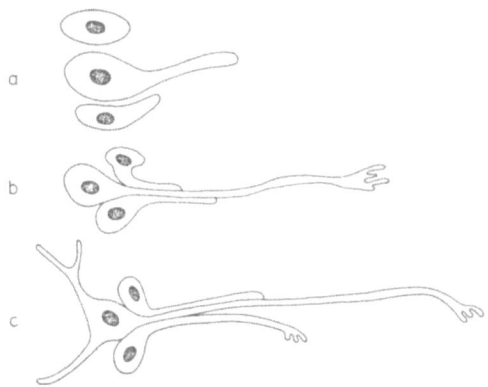

**Abb. 1.5.** Differenzierung einer Nervenzelle über **a** Neuroblast, **b** unipolare- und **c** multipolare Zelle am Beispiel eines Motoneurons. (Nach P. WEISS 1950)

tipolare Zelle entsteht. Die Differenzierung anderer Nervenzelltypen (s. nächstes Kapitel) geht in ähnlicher Art schrittweise voran. Über den Endzustand der Differenzierung der Nervenzellen und Nervenfasern s. dort.

### 1.1.2 Nervenzellen

Die Nervenzelle besteht aus dem Zelleib (**Perikaryon**), den Fortsätzen (**Neuriten** und **Dendriten**) sowie den synaptischen Endformationen (**interneuronale Kontaktregionen**). In diesem Kapitel sollen die allgemeine Gestalt der Nervenzellen sowie die Struktur des Perikaryons besprochen werden.

Die Nervenzelle ist grundsätzlich **polar gegliedert,** was ihrer physiologischen Funktion entspricht, d. h. wir haben einen Zellpol, an dem Eingänge von Erregungen aufgenommen werden und einen Zellpol, an dem Erregungen auf eine oder mehrere Zellen abgegeben werden. Die Bezeichnungen Afferenzen (afferent) und Efferenzen (efferent) können auch auf Perikarya bezogen angewendet werden. Die beiden Pole der Zellen werden als **Receptor-** und **Effektorpol** bezeichnet. Bei Nervenzellen mit mehreren Fortsätzen, die ja die Regel sind, heißen die Receptorfortsätze **Dendriten**, während die Effektorfortsätze (meist ein Effektorfortsatz pro Zelle) als **Neuriten** bezeichnet werden. Das Perikaryon kann jedoch beide Funktionen des Receptors und Effektors übernehmen (Abb. 1.6).

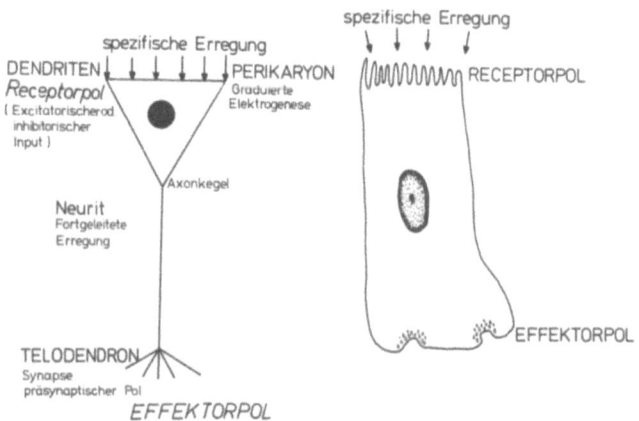

**Abb. 1.6.** Die polare Gliederung des Neurons in Receptorpol und Effektorpol

Die verschiedenartige Gestalt der Nervenzellen ist seit der Einführung geeigneter histologischer Methoden, insbesondere der Versilberungstechnik, bekannt geworden. Durch die Versilberung können der Zelleib und die Fortsätze von Nervenzellen dargestellt werden. Je nach Typ ergibt sich ein verschiedenartiges Bild der silberimprägnierten Nervenzelle (Abb. 1.7). Dabei erscheint der dickere Zelleib (Perikaryon) meist als Zentrum, von dem zahlreiche, schlanke und verzweigte Fortsätze ausgehen. Die Fortsätze sind je nach Funktion und Art der Nervenzelle an ihrem Receptorpol verschieden stark verzweigt. So werden am Receptor der einen Nervenzelle zahlreiche Eingänge gesammelt, die nur durch einen Neuriten weitergeleitet werden (Abb. 1.7 a). Andere Nervenzellen lassen eine solche „**Konvergenz**" nicht erkennen (Abb. 1.7 b-f). Auch ist an manchen Nervenzellen (Abb. 1.7 c u. e) morphologisch eine Gliederung in Receptor und Effektor nicht deutlich. Die Fortsätze der Nervenzelle sind einfache Protoplasmafortsätze, umgeben von Hüllzellen (Satelliten- oder SCHWANN-Zellen). Manche Hüllzellen bilden zusätzlich eine Myelinschicht (Markschicht). Daraus entstehen die sog. markhaltigen Nervenfasern, über die weiter unten (s. S. 19) noch ausführlicher berichtet wird.

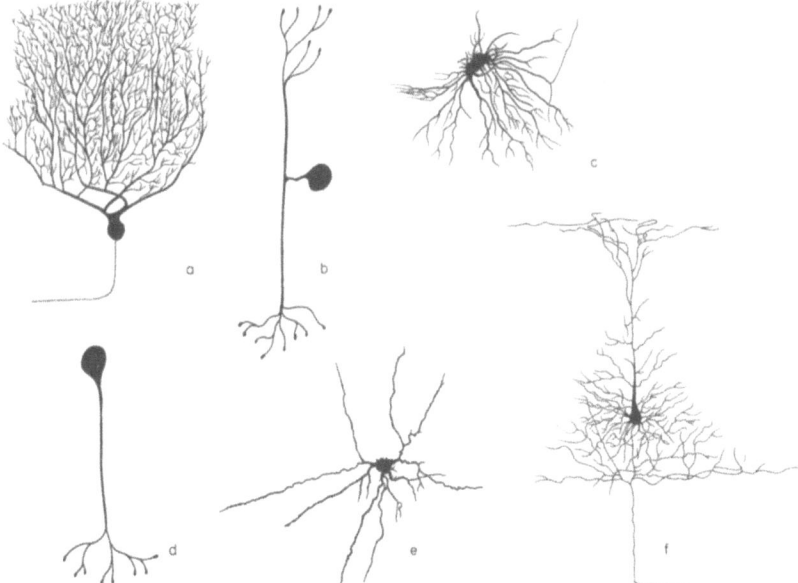

**Abb. 1.7.** Lichtmikroskopisches Schema der Nervenzelltypen entsprechend der Darstellung in Silberimprägnation, weiteres s. Text. (Nach RAMON Y CAJAL 1894)

## 12 Nervengewebe

### 1.1.2.1 Typen von Nervenzellen (Neuronen)

Entsprechend ihres Baues, insbesondere bezogen auf die Fortsätze, kann man die verschiedenen Neurone (Ganglienzellen oder Nervenzellen) in Typen einteilen:

**1. Apolare Nervenzellen:** Diese Zellen bestehen praktisch nur aus einem Zelleib, der keine Fortsätze besitzt. Zu den Zellen ohne dendritische oder neuritische Fortsätze gehören die unentwickelten Neurone (Neuroblasten); man kann ebenfalls die Receptorzellen des Gleichgewichtsorgans, Hörorgans und Geschmacksorgans (u. U. auch Zellen der Hautsinnesorgane) zu ihnen zählen. Die Polarität dieser „apolaren" Zellen drückt sich in elektronenoptisch sichtbaren, kleinen Protoplasmafortsätzen auf der einen Seite (Receptorseite) der Zelle aus, während die gegenüberliegende Seite dieser plumpen Zellen präsynaptische Formationen aufweist.

**2. Unipolare Nervenzellen:** Diese Neuronenart wird ebenfalls relativ wenig aufgefunden, wie z. B. in der Retina (Stäbchen und Zapfen). Bei diesen Zellen kann der efferente Pol zu einem kurzen Fortsatz ausgezogen sein und stellt damit ein neuritenähnliches Gebilde dar.

**3. Pseudounipolare Nervenzellen:** Die pseudounipolaren Ganglienzellen sind eigentlich bipolare Neurone. Bei ihnen soll durch das starke Wachstum des Zelleibes der Neurit mit dem Dendrit verschmelzen. Eine schmale einheitliche Cytoplasmabrücke verbindet den Neurit und den Dendrit mit dem Perikaryon. Der Zelltyp bildet die sensiblen Ganglienzellen der Hirn- und Spinalnerven.

**4. Bipolare Nervenzellen:** Bipolare Ganglienzellen sind als zweite Neurone des Hör- und Gleichgewichtsorgans, also als die Zellen im Ganglion vestibulare und Ganglion cochleare (s. unten) aufzufinden. Weiterhin finden sich bipolare Ganglienzellen in der Retina, wo sie die innere Körnerschicht bilden und das 2. Neuron der Sehbahn darstellen. Eine besondere Struktur der bipolaren Ganglienzellen des VIII. Hirnnerven sind die Myelinschichten, die diese Nervenzellen umgeben. Die bipolaren Zellen selbst liegen praktisch wie die Nervenfaser in einer von Hüllzellen gebildeten, kompletten Markscheide und gehören einem Internodium an (Internodium s. S. 19). An den bipolaren Ganglienzellen läßt sich nur schwierig feststellen, was afferenter und efferenter Nervenfortsatz ist, wenn nicht die topographischen Verhältnisse im Zusammenhang gesehen werden.

5. **Multipolare Nervenzellen:** Die multipolaren Neurone bilden die größte Zahl verschiedener Nervenzelltypen, die hier nicht ausführlich besprochen werden sollen. Man unterscheidet insgesamt 2 Gruppen: die mit einem langen neuritischen Fortsatz werden als DEITERS-Typ bezeichnet, solche mit einem kurzen aufgezweigten Neurit als GOLGI-Typ. Darüber hinaus gibt es wahrscheinlich eine Anzahl multipolarer Ganglienzellen, die mehrere Neuriten besitzen. Aufbau und Zahl der Dendriten und Neuriten kann, wie aus Abb. 1.7 zu ersehen ist, stark variieren. Beispiele für multipolare Ganglienzellen sind die Pyramidenzellen der Großhirnrinde, die PURKINJE-Zellen der Kleinhirnrinde, die motorischen Vorderhornzellen des Rückenmarks sowie die Sternzellen der Großhirnrinde, die sympathischen Nervenzellen des Grenzstrangs und viele andere. In der Tat sind alle Ganglienzellen des ZNS beim Erwachsenen multipolar.

*1.1.2.2 Struktur des Perikaryon*

Wenn man vom Perikaryon spricht, meint man den eigentlichen Körper der Nervenzelle (Abb. 1.8). Im Perikaryon liegen die lebenswichtigen Cytoplasmabestandteile des Neurons; in ihm finden die hauptsächlichen Stoffwechselvorgänge statt. Wir wissen, daß man eine Nervenzelle schädigen kann, wenn ein Fortsatz verletzt wird. Diese Schäden sind aber in der Regel reversibel. Im Perikaryon wirken sich jedoch die meisten Schäden als irreversible Vorgänge aus. Das Perikaryon des Neurons enthält praktisch alle Cytoplasmaorganellen und Bestandteile, die aus anderen Zellen bekannt sind, mit Ausnahme der Centriolen. Diese sind entsprechend des Teilungsverlusts der Neurone nicht mehr vorhanden.

Der **Zellkern** der Nervenzelle enthält reichlich DNA. Er ist in der Regel rund und besitzt ein großes Kernkörperchen (Nucleolus). In histologischen Untersuchungen fällt die typische rundliche Kernstruktur mit dem dunkelgefärbten Nucleolus als ein charakteristisches Bild der Nervenzelle auf. Elektronenmikroskopisch sind am Zellkern das typische Karyoplasma, der Nucleolus und die porenhaltige doppelte Kernmembran zu erkennen.

Das Cytoplasma enthält als wesentlichen Bestandteil die in Schollen gelagerten und mit Ribosomen besetzten Zisternen des endoplasmatischen Reticulums. Diese schollenförmigen Strukturen ( = NISSL-**Schollen**), die sich im Perikaryon mit Ausnahme des Axonkegels ( = Abgang des Neuriten) auffinden lassen, sind schon in der Lichtmikroskopie mit der sog. NISSL-Färbung deutlich dargestellt worden (NISSL-Schnell-Methode: Kresylechtviolett, in Acetatpuffer pH 3,8-4 spülen, Differenzieren in Alkohol, Xylol, Einbettung in Balsam). Bei dieser NISSL-Färbung erscheinen Kern und NISSL-Substanz leuchtend violett. Alle übrigen Zellstrukturen sind

## 14  Nervengewebe

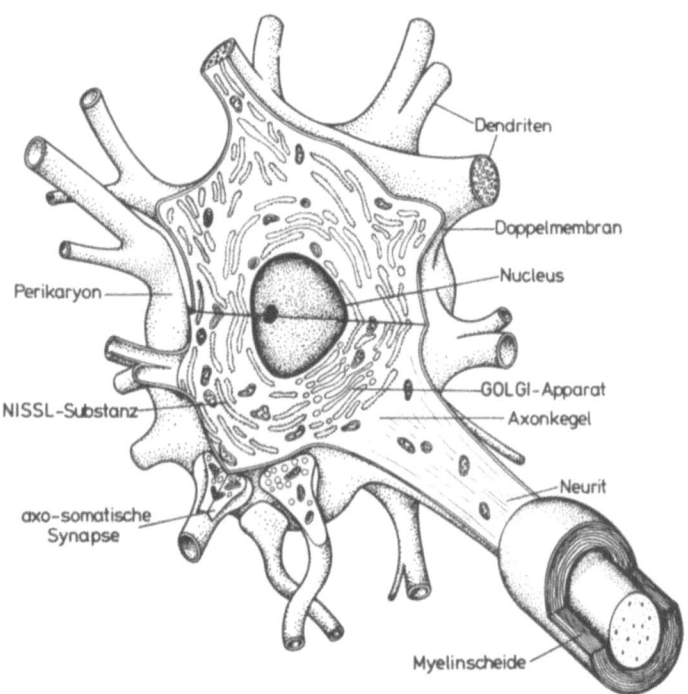

**Abb. 1.8.** Elektronenmikroskopisches Schema eines Perikaryons mit cytoplasmatischen Bestandteilen, Neurit, Dendriten sowie axosomatischen Synapsen. (In Anlehnung an SCHADE 1973)

schwach bläulich. NISSL-Färbungen werden auch mit anderen Anilinfarbstoffen bei saurem pH angewandt.

Die NISSL-**Substanz** ist zahlreichen Veränderungen unterworfen, die dem Funktionszustand des Nervengewebes entsprechen. So wandelt sich der RNA-Gehalt und damit die Zahl der NISSL-Schollen während der verschiedenen Phasen des Lebens. Die nach der Geburt geringen NISSL-Schollen nehmen in der Regel bis in das 3. Lebensjahrzehnt zu. Mit der Altersinvolution vermindert sich die Färbbarkeit des Perikaryons bei der NISSL-Färbung. Auch durch Belastungen und pathologische Einflüsse kommt es in der Regel zu Veränderungen der NISSL-Substanz: bei intensiver Muskelarbeit nimmt die NISSL-Substanz der motorischen Vorderhornzelle zu. Erschöpfung sowie zahlreiche Noxen (wie Sauerstoffmangel, Viren: z. B. Poliomyelitis) führen zur Abnahme der NISSL-Substanz. Man bezeichnet den Verlust der Färbbarkeit auch als **Chromatolyse.** Diese Prozesse der Chromatolyse werden weiter bei Nervendurchtrennung beobachtet und können, je nach ihrem Grad, reversibel oder irreversibel (d. h. mit dem Absterben der Nervenzellen verbunden) sein. Die funktionelle Bedeutung der NISSL-Substanz liegt in ihrer Aktivität für die Proteinsynthese. Die Proteine in der Nervenzelle, die in einem ständigen Cyclus neu aufgebaut werden, dienen 1. dem Aufbau funktionsaktiver Enzyme und 2. dem Aufbau von Bestandteilen der Zellstruktur im Sinne von Bausteinen. Synthese und Cyclus der Proteine sind autoradiographisch untersucht. Dabei konnte man feststellen, daß die Proteine im wesentlichen im Perikaryon aufgebaut werden. Von dort gelangen sie an alle Orte der Zelle. Sie werden auch in die extremen Fortsätze transportiert und erfüllen dort ihre Funktion (z. B. Enzymsysteme für die Synapsen).

Bei der Eiweißkondensation spielt der GOLGI-**Apparat** eine große Rolle; im GOLGI-Apparat werden außerdem die Proteine in Transportvesikel verpackt und mit Kohlehydraten gekoppelt. Diese Proteine sind dann für die Bildung von Membranen usw. bestimmt. Der GOLGI-Apparat des Neurons befindet sich in der Regel in Form von mehreren Diktyosomen (= kleinste Einheit des GOLGI-Apparats: 1. Vesikel, 2. Lamellen, 3. Vacuolen) gürtelförmig um den Zellkern herumgelagert, wobei die flachen Zisternen (Lamellen) und die vesiculären Anteile vorwiegen, während Vacuolen in geringer Zahl vorhanden sind. Der GOLGI-Apparat kann mit den üblichen Methoden der Imprägnation dargestellt werden und ist gerade bei Nervenzellen besonders ausgeprägt vorhanden.

Neben GOLGI-Apparat und NISSL-Schollen nehmen die übrigen Cytoplasmabestandteile im Perikaryon einen geringeren Anteil ein. Es finden sich weiter Mitochondrien sowie alle Typen der Lysosome im Perikaryon. Mitochondrien können auch in allen Fortsätzen gefunden werden. Lysosome sind dort in geringer Zahl vorhanden. Die Lysosome vom Typ der Residuallysosome kommen als sog. Alterspigmente in bestimmten Neuronen besonders häufig vor; manche Nervenzellen enthalten auch noch Pigmenteinschlüsse oder Neurosekretgranula, die eine charakteristische Form aufweisen (z. B. Substantia nigra mit Melaninkörnchen).

Die durch den Zelleib und die Fortsätze der Nervenzellen laufenden, in der lichtmikroskopischen Ära durch Imprägnationsverfahren dargestellten und vielbeachteten **Neurofibrillen** wurden vom Elektronenmikroskopiker als einerseits dünne Filamentbündel, andererseits als Mikrotubuli identifiziert. Die früher oft geäußerte Hypothese über die Bedeutung der Neurofibrillen in der Erregungsausbreitung konnte durch physiologische Untersuchungen nicht bestätigt werden. Heute sind sämtliche elektrischen Vorgänge auf Membranprozesse zurückzuführen und die Bedeutung der **Mikrofilamente** und **Mikrotubuli** liegt u. a. auf dem Gebiet des intraneuronalen Substanztransports.

Die gesamte Nervenzelle ist von einer kontinuierlichen Membran (s. Abb. 1.8) umgeben, die allgemein eine doppelte Lamellenstruktur (= unitäre Membran) aufweist. An vielen Stellen ist sie jedoch zu prä- und postsynaptischen Membranen spezialisiert. Die Cytoplasmamembran des Perikaryons geht an den Austrittsstellen der Nervenfortsätze kontinuierlich in die sie umhüllenden Membranen über. Die funktionellen Unterschiede der Membranoberflächen, z. B. in der Erregungsausbreitung (elektrische Eigenschaften wie Kapazität, Widerstand und Längskonstante), lassen sich in einem morphologischen Äquivalent des Ultrastrukturbilds noch nicht erfassen. Die Nervenzellmembran wird nach außen an praktisch allen Stellen kontinuierlich von einem 20 nm breiten Intercellularspalt umgeben, dem wiederum nach außen sog. Hüllzellen (= Satelliten-, Glia- oder SCHWANN-Zellen) anliegen.

### 1.1.3 Nervenfasern

Die langen Fortsätze der Nervenzelle mit ihrer Hülle sind die Nervenfasern; sie sind in der Peripherie als **Nerven (Nervi)** oder im Zentralnervensystem als **Stränge (Fasciculi)** zusammengebündelt. Gegenüber den Ansammlungen von Nervenzellen (graue Substanz), die als Rinde oder Kerngebiete imponieren, entsteht durch die faserigen Systeme im Zentralnervensystem das makroskopisch als weiße Substanz imponierende Äquivalent.

#### 1.1.3.1 Zentrale Nervenfasern

Die Nervenfasern des zentralen Nervensystems bestehen, soweit sie markhaltig sind, aus den Fortsätzen der Neurone, mit Markscheiden aus der Oligodendroglia (s. S. 35). Manche kürzeren zentralen Nervenfasern können auch ohne Markscheiden bleiben. Charakteristisch für die markhaltigen Nervenfasern des Zentralnervensystems ist, daß aus einer Oligodendrogliazelle die Markscheiden für mehrere Axone stammen können (Abb. 1.9). Auch sonst bestehen im Zentralnervensystem enge Beziehungen zwischen Nervenfasern und Glia: Im Zentralnervensystem liegen zwischen allen Cytoplasmafortsätzen der Nervenzellen und Glia ca. 20 nm breite Intercellularspalten, die insgesamt den Extracellularraum ausmachen. Es finden sich keine bindegewebliche Abgrenzung und keine kontinuierliche Hüllzellscheide um jeden Nervenfortsatz. Elektronenmikroskopisch ist es oft auch schwierig, Gliafortsätze von marklosen Nervenfortsätzen zu unterscheiden.

Ursprung, Entwicklung und Differenzierung 17

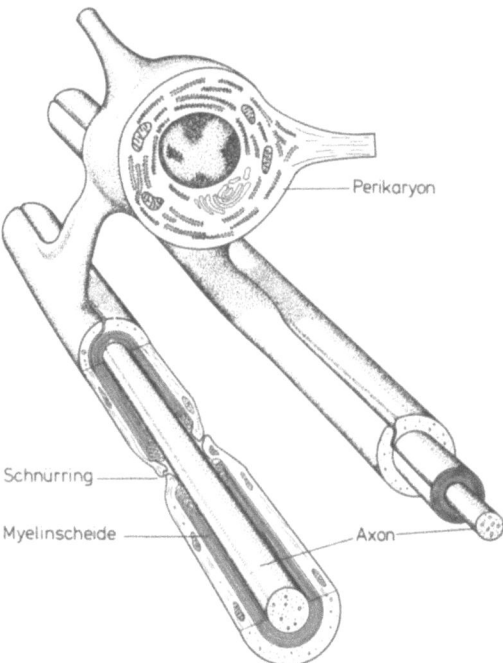

**Abb. 1.9.** Aufbau einer Oligodendrogliazelle mit Cytoplasmafortsätzen, die die Myelinscheide mehrerer Axone ergeben

*1.1.3.2 Periphere Nervenfasern*

Als periphere Nervenfasern bezeichnet man die Fortsätze nach ihrem Austritt aus dem Gehirn oder dem Rückenmark. Die als Hirn- und Spinalnerven zusammengefaßten Nerven werden von Ausstülpungen der Hirnhäute umgeben. Diese Hüllen setzen sich bei der Aufzweigung der Nerven (insbesondere nach dem Austritt aus der knöchernen Schutzhülle des Zentralnervensystems) als Perineuralscheide fort. Die perineurale Scheide zweigt sich bis weit in die Peripherie mit der Aufzweigung der einzelnen Hirn- und Spinalnerven stets weiter auf, so daß Nervenfaserbündel entstehen (Abb. 1.10b). Durch die Zusammenlagerung von mehreren Bündeln zu einer bindegewebigen Einheit bilden sich die eigentlichen peripheren Nerven (Abb. 1.10a). Nerven aus zahlreichen Bündeln entstehen insbesondere durch die Plexusbildung (s. S. 185).

## 18  Nervengewebe

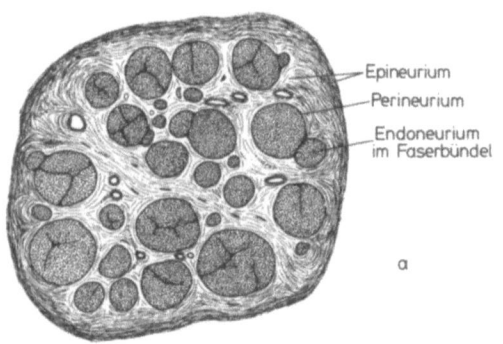

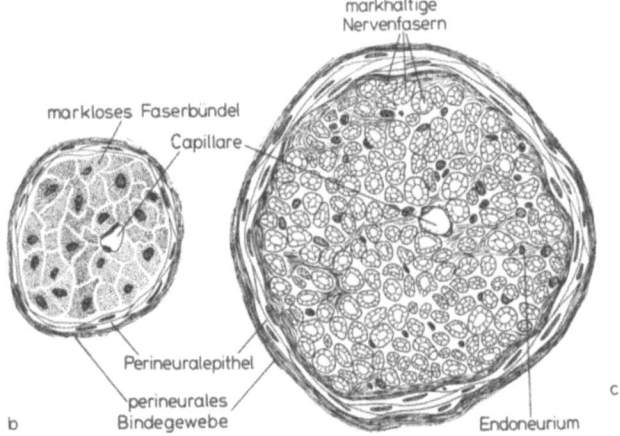

**Abb. 1.10.** Lichtmikroskopisches Schema eines Nerven. **a** In der Übersicht mit Darstellung der einzelnen Faserbündel. **b** Markloses Faserbündel und **c** markhaltiges Faserbündel bei stärkerer Vergrößerung. (Nach SCHAFFER 1933)

Die Perineuralscheide eines Nervenfaserbündels besteht aus:

1. dem Perineuralepithel,
2. dem perineuralen Bindegewebe.

Das **Perineuralepithel** ist eine Schicht flacher Zellen, die von der Arachnoidea ausgehend (s. S. 234) sich ins periphere Nervensystem fortsetzen. Durch diese epitheliale Hülle (Perineuralepithel) wird das innere Bindegewebe eines jeden Bündels vom äußeren Bindegewebe durch eine echte Diffusionsbarriere abgetrennt. Manche Autoren nehmen an, daß durch den Abfluß des Liquors innerhalb des Nerven (im Endoneurium, eingehüllt vom Perineurium) ein besonderes endoneurales Milieu besteht.

Um das Perineuralepithel finden wir außerdem noch eine Schicht von strafferem kollagenen Bindegewebe (**perineurales Bindegewebe**), das als Fortsetzung der Dura (s. S. 234) betrachtet werden kann. Die zum Nerven zusammengefaßten Faserbündel werden außerhalb des Perineuriums noch durch das **Epineurium** umgeben (lockeres kollagenes Bindegewebe), das dem bindegewebigen Anteil des Perineuriums eng anliegt (Abb. 1.10 a).

In jedem Nervenfaserbündel erkennt man zahlreiche Nervenfasern, die von lockerem, reticulärem Bindegewebe begleitet sind: dem **Endoneurium**. Das Endoneurium umlagert einzelne oder Gruppen von Nervenfasern, die aus Axon (oder Neurit) und Hüllzelle (oder periphere Glia, Mantelzelle oder SCHWANN-Zelle) bestehen.

Schon lichtoptisch ist zu erkennen, daß die Nervenfaser eine mehr oder weniger dicke Membran um das Axon besitzen kann, die als Markscheide bezeichnet wird. Entsprechend der Ausbildung dieser Membran unterscheiden wir **marklose, markarme** und **markreiche Nervenfasern**. Die einfache Hüllzellmembran bei marklosen Nervenfasern ist auf Grund der mangelnden Auflösung im Lichtmikroskop nicht zu erkennen (Abb. 1.10 c).

Lichtoptisch kann man am Längsschnitt des peripheren Nerven erkennen, daß die einzelnen Faserstränge gewellt verlaufen, die SCHWANN-Zellen zeigen deutlich ihre längsovalen Zellkerne. Bei den markhaltigen Fasern beobachtet man Unterbrechungen der Markscheiden, die glatt oder trichterförmig aussehen: Es handelt sich um die sog. RANVIER-**Knoten** (oder RANVIER-Schnürringe) sowie die SCHMIDT-LANTERMAN-Einkerbungen (die den GOLGI-Trichtern entsprechen). Die RANVIER-Knoten (Abb. 1.11) sind dort zu finden, wo die Markscheiden der markhaltigen Fasern über eine kurze Strecke unterbrochen sind; es entsteht dann das Bild der Einschnürung. Von einer Einschnürung zur nächsten haben wir eine kontinuierliche Markscheide, die aus einer SCHWANN-Zelle entstanden ist. Das Cytoplasma der SCHWANN-Zelle ist lichtmikroskopisch nur an der um den Zellkern ausgebuchteten Stelle zu erkennen (Abb. 1.11). Der markscheidenhaltige Bereich der markhaltigen und markarmen Fasern zwischen zwei RANVIER-Knoten wird auch als **Internodium** bezeichnet.

Die Bedeutung der Markscheidenbildung wurde durch physiologische Untersuchungen (STÄMPFLI) erkannt. Die stark lipidreiche lamellenartige Schichtung der Markscheide umgibt – wie elektronenmikroskopisch zu erkennen ist – das Axon mit einer Art Isolatorschicht. Durch die so bedingten Unterschiede der elektrischen Eigenschaften der Nervenfaser kommt es zu einer saltatorischen Erregungsausbreitung, d. h. die Erregung überspringt gewissermaßen die Internodien von Schnürring zu Schnürring. Das führt zu der besonders schnellen Erregungsleitung der markhaltigen Nervenfaser.

20 Nervengewebe

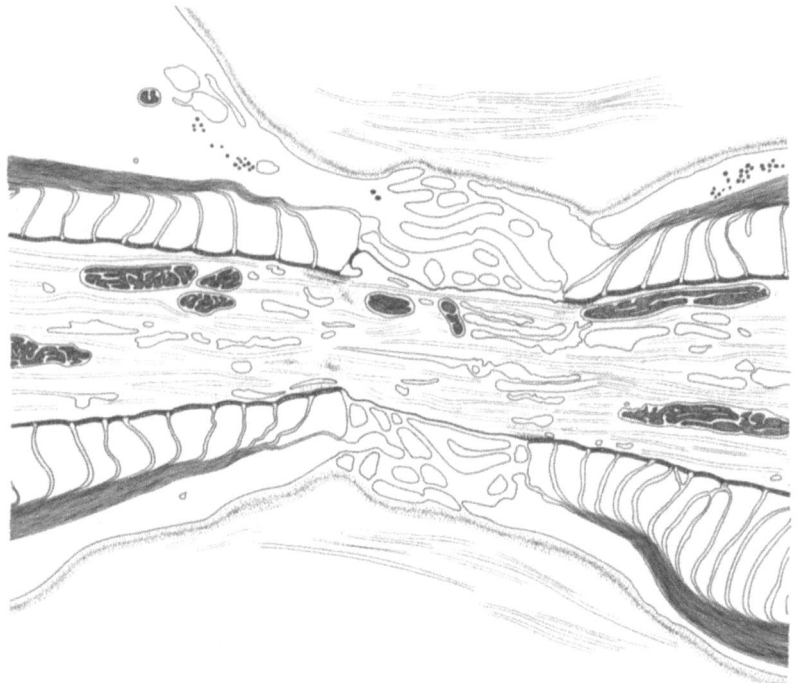

**Abb. 1.11.** Elektronenmikroskopisches Schema einer markhaltigen Nervenfaser mit Schnürring. (Zeichnung nach Originalpräparat)

Schon lichtoptisch läßt sich analysieren, daß die Vielzahl der markhaltigen Nervenfasern unterschiedlich dicke Markscheiden besitzen; parallel mit der Markscheidendicke geht auch die Länge des Internodiums einher. So ergibt sich ein 3facher Zusammenhang: je dicker die Markscheide, um so länger das Internodium und um so schneller die Erregungsausbreitung.

Die Nervenfasern werden entsprechend der Dicke der Markscheiden und des Axons sowie der Leitungsrichtung und Leitungsgeschwindigkeit klassifiziert (s. Tabelle 1.1).

In der Ultrastruktur sind die **marklosen Nervenfasern** so aufgebaut, daß meist mehrere Axone in eine Satellitenzelle (SCHWANN-Zelle) eingelagert werden. Die gleichen Axone brauchen nicht von den gleichen, hintereinanderliegenden SCHWANN-Zellen eingehüllt zu sein. Man erkennt um die Axone eine Membran: die Plasmamembran des Neurons. Die Axone sind weiter von der inneren Satellitenzellmembran umgeben, denn während der Faserbildung legt sich die SCHWANN-Zelle zuerst an die Axone und umhüllt sie schließlich. An der Einstülpung der Satellitenzellmembran entsteht eine

**Tabelle 1.1.** Nervenfasertypen

| Mark-scheide | Efferent Fasertyp | Funktion | Afferent Fasertyp | Funktion | Durch-messer [μ] | Leitungsge-schwindig-keit [m/s] |
|---|---|---|---|---|---|---|
| Markreich | A | | I a | Intrafusale anulospir. Endig. | 12 –20 | 70 –120 |
| | α | Arbeits-motorik | I b | Golgi-Organe | | |
| | β | | | Berührung, Druck | 5 –12 | 30 – 70 |
| | γ | Spindel-motorik | II | | 3 – 6 | 15 – 30 |
| | δ | | III | Temp., Druck, lokaler Schmerz | 2 – 5 | 12 – 30 |
| Markarm | B | Sympathicus präganglionär | | | 2 – 3 | 3 – 15 |
| | C 1 | | IV | Dumpfer Schmerz | 0,4– 1 | 0,5– 2 |
| Marklos | C 2 | Sympathicus postganglio-när | | | 0,5– 1,5 | 0,7– 2,5 |

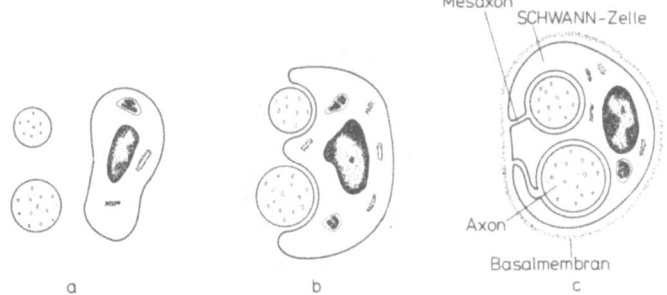

**Abb. 1.12.** Histogenese einer marklosen Nervenfaser. Man erkennt, wie sich die Satelli-tenzelle an die nackten Axone legt (**a, b**) und diese schließlich ganz einhüllt (**c**)

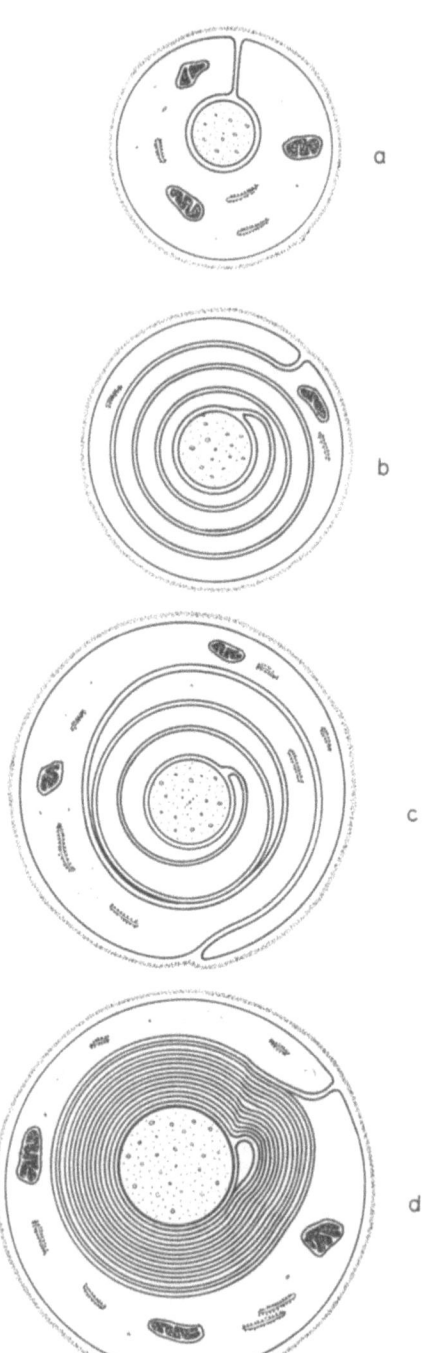

**Abb. 1.13.** Histogenese einer markhaltigen Nervenfaser. Aus der zunächst marklosen Nervenfaser (**a**) entsteht durch Spiralisierung des Mesaxons ein Membrankomplex, der sich allmählich zu einer Myelinscheide zusammenlegt (**b, c, d**)

Duplikatur, das **Mesaxon** (Abb. 1.12). Manche Axone der marklosen Faser liegen jedoch auf einer Seite frei, also von Satellitenzellfortsätzen unbedeckt an der Oberfläche; dort liegt ihnen nur eine Basalmembran an, die jede Satellitenzelle kontinuierlich außen einhüllt.

**Markhaltige Nervenfasern** sind durch ihr kompliziertes System aus Myelinlamellen ausgezeichnet (Abb. 1.13). Im allgemeinen wird in der Peripherie von einer SCHWANN-Zelle nur ein Axon aufgenommen. Zuerst bildet sich bei der Entstehung der myelinhaltigen Nervenfaser eine Zwischenstufe, die der marklosen Faser entspricht (Abb. 1.13a). Durch eine spiralige Aufwicklung des Mesaxons entsteht dann die Myelinlamelle, nämlich durch Verbackung der angelagerten Membranen; jeweils die inneren Blätter der doppelten Cytoplasmamembran werden dabei verschmolzen. Die Ursache der Entwicklung der Spiralwindungen ist immer noch eine offene Frage; dazu existieren mehrere Hypothesen, die hier nicht diskutiert werden können.

Die Ultrastruktur der RANVIER-**Schnürringe** hat gezeigt, daß dort, wo die SCHWANN-Zellen einer Faser aneinander grenzen, das Axon eine kurze Strecke von Mark frei bleibt (Abb. 1.11). Das Axon liegt praktisch direkt am Extracellularraum; nur eine Basalmembran liegt als Begrenzung vor. Die Endigungen der Myelinlamellen sind aus der Abb. 1.11 zu ersehen. Dort verzahnt sich das Cytoplasma zweier SCHWANN-Zellen mit locker angeordneten mikrovilliähnlichen Fortsätzen.

Neben den RANVIER-Schnürringen erkennt man lichtoptisch sowie elektronenoptisch die sog. SCHMIDT-LANTERMAN-**Einkerbungen**: sie entstehen durch das Auseinandertreten der verklebten Myelinlamellen. Dabei ändert sich die Verlaufsrichtung der Myelinlamellen. Die SCHMIDT-LANTERMAN-Incisuren wurden lange als ein Artefakt angesehen. Möglicherweise bewirken sie eine Plastizität der Myelinfaser, die bei mechanischen Belastungen wie Biegung, Stauchung und Streckung notwendig wird. In jedem Falle sind die SCHMIDT-LANTERMAN-Einkerbungen durch Lebendbeobachtungen und elektronenmikroskopische Untersuchungen als nichtartifizielle Strukturen erkannt worden.

### 1.1.4 Synapsenlehre (Synaptologie)

Die Synapse kann als das funktionelle Bindeglied zwischen den einzelnen Nervenzellen betrachtet werden.

Über fast ein Jahrhundert ging die Diskussion zwischen Physiologen und Morphologen sowie unter den Morphologen, ob das Nervensystem eine celluläre oder syncytiale Einheit sei. Man unterschied eine Reticulumtheorie, die im wesentlichen von GOLGI, HELD, STÖHR und anderen vertreten wurde, während RAMON Y CAJAL als einer der hervorragenden Verfechter der Neuronentheorie gilt.

## 24  Nervengewebe

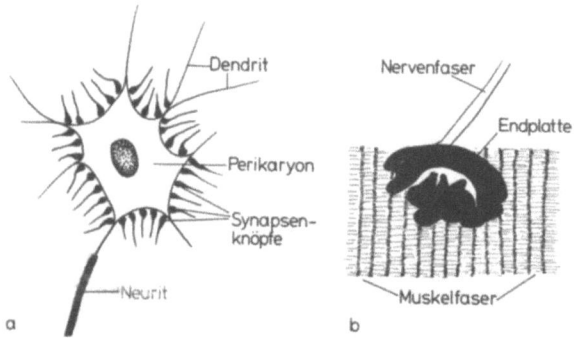

**Abb. 1.14.** Lichtmikroskopisches Schema von Synapsen. **a** Darstellung der Boutons (Synapsenknöpfe) an einer motorischen Vorderhornzelle entsprechend der Bilder bei Silberimprägnation. **b** Darstellung einer motorischen Endplatte entsprechend der Acetylcholin-Esterase-Reaktion (Zeichnung nach Originalpräparat)

Die Neuronentheorie besagt, daß das Nervengewebe aus cellulären Elementen besteht, die gleichzeitig funktionelle Einheiten sind. Obwohl zahlreiche Darstellungen im Lichtmikroskop schon das Wesen einer Synapse aufzeigten, wurde erst durch die Elektronenmikroskopie der Nachweis der Diskontinuität der Neurone an den Synapsen erbracht.

Die Lichtmikroskopie bedient sich der Silberimprägnation, um die Synapsen darzustellen (Abb. 1.14). Die Silberimprägnation zeigt knopfartige Fortsätze an den Nervenfasern. An manchen Neuronen beobachtet man eine Unzahl von Endknöpfen, z. B. bei einer motorischen Vorderhornzelle 1500–2000, die sich dicht über die Dendriten und das Soma und teilweise über die Neuriten der Zelle verteilen. Bestimmte Synapsen können auch mit histochemischen Reaktionen auf Acetylcholinesterase nachgewiesen werden (Abb. 1.14b).

Die Erforschung der Ultrastruktur der Synapse führte zu vertieften Vorstellungen über die Zusammenhänge von Struktur und Funktion. Es wurde neben der Beobachtung, daß an den Verbindungen von Neuron zu Neuron stets eine Diskontinuität zu beobachten ist, eine große Zahl von Synapsentypen entdeckt. Aus der Morphologie lassen sich gewisse Rückschlüsse auf die Funktion ziehen. Die Synapsen sind daher nach folgenden Gesichtspunkten einzuteilen:
1. Verbindungstyp,
2. Funktionstyp.

**Verbindungstypen** ergeben sich aus der Morphologie der Synapsen und ihrer Lage am Neuron (Abb. 1.15). Einmal haben wir **interneuronale Synapsen**; ihre Bezeichnung entspricht dem Ort der Berührung der neuriti-

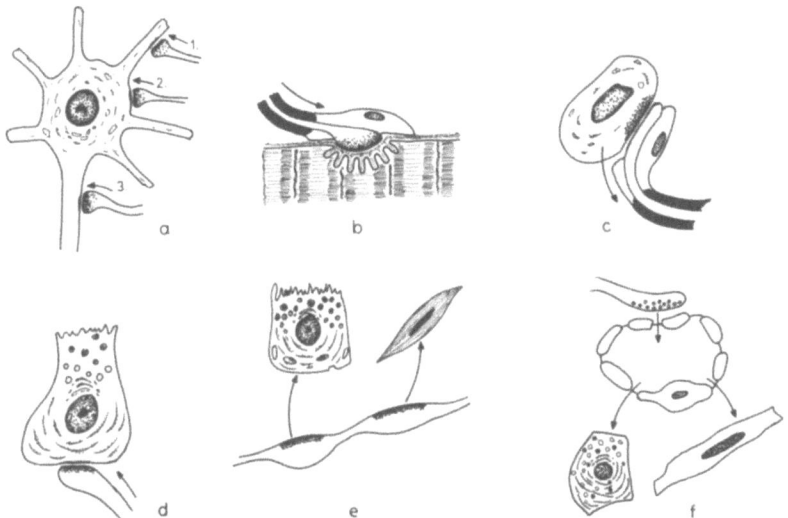

**Abb. 1.15.** Darstellung der verschiedenen Synapsentypen. **a** Interneuronale Synapsen mit *1.* axodendritischer Synapse, *2.* axosomatischer Synapse, *3.* axo-axonaler Synapse; **b** Effektorsynapse (motorische Endplatte); **c** Receptorsynapse (z. B. MERKEL-Scheibe in der Haut); **d** Neuroglanduläre Synapse; **e** Synapse auf Distanz; **f** Neurovasculäre Kette

schen Fortsätze mit verschiedenen Abschnitten des nächsten Neurons (Abb. 1.15). Weiter haben wir **Effektorsynapsen,** die an Endorganen liegen und **Receptorsynapsen,** die sich an Sinneszellen befinden.

Die **interneuralen Synapsen** unterteilen wir je nachdem, ob der Neuritenfortsatz am Dendrit, am Soma oder am Neurit des nächsten Neurons aufgelagert ist. So entstehen (Abb. 1.15a):

1. **axodendritische Synapsen,** wenn der Neurit am Dendritenbaum eine Synapse bildet;
2. **axosomatische Synapsen,** sie haben Neuriten, die das Perikaryon erreichen;
3. **axoaxonale Synapsen,** sie bilden die Verbindung eines Neuritenfortsatzes mit Neuriten des nächsten Neurons.

**Effektorsynapsen** liegen dort vor, wo die Neuriten am Telodendron (= Endaufzweigung des Neuriten) quergestreifte Muskeln, glatte Muskulatur oder Drüsen innervieren (Abb. 1.15b u. d).

Schließlich kann man von **Receptorsynapsen** sprechen, wenn Receptorzellen eine synaptische Verbindung mit dem Ende einer sensiblen Nervenfaser eingehen (Abb. 1.15c).

26    Nervengewebe

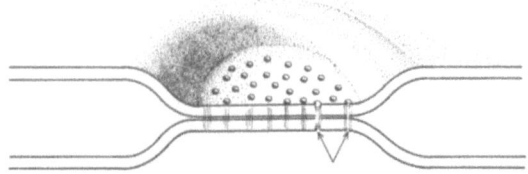

**Abb. 1.16.** Elektrische Synapse mit Darstellung der hypothetischen Kanälchen an den fusionierenden Zellmembranen benachbarter Neurone. Charakteristisch für die elektrische Synapse ist die symmetrische Struktur der Membrankomplexe

Bei der Einteilung der Synapsen nach dem **Funktionstyp** unterscheiden wir einerseits **elektrische** gegenüber den meistens vorkommenden **chemischen Synapsen**. Den Synapsen vom elektrischen Typ analoge Verbindungen finden wir am Glanzstreifen des Herzmuskels und den Nexus zwischen glatten Muskelzellen, nämlich dort, wo eine elektrotonische Erregungsausbreitung von Zelle zu Zelle gesichert ist. Charakteristisch ist dabei die Verschmelzung der beiden benachbarten Zellmembranen zu einem komplexen System, das durch elektronenoptische Hochauflösung als sog. Nexus oder „gap-junction" beschrieben wurde. In diesen Synapsen sind hexagonale Strukturen zu erkennen, die von kleinen Kanälchen herrühren. Zwischen den benachbarten Zellen soll damit auf ultrastruktureller Ebene eine Cytoplasmakontinuität bestehen. Diese Kontinuität würde eine elektrische Kontinuität im Sinne der elektrotonischen Koppelung zwischen zwei Zellen garantieren. Die Erregung bei elektrischen Synapsen wird in beide Richtungen geleitet, wozu auch das symmetrische Bild der elektrischen Synapse paßt (Abb. 1.16). Die elektrischen Synapsen kommen selten vor; sie werden unter anderem im Rückenmark und in der Medulla oblongata aufgefunden.

Die **chemischen Synapsen** sind durch einen allgemeinen Bautyp charakterisiert (Abb. 1.17). Wir unterscheiden einen präsynaptischen Pol, der dem Ende einer Neuritenverzweigung entspricht. Am präsynaptischen Pol umgibt die Axonmembran als präsynaptische Membran das verbreiterte Ende des Axons. Die **präsynaptische Membran** ist durch eine Substanzauflagerung an der Innenseite verdickt. Neben dieser Membranverdickung finden wir spezifische Transmittervesikel im präsynaptischen Axonabschnitt. Diese Transmittervesikel enthalten eine chemische Substanz, die vom präsynaptischen Pol freigegeben werden kann, wenn die Erregung einläuft. Der postsynaptische Pol kann, je nach Verbindungstyp, eine Dendritenmem-

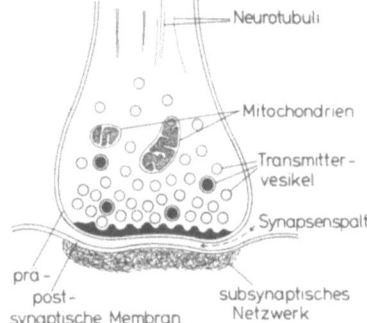

**Abb. 1.17.** Allgemeines Schema einer chemischen Synapse mit prä- und postsynaptischem Pol. Charakteristisch für diese Synapse ist das Vorhandensein von Transmittervesikeln im präsynaptischen Pol

bran, eine Perikaryonmembran oder eine Neuritenmembran sein: sie stellt ebenfalls einen spezifischen Bezirk der Oberfläche des Neurons dar. Die **postsynaptische Membran** ist von der präsynaptischen durch den 20–30 nm breiten **Synapsenspalt** getrennt. Auch die postsynaptische Membran ist meistens durch eine Substanzauflagerung an der Innenseite charakterisiert (subsynaptisches Netzwerk).

Wir unterscheiden nach dem Inhalt der Transmittervesikel spezifische Synapsen:

1. cholinerge Synapsen, da die Transmittersubstanz Acetylcholin ist;
2. catecholaminerge Synapsen, wenn Adrenalin, Noradrenalin oder Dopamin Transmittersubstanzen sind;
3. serotoninerge Synapsen, bei denen Serotonin (5-Hydroxytryptamin) die Überträgersubstanz ist;
4. GABA-erge oder glycinerge Synapsen, bei denen entweder $\gamma$-Aminobuttersäure oder Glycin die spezifische Überträgersubstanz ist.
5. peptiderge Synapsen, bei denen verschiedene Polypeptide als Transmittersubstanz wirken.

Durch die elektronenmikroskopische Untersuchung, kombiniert mit Autoradiographie, Histochemie oder Immunhistochemie, konnten bestimmte morphologische Strukturen der Transmittervesikel (Form, Elektronendichte und Größe) auf ihren Inhalt bezogen werden. Das bedeutet, daß man auf Grund der Morphologie der Transmittervesikel auf die biochemische Wirkung der Synapsen schließen kann.

**Cholinerge Synapsen** (Abb. 1.18 a) sind wohl am verbreitetsten: Sie finden sich im Zentralnervensystem als excitatorische Synapsen, d. h. bei einem Transmitterübertritt wird die postsynaptische Membran depolarisiert.

## 28 Nervengewebe

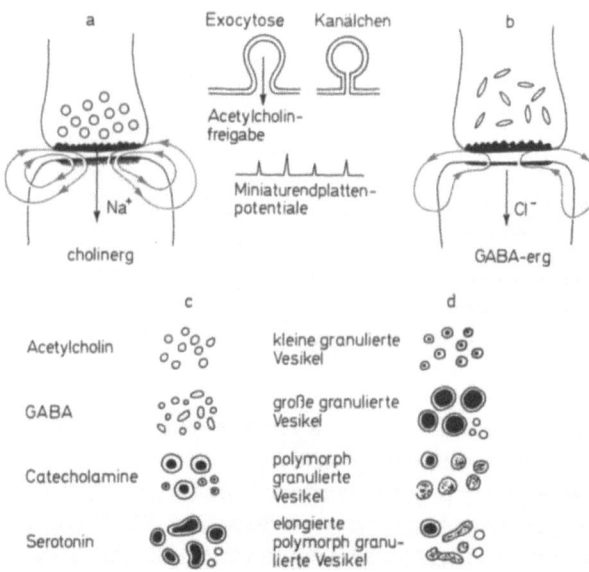

**Abb. 1.18.** Darstellung der verschiedenen Synapsentypen nach ihrem postulierten Transmitter. **a** Die Transmitterfreigabe bei der cholinergen Synapse führt zu einer Depolarisierung durch Erhöhung der Natriumpermeabilität an der postsynaptischen Membran. Der Modus der Acetylcholinfreigabe nach dem Exocytose- oder Kanälchenprinzip ist weiter angegeben. Durch die in Vesikelquanten freigegebene Acetylcholinmenge entstehen Miniaturendplattenpotentiale. **b** Die GABA-erge Synapse wird hypothetischerweise mit ellipsoiden Transmittervesikeln charakterisiert. Der Transmitter soll die Permeabilität für Chlorionen an der postsynaptischen Membran verändern. **c** Verschiedene Vesikeltypen von klassischen Transmittern. **d** Vesikeltypen von Polypeptidtransmittern, die bisher nicht eindeutig zuzuordnen sind. Unter experimentellen Bedingungen kann die Struktur der Vesikel stark variieren

Der Transmitter ist Acetylcholin. Das System der Synapse erfordert eine Inaktivierung der Transmittersubstanz durch Cholinesterase, die mit histochemischen Methoden nachgewiesen werden kann. Sie soll im wesentlichen an der postsynaptischen Membran lokalisiert sein, wo auch die Receptoren für das Acetylcholin liegen.

Morphologisch charakteristisch sind für die cholinerge Synapse runde, elektronenoptisch leere Synapsenvesikel (Abb. 1.18 a). Bei der Übertragung der Information von Zelle zu Zelle stellt man sich vor, daß nach Eintreffen der Erregung im präsynaptischen Bereich eine gewisse Anzahl von Synapsenvesikeln an die präsynaptische Membran gedrückt werden. Hier geben sie entweder durch Exocytose oder durch das sog. Kanälchenprinzip (Abb. 1.18 a) ihren Inhalt in den synaptischen Spalt frei. Das Acetylcholin gelangt dann an die postsynaptische Membran, wo durch die Anlagerung ein Natriumeinstrom erzeugt wird. Die lokale Depolarisation über einen Natriumeinstrom erzeugt die charakteristischen Stromschleifen einer excitatorischen Synapse (s. Abb. 1.18 a). Bei bestimmten cholinergen Synapsen (der motorischen Effektorsynapse: der motorischen Endplatte an der Skelettmuskelzelle) konnte durch elektrophysiologische Methoden dieses Prinzip der quantenmäßigen, aus Vesikeln freigesetzten Acetylcholinmenge durch sog. Miniaturendplattenpotentiale nachgewiesen werden. Miniaturendplattenpotentiale sind Potentiale im Bereiche von 0,5-12 mV, die durch spontane Freisetzung von Acetylcholin aus den Transmittervesikeln an der postsynaptischen Membran entstehen. Jedes Miniaturendplattenpotential wird jeweils von einer Vielzahl aus den Vesikeln abgegebener Quanten des Acetylcholins erzeugt.

**Catecholaminerge Synapsen** kommen teilweise im Zentralnervensystem, häufig aber auch im peripheren vegetativen Nervensystem vor. Es findet sich ein Transmittertyp, der sich von den Metaboliten des Tyrosins ableitet, wobei Dopamin, Adrenalin und Noradrenalin als Produkte vorliegen. Diese Catecholamine können die Erregungsübertragung bestimmter Synapsen bewirken. Die Kenntnisse über die typischen Transmitterbläschen dieser catecholaminergen Synapsen sind relativ beschränkt. Es gibt aber in jedem Fall verschiedene Transmitterbläschen, die dem catecholaminergen System angehören. Catecholaminerge Synapsen sind im wesentlichen excitatorisch. Charakteristisch sind für die katecholaminergen Synapsen granulierte Vesikel, d.h. Vesikel, deren Inhalt elektronenmikroskopisch dunkelfeingranuliert „dense core" erscheint. Die Vesikel mit verschiedenem Durchmesser werden von manchen Autoren verschiedenen Catecholaminen z. T. auch Polypeptiden zugeordnet (Abb. 1.18 c).

**Serotoninerge Synapsen** sind besonders im Zentralnervensystem (Schlafzentrum und Sexualzentrum) der Formatio reticularis (s. dort) beobachtet worden. Eine genaue Unterscheidung serotoninerger Synapsen von den catecholaminergen Synapsen ist inzwischen immunhistochemisch möglich. Serotoninerge Synapsen sind durch Autoradiographie lokalisierbar. Neben Serotonin dient wahrscheinlich auch Tryptamin (eine serotoninähnliche Substanz) als Übertragersubstanz in den subthalamischen Kernen. Die serotoninergen Synapsen enthalten anscheinend ähnlich granulierte Vesikel wie die catecholaminergen Synapsen (Abb. 1.18 d).

**GABA-erge Synapsen** wurden erstmals als inhibitorische Synapsen an krebsbefallenen Muskeln entdeckt. Inzwischen ist die Wirkung von GABA ($\gamma$-Aminobuttersäure) in vielen Bereichen des Zentralnervensystems, wie

30  Nervengewebe

Kleinhirn und Rückenmark, gesichert. Man nimmt an, daß die GABA-erge Synapse ebenfalls eine charakteristische Struktur hat, die sich durch ovoide Transmitterbläschen auszeichnet. Diese Hypothese, ist jedoch nicht einwandfrei gesichert. Im Gegensatz zu den cholinergen Synapsen entsteht beim Freisetzen von $\gamma$-Aminobuttersäure an der postsynaptischen Membran eine Hyperpolarisierung durch Chlorionen-Einstrom. Diese Hyperpolarisation erzeugt die inhibitorische Wirkung der GABA-ergen Synapse (Abb. 1.18b).

In den letzten Jahren wurde eine Reihe von biologisch aktiven Polypeptiden in Synapsen lokalisiert, die als Transmitter vorliegen oder als Co-

**Tabelle 1.2.** Coexistenz von (A) klassischen Transmittern und (B) Polypeptiden im Nervensystem

| A | Acetylcholin | Catecholamine | Serotonin | GABA |
|---|---|---|---|---|
| B | vasoaktives intestinales Polypeptid (VIP) Neurotensin Enkephalin Substanz P | Substanz P Enkephalin | Enkephalin Cholecystokinin Somatostatin Neuropeptid Y | Somatostatin Motilin |

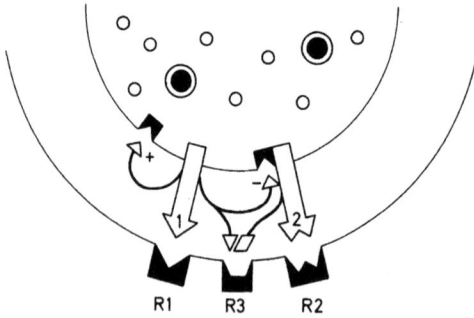

**Abb. 1.19.** Schema einer gemischten Synapse mit verschiedenen Transmittern (verändert nach Lundberg und Hökfelt 1983). Mehrere Arten der Interaktion sind möglich: **a** Transmitter 1 wirkt auf einen postsynaptischen Receptor (R1). **b** Transmitter 2 wirkt auf einen anderen postsynaptischen Receptor (R2). **c** Transmitter 1 und Transmitter 2 interagieren an einem weiteren postsynaptischen Receptor (R3). **d** Transmitter 1 beeinflußt die elektrische Aktivität des präsynaptischen Neuron über einen präsynaptischen Receptor (+). **e** Transmitter 1 hemmt die Freisetzung des 2. Transmitters über einen präsynaptischen Receptor (−)

Transmitter den klassischen Transmittern beigeordnet sind. Entsprechend der Art des Co-Transmitters lassen sich daher die klassischen Transmittersysteme weiter unterteilen (Tab. 1.2).

Polypeptide werden meist in granulierten Vesikeln gespeichert (Abb. 1.18 d); diese Versikel liegen verstreut zwischen den Bläschen des klassischen Transmitters. Die Freisetzung der verschiedenen Transmitterarten in einer Synapse wird wahrscheinlich über eine unterschiedliche Impulsfrequenz des Effektorneurons gesteuert. Das Receptorneuron besitzt spezifische Rezeptoren für jeden Transmitter und für bestimmte Transmitterkombinationen (Abb. 1.19). So kann eine einzige Synapse verschiedene Wirkungen auf das postsynaptische Neuron ausüben.

**Effektorsynapsen** sollen hier nur kurz erwähnt werden. Wir unterscheiden Effektorsynapsen an der quergestreiften Muskulatur, an der glatten Muskulatur sowie an Drüsen (neuroglanduläre Synapsen) (Abb. 1.15).

Bei der Effektorsynapse an der quergestreiften Muskulatur haben wir sog. **motorische Endplatten** mit einer ausdifferenzierten postsynaptischen Membran und eine großangelegte Verbreiterung des terminalen Axons. Die Axonendigung besitzt kleine, optisch leere Vesikel, die Acetylcholin enthalten. Gegenüber diesen motorischen Endplatten, die an schnell kontrahierenden (sog. twitch-fibers des Skelettmuskels) beobachtet werden, finden sich in manchen Muskeln **multiple Nervenendigungen,** die an tonischen Muskelfasern (slow-fibers) vorkommen. Die Axonmembran der motorischen Endverzweigung ist glatt dem ebenfalls flachen Sarkolemm aufgelagert. Die Effektorsynapsen der quergestreiften Muskulatur haben beide einen verbreiterten Synapsenspalt, da eine aus dem äußeren Sarkolemm kontinuierlich hervorgehende Basalmembran sich als trennende Schicht zwischen prä- und postsynaptische Membran schiebt.

Bei der Innervation der glatten Muskulatur finden wir 2 Arten von Kontakten. Manche glatten Muskelzellen besitzen einen synaptischen Kontakt, der ähnlich der langsamen, tonischen Muskelfaser aufgebaut ist, jedoch enthalten die präsynaptischen Pole häufig granulierte Vesikel. Neben diesem synaptischen Kontakt können wir Verbindungen der vegetativen Nervenfasern mit glatten Muskelfasern auf Distanz beobachten, die wir als **neurohumorale Kontakte** bezeichnen. Dort ist eine echte Beziehung zwischen glatter Muskelzelle und Nervenfaser als distinkte Synapse nicht mehr erkennbar; die Nervenfaser ist vielmehr in regelmäßigen Abständen zu „Varikositäten" erweitert. Diese Ausweitungen werden auch als Transmittersegmente bezeichnet. Sie enthalten meist eine gemischte Population leerer und granulierter Vesikel, sind also mit Haupt- und Co-Transmittern ausgestattet.

**Neuroglanduläre Synapsen** bestehen ebenso wie die an glatten Muskelfasern aus Endverzweigungen des vegetativen Nervensystems, wobei direkte synaptische Kontakte sowie Beziehungen neurohumoraler Art auf Distanz zu beobachten sind (Abb. 1.15 d und e). Im weiteren Sinne gehören auch sog. neurovasculäre Ketten zum Synapsensystem (oder Informationsübertragersystem) des vegetativen Nervensystems. Solche neurovasculäre Ketten sind in Abb. 1.15 f dargestellt.

## 1.1.5 Neuroglia und Bluthirnschranke

Neben den erregungsbildenden, erregungsleitenden und Synapsenerregungen übertragenden Zellsystemen enthält das gesamte Nervensystem Gliazellen. Sie füllen die Zwischenräume zwischen den Nervenzellen und ihren Fortsätzen aus und bewirken eine dichte Abgrenzung zu dem umgebenden Gewebe. Man kann die Glia in periphere und zentrale Glia einteilen.

Die **periphere Glia** umscheidet die Nervenfasern und Nervenzellkörper in der Peripherie als eine in der Regel kontinuierliche protoplasmatische Hülle (Abb. 1.12 u. 1.13). Man spricht daher auch von Hüllzellen, Mantelzellen, Satellitenzellen und teilweise auch von SCHWANN-Zellen. Je nach Lokalisation der peripheren Glia hat diese einen verschiedenartigen Aufbau. Bei der Umhüllung der Perikarya bildet die Glia ein flaches bis isoprismatisches Epithel, bei der Umscheidung der Neuriten und Dendriten betten lange Zellzylinder Abschnitte von Axonen ein. Wie bereits oben erwähnt, sind die Gliazellen an der Bildung von Myelinscheiden beteiligt; sie spielen somit eine große Rolle für die Erregungsleitungsgeschwindigkeit von Nervenfasern. Für die periphere Glia ist weiterhin charakteristisch, daß sie allseits vom Interstitium (d.h. der Endoneuralscheide) durch eine schmale, etwa 20 nm messende Basalmembran getrennt ist. Die kontinuierliche Einhüllung des neurogenen Gewebes durch periphere Glia ist nur am RANVIER-Schnürring und teilweise an den Endverzweigungen des vegetativen Nervensystems unterbrochen. Dort können die Axone abschnittsweise ausschließlich durch die Basalmembran vom Interstitium getrennt sein. Schließlich scheint sich die Basalmembran an manchen Stellen des vegetativen Nervensystems sowie an den präsynaptischen Membranen zu verlieren.

Im Gehirn und Rückenmark unterscheiden wir verschiedene Typen von **zentraler Glia** im wesentlichen durch ihre Form und ihre Genese (Abb. 1.20 a bis e):

Ursprung, Entwicklung und Differenzierung 33

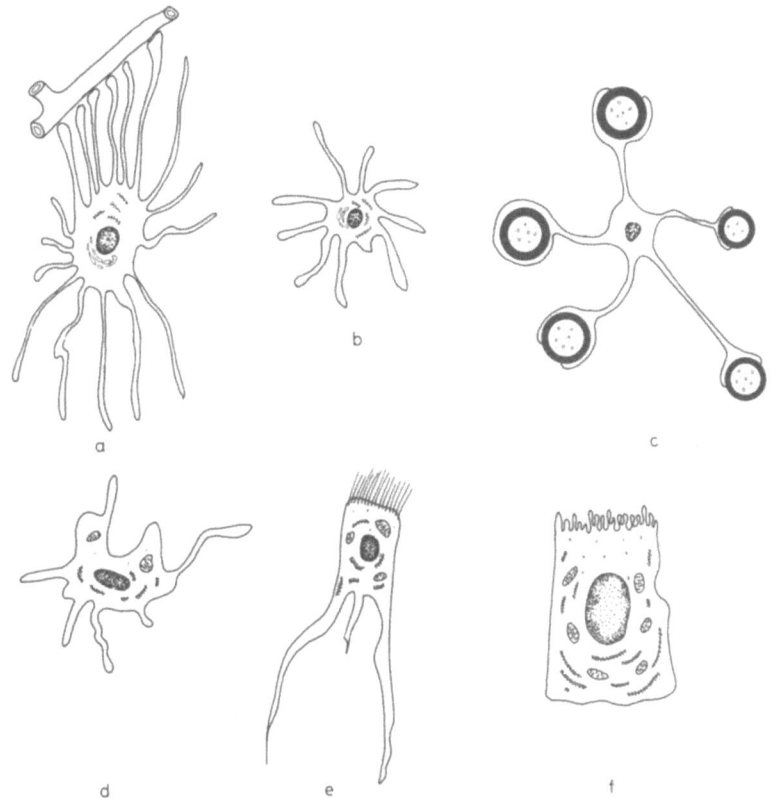

**Abb. 1.20.** Schematische Darstellung der verschiedenen Glia-Elemente. **a** Astrocyt mit Darstellung der Füßchenfortsätze, die die perivasculäre Gliascheide bilden; **b** Astrocyt ohne Beziehung zum Gefäßsystem; **c** Oligodendrogliazelle mit Beziehung zur Markscheidenbildung; **d** Mesogliazelle; **e** Ependymzelle mit Ependymzellfortsätzen; **f** Plexus-choroideus-Epithelzelle mit apicalen Mikrovilli

1. Makroglia,
2. Oligodendroglia,
3. Mesoglia,
4. Ependymzellen.

**Die Makroglia** wird von den sog. **Astrocyten** gebildet; das sind sternförmige große Zellen, deren Fortsätze sich zwischen die nervösen Anteile des Zentralnervensystems legen und den größten Anteil der zentralen Glia ausmachen. Ihre Fortsätze können verschieden lang sein, auf Grund dieses Unter-

## 34  Nervengewebe

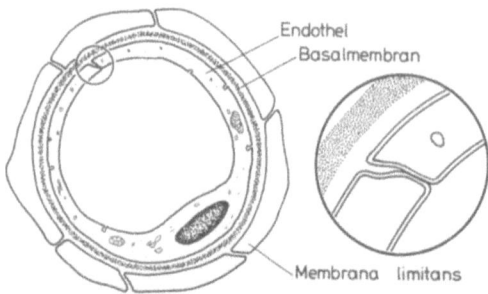

**Abb. 1.21.** Darstellung der Gefäßgliascheide. Man erkennt beim Aufbau der Hirncapillare die Zonula occludens an der Nahtstelle des Endothels. Die Diffusionsbarriere ist dreischichtig (Endothel, Basalmembran, Membrana limitans gliae perivascularis)

schieds teilt man die Astrocyten in protoplasmatische Astrocyten und faserige Astrocyten sowie bestimmte Sonderformen ein.

Die **protoplasmatischen Astrocyten** liegen besonders in den nervenzellhaltigen Abschnitten, also in Kerngebieten und im Rindengrau. Da ihre protoplasmatischen Ausläufer relativ kurz sind, spricht man auch von Kurzstrahlern. Diese Gliazellen haben helle, an Organellen arme Cytoplasmafortsätze. Sie legen sich mit ihren Fortsätzen um Perikarya und Fortsätze, Dendriten wie Neuriten. Dabei wird jedoch nicht jede Nervenfaser von Protoplasmafortsätzen vollständig umgeben, es handelt sich vielmehr um eine durchwirkte Struktur. Die Protoplasmafortsätze, die zu den Hirngefäßen hinzeigen, besitzen ein verbreitertes Ende (Gliafüßchen) um die Basalmembran der Hirngefäße; so bilden sie einen kontinuierlichen Saum um jedes Blutgefäß (möglicherweise können auch Oligodendrogliazellen ähnliche Cytoplasmafortsätze um die Gefäße bilden und sich an dieser „Gliagefäßscheide" beteiligen (Abb. 1.21). Zusammen mit dem besonderen Endothel der Capillaren bilden diese kontinuierlich aneinandergelagerten Gliafüßchen eine dreischichtige Diffusionsbarriere, in der die sog. „**Bluthirnschranke**" lokalisiert ist. Die Bluthirnschranke besitzt vom Capillarlumen her also folgende Schichten:

1. kontinuierliches Endothel mit Zonulae occludentes,
2. Basalmembran (Membrana basalis),
3. Gliafüßchenmembran (Membrana limitans gliae perivascularis).

Den protoplasmatischen Astrocyten oder Kurzstrahlern stellt man die **faserigen Astrocyten** (Faserglia) als Langstrahler gegenüber. Diese Zellen haben Fortsätze, die sich um Nervenfasern legen (und gelegentlich eine Myelinscheide bilden können). Die Faserglia ist weiterhin von feinen Filamentbündeln durchsetzt, die lichtmikroskopisch als Fasern zu erkennen sind.

Neben den beiden beschriebenen Haupttypen von Astrocyten finden sich besonders große Zellen (die BERGMANN-Zellen) im Stratum moleculare des Kleinhirns. Im übrigen können Zwischenformen der Astrocyten in jeder Art auftreten. Die Astrocyten sollten am besten als eine Gruppe variabler Gliazellen betrachtet werden, die durch Veränderungen ihrer Fortsätze und Struktur plastisch bleiben.

**Oligodendroglia** kommt praktisch nur in den weißen Bezirken des Zentralnervensystems vor, dort wo sich markhaltige Nervenfasern befinden. In der Zone des Rindengraus ist sie selten. Wie bereits oben erwähnt, dienen ihre Cytoplasmafortsätze der Bildung von Markscheiden. Im Unterschied zu den SCHWANN-Zellen des peripheren Nervensystems kann eine Oligodendrogliazelle meist 3-5 Markscheiden erzeugen. Der Körper der Zellen ist mit den Cytoplasmaabschnitten, in denen die Markscheiden liegen, durch brückenförmige Fortsätze verbunden (Abb. 1.20c). So kann man die zu einer einzigen Oligodendrogliazelle gehörenden Axone nur im Querschnitt auf der Höhe des Zellkörpers erkennen, wenn die Cytoplasmabrücken getroffen sind. Die Markscheidenreifung soll im übrigen so vor sich gehen, wie es für die periphere Nervenfaser beschrieben ist (Abb. 1.13). Die Oligodendrogliazellen bilden im Zentralnervensystem ebenfalls RANVIER-Knoten, SCHMIDT-LANTERMAN-Einkerbungen sind jedoch selten, vielleicht weil diese Nervenfasern keinen mechanischen Belastungen ausgesetzt sind.

**Die Mesoglia** (auch HORTEGA-Glia oder Mikroglia) wird als dritter Typ den Astrocyten und Oligodendrocyten gegenübergestellt, denn genetisch handelt es sich um Zellen, die mit den in das Nervensystem einwachsenden Blutgefäßen einwandern. Die Mikrogliazellen sind also mesodermaler Herkunft, woher auch die Bezeichnung Mesoglia rührt. Dieser Typ von Gliazellen bleibt anscheinend zeitlebens mit Blutgefäßen in Verbindung, es sei denn, pathologische Veränderungen treten auf. Man könnte sie daher auch als „perivasculäre Glia" bezeichnen. Elektronenmikroskopische Untersuchungen über die Mesoglia sind spärlich. Funktionell scheint die Mesoglia ganz besonders für Abwehrreaktionen spezialisiert, denn beim Auftreten von Fremdsubstanzen oder Abbauprodukten im Zentralnervensystem wird die Mesoglia aktiviert. Sie kann phagocytieren und das unerwünschte Material aufnehmen, wobei sich die verzweigten Zellen in polygonale plumpe Zellelemente umwandeln (Abb. 1.22). Diese Zellen haben ein schaumartiges oder vacuoliges Cytoplasma und werden, da sie kleine Granula enthalten, auch als „Körnchenzellen" bezeichnet. Bei Speicherkrankheiten wird die Mesoglia stark mit Ablagerungsprodukten beladen, ähnlich wie bei den mesodermalen Abwehrzellen, wie z. B. bei den Histiocyten in übrigen Bereichen des Körpers.

36  Nervengewebe

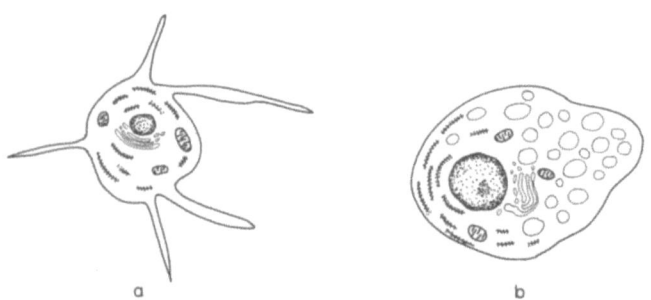

Abb. 1.22. Umwandlung einer Mesogliazelle (a) in eine Körnchenzelle (b)

Die Funktionen der zentralen Glia wurden bereits erwähnt. Durch die Glia wird das gesamte nervöse Gewebe von nur schmalen Zellspalten umgeben und liegt nicht in einem ausgedehnten Flüssigkeitsmantel des Extracellularraums. So kommt der Glia eine zweifache Bedeutung zu, nämlich eine Stützfunktion und die Bildung eines „zweiten Extracellularraums im Zentralnervensystem", nämlich dem Cytoplasma der Glia. Diese Betrachtungsweise ergibt sich aus der Pathologie, denn bei einem Hirnödem kommt es zur Reaktion des „zweiten Extracellularraums" (= Gliacytoplasma). Der Zwischenspalt des eigentlichen Extracellularraums beträgt fast konstant 20 nm. Er ist damit nur gering ausgeprägt. Alle Milieuveränderungen in diesem Raum werden von Nervenzellen und Gliazellen sofort registriert, und die Stoffwechselvorgänge in diesem Raum werden wahrscheinlich durch Wechselbeziehungen zwischen Glia und Nervenzelle reguliert.

Eine weitere Funktion des Gliagewebes zeigt sich bei der Degeneration von Abschnitten des Zentralnervensystems: wenn sich durch die Zerstörung von Nervengewebe freie Räume ergeben, wird die Glia stark aktiv. Sie sorgt für den Abbau der Restbestände degenerierter Zellen, dann füllt sie durch Teilung die Zwischenräume; es entstehen sog. Glianarben.

Als letzte Funktion soll nochmals auf die Bedeutung der Gliazellverbände in der Bluthirnschranke hingewiesen werden. Der Aufbau der Bluthirnschranke ist auch aus Abb. 1.21 ersichtlich und auf S. 34 schon besprochen.

### 1.1.6 Ependym (einschl. Epithel des Plexus choroideus)

Die Innenräume des Zentralnervensystems (Ventrikelsystem und Canalis centralis) werden von einem einschichtigen Epithel, dem **Ependym**, austapeziert. Dieses Ependym besitzt an seiner apicalen Seite zum Ventrikelsy-

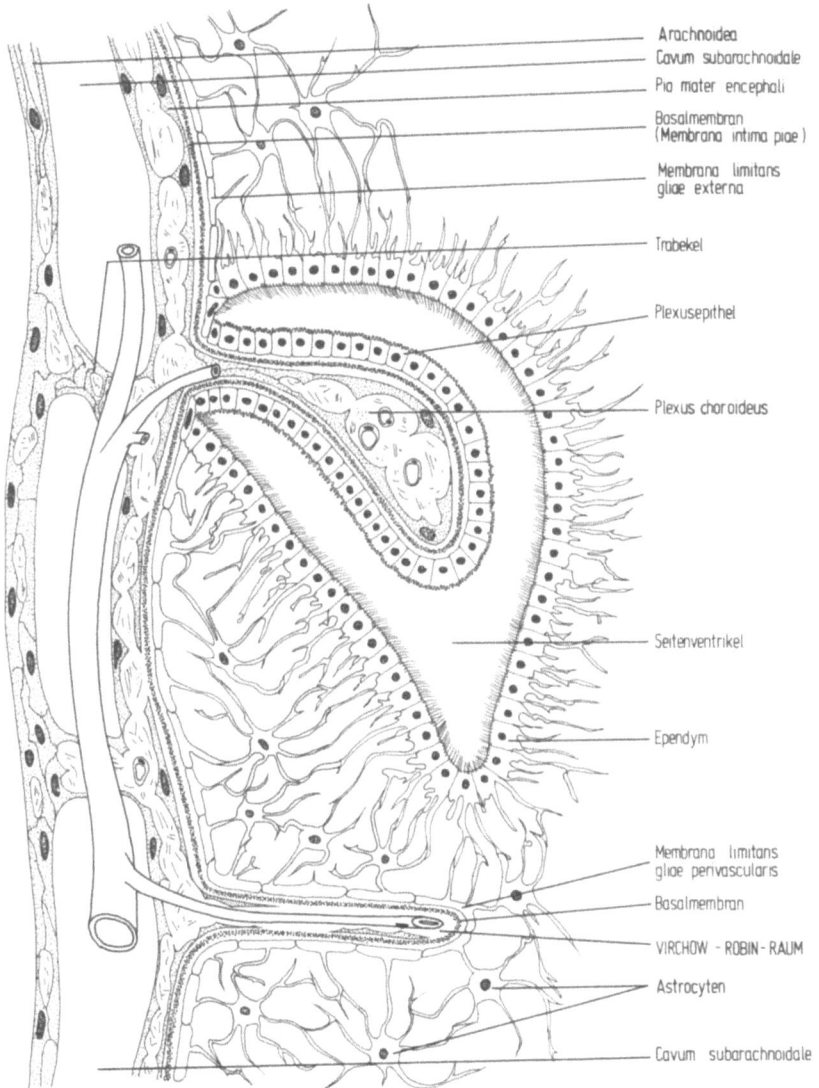

**Abb. 1.23.** Darstellung des Aufbaus der Vascularisation des ZNS, Gliastruktur, Ventrikelauskleidung und Plexus-choroideus-Epithel (weitere Beschreibung s. Text)

stem hin einen spärlichen, unregelmäßigen Besatz von Cilien sowie zwischen den Zellen einen Junktionskomplex in Form von Zonulae occludentes, die die freie Diffusion zwischen Liquor cerebrospinalis und dem Extracellularraum des Zentralnervensystems verhindern (Abb. 1.23). Auf der gegenüberliegenden („basalen") Seite besitzen die Ependymzellen ausgezogene Fortsätze, die mit der übrigen Glia ein enges Flechtwerk bilden. Man kann die Ependymzellen auch als an einem Zellpol ausdifferenzierte Gliazellen betrachten.

An der Stelle des Übergangs von Ependym in das Epithel des Plexus chorioideus haben wir ein isoprismatisches, einschichtiges Epithel, die basale Seite der Zellen verliert ihre Fortsätze. Die äußere Basalmembran, die das gesamte Nervensystem als **Membrana intima piae** umhüllt, setzt sich hier als Basalmembran des Plexusepithels fort (Abb. 1.23). Das Plexusepithel ist mit Mikrovilli und vereinzelten Cilien ausgestattet. Es hat eine bedeutende Funktion bei der Bildung des Liquor cerebrospinalis: das Capillarfiltrat des Plexus chorioideus wird bei der Passage durch die Epithelzellen zum endgültigen Liquor cerebrospinalis.

40  Zentrales Nervensystem

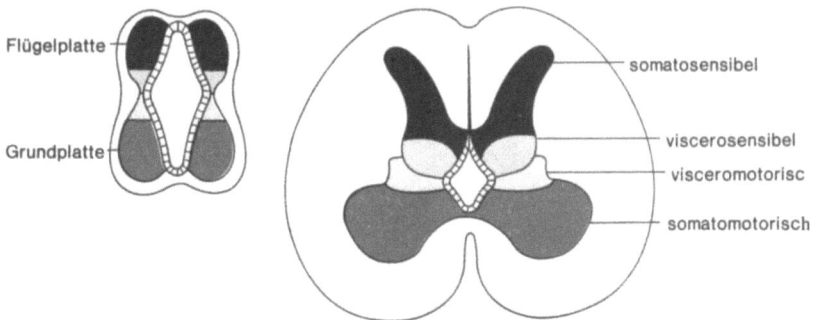

**Abb. 2.1.** Grund- und Flügelplattenanteile (links) im embryonalen und im (rechts) ausgereiften Rückenmark. (Nach HAMILTON et al. 1962) Grundplatte: rot, Flügelplatte: schwarz

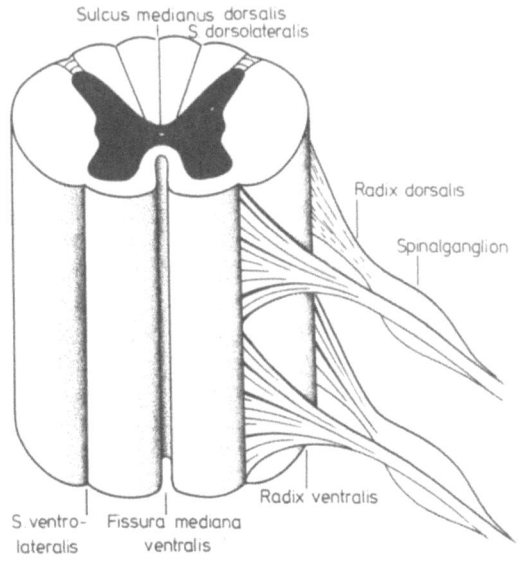

**Abb. 2.2.** Zwei Rückenmarksegmente mit ihren Spinalnervenwurzeln

Dorsal ins Rückenmark ein- und ventral von ihm ausziehende Nervenfasern teilen die aus dem äußeren **Randschleier** entstehende **weiße Substanz (Substantia alba)** in **Vorder-, Hinter-** und **Seitenstränge (Funiculi ventrales, dorsales** und **laterales).** Die weiße Farbe der Substantia alba wird durch den Reichtum an markscheidenhaltigen Nervenfasern bewirkt. Außerhalb des Rückenmarks werden die ein- und die austretenden Nervenfasern segment-

# 2 Zentrales Nervensystem

## 2.1 Rückenmark (Medulla spinalis)

### 2.1.1 Entwicklung des Rückenmarks

Im Rumpfbereich entwickelt sich das Neuralrohr zum Rückenmark (s. auch Abschn. 11.1). Die Wand des Neuralrohrs verdickt sich durch massenhafte Zellteilungen. Den immer mehr eingeengten Hohlraum kleidet eine Schicht hochprismatischer Zellen aus **(primäres Ependym)**, deren Fortsätze radiär zur Oberfläche des Neuralrohrs ziehen. Diese Ependymzellvorläufer bilden ein primäres Stützgerüst für die Zellmassen, die sich in **Nervenstammzellen (Neuroblasten)** und **Gliastammzellen (Glioblasten)** differenzieren. Die Fortsätze der Neuroblasten wachsen zur Oberfläche hin und erzeugen um das Neuralrohr einen **Randschleier (Zona marginalis)**, während die Zellkörper medial liegen bleiben und eine **Mantelzone (Zona nuclearis)** um den **Zentralkanal (Canalis centralis)** bilden.

Besonders in den seitlichen Abschnitten verbreitert sich das Rückenmark. Durch die Zellvermehrung entsteht ventrolateral eine **Grundplatte** und dorsolateral eine **Flügelplatte**; seitlich am Zentralkanal grenzen sie in einer sichtbaren Grenzfurche **(Sulcus limitans)** aneinander (Abb. 1.3 u. 2.1). Die ventralen und dorsalen Rückenmarkabschnitte wachsen nur wenig, sie bleiben als dünne **Boden-** bzw. **Deckplatte** bestehen.

Die Neuroblasten der Grundplatte nehmen durch lange Fortsätze mit den Muskelanlagen Kontakt auf, sie werden zu motorischen Nervenzellen (Motoneuronen). Die Zellen der Flügelplatte erhalten Anschluß an einwachsende Neurone aus der Ganglienleiste sowie auch an die Neuroblasten der Grundplatte; sie haben sensible Funktionen (Abb. 1.3).

Die unterschiedliche Entwicklung der Neuralrohrwand führt seitlich zu säulenähnlichen Vorwölbungen **(Columnae)** der zellreichen Mantelzone, die grau erscheint: **graue Substanz (Substantia grisea)**. Im Querschnittsbild ergibt sich eine Schmetterlingsfigur. Zwei **Vorderhörner (Cornua ventralia)** sind Abkömmlinge der Grundplatte, zwei **Hinterhörner (Cornua dorsalia)** Abkömmlinge der Flügelplatte. Die zwischen ihnen liegenden **Seitenhörner (Cornua lateralia)** setzen sich aus Grund- und Flügelplattenmaterial zusammen (Abb. 2.1).

# Rückenmark 41

weise jeweils zu Wurzelfäden zusammengefaßt (Abb. 2.2). Sie bilden auf jeder Seite **die vordere Wurzel (Radix ventralis)** und die **hintere Wurzel (Radix dorsalis)**. In der Radix dorsalis liegt das aus den Zellen der Ganglienleiste entstandene Spinalganglion. Beide Wurzeln vereinigen sich im **Zwischenwirbelloch (Foramen intervertebrale)** zum Spinalnerv (Nervus spinalis).

**Der Spinalnerv enthält:**
1. Efferenzen (zentrifugale Fasern) aus dem Vorderhorn zur Skelettmuskulatur: **somatomotorische Fasern**
2. Afferenzen (zentripetale Fasern) sensibler Neurone der Spinalganglien, die ins Hinterhorn ziehen: **somatosensible Fasern**
3. Efferenzen aus der Substantia intermedia und aus der Columna lateralis für die Eingeweidemotorik: **visceromotorische Fasern**
4. Afferenzen aus den Eingeweiden: **viscerosensible Fasern**.

Die beiden letztgenannten Faserarten gehören zum autonomen Nervensystem, das unwillkürlich und weitgehend unbewußt arbeitet.

Die Anordnung der verschiedenen funktionellen Anteile des Rückenmarks sieht wie folgt aus:

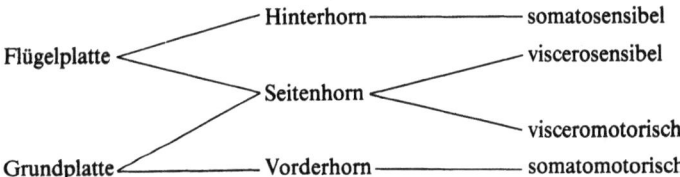

## 2.1.2 Lage des Rückenmarks

Das etwa 45 cm lange, rundliche bis leicht abgeplattete Rückenmark beginnt in Höhe des Foramen magnum. Es folgt den Krümmungen der Wirbelsäule und endet beim Erwachsenen in Höhe des ersten Lendenwirbels (L 1) mit einer kegelförmigen Zuspitzung, dem **Conus medullaris**.

Am Rückenmark unterscheidet man folgende Abschnitte:

1. **Halsmark (Pars cervicalis)**
2. **Brustmark (Pars thoracica)**
3. **Lendenmark (Pars lumbalis)**
4. **Sacralmark (Pars sacralis)**
5. **Coccygealmark (Pars coccygea, Conus medullaris)**.

Obwohl das Rückenmark selbst nicht segmentiert ist, kann man jeden Abschnitt durch die seitlich austretenden Spinalnervenwurzeln, wie die Wir-

## 42 Zentrales Nervensystem

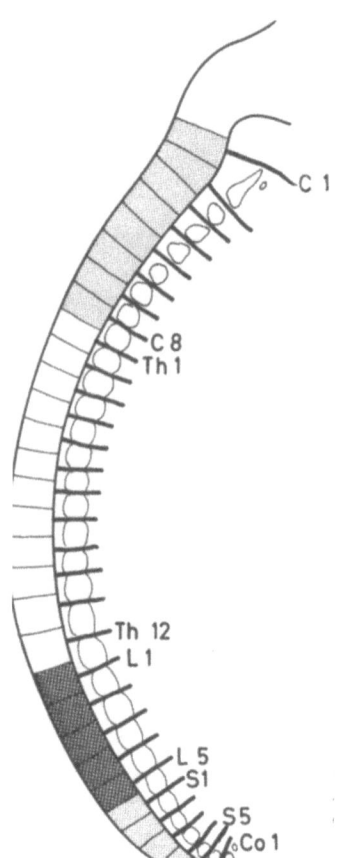

**Abb. 2.3.** Rückenmark und Sklerotome etwa im 3. Embryonalmonat. Hals-, Brust-, Lenden- und Sacralmark (wie in Abb. 2.4) unterschiedlich gerastert. Die Wirbelsäulen- und Rückenmarksegmente liegen noch in gleicher Höhe

belsäule, in entsprechend viele Segmente unterteilen (Abb. 2.3). Hals- und Coccygealmark bilden Ausnahmen: Da der ursprünglich oberste Halswirbel mit dem Os occipitale verschmolzen ist, liegen 8 Spinalnervenpaare bei 7 endgültigen Wirbeln vor; das Coccygealmark besitzt ein gemeinsames Spinalnervenpaar bei 3–6 Wirbeln. Nach der Zahl der Spinalnervenpaare besteht die kontinuierliche Struktur des Rückenmarks also aus $8 + 12 + 5 + 5 + 1 = 31$ Segmenten.

Infolge des unterschiedlichen Längenwachstums von Wirbelsäule und Rückenmark geht die anfangs segmentale Übereinstimmung verloren. Die **nervösen Segmente** und mit ihnen die zugehörigen Wurzelaustritte der Spinalnerven bleiben im Wachstum gegen die **vertebralen Segmente** zurück (Abb. 2.4). Da aber jeder Spinalnerv durch das ursprünglich zugehörige

Rückenmark 43

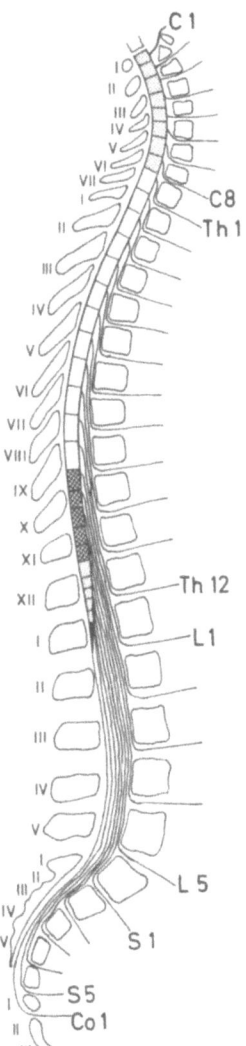

**Abb. 2.4.** Segmentale Gliederung des Rückenmarks und der Spinalnerven in Beziehung zur Wirbelsäule (beim Erwachsenen). Die römischen Zahlen bezeichnen die Dornfortsätze der Wirbel und entsprechen den Wirbelsäulensegmenten. *C 1 - C 8* = Cervicalnerven; *Th 1 - Th 12* = Thoracalnerven; *L 1 - L 5* = Lumbalnerven; *S 1 - S 5* = Sacralnerven; *Co 1* = Coccygealnerv. Man erkennt die Verschiebung der Wirbelsäulensegmente gegen die Rückenmarksegmente

Zwischenwirbelloch austritt, legen die zugehörigen Wurzelfasern nach caudal immer längere Strecken innerhalb des Wirbelkanals zurück, ehe sie ihn verlassen. Unterhalb des ersten Lendenwirbels (L 1; also unterhalb des Conus medullaris) ziehen die Wurzeln der Spinalnerven wie ein auslaufender **Pferdeschweif (Cauda equina)** im Wirbelkanal abwärts, bis sie die tieferliegenden Zwischenwirbellöcher erreichen. Sie gruppieren sich um das am

## 44 Zentrales Nervensystem

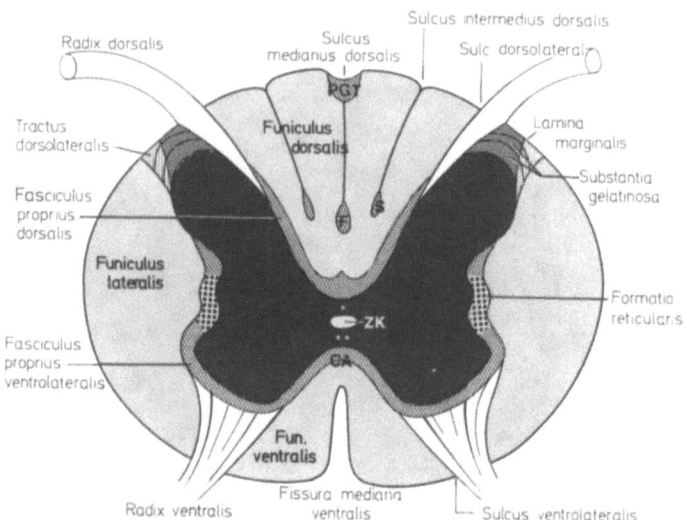

**Abb. 2.5.** Querschnitt durch das Rückenmark. Die Substantia grisea ist dunkelgrau; in der Substantia alba sind der Eigenapparat mittelgrau, die langen Bahnensysteme hellgrau gerastert. Besonders gekennzeichnet sind: *ZK* = Zentralkanal; \* = Commissura grisea dorsalis; \*\* = Commissura grisea ventralis; *CA* = Commissura alba; *PGT* = PHILLIPE-GOMBAULT-Triangel; *F* = FLECHSIG-Feld; *S* = SCHULTZE-Komma

Steißbein ansetzende **Endfädchen** des Rückenmarks **(Filum terminale).** Da die äußeren Rückenmarkhäute (Arachnoidea und Dura mater) als weiter Sack das Rückenmark mit der ihm eng anliegenden inneren Hirnhaut (Pia mater) umgeben, schwimmen alle Spinalnervenwurzeln in einer den Sack füllenden Flüssigkeit **(Liquor cerebrospinalis),** die ihnen Bewegungsfreiheit läßt. Zwischen den freischwebenden Wurzeln ist das Rückenmark seitlich durch die Ligamenta denticulata fixiert (s. S. 232 und Abb. 5.2). Der Dura-Arachnoidea-Sack setzt erst am zweiten Sacralwirbel (S 2) an.

Klinisch wird der untere, rückenmarkfreie Liquorraum für die **Lumbalpunktion** genützt. Man sticht zwischen den Dornfortsätzen von L 2 bis L 5 mit einer Kanüle ein, um Liquor zu entnehmen oder Pharmaka zu injizieren.

### 2.1.3 Makroskopische Anatomie des Rückenmarks

Das Rückenmark besitzt längslaufende Furchen (Abb. 2.2 und 2.5). In der vorderen Mittellinie verläuft die tiefe **Fissura mediana ventralis,** in der hinteren der seichtere **Sulcus medianus dorsalis,** der von einem **Septum media-**

**num dorsale** nach innen fortgesetzt wird. Seitlich liegt in Höhe des Eintritts der hinteren Wurzeln der **Sulcus dorsolateralis**; und entsprechend am Austritt der vorderen Wurzeln der **Sulcus ventrolateralis** (Abb. 2.5).

Im Halsmark kann man außerdem lateral vom Sulcus medianus dorsalis einen **Sulcus intermedius dorsalis** erkennen; er entsteht durch die Aufteilung der Hinterstränge (s. S. 129).

Der enge, streckenweise verödete Zentralkanal durchzieht das Rückenmark; er enthält Liquor cerebrospinalis und endet blind im Conus medullaris.

Im Rückenmarkquerschnitt (Abb. 2.5) lassen sich zwei verschiedenfarbige Bezirke unterscheiden. Die von einem engmaschigen Capillarnetz umgebenen Ganglienzellen liegen als „**graue Substanz**" (**Substantia grisea**) um den **Zentralkanal** (**Canalis centralis**). Sie bilden eine Schmetterlingsfigur, die durch Pigmentzunahme im Alter deutlicher hervortritt. Die „**weiße Substanz**" (**Substantia alba**), die die äußeren Bezirke einnimmt, besteht vorwiegend aus markhaltigen Nervenfasern.

Die Schmetterlingsfigur der grauen Substanz ist räumlich eine das Rückenmark durchziehende Zellsäule. Die hintere Vorwölbung (**Columna dorsalis**) der grauen Substanz wird im Querschnittsbild als **Hinterhorn (Cornu dorsale)**, die vordere (**Columna ventralis**) als **Vorderhorn (Cornu ventrale)** bezeichnet. Vorder- und Hinterhorn treffen in der **Substantia intermedia** zusammen. Die Substantia intermedia wird in eine dem Zentralkanal anliegende zentrale und eine laterale Region, **Substantia intermedia centralis und lateralis**, eingeteilt. Im Brustmark ist die Substantia intermedia lateralis zu einer **Columna lateralis** bzw. einem **Seitenhorn (Cornu laterale)** ausgebuchtet. Die Verbindung der Substantiae intermediae beider Seiten vor dem Zentralkanal ist die **Commissura grisea ventralis**, die hintere Verbindung die **Commissura grisea dorsalis**.

Den hinteren Abschnitt des Hinterhorns bildet die **Substantia gelatinosa** (ROLAND), die dorsalwärts noch von der dünnen **Lamina marginalis** bedeckt ist. Die Lamina marginalis (Lamina I) und die Substantia gelatinosa (Lamina II und III, Abb. 2.7) weisen schon im Übersichtsbild eine sichelförmige Lamellenstruktur auf. An dieser Stelle ziehen zuleitende Fasern der hinteren Wurzel in das Hinterhorn und lagern sich den Fasern des Eigenapparats, **Tractus dorsolateralis** (LISSAUER), so an, daß die seitlichen und hinteren Fasern der weißen Substanz auseinandergedrängt sind. Es scheint, als erreiche das Hinterhorn die Oberfläche.

Zwischen Vorder- und Hinterhorn liegen verstreute Ganglienzellgruppen, die besonders dem Halsmark seitlich angelagert sind. Sie sind die Fortsetzung des im Stammhirn befindlichen **Netzkörpers (Formatio reticularis)**.

Die markhaltigen Nervenfasern der Substantia alba lagern sich in Form von breiten Strängen an die graue Zellsäule. Zwischen beiden Hinterhörnern liegen die **Hinterstränge (Funiculi dorsales)**, die durch das Septum medianum dorsale voneinander getrennt sind. Seitlich der Hinterhörner bis zur Fissura mediana ventralis befinden sich die **Vorderseitenstränge (Funiculi ventrolaterales)**. Die aus den Vorderhörnern austretenden Fasern, die vorderen Wurzeln (Abb. 2.5), bilden den topographischen Anhaltspunkt für eine weitere Unterteilung der Vorderseitenstränge in **Vorderstränge (Funiculi ventrales)** und **Seitenstränge (Funiculi laterales)**. Die Vorderstränge stehen am Ende der Fissura mediana ventralis durch eine **weiße Commissur (Commissura alba)** miteinander in Verbindung. Im Bereich des Halsmarks ist jeder Hinterstrang nochmals durch den Einschnitt des Sulcus intermedius dorsalis und ein von hier aus in die Tiefe ziehendes Septum intermedium unterteilt. Der mediale, schmalere Strang ist der **Fasciculus gracilis** (GOLL), der laterale, mehr keilförmige, der **Fasciculus cuneatus** (BURDACH).

Das Querschnittsbild des Rückenmarks wechselt stark (Abb. 2.6). Anhäufungen von Ganglienzellen, z. B. im Hals- und Lendenmark, verbreitern die Schmetterlingsfigur, besonders im Vorderhorn. Diese Ganglienzellhaufen mit ihren Faserverbindungen dienen der reichen nervösen Versorgung der Extremitäten und bewirken Verdickungen des Rückenmarks: eine **Intumescentia cervicalis** zwischen den Segmenten C 4 und Th 1 (für die obere Extremität) und eine **Intumescentia lumbosacralis** zwischen L 1 und S 4 (für die untere Extremität). Zellgruppen für die Versorgung der Eingeweide erzeugen demgegenüber im Brustmark die Seitensäule (Columna lateralis).

Die Marksubstanz nimmt cranialwärts immer weitere auf- und absteigende Bahnen auf. Dadurch zeigt der Querschnitt eines Sacralsegments in der Hauptsache graue Substanz, die von einer dünnen Schicht markhaltiger Fasern umgeben ist. Im oberen Halsmark dagegen tritt die Substantia grisea gegenüber den mächtigen Anteilen der Substantia alba relativ in den Hintergrund (Abb. 2.6).

Die Fasern, die aus der grauen Substanz in die weiße Substanz treten, lagern sich auf der Seite der grauen Substanz an die bereits vorhandenen Bahnen an. Dadurch entsteht eine Schichtung aller langen Bahnensysteme, in der Fasern der Sacralsegmente oberflächlich, die Fasern höherer Segmente jeweils näher der grauen Substanz liegen.

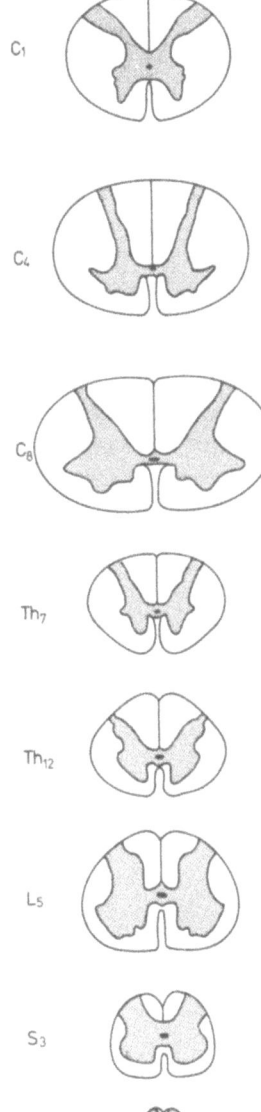

**Abb. 2.6.** Rückenmarkquerschnitte und ihre Schmetterlingsfiguren. (Nach FERNER 1970)

48   Zentrales Nervensystem

### 2.1.4 Mikroskopische Anatomie des Rückenmarks

#### 2.1.4.1 Neuronaler Aufbau der grauen Substanz

Die graue Substanz des Rückenmarks besteht aus:
1. Ganglienzellen mit ihren Fortsätzen: Dendriten und marklose Anfangsabschnitte der Axone;
2. Fortsätzen von Ganglienzellen anderer Regionen des Zentralnervensystems und aus den Spinalganglien;
3. Gliagewebe;
4. Blutcapillaren.

Die **Ganglienzellen** der grauen Substanz besitzen entsprechend ihrer Funktion unterschiedliche Form und Größe; sie liegen in Kerngruppen oder „Zentren" beieinander. Man unterscheidet Neurone (Abb. 2.7) mit efferenten Projektionen in die Körperperipherie (Wurzelzellen) von solchen, die mit ihren Fortsätzen im Zentralnervensystem bleiben (Binnenzellen).

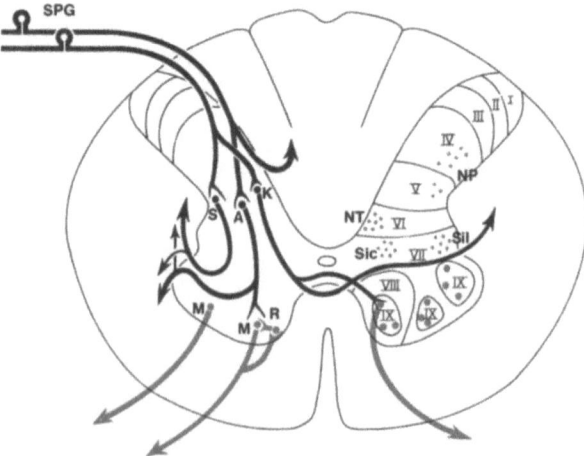

**Abb. 2.7.** Querschnitt durch das Rückenmark mit Kerngruppen und Schichtungen (Laminae nach REXED 1964; rechts im Bild) und vereinfachter Darstellung der neuronalen Verschaltungen (links im Bild). Rot: motorische Kerngruppen; schwarz: sensible Kerngruppen. *M* = Motoneurone (Wurzelzellen); *S* = Strangzelle; *A* = Assoziationszelle; *K* = Commissurenzelle; *R* = RENSHAW-Zelle (Schaltzelle); *SPG* = Spinalganglienzellen; *NP* = Nucleus proprius columnae dorsalis; *NT* = Nucleus thoracicus; *Sic* = Substantia intermedia centralis; *Sil* = Substantia intermedia lateralis

Rückenmark 49

**a) Wurzelzellen:** Diese senden ihre Hauptfortsätze (Axone) in die Peripherie zur efferenten Innervation.

**Große Vorderhornzellen ($\alpha$-Motoneurone)** liegen in der Vordersäule. Ihre markhaltigen Axone verlassen das Rückenmark durch die vordere Wurzel. Jedes Axon versorgt eine Gruppe von Arbeitsmuskelfasern (motorische Einheit extrafusaler Muskelfasern). Man rechnet die Axone nach dem Kaliber zu den A-$\alpha$-Fasern. Die Zellkörper und zahlreichen Dendriten gehen vielfache synaptische Kontakte mit anderen Neuronen ein.

**Kleine Vorderhornzellen ($\gamma$-Motoneurone)** liegen ebenfalls in der Vordersäule. Ihre Axone innervieren die Muskelfasern der Muskelspindeln (intrafusale Muskelfasern). Die Axone werden zu den A-$\gamma$-Fasern gezählt.

**Wurzelzellen des Sympathicus** befinden sich zwischen C 8 und L 2 in der intermediolateralen Zellsäule **(Substantia intermedia lateralis),** die sich in diesem Bereich zum Cornu laterale vorwölbt. Sie dienen der Visceromotorik (Eingeweidemotorik). Ihre Axone verlassen das Rückenmark mit den Motoneuronen durch die vordere Wurzel.

**Wurzelzellen des Parasympathicus** sind in der intermediozentralen und intermediolateralen Zellsäule **(Substantia intermedia centralis und lateralis)** zwischen S 1-S 4 lokalisiert. Auch sie haben visceromotorische Funktion und verlassen das Rückenmark durch die vordere Wurzel.

**b) Binnenzellen** im Bereich der Hintersäule beteiligen sich einmal mit ihren markhaltigen Axonen am Aufbau der Stränge (Funiculi). Sie heißen dann **Strangzellen.** Die Strangzellen des **Nucleus proprius columnae dorsalis** werden durch die Hinterwurzeln von den zentralen Fortsätzen der pseudounipolaren Ganglienzellen im Spinalganglion erreicht. Sie haben somato- und viscerosensible Funktion. Ihre Axone ziehen in der weißen Substanz als lange Bahnen bis ins Gehirn. Die STILLING-CLARKE-**Säule (Nucleus thoracicus)** in den Brustsegmenten ist eine besondere Kerngruppe der Strangzellen an der Basis der Hintersäule. Die Axone dieser Ganglienzellen ziehen im Seitenstrang zum Kleinhirn (Kleinhirnseitenstrang). Axonkollaterale der Strangzellen verbinden höhere und tiefere Abschnitte des Rückenmarks. Die Kollateralen beteiligen sich am Aufbau vom **Eigenapparat** des Rückenmarks: den **Grundbündeln (Fasciculi proprii,** Abb. 2.5).

Zur Gruppe der Binnenzellen zählen auch die **Commissurenzellen,** deren Axone auf die Gegenseite kreuzen. Die Fasern der langen Bahnen kreuzen in der Commissura alba, die der Grundbündel in der Commissura grisea. Die Axone einer dritten Zellgruppe, den **Assoziationszellen,** durchziehen mehrere Segmente der gleichen Seite. **Schaltzellen** haben nur kurze Verbindungen im gleichen Segment. Sie werden auch **Interneurone** genannt. Eine besondere Art von Interneuronen sind die RENSHAW-**Zellen.** Ihre Dendriten erhalten Kollaterale von Axonen der α-Motoneurone und ihre Axone bilden hemmende Synapsen an α-Motoneuronperikarya. Diese Zellen sind das anatomische Substrat der rückgekoppelten Hemmung („feed back") in der Motorik.

### 2.1.4.2 Schichtenbau der grauen Substanz

Nach der Lage der beschriebenen Zellarten wird die graue Substanz des Rückenmarks auch in Schichten (Laminae) unterteilt (Abb. 2.7).

**Lamina I-V** enthalten Strangzellen mit somatosensibler und viscerosensibler Funktion. In Lamina II und III (Substantia gelatinosa) enden verschiedene Typen von Axonen, die aus den Spinalganglien stammen und u.a. Neuropeptidtransmitter wie Neurotensin, Somatostatin und Substanz P enthalten. In Lamina IV und V bilden die locker verstreuten Zellgruppen den **Nucleus proprius columnae dorsalis.**

**Lamina VI** ist zwischen C 7 und L 2 zum **Nucleus thoracicus** verdichtet, in dem die Afferenzen aus den Muskelspindeln enden.

In **Lamina VII** finden sich neben Binnenzellen Strangzellen mit somato- und viscerosensibler Funktion sowie die visceromotorischen Wurzelzellen der Substantia intermedia lateralis und Substantia intermedia centralis.

**Lamina VIII** enthält hauptsächlich Interneurone.

**Lamina IX** besteht aus Gruppen somatomotorischer Wurzelzellen.

### 2.1.4.3 Aufbau der weißen Substanz

Die **weiße Substanz** des Rückenmarks wird vorwiegend von markhaltigen Axonen gebildet und enthält zusätzlich marklose Fasern und das Gliagerüst.

**a) Markhaltige Axone** ziehen in langen Bahnen in zentrifugaler (efferenter) oder zentripetaler (afferenter) Richtung. Ihre Perikarya liegen im Gehirn, Rückenmark oder Spinalganglion. Die Dicke der Markscheide ist unterschiedlich; besonders dicke Markscheiden haben z. B. die Axone der Hinterstränge. Die einzelnen langen Bahnen werden mit den funktionellen Systemen (s. S. 121 ff.) besprochen.

**b) Marklose Fasern** bilden die oben beschriebenen Grundbündel (Abb. 2.5). Sie verlaufen in der Regel eng der grauen Substanz anliegend, wie der **Fasciculus proprius ventrolateralis** im Vorder- und Seitenstrang oder der **Fasciculus proprius dorsalis** im Hinterstrang. Einige der Grundbündel liegen aber auch zwischen den langen Bahnen der Hinterstränge und sind dort als größere Felder: PHILIPPE-GOMBAULT-Triangel (**Fasciculus triangularis**), FLECHSIG-**ovales Feld** (**Fasciculus septomarginalis**) und SCHULTZE-**Komma** (**Fasciculus interfascicularis**) abgrenzbar.

### 2.1.4.4 Stützgewebe (Glia) des Rückenmarks

Ein **Gliagerüst** umgibt die einzelnen Nervenzellen und Fasern sowie die Gesamtheit des Rückenmarks. Innen wird die Wand des Zentralkanals von einer einschichtigen Lage isoprismatischer Ependymzellen gebildet, deren Fortsätze sich in der grauen Substanz verankern. Ventral erreichen die Zellausläufer die Fissura mediana ventralis, dorsal beteiligen sie sich an der Bildung des Septum medianum dorsale. Gliafilze um den Zentralkanal und am Ende der Hinterhörner bilden das Gerüst der **Substantia gelatinosa centralis** und der **Substantia gelatinosa** (ROLAND).

An der Oberfläche des Rückenmarks bilden Gliazellfortsätze eine Grenzschicht (**Membrana limitans gliae externa**) zum nichtneurogenen Gewebe. Diese ist mit der weichen Hirnhaut (Pia mater) unlösbar verwachsen und setzt sich als kontinuierliche Scheide um die Rückenmarkgefäße in die weiße und graue Substanz fort.

## 2.2 Gehirn (Encephalon)

### 2.2.1 Entwicklung des Gehirns

Im vorderen Abschnitt weitet sich das Neuralrohr zu 3 hintereinanderliegenden Bläschen aus, den **primären Hirnbläschen** (Abb. 2.8):

**Vorderhirnbläschen (Prosencephalon), Mittelhirnbläschen (Mesencephalon)** und **Rautenhirnbläschen (Rhombencephalon).** Das vordere Ende des Neuralrohrs bleibt zeitlebens dünnwandig als **Lamina terminalis.** Vorn am Vorderhirnbläschen entwickeln sich als seitliche Ausstülpungen frühzeitig 2 **Endhirnbläschen (Telencephalon).** Der hintere Anteil des Vorderhirns wird von den schnellwachsenden Endhirnbläschen in die Mitte genommen und zunehmend eingezwängt. Er wird so zum **Zwischenhirn (Diencephalon).** Aus den 3 primären Hirnbläschen gehen damit 5 **sekundäre Hirnbläschen** hervor (Abb. 2.8), nach denen die späteren Liquorräume bezeichnet werden.

Im Rautenhirn entwickeln sich weiter 3 Unterabschnitte und das Kleinhirn (Tabelle 2.1).

Durch diese weitere Unterteilung erkennt man am ausgereiften Gehirn, das Kleinhirn nicht mitgerechnet, 5 untereinander gelegene Abschnitte, bei

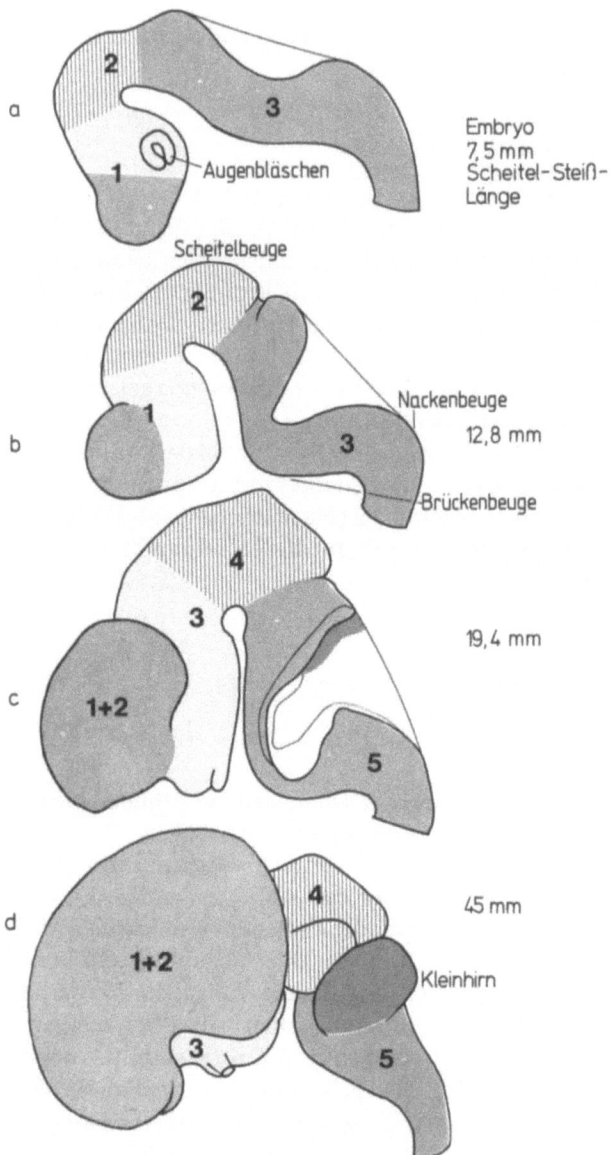

**Abb. 2.8.** Entwicklung der Hirnbläschen. (Nach HOCHSTETTER 1929)
**a + b** primäre Hirnbläschen. *1* = Prosencephalon; *2* = Mesencephalon; *3* = Rhombencephalon. **c + d** sekundäre Hirnbläschen. *1 + 2* = Telencephalon; *3* = Diencephalon; *4* = Mesencephalon; *5* = Rhombencephalon. Rot: Stammhirn; grau: Großhirn und Kleinhirn

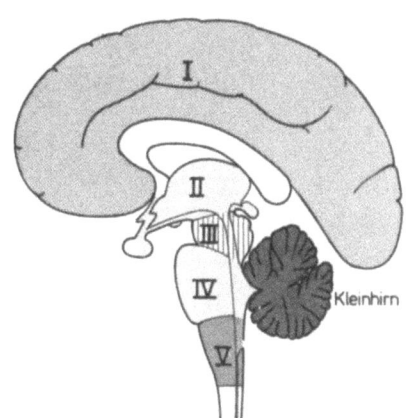

**Abb. 2.9.** Abschnitte des ausgereiften Gehirns
 *I* = Telencephalon (Endhirn)
 *II* = Diencephalon (Zwischenhirn)
 *III* = Mesencephalon (Mittelhirn)
 *IV* = Metencephalon (Hinterhirn)
 *V* = Myelencephalon (Nachhirn)
Das Cerebellum liegt im Nebenschluß von Mesencephalon, Metencephalon und Myelencephalon. Metencephalon, Myelencephalon und Cerebellum bilden zusammen das Rhombencephalon

denen die Endhirnhemisphären als ein Abschnitt gezählt werden: **Telencephalon, Diencephalon, Mesencephalon, Metencephalon** und **Myelencephalon** (Abb. 2.9).

Die unterschiedliche Massenzunahme des Gehirns wie auch das Wachstum der Nachbarregionen bewirken eine vorübergehende mehrfache Einknickung der Gehirnanlage (Abb. 2.8). Man unterscheidet 2 dorsal-konvexe Beugen: **Nackenbeuge** und **Scheitelbeuge,** und eine ventral-konvexe Beuge: **Brückenbeuge.**

Ventral schieben sich aus dem Zwischenhirn die Augenbläschen gegen das Ektoderm vor (Abb. 2.8). Ihre zuerst hohlen Stiele werden später von den Sehnerven ausgefüllt. (Umgekehrt entstehen bei der Ohrentwicklung die Labyrinthbläschen aus Einfaltungen des Ektoderms; sie nehmen erst später Kontakt mit dem Rautenhirn auf.) Im Rauten- und Mittelhirn bleibt die Gliederung des Neuralrohrs in Boden-, Deck-, Grund- und Flügelplatte erhalten, verwischt aber zum Zwischenhirn hin immer mehr. Die Grenze zwischen motorischer Grund- und sensibler Flügelplatte ist weiterhin durch den Sulcus limitans markiert. Daneben entstehen rostralwärts zunehmend neue übergeordnete Kernformationen. Die Endhirnbläschen bilden ausschließlich neue Ganglienzellgruppen mit übergeordneten Funktionen aus.

### 2.2.1.1 Entwicklung des Rautenhirns

Die Wand des Rautenhirnbläschens wird zur **Haube (Tegmentum pontis, Pars dorsalis pontis).** Die hier eingelagerten Grund- und Flügelplattenabkömmlinge halten sich in ihrer Lage an den geschilderten Grundbauplan.

# Zentrales Nervensystem

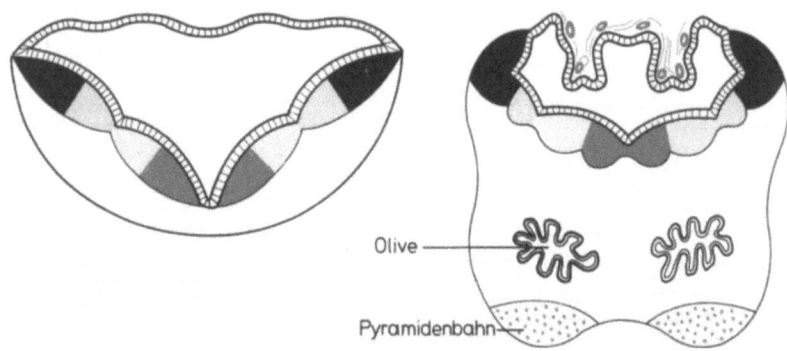

**Abb. 2.10.** Grund- und Flügelplattenanteile im embryonalen (links) und ausgereiften (rechts) Rautenhirn. (Nach STARCK 1965) Grundplatte: rot, Flügelplatte: schwarz

**Tabelle 2.1.** Hirnbläschen und Gehirnabschnitte

| Primäre Hirnbläschen | Sekundäre Hirnbläschen | Definitive Gehirnabschnitte |
|---|---|---|
| Vorderhirn (Prosencephalon) | → Endhirn (Telencephalon) | → Endhirn (Telencephalon) |
|  | ↘ Zwischenhirn (Diencephalon) | → Zwischenhirn (Diencephalon) |
| Mittelhirn (Mesencephalon) | → Mittelhirn (Mesencephalon) | → Mittelhirn (Mesencephalon) |
| Rautenhirn (Rhombencephalon) | → Rautenhirn (Rhombencephalon) | → Hinterhirn (Metencephalon) → Kleinhirn (Cerebellum) → Nachhirn (Myelencephalon) |

Aus ihnen entstehen die Hirnnervenkerne. Sie bilden keine kontinuierlichen Zellsäulen (wie im Rückenmark) und lassen daher auch mit ihren Austritten keine segmentale Gliederung des Rautenhirns erkennen.

Mit der Erweiterung des Neuralrohrs zum Hohlraum des Rautenhirnbläschens, dem späteren IV. Ventrikel, wird die dünne Deckplatte zu einer einschichtigen Zellage (**Lamina epithelialis**) ausgezogen. Eine außen angelagerte gefäßreiche Mesenchymplatte (**Tela choroidea**) stülpt die Lamina epithelialis zottenförmig in das Lumen des IV. Ventrikels ein (Abb. 2.10). Die aus Ependym der Lamina epithelialis und Tela choroidea bestehenden Zotten (**Plexus choroideus**) sezernieren den Liquor cerebrospinalis. Die

Gehirn 55

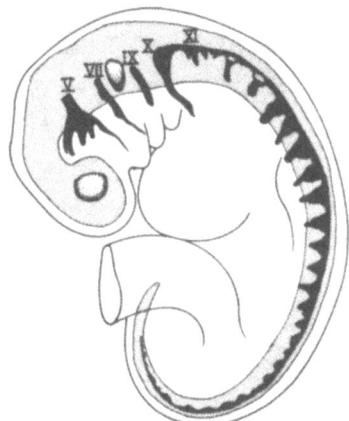

**Abb. 2.11.** Die Entwicklung der Ganglienleiste beim Menschen. (Nach BLECHSCHMIDT 1961). Die Anlage der Rumpfganglienleiste ist kontinuierlich; die Anlage der Kopfganglienleiste für die Hirnnerven V, VII, IX, X und XI ist diskontinuierlich

Epithelzellen in einem caudalen und später auch in einem seitlichen Bezirk der Lamina epithelialis degenerieren. Die entstehenden Öffnungen verbinden den Hohlraum des IV. Ventrikels mit dem Liquorraum um das Gehirn (**Apertura mediana und Aperturae laterales ventriculi quarti**) (Abb. 5.3).

Die sensiblen Flügelplattenanteile des Rautenhirns werden durch die breite Ausdehnung der Lamina epithelialis seitlich neben die motorischen Grundplattenderivate gedrängt (Abb. 2.10). Die somatomotorischen Kerngruppen kommen am weitesten medial zu liegen, die somatosensiblen ganz lateral. Die autonomen Kerne (visceromotorische und viscerosensible) liegen intermediär. Die zugehörigen Nerven verlassen in einer ventromedialen und einer ventrolateralen Reihe das Rautenhirn. Im einzelnen wird ihre Entwicklung auf S. 159 beschrieben.

Die sensiblen Hirnnerven entwickeln sich, ähnlich wie im Rumpfbereich, aus der **Kopfganglienleiste (Crista neuralis cranialis)**, deren Abschnitte sich aber von vornherein unzusammenhängend ausbilden (Abb. 2.11). Aus ihr stammen auch die sensiblen und autonomen (rein parasympathischen) Ganglien des Kopfbereichs.

Die Kopfganglienleiste erfüllt eine weitere, besondere Aufgabe. Sie liefert das Material für Knorpel und Knochen der Visceralbogenderivate, für die Hirnhäute, die Odontoblasten des Zahnbeins und für die Kopfmuskulatur. Alle diese Gewebe entstehen aus ausgeschwärmten Zellverbänden, die sich, obwohl aus dem Neuroektoderm stammend, wie Mesenchym verhalten und deshalb als **Mesektoderm** bezeichnet werden.

Frühzeitig bekommt das Gleichgewichtsorgan, das sich aus dem ektodermalen Labyrinthbläschen entwickelt, über Neurone der Ganglienleiste (VIII. Hirnnerv, Pars vestibularis) Kontakt mit Zellgruppen am Boden der Rautengrube, den **Nuclei vestibulares**. Dort liegen weitere Kerne, mit denen

sich das ebenfalls aus dem Labyrinthbläschen entstehende Hörorgan verbindet (VIII. Hirnnerv, Pars cochlearis), die **Nuclei cochleares.**
Bereits in der Rautenhirnhaube entwickeln sich Zellen mit übergeordneter Funktion. Zum größten Teil bilden sie verstreute Zellgruppen; ihre Gesamtheit wird als **Netzkörper (Formatio reticularis)** bezeichnet. Durch ihre Verdichtung entstehen die **Oliven (Olivae).**
Phylogenetisch frühe Neubildungen bestehen in der Regel aus großzelligem Material. Sie können histologisch als paleoencephale Anteile von später entstehenden kleinzelligen neoencephalen Zellgruppen unterschieden werden. Die aus der Formatio reticularis entstehenden Kerngruppen sind daher meist aus einem großzelligen (magnocellulären, paleoencephalen) und einem kleinzelligen (parvocellulären, neoencephalen) Anteil aufgebaut.

### 2.2.1.2 Entwicklung des Kleinhirns

Die mächtigste Neubildung des Rautenhirns ist das **Kleinhirn (Cerebellum).** Das Kleinhirn entwickelt sich aus Zellmaterial im seitlichen Boden der Rautengrube, das ausschwärmt. Zuerst bildet sich im vorderen Dach des Rautenhirns eine querliegende Platte, die **Rautenlippe.** Diese verdickt sich zum **Kleinhirnwulst.** Sie wächst über dem einknickenden Boden der Rautengrube und überwuchert zunehmend die dorsalen Abschnitte des Rautenhirns. Während ein Teil der Zellen zentral als **Kleinhirnkerne (Nuclei cerebelli)** liegenbleibt, wandern die meisten Zellen zur Oberfläche und bilden die **Kleinhirnrinde (Cortex cerebelli).** Durch das stärkere Wachstum der seitlichen Wulstanteile entstehen 2 **Kleinhirnhemisphären (Hemispheria cerebelli),** der etwas eingesenkte Mittelabschnitt wird zum **Kleinhirnwurm (Vermis cerebelli).** Der phylogenetisch älteste Abschnitt der Kleinhirnanlage, das **Vestibulocerebellum,** ist mit dem Gleichgewichtsorgan und seinen Kernen verbunden. Dieser Teil wird von den nachwachsenden Zellmassen des **Spinocerebellums** caudalwärts abgedrängt und nach innen eingerollt. Das Spinocerebellum verbindet sich mit den motorischen Systemen des Hirnstamms. Als phylogenetisch jüngster Abschnitt schiebt sich das **Pontocerebellum** zwischen die spinocerebellären Abschnitte. Es stellt über den **Brückenfuß (Pars ventralis pontis)** die Verbindung zu motorischen Systemen des Endhirns her.

Die in einigen Lehrbüchern angegebenen Entwicklungsstufen: Archeocerebellum → Paleocerebellum → Neocerebellum sind mißverständlich, da die Namen für die ersten beiden Schritte in der Entwicklung der Endhirnrinde in umgekehrter Reihenfolge verwendet werden: Paleocortex → Archeocortex (s. S. 61). Wir beschränken uns daher auf die funktionsbezogenen Begriffe: Vestibulocerebellum → Spinocerebellum → Pontocerebellum.

Durch die Art der Massenzunahme bildet sich ein horizontal gestelltes Faltenrelief der Kleinhirnoberfläche aus. Der Endzustand dieser Entwicklung ist in Abb. 2.44 und 2.45 zu sehen.

Die Zellgruppen des Kleinhirns treten durch 3 Stielpaare (**Pedunculi cerebellares**) mit den anderen Hirnabschnitten in Kontakt. Am mächtigsten entwickelt sich der mittlere Kleinhirnstiel. In ihm ziehen Fasern, die die Verbindung mit dem Endhirn herstellen. Fasern und umschaltende Ganglienzellen wölben sich ventral am Hinterhirn als **Brückenfuß (Pars ventralis pontis)** vor. Obwohl topographisch ein Teil des Metencephalons, gehört sie funktionell zum Pontocerebellum.

Auch die im Myelencephalon gelegene Olive kann als ein ins Rautenhirn verlagerter Kleinhirnkern aufgefaßt werden. Sie ist die erste Anlaufstation motorischer Kleinhirnafferenzen, die nicht vom Endhirn kommen.

### 2.2.1.3 Entwicklung des Mittelhirns

Das ursprüngliche Zellmaterial des Mittelhirns wird zur **Mittelhirnhaube (Tegmentum mesencephali, Pars dorsalis pedunculi cerebri)**. Sie bildet die Fortsetzung der Haube des Rautenhirns. Das Lumen des Mittelhirnbläschens wird mit Voranschreiten des Wachstums der Hirnwand zum **Aquädukt (Aqueductus mesencephali)** eingeengt. Da die Zellvermehrung ventral stärker ist als dorsal, ist der Aquädukt dorsalwärts verlagert. Auch in der Mittelhirnhaube sind die Derivate von Grund- und Flügelplatte noch zu erkennen, obwohl sie stark an Masse verlieren. Dafür bilden sich größere übergeordnete Zellkomplexe aus. Dazu gehören die verstreuten Zellgruppen der Formatio reticularis, die sich um den Aquädukt zum **zentralen Höhlengrau (Substantia grisea centralis)** und im ventralen Haubenbereich zu Kernen verdichten, dem **roten Kern (Nucleus ruber)** und dem **schwarzen Kern (Substantia nigra)**. Basal lagern sich der Haube vom Großhirn absteigende Bahnen in zwei **Hirnstielen (Crura cerebri, Pars ventralis pedunculi cerebri)** an. Dorsal von ihr entwickelt sich eine dicke Platte, das **Dach (Tectum mesencephali)** mit 4 Vorwölbungen. Es heißt daher auch **Vierhügelplatte**. Die **oberen Hügel (Colliculi craniales)** weisen eine Rindenschichtung auf, die anderen Teile enthalten Kerne. Das Tectum erhält Afferenzen aus allen Sinnesorganen, die beim Tier noch integriert, d.h. verarbeitet und gezielt beantwortet werden können. Beim Menschen hat das Tectum nur noch reflektorische Aufgaben.

Rauten- und Mittelhirn bilden eine aus 3 dorsoventral liegenden Etagen aufgebaute Einheit (Abb. 2.12):

I. Dorsal liegen im Myelencephalon Kerne aufsteigender sensibler Bahnen. In Metencephalon und Mesencephalon entstehen aus Flügelplattenmaterial Zentren mit integrierender Funktion: Cerebellum und Tectum mesencephali.

II. Die mittlere Etage ist die Haube. Im Boden vom IV. Ventrikel sind die

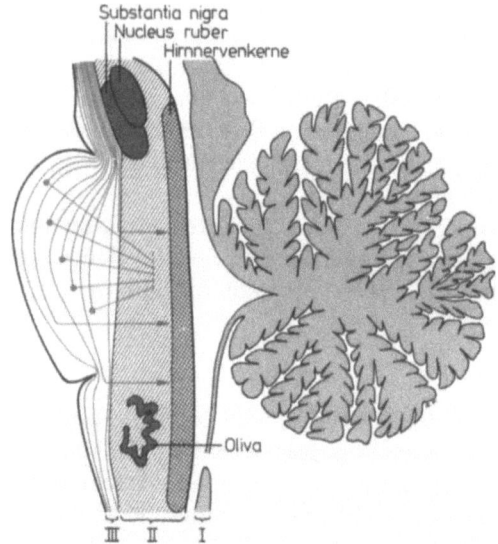

**Abb. 2.12.** Die Gruppierung der Funktionssysteme in Rhombencephalon und Mesencephalon. *I* = Dorsal: Sensible Umschaltungen und Integrationszentren; *II* = Intermediär: Hirnnervenkerne (mittelgrau) Formatio reticularis und ihre Derivate (durchziehende und verbindende Faserbündel wurden nicht eingezeichnet). *III* = Ventral: Bahnen vom Telencephalon mit Abzweigungen zu motorischen Hirnnervenkernen (Pfeile) und Umschaltungen zum Kleinhirn (Punkte)

Kerngebiete der Hirnnerven nach ihrer Funktion in Längsreihen angeordnet; ventral vom Aquädukt liegen nur noch motorische Hirnnervenkerne. Sie alle werden von der Formatio reticularis umgeben, die sich besonders ventralwärts zu größeren Kernen (Olive, Nucleus ruber, Substantia nigra) verdichtet.

III. Basal legen sich mit der Ausbildung der Endhirnrinde neoencephale Fasersysteme an. Sie bilden im Mesencephalon die Hirnstiele (Pars ventralis pedunculi cerebri, Crura cerebri), verdicken sich im Metencephalon durch eingelagerte Zellgruppen zum Brückenfuß (Pars ventralis pontis) und ziehen im Myelencephalon durch die Pyramiden (Pyramides) zum Rückenmark. Die ventralen Anteile enthalten motorische Bahnen von der Endhirnrinde (Pyramidenbahn und motorische Hirnnervenbahn) und Faserzüge, die in Nebenschaltung dieser Bahnen das Kleinhirn informieren. Je höher die Ausbildung des Endhirns, um so stärker ist auch die Entfaltung des Kleinhirns. Die Umschaltung zum Kleinhirn findet in Kernen des Brückenfußes statt, der deshalb in seiner Ausbildung direkt abhängig von der Rindendifferenzierung in Groß- und Kleinhirn ist.

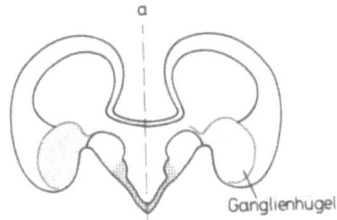

**Abb. 2.13 a-c.** Bildung des Basalganglions (Nucleus caudatus, Putamen und Pallidum) im Frontalschnitt, auf die Ebene des Foramen interventriculare (Pfeil) projiziert
**a** Im basalen Endhirn entsteht der Ganglienhügel (rot gerastert) gegenüber der verdickten Wand des Zwischenhirns (Thalamus dorsalis weiß, Thalamus ventralis rot gestreift, Hypothalamus rot kariert)
**b** Verdickte Zwischenhirnwand und Ganglienhügel lagern sich eng aneinander. Die dorsale Grenzfurche zwischen beiden Zellkomplexen ist der Sulcus terminalis. Die Fasern der Capsula interna (unterbrochene Linie) beginnen den Ganglienhügel zu durchziehen
**c** Die Fasern der Capsula interna haben den Ganglienhügel auseinandergedrängt (Bildung von Nucleus caudatus und Putamen) und einen Teil der Zwischenhirnwand nach außen abgesprengt (Pallidum, rot gestreift; Bildung vom Nucleus lentiformis). Die Grenze zwischen Thalamus und Hypothalamus wird durch den Sulcus hypothalamicus markiert. Der Boden des Seitenventrikels liegt als dünne Zellplatte (Lamina affixa) dem Thalamus auf

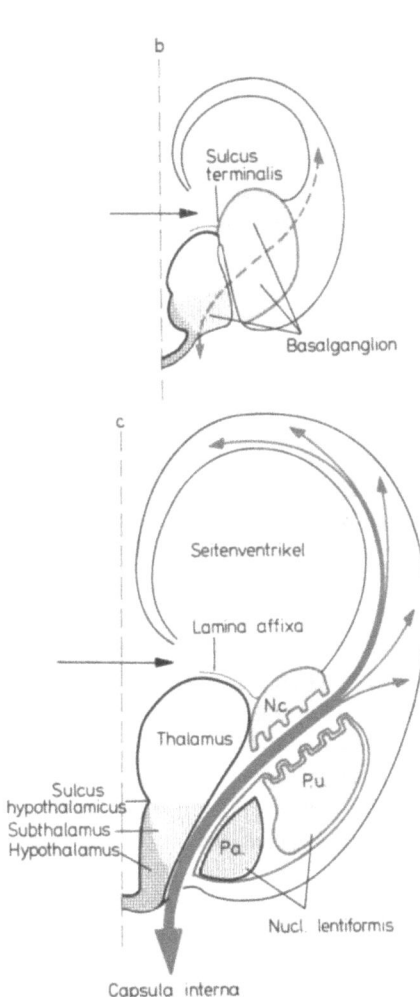

### 2.2.1.4 Entwicklung des Zwischenhirns

Das Zwischenhirn entwickelt sich aus dem größeren hinteren Anteil des ursprünglichen Prosencephalons, der mit den Augenblasenstielen beginnt. Der ventrale Bereich differenziert sich zum **Hypothalamus**. Aus dem seitlichen Zellmaterial entstehen der **Thalamus ventralis** und darüber der **Thalamus dorsalis** mit dem ihm zugeordneten **Metathalamus**. Die Decke wird, wie im Rautenhirn, unter Einbeziehung einer mesenchymalen Tela choroidea zum Plexus choroideus des III. Ventrikels eingestülpt. Weiter bildet sie Anteile des **Epithalamus**.

Der Hohlraum des III. Ventrikels wird durch die Verdickung der Seitenwände zu einem senkrechten Spalt verengt. Eine seichte Furche in der Ventrikelwand, der Sulcus hypothalamicus, markiert die Grenze zwischen Hypothalamus und dem ausladenden Kerngebiet des Thalamus dorsalis (abgekürzt Thalamus). Der größte Teil des Thalamus ventralis (Abb. 2.13 – Pallidum) wird von durchziehenden Fasermassen des Endhirns **(Capsula interna)** lateralwärts abgedrängt.

### 2.2.1.5 Entwicklung des Endhirns

Die paarigen Endhirnbläschen vergrößern sich sehr schnell und bedecken in Form zweier **Hemisphären (Hemispheria cerebri)** nach kurzer Zeit mehr oder weniger alle anderen Hirnabschnitte wie ein **Mantel (Pallium)**.

Der dem Zwischenhirn aufliegende Bereich der Bläschen bleibt dünnwandig und verwächst jederseits mit der Dorsalfläche des Thalamus **(Lamina affixa)**. Auch der mittlere unpaare Endhirnteil, also das ehemalige vordere Ende des Prosencephalons, bleibt eine dünne Platte **(Lamina terminalis)**.

Wie in den anderen Neuralrohrabschnitten liegt die teilungsaktive Matrixzone der Endhirnbläschen zunächst dem Ependym an. Die Zellen beginnen jedoch sehr früh zur Oberfläche hin auszuschwärmen. Durch diesen Auswanderungsprozeß kehrt sich die topographische Lage von grauer zu weißer Substanz um: Im Rückenmark bleibt die kernreiche graue Substanz im Zentrum liegen und wird von weißer Substanz umgeben; im Endhirn (ebenso wie im Kleinhirn) umhüllt ein Großteil der grauen Substanz als **Rinde (Cortex cerebri)** das innenliegende weiße **Marklager (Medulla cerebri)**.

Zuerst wächst der Riechlappen als zapfenförmiger Vorsprung rostralwärts, bleibt aber bald im Wachstum zurück und bildet als Rudiment den **Bulbus** und **Tractus olfactorius**. Bulbus olfactorius, Tractus olfactorius und die angrenzenden Endhirnfelder, die ebenfalls zum Riechhirn zählen **(Tri-**

gonum olfactorium, Substantia perforata rostralis, Area prepiriformis), heißen **Paleopallium**; diese Rindengebiete werden auch als **Paleocortex** bezeichnet.

Alle übrigen Abschnitte der Endhirnbläschen erfahren ein wesentlich stärkeres Wachstum. Zunächst bildet sich im medialen Bereich ein Feld aus, das Verbindung mit dem Riechhirn aufnimmt, das **Archeopallium (Archeocortex)**. Aus ihm entwickelt sich die **Hippocampusformation**.

Zuletzt in der Phylogenese und Ontogenese wird das **Neopallium (Neocortex)** angelegt. Es vergrößert sich in der Hauptsache frontal-, dorsal- und occipitalwärts. So wächst der vordere Pol zum **Stirnlappen (Lobus frontalis)** aus, der dorsale Abschnitt wird zum **Scheitellappen (Lobus parietalis)**. Der occipitale Teil weicht, wenn er die Hinterhauptgegend erreicht, nach vorn unten aus. Aus ihm bilden sich **Hinterhaupt- und Schläfenlappen (Lobus occipitalis und Lobus temporalis)**. Bei diesem Wachstum wird das Lumen des Endhirnbläschens in alle Abschnitte mitgezogen und erhält die gebogene Form des späteren Seitenventrikels (I. bzw. II. Ventrikel).

Die laterale Übergangsregion beteiligt sich kaum am Wachstum. Sie sinkt mit der Vergrößerung aller anderen Rindenabschnitte immer weiter in die Tiefe und wird schließlich als **Insel (Insula)** von den angrenzenden Lappen überwuchert. Bei der voll ausgebildeten Hemisphäre bedecken Lobus frontalis und Lobus parietalis von oben und Lobus temporalis von unten die Insel dergestalt (Abb. 2.28), daß sie erst zu sehen ist, wenn man diese **Deckelchen (Opercula)** zurückklappt. Da die Massenzunahme der Rinde zu immer größerem Platzmangel führt, wirft sich die Rinde an der ursprünglich glatten Oberfläche zu **Windungen (Gyri)** auf, zwischen denen **Furchen (Sulci)** entstehen. Von den Neuroblasten der Rinde wachsen Fortsätze nach innen, sie bilden gemeinsam mit den Axonen, die aus den anderen Hirnabschnitten zur Rinde aufsteigen, das Marklager. Die Markreifung der Axone vollzieht sich zu verschiedenen Zeiten; je älter eine Bahn in der Stammesgeschichte ist, um so früher erhält sie in der Regel ihre Markscheide.

Ein Teil der Fasern bildet Verbindungen zwischen Rindenanteilen der gleichen Seite **(Assoziationsbahnen)** oder zieht in die andere Hemisphäre **(Commissurenbahnen)**. Fasersysteme, die die Rinde mit tiefergelegenen Zentren verbinden, sind die **Projektionsbahnen**. Die Projektionsbahnen können die anderen Abschnitte des Neuralrohrs nur über den Verbindungsstiel mit dem Zwischenhirn erreichen. Auf ihrem Weg durchtreten sie, zu immer mächtigeren Strängen zusammengelagert, erst die basalen Kernabschnitte des Endhirns, dann die des anschließenden Zwischenhirns.

Nicht alle Ganglienzellen beteiligen sich an dem Ausschwärmungsprozeß der Rindenbildung. Die Zellen im Boden des Endhirnbläschens bleiben dort liegen und fügen sich lange, ehe die Rindenbildung beginnt, zu einem mächtigen Zellkomplex zusammen, dem **Ganglienhügel (Colliculus ganglionaris).**

Die Zellmassen verkleinern das Lumen des Endhirnbläschens von basal her und verwachsen mit einem Teil der lateralen Wand, der dadurch im Wachstum zurückbleibt und, wie oben beschrieben, als Insel in die Tiefe verlagert wird. Die zunächst breite Verbindungsöffnung zwischen Di- und Telencephalon wird zu einem kurzen Gang, dem **Foramen interventriculare** (MONROI). Die Projektionsbahnen ziehen am Inselfeld medial vorbei und durch den Ganglienhügel hindurch. Als eine immer dichter werdende Faserplatte, die **Innere Kapsel (Capsula interna)** teilen sie ihn unvollständig in einen medial-cranial und einen lateral-basal abgedrängten Komplex. Beide Teile bleiben nur noch durch schmale Zellstreifen miteinander verbunden (Abb.2.13). Der mediale Abschnitt zieht sich, entsprechend dem Wachstum des Endhirns, in die Länge. Schließlich hat er die Form einer Kaulquappe mit einwärts gebogenem Schwanz; daraus erklärt sich sein Name: **Schweifkern (Nucleus caudatus,** Abb.2.27). Der basal-laterale Komplex ist scheibenförmig. Er bleibt als **Schalenkörper (Putamen)** mit dem Nucleus caudatus durch Substanzbrücken verbunden. Beide sind entsprechend ihrer gemeinsamen Herkunft eine funktionelle Einheit; dieses Zentrum heißt nach seinem Aussehen **Streifenkörper (Corpus striatum).**

Lateral vom Putamen bildet ein kleiner Teil der Projetionsbahnen eine dünne Faserplatte, die **Äußere Kapsel (Capsula externa);** sie vereinigt sich basalwärts mit der Capsula interna. Die Capsula externa scheidet eine schmale Zellgruppe von innen ein, die ihrerseits als **Vormauer (Claustrum)** eng dem Marklager der Insel **(Capsula extrema)** anliegt (Abb.2.28).

Die Projektionsbahnen durchziehen weiter die diencephalen Kerngruppen. Auf ihrem Weg drängen diese Bahnen unterhalb des Thalamus dorsalis eine laterale Kerngruppe des Thalamus ventralis gegen das Putamen ab. Dieser Zellkomplex heißt wegen seiner blassen Farbe **Globus pallidus,** abgekürzt **Pallidum.** Pallidum und Putamen werden so eng aneinandergeschoben, daß sie topographisch einen gemeinsamen **linsenförmigen Kern (Nucleus lentiformis)** bilden (Abb.2.13). Der Nucleus lentiformis ist aber weder genetisch noch funktionell oder im Aufbau eine Einheit.

Nucleus caudatus, Putamen und Pallidum bilden das **Basalganglion.**

Die meisten Fasern der Projektionsbahnen scheiden als Capsula interna den Nucleus lentiformis von medial her ein. In ihrem weiteren Verlauf legen sie sich der Mittelhirnhaube ventral als Großhirnstiele an und senken sich in den Brückenfuß ein. Dort und im Haubengebiet endet ein Großteil der Fasern, so daß der caudal aus der Brücke austretende Rest nur noch zwei schmale, ventral gelegene Vorwölbungen bildet, die **Pyramiden (Pyramides).**

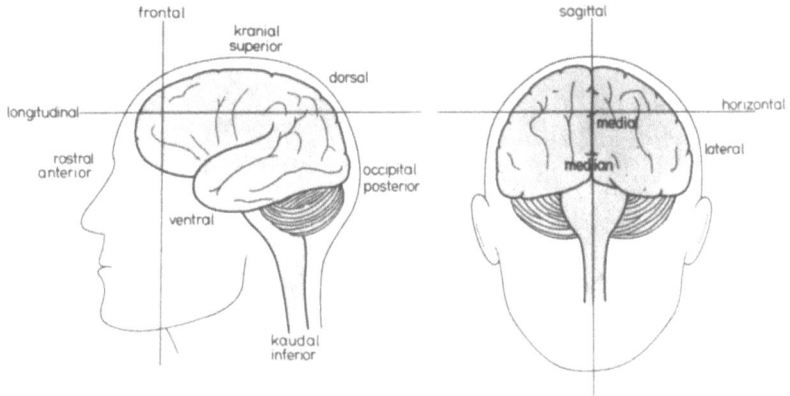

**Abb. 2.14.** Gebräuchliche Lagebezeichnungen am Gehirn. Die Linien sollen Schnittrichtungen markieren

Das Ergebnis der Wachstumsvorgänge ist eine enge Verbindung von Zwischenhirn- und Endhirnkernen. Thalamus und Nucleus caudatus medial der Capsula interna, Putamen und Pallidum lateral davon, sind breitflächig aneinandergelagert. Der gemeinsame große Kernkomplex wird zusammen mit allen Derivaten von Mittel- und Rautenhirnbläschen zum **Hirnstamm (Truncus).** Diesen umwächst der **Hirnmantel (Pallium),** der aus Hirnrinde und Marklager besteht. Die Blutversorgung zeigt besonders deutlich die Grenze zwischen Hirnstamm und Hirnmantel. Während alle Kerngebiete von eigenen, basal eintretenden Arterien versorgt werden, ziehen die Arterien für die Hirnrinde von außen an das Nervengewebe heran. Auf diese Weise entsteht im Marklager eine Versorgungsgrenze oder eine „Wasserscheide" (FERNER 1970) zwischen zentralen und corticalen Gebieten.

### 2.2.2 Gliederung des Gehirns

Eine Übersicht der Lagebezeichnungen gibt Abb. 2.14; sie soll dem Studenten das Erfassen der Nomenklatur erleichtern.

Das ausgereifte Gehirn teilen wir wie folgt ein (Abb. 2.15):
Rautenhirn (Rhombencephalon; ohne Kleinhirn), Mittelhirn (Mesencephalon), Zwischenhirn (Diencephalon) und die aus dem Ganglienhügel hervorgegangenen Kerne des Endhirns (Telencephalon) werden als **Hirnstamm (Truncus encephalicus)** zusammengefaßt. Der Hirnstamm wird dem

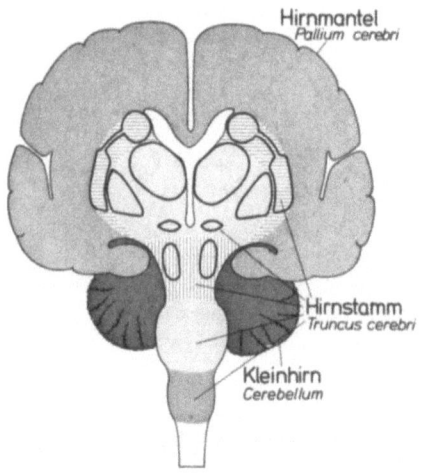

**Abb. 2.15.** Gegenüberstellung von Hirnmantel (grau) und Hirnstamm (rot). Das Kleinhirn (dunkelgrau) liegt im Nebenschluß vom Hirnstamm

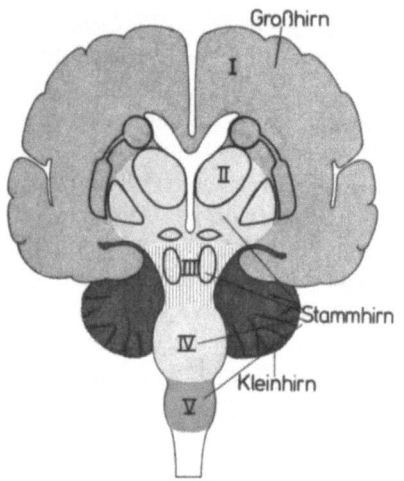

**Abb. 2.16.** Gegenüberstellung von Großhirn (grau), Stammhirn (rot) und Kleinhirn (dunkelgrau). $I$ = Telencephalon, $II$ = Diencephalon, $III$ = Mesencephalon, $IV$ = Metencephalon, $V$ = Myelencephalon

**Hirnmantel (Pallium)** einerseits, bestehend aus Rinde und Marklager des Endhirns, und dem Kleinhirn andererseits gegenübergestellt. Gegenüber der Bezeichnung Hirnstamm werden in funktioneller Hinsicht alle Hirnabschnitte „unter" dem Telencephalon als **Stammhirn** zusammengefaßt und dem **Großhirn (Cerebrum)** untergeordnet – eine Einteilung, die insbesondere in der Physiologie angewendet wird (Abb. 2.16). Das **Kleinhirn (Cerebellum)** wird bei dieser Einteilung dem Cerebrum gegenübergestellt.

Gehirn 65

Ganglienzellanhäufungen mit gleicher Funktion bezeichnet man als **Zentren**. Funktionell einheitliche Faserzüge, die solche Zentren verlassen oder erreichen, heißen **Bahnen (Tractus)**. Häufig lagern sich jedoch auch Neurone aus verschiedenen Ganglienzellanhäufungen über einer Strecke zusammen und bilden **Faserbündel (Fasciculi)**, deren Herkunft und/oder Bestimmung nicht gleichartig sind. **Systeme** bestehen aus mehreren Zentren, die über Faserschleifen in beiden Richtungen untereinander verbunden sind und sich so im Dienst einer gemeinsamen Funktion aufeinander abstimmen können. Obwohl man für ein besseres Verständnis einzelne Systeme (z. B. das pyramidalmotorische System und das extrapyramidalmotorische System) voneinander abgrenzt, sind alle Systeme über einfache oder umgeschaltete Faserschleifen miteinander gekoppelt, so daß jedes System auf ein anderes fördernd oder hemmend Einfluß nehmen kann.

### 2.2.3 Stammhirn

#### 2.2.3.1 Rautenhirn (Rhombencephalon)

Das **Rautenhirn** erstreckt sich vom Rückenmark bis zum Mittelhirn und umschließt den Hohlraum des IV. Ventrikels. Es trägt seinen Namen nach dem rhombenförmigen Boden dieses Ventrikels **(Fossa rhomboidea)** und besteht topographisch aus 2 Teilen: dem **Nachhirn (Myelencephalon)**, mit anderem Namen **Verlängertes Mark (Medulla oblongata** oder **Bulbus spinalis)**, und dem **Hinterhirn (Metencephalon)**.

Im Dach des Rautenhirns entwickelt sich das **Kleinhirn (Cerebellum)**; es wird deshalb phylogenetisch und ontogenetisch zum Rautenhirn gezählt. Wir wollen das Kleinhirn als Funktionseinheit, die mit allen Hirnabschnitten verbunden ist, gesondert betrachten.

Der innere Aufbau des Rautenhirns ist komplizierter als der des Rückenmarks. Das Rautenhirn übernimmt ja bereits mit neu gebildeten Kerngruppen übergeordnete Funktionen. Die graue Substanz zeigt nicht mehr die für das Rückenmark typische Schmetterlingsfigur, sondern ein aus locker gepackten Neuronen zusammengesetzter **Netzkörper (Formatio reticularis**; s. S. 74) füllt mit regionalen Kernverdichtungen das Haubengebiet. Er umschließt die craniale Fortsetzung der Spinalnervenkerne, die Kerne des V.-XII. Hirnnerven (s. S. 159 ff.).

Mit der Ausweitung des Zentralkanals zum IV. Ventrikel werden die motorischen Kerngruppen (Derivate der Grundplatte) und die sensiblen Kerngruppen (Abkömmlinge der Flügelplatte) auseinandergeklappt und kommen nebeneinander zu liegen (Abb. 2.10). Sie bilden im Boden der Rautengrube mediale (motorische) und laterale (sensible) Kernreihen.

Auf- und absteigende Faserbündel verlaufen nicht nur in Längsrichtung, sondern dort, wo sie auf die Gegenseite kreuzen, auch schräg und quer. Ventral legen sich die vom Endhirn kommenden Bahnen an und bilden mit

ihren Schaltzellen im Metencephalon den mächtigen Wulst des Brückenfußes, im Myelencephalon die schmalere Pyramide. So läßt sich der im folgenden beschriebene Aufbau des Rautenhirns auf 4 Grundstrukturen reduzieren (Abb. 2.12), die später im Mittelhirn wieder aufzufinden sind und z. T. dort besprochen werden sollen:
a) Formatio reticularis mit Kernen
b) Hirnnervenkerne
c) verbindende und durchziehende Faserbündel
d) neoencephale aufgelagerte Bahnen.

**Nachhirn (Myelencephalon; Medulla oblongata, Bulbus spinalis)**
Das **Nachhirn** oder **Verlängerte Mark** besitzt ein durch längslaufende Erhebungen gerilltes Relief. Die **Fissura mediana ventralis** und der **Sulcus media-**

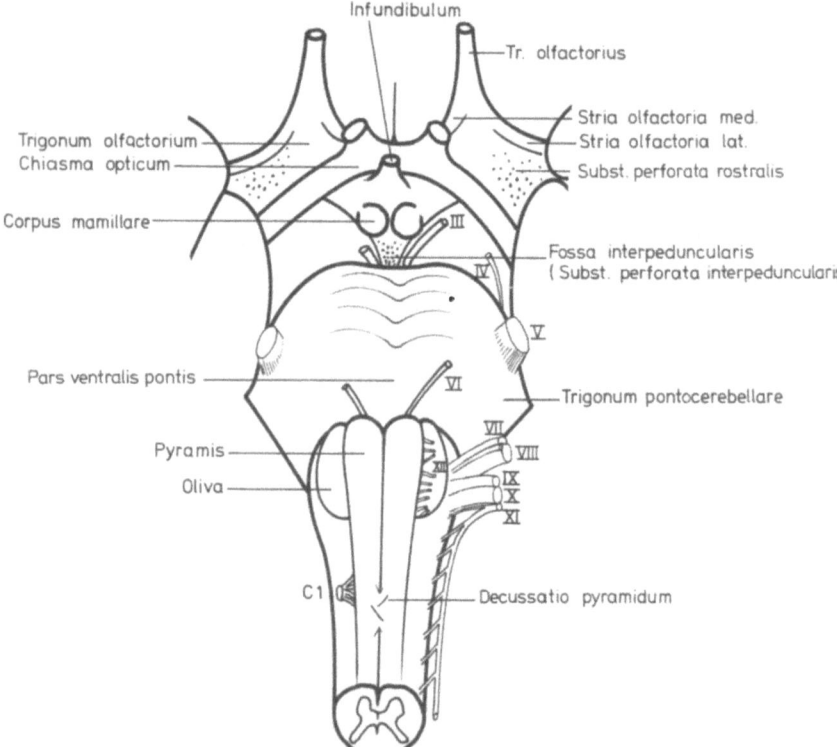

**Abb. 2.17.** Hirnstamm in der Aufsicht von ventral. Die Hemisphären wurden auseinandergedrängt, Bulbus olfactorius, Nervus opticus und Hypophysenstiel abgeschnitten. Die römischen Ziffern bezeichnen die Hirnnerven. *C 1* erster Cervicalnerv

**nus dorsalis** des Rückenmarks setzen sich darauf fort (Abb. 2.17 u. 2.18). Auf der Ventralseite liegen medial die beiden **Pyramiden (Pyramides)**, die die Pyramidenbahn enthalten. Caudalwärts versinken sie in Höhe der kreuzenden Pyramidenfasern **(Decussatio pyramidum)**. An der Ventralfläche jeder Pyramide liegt ein flacher Kern, **Nucleus arcuatus**, der einige, zum Kleinhirn ziehende Pyramidenfasern umschaltet (s. S. 121). Nach lateral folgen die Vorwölbungen der **Oliven (Olivae)**.

Jede Olive enthält einen gefalteten Kernkomplex mit einer neoencephalen Hauptgruppe **(Nucleus olivaris caudalis)** sowie 2 akzessorischen paleoencephalen Kernen **(Nucleus olivaris accessorius medialis** und **dorsalis)**. Der caudale Olivenkern und die akzessorischen Kerngruppen erhalten Informationen von aufsteigenden Fasern des Rückenmarks, solche von der

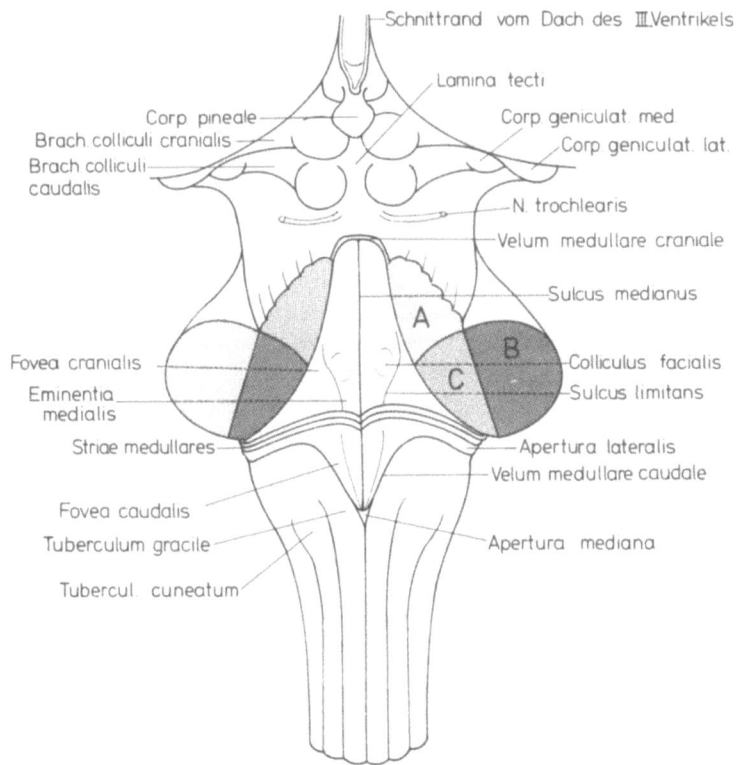

**Abb. 2.18.** Hirnstamm in der Aufsicht von dorsal. Das Kleinhirn wurde an seinen 3 Stielen abgetrennt. $A$ = Pedunculus cerebellaris cranialis, $B$ = Pedunculus cerebellaris medius, $C$ = Pedunculus cerebellaris caudalis

Großhirnrinde und vom extrapyramidalmotorischen System (EPS). Ihre Efferenzen ziehen alle zum Kleinhirn.

Über der Olive verdichten sich einige der in der Medulla oblongata verstreuten Zellgruppen der Formatio reticularis zu einem **Oberen Olivenkern (Nucleus olivaris cranialis)** und einem trapezförmigen Kerngebiet **(Corpus trapezoideum)**. Sie stehen im Dienst der Hörbahn.

Im bulbären Abschnitt der Rautengrube liegen die **Kerne der Hirnnerven VIII, IX, X, XI und XII**, die im einzelnen auf S. 159 ff. und Abb. 3.2 beschrieben werden sollen. Aus der Grenzfurche zwischen Pyramide und Olive, dem **Sulcus ventrolateralis** tritt der XII. Hirnnerv und in seiner caudalen Fortsetzung der erste Spinalnerv (Abb. 2.17). Der VII., VIII., IX., X. und XI. Hirnnerv treten lateral der Olive im **Sulcus retro-olivaris** aus dem Hirnstamm (Abb. 2.17). Seitlich liegt der Verbindungsarm der Medulla oblongata mit dem Kleinhirn, der **Pedunculus cerebellaris caudalis** (Abb. 2.18).

Die dorsalen Teile der Medulla oblongata lassen sich nur nach Abtrennen des Kleinhirns und dem mit dem Kleinhirn eng verbundenen Dach des IV. Ventrikels erkennen (Abb. 2.18). Man schaut dann auf den rautenförmigen Boden des IV. Ventrikels **(Fossa rhomboidea)**, dessen untere Umrandung von jederseits 2 dorsalen Längserhebungen der Medulla oblongata mitgebildet wird: medial dem schmalen **Tuberculum gracile** und lateral dem flachen **Tuberculum cuneatum**. Beide enthalten Ganglienzellgruppen, in denen die sensiblen Hinterstrangbahnen des Rückenmarks umgeschaltet werden. Im Tuberculum gracile liegt der **Nucleus gracilis**, im Tuberculum cuneatum der **Nucleus cuneatus**. In diesen Kernen beginnt eine Bahn, die als **mediale Schleife (Lemniscus medialis)** alle sensiblen Afferenzen von Rückenmark und Hirnstamm zum Thalamus aufnimmt oder anlagert. Die Fasern kreuzen in der Medulla oblongata spitzwinklig in einer Raphe auf die Gegenseite **(Decussatio lemniscorum medialium)**.

Zum Brückenfuß hin endet die Medulla oblongata auf der Ventralseite scharf abgesetzt im **Sulcus bulbopontinus**, hier entspringt der VI. Hirnnerv. Die dorsale Grenze liegt etwa in der Mitte der Rautengrube, in Höhe der Striae medullares ventriculi quarti. (Die Rautengrube soll mit dem Metencephalon besprochen werden.)

### Hinterhirn (Metencephalon, Pons)

Das Metencephalon wird auch als **Brücke (Pons)** bezeichnet. Ein ventraler neoencephaler **Brückenfuß (Pars ventralis pontis)** wird der dorsal davon befindlichen paleoencephalen Haube **(Pars dorsalis pontis, Tegmentum pontis)** gegenübergestellt.

Der **Brückenfuß (Pars ventralis pontis)** bildet einen queren Wulst am Metencephalon. Er geht nach beiden Seiten in die **Mittleren Kleinhirnstiele**

Gehirn 69

(Pedunculi cerebellares medii) über, die nach dorsal zum Kleinhirn ziehen. Als Grenze zwischen Brückenfuß und den Kleinhirnstielen kann der Austritt des V. Hirnnerven angesehen werden (Abb. 2.17). In der Medianlinie liegt dem Brückenfuß ventral in einer Furche (Sulcus basilaris) die Arteria basilaris an, die mit anderen Arterien das Gehirn versorgt. Die Oberfläche der Brücke erscheint durch oberflächlich kreuzende Faserzüge quer geriffelt (Abb. 2.17). Die mächtige Vorwölbung des Brückenfußes wird von neoencephalen Faserzügen durchzogen, die folgende Verbindungen herstellen:

1. Vom Endhirn zum Kleinhirn = **Fibrae corticopontinae** und **Fibrae pontocerebellares**. Die kreuzenden Fasern bilden die **Fibrae pontis transversae**.
2. Vom Endhirn zu Kernen der spinalen Motorik = **Tractus corticospinalis** (Pyramidenbahn).
3. Vom Endhirn zu Kernen der cranialen Motorik = **Fibrae corticonucleares** (motorische Hirnnervenbahn).

Der Brückenfuß enthält weiterhin die **Brückenkerne (Nuclei pontis)**: Schaltstationen der Verbindungszüge vom Endhirn zum Kleinhirn. Die dort entspringenden Neurone gelangen, zum größten Teil gekreuzt, über die mittleren Kleinhirnstiele ins Kleinhirn. Zwischen den Brückenkernen ziehen die aufgesplitterten Faserbündel der Pyramidenbahn abwärts, sie vereinigen sich erst wieder in der Pyramide (Abb. 2.12). Die Fasern der motorischen Hirnnervenbahn zweigen in Höhe der Brücke zu den Hirnnervenkernen V und VII ab, zu den Hirnnervenkernen IX, X, XI und XII etwas tiefer, da diese Kerne in der Medulla oblongata liegen.

Das Haubengebiet des Metencephalon, die **Brückenhaube (Pars dorsalis pontis)**, enthält, wie die Medulla oblongata, das Zellgerüst der Formatio reticularis. In dieses eingebettet liegen die Kerne der Hirnnerven V, VI und VII. Der V. Hirnnerv tritt seitlich der Brücke (Trigonum pontocerebellare) an die Oberfläche. Der VI. Hirnnerv verläßt das Gehirn medial im Sulcus bulbopontinus, der VII. (zusammen mit dem VIII.) lateral im oberen Ende des Sulcus retro-olivaris (Kleinhirnbrückenwinkel).

Die **Rautengrube (Fossa rhomboidea)** sieht man in Abb. 2.18 in der dorsalen Aufsicht auf den Boden des IV. Ventrikels. Vordere Begrenzung sind die oberen Kleinhirnstiele (Pedunculi cerebellares craniales) und der Ansatz des **Vorderen Marksegels (Velum medullare craniale)**.

Die seitlichen Begrenzungen bilden die Pedunculi cerebellares caudales.

Die hintere Begrenzung ergibt sich jederseits aus der Abrißlinie (Tenia ventriculi quarti) der Tela choroidea am **Velum medullare caudale** sowie dem Tuberculum cuneatum und Tuberculum gracile.

Quer durch die Rautengrube verläuft mit den Striae medullares die Grenze zwischen Metencephalon und Myelencephalon. Dort ist die Rautengrube durch die seitlichen Ausziehungen der Recessus laterales verbreitert und nach außen (zum Subarachnoidalraum, s. S. 234) geöffnet.

Das Relief der Rautengrube wird weitgehend durch die Lage der Hirnnervenkerne bedingt (Abb. 2.18): Unmittelbar unter der Oberfläche liegende Kerngruppen rufen durch ihren Pigmentreichtum bläulich durchscheinende Felder hervor oder bilden Erhebungen. Der **Sulcus medianus** teilt die Rautengrube in 2 gleichgroße, dreieckige Felder. Rostralwärts folgt in seiner Fortsetzung der Aqueductus cerebri, caudalwärts der Zentralkanal des Rückenmarks. Die an der breitesten Stelle quer verlaufenden **Striae medullares** (oberflächlich ziehende Fasern des **Tractus arcuato-cerebellaris,** s. S. 121) teilen die beiden dreieckigen Areale weiter auf. Paramedian erheben sich 2 Längswülste **(Eminentiae mediales),** die lateral vom **Sulcus limitans** begrenzt werden. Sie zeigen in ihrem rostralen Abschnitt je eine rundliche Vorwölbung, den **Colliculus facialis** (Abb. 2.18). Der Hügel wird durch den N. facialis (VII) hervorgerufen, der um den unter der Oberfläche liegenden Kern des N. abducens (VI) biegt: das innere Knie des N. VII. (In seinem Verlauf durch das Felsenbein knickt der N. facialis nochmals scharf ab und bildet das äußere Knie!) Der caudale Abschnitt der Eminentia medialis enthält den Ursprungskern des N. hypoglossus (XII) **(Trigonum nervi hypoglossi).**

Lateral des Sulcus limitans liegt cranial in einer grubenförmigen Vertiefung **(Fovea cranialis)** der sensible Hauptkern des N. trigeminus (V). Ein ihm aufliegender Komplex catecholaminhaltiger Zellen ruft eine bläuliche Färbung des Areals **(Locus coeruleus)** hervor (Abb. 2.22). Caudal befindet sich neben dem Sulcus limitans ebenfalls ein vertieftes Feld **(Fovea caudalis)** mit den Kernen der Vagusgruppe (IX, X, XI), das **Trigonum nervi vagi.** Seitlich von ihm liegt die **Area postrema,** die die Kerne des N. vestibularis (VIII) und den spinalen Kern des sensiblen N. trigeminus (V) enthält.

*2.2.3.2 Mittelhirn (Mesencephalon)*

Das Mittelhirn besteht topographisch aus 3 Etagen (Abb. 2.19 u. 2.20): dorsal der **Vierhügelplatte,** auch **Dach (Tectum mesencephali)** genannt, zentral der **Mittelhirnhaube (Tegmentum mesencephali, Pars dorsalis pedunculi cerebri)** und basal den **Großhirnschenkeln (Pars ventralis pedunculi cerebri, Crura cerebri).** Der zentrale Hohlraum, der **Aquädukt (Aqueductus mesencephali),** gilt als Grenze zwischen Haube und Dach. Er ist umhüllt von einem phylogenetisch alten Kerngebiet mit vegetativer Funktion, dem **Zentralen**

Gehirn 71

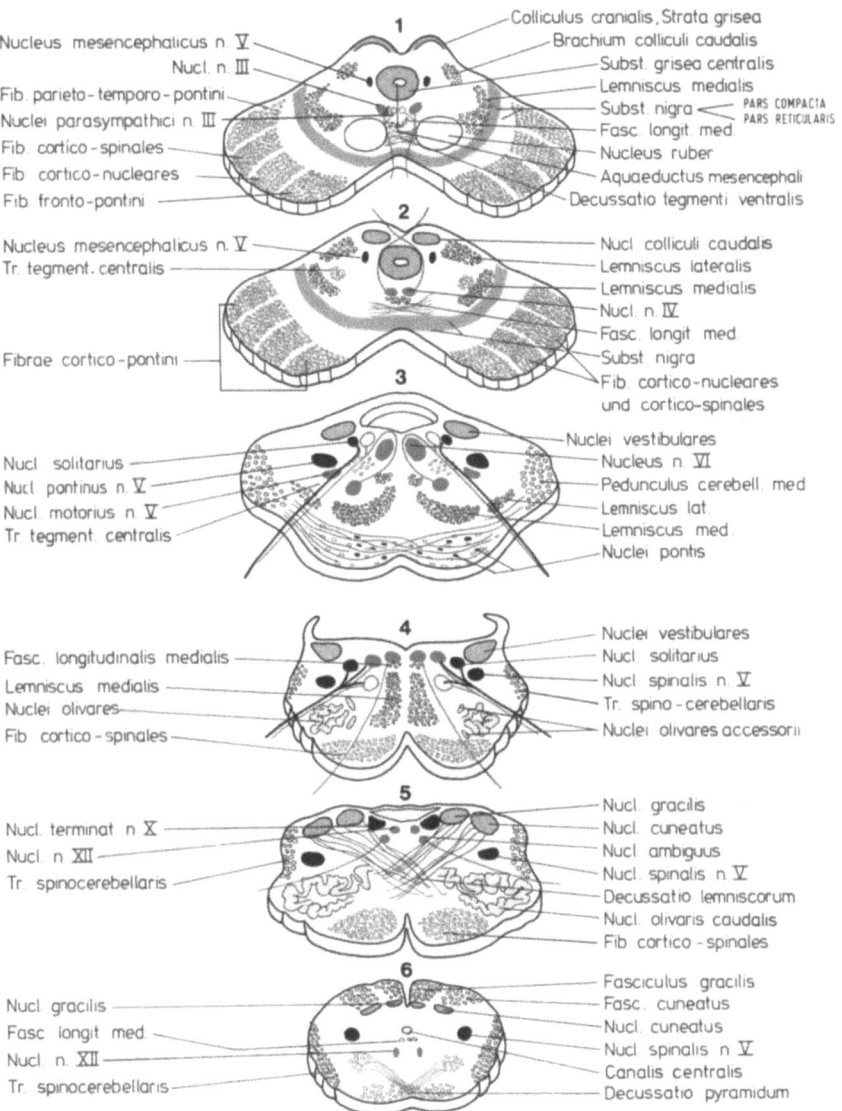

**Abb. 2.19.** Querschnitte durch Rauten- und Mittelhirn in verschiedenen Höhen, mit makroskopisch sichtbaren Kernen und Bahnen. (Nach CLARA 1959)

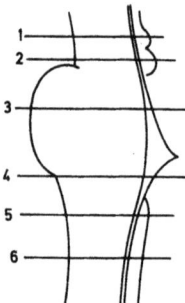

Abb. 2.20. Lage der Schnitte von Abb. 2.19

**Höhlengrau (Substantia grisea centralis).** Das Höhlengrau kleidet nicht nur den Aquädukt, sondern auch den ventralen Teil des III. Ventrikels wie eine dicke Tapete aus.

**Vierhügelplatte (Tectum mesencephali)**
Die Vierhügelplatte nimmt die Dorsalseite des Mittelhirns ein. Sie ist an der Oberfläche seitlich in einem dreieckigen Feld **(Trigonum lemnisci)** gegen die Haube abgesetzt. Zwei größere obere und zwei flachere untere Hügel **(Colliculi craniales** und **caudales)** erheben sich von einer Grundplatte **(Lamina tecti,** Abb. 2.18). Jeder Hügel ist durch einen schräg nach lateral ziehenden Faserwulst **(Brachium colliculi)** mit dem Metathalamus des Zwischenhirns verbunden. Das **Brachium colliculi cranialis** stellt die Verbindung mit dem Corpus geniculatum laterale her, das **Brachium colliculi caudalis** mit dem Corpus geniculatum mediale. Die oberen Kleinhirnstiele (Pedunculi cerebellares craniales) tauchen am caudalen Ende der Vierhügelplatte auf und ziehen auseinanderweichend zum Kleinhirn. Zwischen ihnen spannt sich das **Velum medullare craniale** aus. Unmittelbar hinter den unteren Hügeln tritt der N. trochlearis (IV) an die Oberfläche. Die Region zwischen Tectum und dem rostral folgenden Thalamus des Zwischenhirns heißt **Regio pretectalis.**

Die Vierhügelplatte gilt als übergeordnetes Reflexzentrum, weil sie die Informationen von allen Sinnen erhält, andererseits efferente Bahnen hier ihren Ursprung nehmen. Diese Bahnen (beim Menschen im Dienste der Reflexmotorik, bei niederen Tieren mit integrierender Funktion) werden weiter unten beschrieben, sie sind mit der Funktion der Haubenkerne verknüpft.

Im Colliculus cranialis sind die Ganglienzellen und Nervenfasern in Schichten gelagert **(Strata grisea colliculi cranialis).** Sie erhalten Afferenzen von der Sehbahn und der Sehrinde über das Brachium colliculi cranialis.

In den colliculi craniales enden weiterhin Fasern aus dem Rückenmark (**Tractus spinotectalis**), aus dem Lemniscus medialis (s. S. 78), dem Lemniscus lateralis (s. S. 78) aber auch Abzweigungen von der Pyramidenbahn.

Beide Colliculi sind durch eine **Commissura colliculorum cranialium** untereinander verbunden.

Jeder Colliculus caudalis enthält einen Kern, den **Nucleus colliculi caudalis**. Er wird von Neuronen der Hörbahn erreicht. Die Verbindung zwischen den unteren Hügeln ist die **Commissura colliculorum caudalium**.

Efferenzen des Tectum sind:

a) Kurze Verbindungszüge zu den direkt darunterliegenden Augenmuskelkernen.

b) **Tractus tectobulbaris**. Seine Neurone legen sich in der **dorsalen Haubenkreuzung** (MEYNERT) den Fasern des oberen Kleinhirnstiels an und erreichen sowohl die motorischen Haubenkerne als auch die motorischen Hirnnervenkerne.

c) **Tractus tectospinalis**. Er zieht nach der Kreuzung weiter zu den Motoneuronen des Rückenmarks.

**Mittelhirnhaube (Tegmentum mesencephali, Pars dorsalis pedunculi cerebri)**

Die Mittelhirnhaube umfaßt die mittlere Etage des Mittelhirns; sie ist kontinuierlich mit der Rautenhirnhaube verbunden. Das celluläre Grundgerüst der Mittelhirnhaube ist wie in der Haube des Rautenhirns die Formatio reticularis. In sie eingebettet liegen die Hirnnervenkerne III und IV. Die Axone des N. trochlearis (IV) ziehen als einzige Hirnnervenfasern dorsalwärts. Sie kreuzen im Velum medullare craniale und treten unter der Vierhügelplatte aus dem Gehirn aus. Der N. oculomotorius (III) erreicht ungekreuzt die basale Oberfläche in der Grube zwischen den Crura cerebri (**Fossa interpeduncularis**). Diese Region wird von einer Anzahl kleiner Blutgefäße durchsetzt, sie heißt daher auch **Substantia perforata interpeduncularis** (Abb. 2.17).

Die Formatio reticularis verdichtet sich ventral im Tegmentum mesencephali zu 2 großen motorischen Kernkomplexen (motorische Haubenkerne): dem **Roten Kern (Nucleus ruber**, s. S. 77) und dem **Schwarzen Kern (Substantia nigra**, s. S. 78). Das **Zentrale Höhlengrau (Substantia grisea centralis)** umgibt als dichte Zellmauer den Aquädukt und den ventralen Abschnitt des III. Ventrikels. Dorsal liegen neben dem Aquädukt 2 kleine Kerne, die über den Fasciculus longitudinalis medialis mit den Kernen der Augenmuskelnerven verbunden sind: **Nucleus interstitialis** CAJAL und **Nucleus** DARKEWITSCH.

## 74 Zentrales Nervensystem

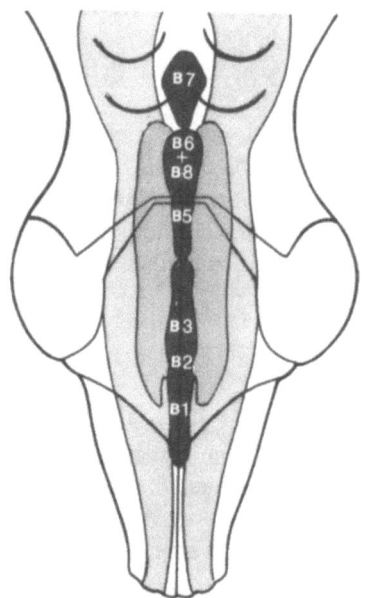

**Abb. 2.21.** Zonale Gliederung der Formatio reticularis. Dunkelgrau: Raphekerne. Die Zahlen entsprechen der B-Numerierung serotoninhaltiger Kerne (B 4 wurde beim Menschen nicht nachgewiesen). Mittelgrau: mediale Zellreihe; hellgrau: laterale Zellreihe. (Modifiziert nach NIEUWENHUYS et al. 1980)

**Formatio reticularis.** Der Netzkörper stellt sich morphologisch als ein locker verknüpftes Raumgitter verstreuter Ganglienzellgruppen dar. Es erstreckt sich vom Zwischenhirn bis ins Rückenmark und füllt die ganze Haube aus.

Cranialwärts setzt sich die Formatio reticularis in die intralaminären Kerne des Thalamus dorsalis und in die Zona incerta des Thalamus ventralis fort. Caudalwärts steht sie mit der Substantia intermedia des Rückenmarks in Verbindung. Die durchziehenden Faserzüge verlaufen durch die Maschen dieses Gitters.

Nach der Art ihrer Zellen und deren Verknüpfung kann man die Formatio reticularis in Längszonen gliedern (Abb. 2.21), die jedoch nicht deutlich voneinander zu trennen sind:

1. Jederseits eine laterale Reihe kleiner Zellen bildet vorwiegend kurze Glieder von retikulären Reflexbögen, die in die Kontrolle feiner, differenzierter Bewegungsabläufe eingeschaltet sind **(Deszendierendes Reticularissystem).**
2. Eine mediale Reihe ist durch besonders große Zellen gekennzeichnet. Dieser Bezirk erhält Informationen von der präzentralen Großhirnrinde, den sensorischen Bahnsystemen sowie vom Kleinhirn. Multisynaptische

Neuronenketten ziehen über kürzere oder längere Strecken überwiegend zu Thalamuskernen (**Aszendierendes Reticularissystem**).
3. In einer medianen Reihe liegen die **Raphekerne**, deren serotoninhaltige Zellen mit dem monoaminergen Zellsystem besprochen werden sollen. Weiter liegen hier 2 Kerne des limbischen Systems (s. S. 144): Nucleus interpeduncularis und Nucleus tegmentalis dorsalis (GUDDEN).

Unabhängig von einer zonalen Gliederung lassen sich bestimmte Bezirke in der Formatio reticularis aufgrund ihrer Funktion oder aufgrund ihres spezifischen Transmitterbesatzes abgrenzen:

4. Einige Gebiete ohne histologische Abgrenzungsmöglichkeit kontrollieren nach physiologischen Ergebnissen autonome Funktionsabläufe als „**Kreislauf**"-, „**Schluck**"- oder „**Atemzentren**" (Abb. 4.3).
5. Eine weitere Gruppe von Kernen läßt sich dagegen durch ihren Gehalt an biogenen Aminen (Noradrenalin, Dopamin oder Serotonin) lokalisieren. Diese Zellanhäufungen bilden einen Teil der monoaminergen Neuronensysteme des Gehirns, deren Erforschung beim Menschen noch nicht abgeschlossen ist.

**Noradrenerge Zellgruppen**, von A 1 bis A 7 durchnumeriert (Abb. 2.22), finden sich im Tegmentum des Rautenhirns. Als größte und wichtigste Formation gilt **A 6** im **Locus coeruleus**. Die Faserzüge der noradrenergen Zellen stehen mit fast allen Zentren des Gehirns, aber auch mit der grauen Substanz des Rückenmarks in Verbindung. Ihre nahe Lage zu den Blutgefäßen läßt neben anderen visceralen Funktionen einen regulierenden Einfluß auf die Durchblutung des Zentralnervensystems vermuten. Der Locus coeruleus soll in die Steuerung der Aufmerksamkeit eingreifen.

**Dopaminerge Zellgruppen (A 8, A 9 und A 10)** liegen im Tegmentum des Mesencephalon (Abb. 2.22). Von ihnen ist **A 9** in der **Substantia nigra** hervorzuheben. Die Neurone sind mit dem Corpus striatum verbunden (**Nigrostriatales System**) und wirken hemmend auf die Funktion dieses extrapyramidalmotorischen Zentrums.

**Serotonerge Zellgruppen** sind zumeist identisch mit den Raphekernen in der medianen Zone der Formatio reticularis. Sie liegen in allen 3 Abschnitten des Tegmentum (Abb. 2.21) und werden von **B 1** bis **B 9** gezählt. Der größte dieser Kerne ist **B 7** (**Nucleus raphes dorsalis**) am zentralen Höhlengrau des Mesencephalon. Die serotonergen Neurone erreichen vorwiegend weitere Kerngebiete der Formatio reticularis und das limbische System (s. S. 143), stehen aber auch mit dem Corpus striatum in Verbindung. Ihnen werden Teilfunktionen bei der Schlaf- und Temperaturregulation sowie bei der Empfindlichkeit gegen Schmerzen zugeschrieben.

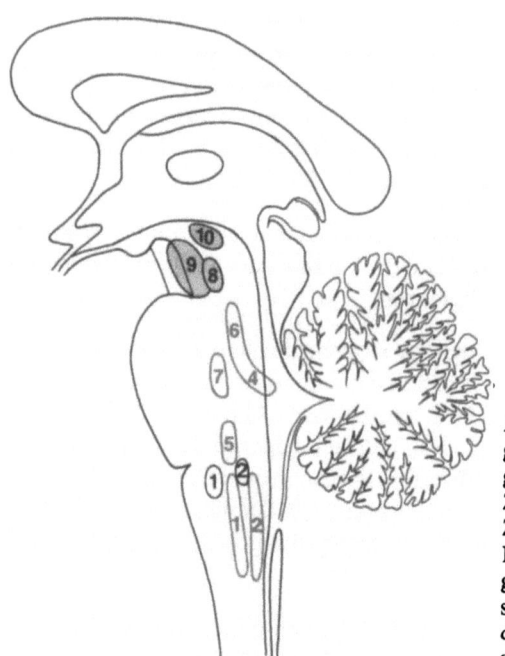

**Abb. 2.22.** Noradrenerge (rot begrenzt), adrenerge (schwarz begrenzt) und dopaminerge (grau) Zellgruppen im Hirnstamm. Die Zahlen entsprechen der A- und C-Numerierung catecholaminhaltiger Kerne (A 3 wurde beim Menschen nicht nachgewiesen). (Modifiziert nach Nieuwenhuys et al. 1980)

**Adrenerge Zellgruppen (C1 und C2)** sind im rostralen Abschnitt der Medulla oblongata lokalisiert und an der cardiovasculären Regulation beteiligt.

Aus dem oben Gesagten läßt sich ableiten, daß die Formatio reticularis in die wichtigsten Funktionen des Organismus eingeschaltet ist; nur einige sollen hier genannt werden:

a) Die Formatio reticularis liegt im Nebenschluß aller Sinnesbahnen, deren Erregungen durch sie moduliert werden. Die Impulse zum Thalamus und zur Großhirnrinde werden z.B. von bestimmten Reticularisarealen gefördert, ihnen wird deshalb eine Weckfunktion zugesprochen. Mit der Zerstörung dieser Areale können Versuchstiere in Dauerschlaf versetzt werden.

b) Die Formatio reticularis bekommt Anschluß an die somatomotorischen Regelkreise und wirkt fördernd oder hemmend auf die Motoneurone des Rückenmarks. Beim niederen Wirbeltier, bei dem die motorischen Haubenkerne noch nicht ihre volle Ausbildung haben, werden alle Zellgruppen mit motorischer Funktion in der Formatio reticularis als **Nucleus motorius tegmenti** zusammengefaßt.

c) Die Formatio reticularis enthält „Zentren" mit visceraler Steuerungsfunktion (s. S. 228), die das neuronale Bindeglied zwischen den markarmen Hypothalamuskernen und den autonomen Kernen des Rückenmarks darstellen. In die Formatio reticularis sind die cranialen Parasympathicuskerne eingelagert.

In der Formatio reticularis ist also eine enge Verknüpfung aller somatischen und visceralen Funktionen vorgezeichnet. Ein Beispiel: Stimulation der Formatio reticularis über die Sinnesbahnen bewirkt einmal eine gesteigerte Rindenaktivität und damit erhöhte Aufmerksamkeit. Zum anderen kann direkt eine extrapyramidalmotorische Antwort erfolgen. Gleichzeitig wird das gesamte Vegetativum aktiviert (Herzschlagbeschleunigung, Adrenalinausschüttung, Blutdruckerhöhung usw.): der Organismus wird auf eine plötzliche Leistungssteigerung vorbereitet.

**Nucleus ruber.** Dieser Kern hat seinen Namen nach dem hohen Eisengehalt seiner Zellen. Der Kern ist ellipsenförmig und erstreckt sich von der oberen Mittelhirnhaube bis zum Hypothalamus (Abb. 2.12). Er besteht aus einem kleineren magnocellulären (paleoencephalen) und einem größeren parvocellulären (neoencephalen) Abschnitt.

Der Nucleus ruber gilt wegen seiner engen Verbindung mit der Formatio reticularis als Kern des extrapyramidalmotorischen Systems. Über Abzweigungen der Pyramidenbahn erhält der Nucleus ruber Afferenzen von der Großhirnrinde. In einigen Lehrbüchern wird er deshalb auch als Kern der pyramidalen Motorik gezählt. Vom Nucleus dentatus des Kleinhirns zieht ein Faserbündel im Pedunculus cerebellaris cranialis zum Mittelhirn und kreuzt dort ventral vom Aquädukt auf die Gegenseite **(Decussatio pedunculorum cerebellarium cranialium)**. Ein Teil der Fasern endet im Nucleus ruber **(Fibrae dentato rubrales)** und erlaubt so dem Kleinhirn Einflußnahme auf die Funktion des Nucleus ruber. Efferenzen des Nucleus ruber sind:

a) **Tractus rubrospinalis**, die ursprüngliche Hauptverbindung mit dem Rückenmark, die beim Menschen auf ein faserarmes Bündel reduziert ist. Die Axone kreuzen vor dem Kern auf die Gegenseite **(ventrale Haubenkreuzung-Decussatio tegmenti ventralis** FOREL).

b) **Tractus (rubro-)reticulospinalis:** Funktionell weitaus wichtigere, kurze Neurone, die im Nucleus ruber ihren Ursprung nehmen und sich als vielgliedrige Neuronenkette über die Formatio reticularis bis ins Rückenmark fortsetzen.

c) **Zentrale Haubenbahn (Tractus tegmentalis centralis).** Sie verbindet den Nucleus ruber mit Kernen der Formatio reticularis und endet in der Olive **(Tractus rubroolivaris).** Über sie erhält das Kleinhirn Afferenzen von der extrapyramidalen Motorik.

**Substantia nigra.** Diese schwarze Kernplatte begrenzt die ganze Mittelhirnhaube gegen die Hirnschenkel (Abb. 2.19). Die besonders beim Menschen stark entwickelte Substantia nigra besteht aus einer haubenwärts gelegenen dunklen Zone mit melaninbeladenen Zellen **(Pars compacta)**, die Dopamin synthetisieren, und einer ventralen rötlichen Zone, deren Zellen eisenhaltig sind **(Pars reticulata)**. Die Substantia nigra erhält Informationen aus der Großhirnrinde **(Fibrae corticonigrales)** und vom Corpus striatum **(Fasciculus striatonigralis)**. Ihre dopaminergen Efferenzen enden zum großen Teil wiederum im Corpus striatum **(Fibrae nigrostriatales)** und bilden so Faserschleifen **(nigrostriatales System)**, die besonders bei Mitbewegungen und dem raschen Beginn von Bewegungen in die Motorik eingeschaltet sind. Andere Efferenzen enden im Tectum und in der Formatio reticularis.

**Auf- und absteigende Bahnen der Haube.** Durch die gesamte Haube ziehen Faserbündel, die in Kerngebieten der verschiedenen Haubenabschnitte ihren Ursprung haben, dort umschalten oder enden:

a) Die **mediale Schleife (Lemniscus medialis,** Abb. 2.51) setzt sich aus sensiblen Fasern zusammen, die im Nucleus gracilis und Nucleus cuneatus der Medulla oblongata entspringen. Diese Bahn kreuzt in der Medulla oblongata **(Decussatio lemniscorum medialium)**. Sie wird begleitet von Fasern aus den sensiblen Kernen des Nervus trigeminus **(Lemniscus trigeminalis)** und Afferenzen aus dem Vorderseitenstrang des Rückenmarks **(Lemniscus spinalis)**. Das Lemniscussystem zieht seitlich vom Nucleus ruber ins Zwischenhirn und endet im Thalamus.

b) Die **laterale Schleife (Lemniscus lateralis,** Abb. 2.63) beginnt als Teil der Hörbahn in den Endkernen der Hörnerven, kreuzt im Rautenhirn und erhält Anschluß an Zellgruppen im Tegmentum. Sie endet zum größten Teil in den unteren Hügeln des Tectums, mit einigen Fasern auch im Corpus geniculatum mediale des Metathalamus.

c) Das **mediale Längsbündel (Fasciculus longitudinalis medialis,** Abb. 2.57) besteht aus Faserzügen, die motorische Zellgruppen des Mittelhirns (Nucleus interstitialis CAJAL und Nucleus DARKEWITSCH) mit allen motorischen Hirnnervenkernen – insbesondere den Augenmuskelkernen (III, IV und VI) – und weiter caudal den Halsmuskelkernen (C 1 bis C 3) verknüpfen. Weiter bestehen Verbindungen mit den Vestibulariskernen (Gleichgewicht). Die Bahn dient der reflektorischen Kontrolle von Augen- und Kopfbewegungen unter Einschaltung des Gleichgewichts.

d) Das **dorsale Längsbündel (Fasciculus longitudinalis dorsalis** SCHÜTZ, Abb. 2.60) besteht aus kurzen Faserzügen der visceralen Reticulariskerne, die die Kerngruppen des markarmen Hypothalamus mit den para-

sympathischen Hirnnervenkernen und den Ursprungszellen des Sympathicus im Rückenmark verbinden.
e) **Tectospinale und tectobulbäre Fasern,** die in der **dorsalen Haubenkreuzung (Decussatio tegmenti dorsalis** MEYNERT, Abb. 2.19) – hinter dem Nucleus ruber – auf die Gegenseite kreuzen.
f) **Rubrospinale und reticulospinale Fasern,** die in der **Decussatio tegmenti ventralis** (FOREL, Abb. 2.19) – vor dem Nucleus ruber – auf die Gegenseite kreuzen.
g) Die **zentrale Haubenbahn (Tractus tegmentalis centralis,** Abb. 2.49), die in den motorischen Haubenkernen beginnt und sich als vielgliedrige Neuronenkette weitgehend in den Olivenkernen erschöpft.

**Hirnstiele (Pars ventralis pedunculi cerebri, Crura cerebri)**
Die Hirnstiele werden von neoencephalen Faserzügen gebildet. Diese gruppieren sich – in der gleichen Folge wie sie durch die Capsula interna ziehen – von medial nach lateral (Abb. 2.19):
a) **Frontale Großhirnbrückenbahn, Fibrae frontopontinae**
b) **motorische Hirnnervenbahn, Fibrae corticonucleares**
c) **Pyramidenbahn, Tractus corticospinalis**
d) **parietotemporale Großhirnbrückenbahn, Fibrae parietotemporopontinae.**

*2.2.3.3 Zwischenhirn (Diencephalon)*

Die neugebildeten mächtigen Kerngruppen des Zwischenhirns bilden ventral und lateral einen dicken Mantel um den zentralen Hohlraum, den III. Ventrikel. Sein Dach bleibt, ähnlich wie das des IV. Ventrikels, eine einschichtige Zellplatte. Das vordere Ende des III. Ventrikels wird von dem ursprünglichen rostralen Pol des Vorderhirnbläschens (Prosencephalon), der Lamina terminalis, begrenzt. Da sich der vordere Teil des Prosencephalon zum Endhirn ausbildet, gehören die Lamina terminalis sowie alle Kerngebiete vor dem Chiasma opticum zum Endhirn. Funktionell und topographisch bilden sie jedoch eine Einheit mit dem markarmen Hypothalamus des Zwischenhirns und sollen deshalb hier besprochen werden. Die Abschnitte des Zwischenhirns sind auf den Abb. 2.28–2.31 in ihrer topographischen Lage zu sehen.
Man unterscheidet im Zwischenhirn topographisch und funktionell 4 Kerngebiete, die man als übereinander angeordnet betrachten kann: den **Hypothalamus,** den **Thalamus ventralis (Subthalamus),** den **Thalamus dorsalis** (kurz **Thalamus**) mit dem ihm anliegenden **Metathalamus** und den **Epithalamus.** Thalamus ventralis, Thalamus dorsalis und Epithalamus werden auch als **Thalamencephalon** dem Hypothalamus gegenübergestellt.

## Hypothalamus

Der Hypothalamus bildet, durch den **Sulcus hypothalamicus** deutlich vom Thalamencephalon abgegrenzt, den Boden und unteren Seitenabschnitt des III. Ventrikels, sowie einen Teil der basalen Oberfläche des Gehirns. Rostral grenzt der Hypothalamus an die Lamina terminalis und an die Commissura rostralis. Basal folgt die **Sehnervenkreuzung (Chiasma opticum)**, von der aus die **Sehbahn** (Tractus opticus) occipitalwärts zieht (Abb. 2.17). Hinter dem Chiasma wölbt sich das **Tuber cinereum** mit der **Eminentia mediana** und dem **Trichter (Infundibulum)** vor, an dem gestielt die Hypophyse hängt. Darauf folgen die **Corpora mamillaria** (Abb. 2.17). Caudalwärts geht der Hypothalamus in die Formatio reticularis des Mittelhirns über. In die vordere Seitenwand des Hypothalamus senkt sich, vom Endhirn kommend, die Fornixsäule als Pars tecta columnae fornicis ein, sie endet in den Nuclei corporis mamillaris.

Man unterscheidet einen **markreichen Hypothalamus**, dem die Corpora mamillaria angehören, von einem **markarmen Hypothalamus**. Dieser umfaßt die Region seitlich der Lamina terminalis und über dem Chiasma **(Regio hypothalamica anterior)**, das Areal um das Tuber cinereum **(Regio hypothalamica intermedia)** und die Region über den Corpora mamillaria **(Regio hypothalamica posterior)**.

### Markreicher Hypothalamus

Die Kerne der Corpora mamillaria sind eng mit dem limbischen System verbunden und sollen dort beschrieben werden.

### Markarmer Hypothalamus (Abb. 2.23)

Die makroskopisch mehr oder weniger gut abgrenzbaren markarmen Kerngruppen können als Verdichtungen des zentralen Höhlengraus des Zwischenhirns **(Substantia grisea centralis)** aufgefaßt werden. Das zentrale Höhlengrau setzt sich als Wand- und Bodenauskleidung des III. Ventrikels unmittelbar aus dem zentralen Höhlengrau des Aqueductus mesencephali fort. Vor der Fossa interpeduncularis tritt es als Tuber cinereum mit der Eminentia mediana an die Oberfläche. Die Zellgruppen des markarmen Hypothalamus zeichnen sich durch besonderen Gefäßreichtum aus und sind durch zahlreiche Fasern untereinander verbunden. Der markarme Hypothalamus ist ein Bindeglied zwischen neuonalen und endokrinen Systemen: Ein Teil seiner Nervenzellen produziert Hormone, die über längere oder kürzere Axone in den Blutkreislauf abgegeben werden.

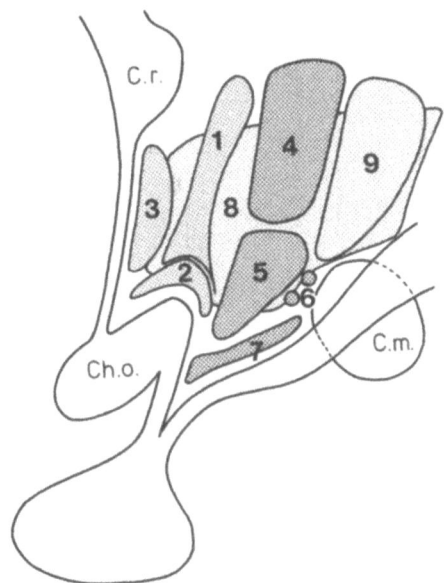

Abb. 2.23. Die markarmen Hypothalamuskerne.
**Rot:**
1 = Nucleus paraventricularis
2 = Nucleus supraopticus
3 = Nuclei preoptici
**Grau:**
4 = Nucleus dorsomedialis
5 = Nucleus ventromedialis
6 = Nuclei tuberales
7 = Nucleus infundibularis
8 = Area hypothalamica lateralis
9 = Nucleus hypothalamicus posterior
*C.r.* = Commissura rostralis
*Ch.o.* = Chiasma opticum
*C.m.* = Corpus mamillare

**Regio hypothalamica anterior (Hypothalamo-neurohypophysäres System).** **Nuclei paraventriculares, Nucleus supraopticus** und **Nuclei preoptici** haben eine besonders dichte Capillarversorgung. Die Zellen produzieren Oxytocin und Adiuretin (ADH), die in den Axonen über den **Tractus hypothalamo-hypophysialis** in die Neurohypophyse gelangen. Dort werden sie in den verdickten Nervenfaserenden als Neurosekret gespeichert (Abb. 2.24).

**Regio hypothalamica intermedia.** Medialer Teil **(Hypothalamo-infundibuläres System):** Dazu gehören die Nuclei dorsomedialis und ventromedialis, die Nuclei tuberales und der Nucleus infundibularis. Die zum Großteil in diesen Kerngebieten gebildeten **releasing-** bzw. **inhibiting hormones (Liberine** bzw. **Statine)** erreichen über die Axone capillarreiche Gebiete der Eminentia mediana und des von ihr entspringenden Infundibulum. Dort gelangen sie in die Blutbahn des hypothalamo-hypophysären Pfortaderkreislaufs. In der Eminentia mediana enden weiterhin aminerge Neurone, die die Freisetzung der Hormone modulierend beeinflussen. Welche Funktion die zahlreichen in den Zellen dieser Region nachgewiesenen Neuropeptidtransmitter haben, ist noch nicht geklärt.

Ein Teil der Nervenzellen des markarmen Hypothalamus senden ihre Axone in andere Gehirnabschnitte.

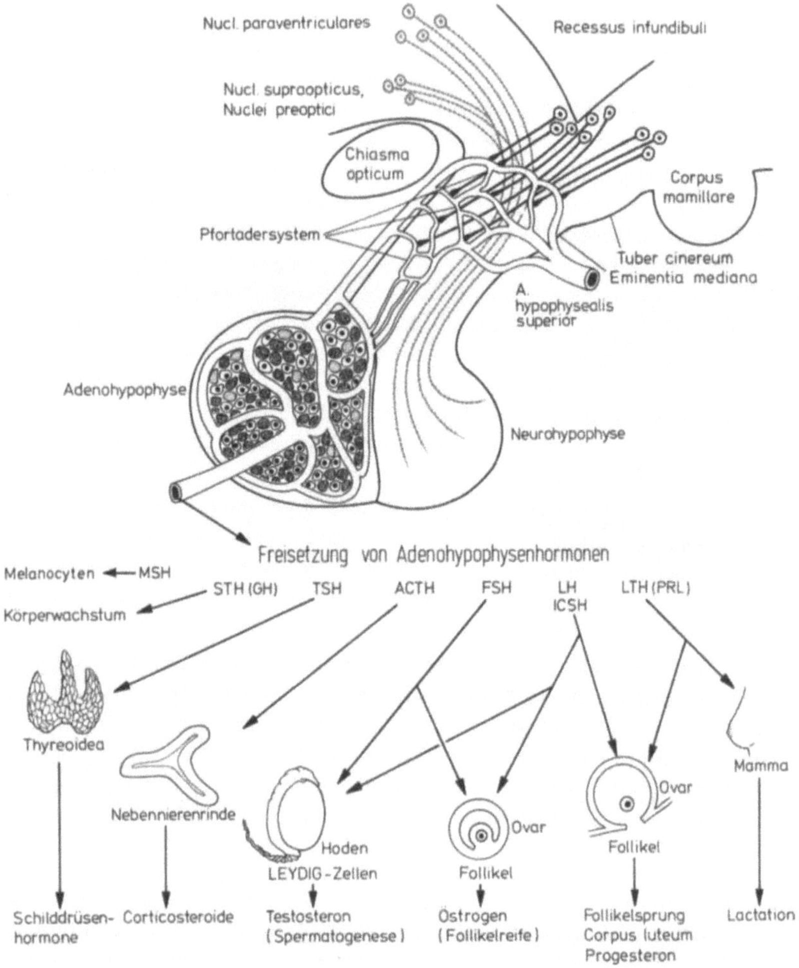

# Zentrales Nervensystem

**Abb. 2.24. a.** Schematische Darstellung der Beziehungen zwischen Hypothalamus und Adenohypophyse, sowie die Wirkung der Hypophysenhormone. *MSH* = Melanocyten stimulierendes Hormon; *STH* = somatotropes Hormon (synonym mit *GH* = growth hormone); *TSH* = Thyreotropes Hormon (synonym mit *T* = Thyrotropin); *ACTH* = adrenocorticotropes Hormon (synonym mit *C* = Corticotropin); *FSH* = follikelstimulierendes Hormon; *LH* = Luteinisierungshormon (beim Mann *ICSH* = Interstitial cell stimulating hormone); *LTH* = luteotropes Hormon (synonym mit *PRL* = Prolactin)

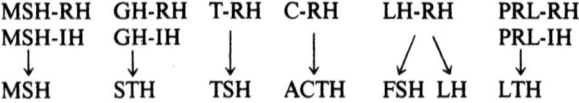

Lateraler Teil (**Area hypothalamica lateralis**): Die im lateralen Teil diffus gestreuten Zellgruppen erhalten Afferenzen vom Frontalhirn. Sie sind durch doppelläufige Faserzüge mit den Nuclei mediales thalami verknüpft.

**Regio hypothalamica posterior.** Die im **Nucleus hypothalamicus posterior** liegenden, ebenfalls nicht einzeln abgrenzbaren Kerngruppen beeinflussen hauptsächlich somatische und viscerale Zentren im Stammhirn über die polysynaptische Neuronenkette der Formatio reticularis.

Eine genaue funktionelle Zuordnung der Zellgruppen in den beiden zuletzt genannten Regionen ist nicht möglich, denn elektrophysiologisch lassen sich in umschriebenen Arealen ganz unterschiedliche Verhaltensweisen auslösen.

Die markarmen Hypothalamuskerne kontrollieren also zum einen auf nervösem Wege, zum anderen über hormonale und neurosekretorische Mechanismen die vegetativen Funktionen des Organismus. Hypothalamuszentren steuern u. a. den Salz-Wasser-Haushalt, den Stoffwechsel und den Wärmehaushalt. Sie regulieren nicht nur das innere Milieu, sondern lösen auch die zugehörigen Verhaltensweisen aus, z. B. Fortpflanzungsmechanismen, Nahrungsaufnahmemechanismen oder Aktivitätssteigerungen. Diese Kopplung ist durch eine enge Verschaltung des Hypothalamus mit bestimmten Gebieten des Endhirns sowie mit Teilen des Mittelhirns möglich, die als limbisches System bezeichnet werden. Es erscheint daher sinnvoll, die strukturell und funktionell eng verknüpften Gebiete miteinander zu besprechen (s. S. 142ff.).

Die Korrelation des Hypothalamus mit humoralen Steuerungsmechanismen geht über die Hypophyse. Durch den engen Kontakt mit der Hypophyse kann der Hypothalamus auf ihre Hormonproduktion und damit praktisch auf das gesamte Endokrinium direkten Einfluß nehmen. Dies geschieht auf humoralem Wege über die Blutbahn: Bestimmte Ganglienzellgruppen des Hypothalamus bilden anregende (Liberine) oder hemmende (Statine) **Steuerhormone,** die über den **hypothalamisch-hypophysären Portalkreislauf** (Abb. 2.24) in die Adenohypophyse gelangen. Sie steuern die Freisetzung der Hypophysenvorderlappenhormone. Andere Zellanhäufungen bilden Neurosekrete (Oxytocin und Adiuretin), die durch Axontransport die Neurohypophyse erreichen, dort gespeichert werden und nach Bedarf in die Blutbahn ausgeschüttet werden (Neurosekretion) um direkt auf die Zielgewebe zu wirken **(Effektorhormone).**

---

◀ **Abb. 2.24. b.** Heute bekannte hypothalamische Steuerhormone und die von ihnen regulierten Hypophysenhormone ($RH$ = releasing hormone, $IH$ = inhibiting hormone)

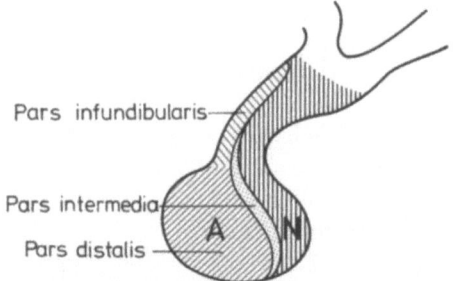

**Abb. 2.25.** Schema der Adenohypophyse (A - rot) und Neurohypophyse (N - schwarz). Die drei Abschnitte der Adenohypophyse sind unterschiedlich markiert

**Hypophyse (Hirnanhangsdrüse, Hypophysis, Glandula pituitaria - Abb. 2.25)**

Die Hypophyse hängt als bohnenförmiger, etwa 0,6 g schwerer Körper gestielt am Zwischenhirn und füllt die Fossa hypophysialis des Keilbeins. Vom Schädelraum ist sie durch ein Durablatt, das Diaphragma sellae, getrennt. Es wird vom Hypophysenstiel durchbohrt. Diese dünne Verbindung wird bei der Entnahme des Gehirns aus seiner Durahülle meist abgerissen, und die Hypophyse verbleibt in ihrer Tasche.

Die **Adenohypophyse (Adenohypophysis)** bestreitet ¾ des ganzen Organs. Sie entwickelt sich aus dem Rachendach, d.h. aus dem Ektoderm. Als nichtneurogenes Organ soll sie hier nur durch ein Schema erläutert werden (Abb. 2.24).

Die **Neurohypophyse (Neurohypophysis)** verbindet sich mit der Adenohypophyse am **Hypophysenstiel (Infundibulum).** Ihr Gewebe besteht aus Neuroglia und marklosen Nervenfasern. Die unterschiedlich geformten Neurogliazellen heißen **Pituicyten.** Die meisten marklosen Nervenfasern transportieren als **Tractus hypothalamo-hypophysialis** die Sekrete der Nuclei supraopticus und paraventricularis in die Neurohypophyse. Durch Neurosekret bedingte, granulierte Anschwellungen der Axone werden als „HERRING-Körper" bezeichnet.

Die in der Neurohypophyse gespeicherten Hormone sind Oxytocin und Adiuretin (Vasopressin):

a) **Oxytocin** bewirkt eine Kontraktion der glatten Muskulatur im Uterus; es ist wehenanregend. Weiter fördert das Inkret die Milchabgabe in der Brustdrüse durch Kontraktion der Myoepithelzellen um die Milchalveolen.

b) **Adiuretin (ADH)** ist identisch mit **Vasopressin.** Es wirkt im distalen Abschnitt des Nephron fördernd auf die Wasserrückresorption - es reguliert also den Wasserhaushalt. Bei hoher Dosierung kann Adiuretin auch eine Gefäßkontraktion bewirken und damit zur Blutdrucksteigerung führen.

**Thalamus ventralis**
Der Thalamus ventralis enthält als Teilfortsetzung der Mittelhirnhaube Kerne des extrapyramidalmotorischen Systems. Der Übergang zum Mittelhirn ist fließend. Formatio reticularis, Nucleus ruber und Substantia nigra erstrecken sich bis in das Gebiet des Thalamus ventralis.

Der **Globus pallidus (Pallidum)** ist infolge seines Reichtums an markhaltigen Fasern und einer lockeren Anordnung seiner großen Zellen blaß. Er zeigt sich auf Frontalschnitten als keilförmiger Zellkomplex mit medialwärts gerichteter Spitze (Abb. 2.28). Vom übrigen ventralthalamischen Gebiet ist er durch die Capsula interna seitwärts abgedrängt. Durch den basalen Abschnitt des Globus pallidus zieht die Commissura anterior schräg nach hinten in den Schläfenlappen.

Der Kern besteht aus 2 Segmenten, die von 2 **Marklamellen (Laminae medullares)** eingescheidet werden.

Das Pallidum ist über mehrere Bahnen mit anderen Kernen der extrapyramidalen Motorik verknüpft. Aus dem Corpus striatum kommende Fasern schalten im Pallidum um. Efferenzen aus dem inneren Segment vereinigen sich zur Ansa lenticularis, die verschiedene Thalamuskerne erreicht. Efferenzen aus dem äußeren Segment bilden eine doppelläufige Schleife, die im Nucleus subthalamicus umschaltet und zurück zum Pallidum führt. Ein Teil der Neurone zieht weiter zur Zona incerta.

Der **Nucleus subthalamicus** ist ein mandelförmiger grauroter Kern mit großen Zellen (Abb. 2.28). Er liegt dorsolateral vom Corpus mamillare und steht über Faserschleifen mit dem Pallidum in Verbindung.

Auch in der **Zona incerta**, einer schmalen, auf dem Nucleus subthalamicus reitenden Zellgruppe, die sich aus der Formatio reticularis des Mittelhirns fortsetzt und in den Nucleus reticularis des Thalamus übergeht, werden Fasern aus dem Pallidum umgeschaltet.

**Thalamus (dorsalis)**
Der Thalamus liegt hinter dem Foramen interventriculare als ein eiförmiger, vorn zugespitzter Kernkomplex (Abb. 2.26) mit einem rostral vorspringenden **Tuberculum anterius thalami** und einer occipitalen Verdickung, dem **Kissen (Pulvinar)**. Die mediale Wand des Thalamus wölbt sich während der Entwicklung als Seitenwand des III. Ventrikels so weit vor, daß sie oftmals in einer schmalen Gliabrücke (**Adhesio interthalamica**) mit dem Thalamus der Gegenseite verwachsen bleibt (Abb. 2.28). Am Übergang der

Medialfläche des Thalamus zur Dorsalfläche beginnt das Dach des III. Ventrikels, die **Lamina epithelialis**, die mit der gefäßführenden **Tela choroidea** verwachsen ist. Reißt man diese ab, entsteht am Thalamus eine Abrißkante, die **Tenia thalami**. Diese liegt auf einem Faserzug der Riechbahn (s. Abb. 2.61), der eine Längskante zwischen Medial- und Dorsalfläche des Thalamus bildet **(Stria medullaris thalami)**.

Der nur aus einer dünnen Zellschicht bestehende Boden des Endhirnventrikels liegt als **Lamina affixa** der Dorsalfläche des Thalamus auf. An den Thalamus grenzt dorso-lateral der Nucleus caudatus. In der Furche zwischen beiden Kerngebieten verläuft die Vena thalamostriata superior und mit ihr ein Faserzug des limbischen Systems als ein Markstreifen **(Stria terminalis)**. Der lateralen Fläche des Thalamus liegt, durch eine **Lamina medullaris externa** getrennt, der **Nucleus reticularis** auf. Er grenzt lateral an die Faserzüge der Capsula interna und setzt sich ventro-lateral in die Zona incerta fort. Ventral geht der Thalamus in die Kerne des Hypothalamus über.

Die Vorwölbungen des Metathalamus liegen seitlich unter dem Pulvinar, sie bilden den **lateralen** und den **medialen Kniehöcker (Corpus geniculatum laterale** und **Corpus geniculatum mediale)**. Das Corpus geniculatum laterale kann man von außen sichtbar machen, indem man von den oberen Hügeln dem Brachium colliculi cranialis lateralwärts folgt. Das Brachium senkt sich an der Dorsalseite des Hirnstamms in die schrägovale Erhebung des Corpus geniculatum laterale ein. In das Corpus geniculatum laterale zieht von vorn ein breiter Strang, der Tractus opticus (s. S. 152). Etwas weiter medial und caudal vom Corpus geniculatum laterale, unter dem Pulvinar thalami, liegt, nur von occipital sichtbar, das Corpus geniculatum mediale. Es ist durch das Brachium colliculi caudalis mit den unteren Hügeln verbunden.

Der Thalamus ist die letzte Schaltstelle aller zum Endhirn aufsteigenden Bahnen, mit Ausnahme der Riechbahn. Man nennt ihn deshalb auch das „Tor zum Bewußtsein". Er gilt als selbständiges Integrationszentrum, in dem die von den Sinnesorganen konvergierenden Erregungen bereits zu elementaren Gefühlen und Affekten, wie Lust, Angst oder Schmerz, ausgewertet und den Assoziationsfeldern der Großhirnrinde (s. S. 105) zugeleitet werden. In ihm werden aber auch topisch geordnete Bahnen zu Projektionsfeldern der Großhirnrinde umgeschaltet. Weiter steht der Thalamus mit der Motorik von Großhirnrinde und subcorticalen Zentren, wie auch mit dem Kleinhirn in Verbindung. Er kann so koordinierend und abstufend auf jeden Bewegungsablauf einwirken. Es ist verständlich, daß die funktionell vielschichtigen Zellgruppen des Thalamus keinen einheitlichen Kern bilden. Sie lagern sich vielmehr zu einem Komplex unterschiedlich differenzierter Einzelkerne zusammen (Abb. 2.26). Dieser erlaubt schon ma-

Gehirn 87

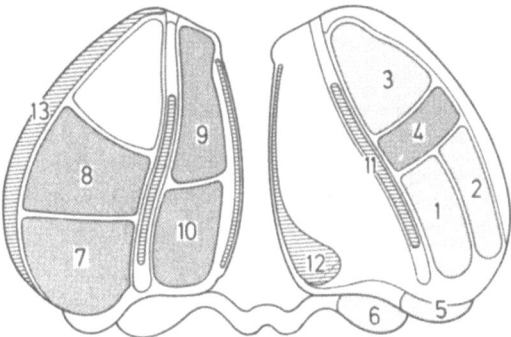

**Abb. 2.26.** Schema der Thalamuskerne in der Aufsicht von cranial. Der rechte Thalamus zeigt die mehr ventral gelagerten, der linke Thalamus die dorsal befindlichen Anteile der lateralen Kerngruppe. Die „truncothalamischen" Kerne sind gestreift, die „palliothalamischen" Kerne sind gerastert: hell = spezifische Thalamuskerne; dunkel = unspezifische Thalamuskerne

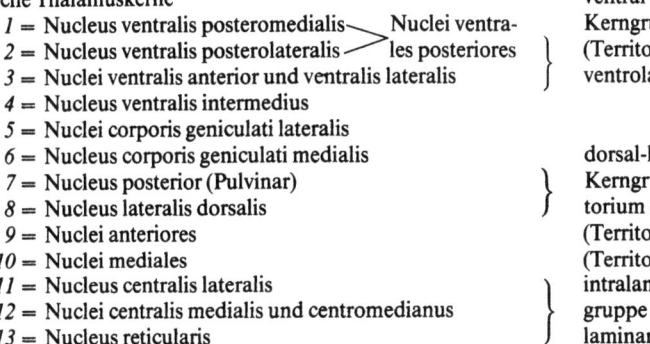

1 = Nucleus ventralis posteromedialis ⎫ Nuclei ventra- ⎫ ventral-laterale Kerngruppe
2 = Nucleus ventralis posterolateralis ⎬ les posteriores ⎬ (Territorium
3 = Nuclei ventralis anterior und ventralis lateralis ⎭ ⎭ ventrolaterale)
4 = Nucleus ventralis intermedius
5 = Nuclei corporis geniculati lateralis
6 = Nucleus corporis geniculati medialis
7 = Nucleus posterior (Pulvinar) ⎫ dorsal-laterale Kerngruppe (Territorium dorsolaterale)
8 = Nucleus lateralis dorsalis ⎭
9 = Nuclei anteriores (Territorium anterius)
10 = Nuclei mediales (Territorium mediale)
11 = Nucleus centralis lateralis ⎫ intralaminäre Kerngruppe (Nuclei intralaminares)
12 = Nuclei centralis medialis und centromedianus ⎬
13 = Nucleus reticularis ⎭

kroskopisch durch eine zwischengeschaltete **innere Marklamelle (Lamina medullaris interna)** eine grobe Einteilung in eine laterale und eine mediale Portion, die in weitere Unterabschnitte gegliedert werden. In der inneren und einer weiteren, **äußeren Marklamelle (Lamina medullaris externa)** befinden sich intralaminäre Zellgruppen.

Im folgenden sollen die Kerngruppen des Thalamus nach funktionellen Gesichtspunkten zusammengefaßt werden.

### Spezifische Thalamuskerne (Relaiskerne)

Das Lemniscussystem (s. S. 130) führt Kernen der ventrolateralen Gruppe im Thalamus **(Nuclei ventrales posteriores)** Afferenzen aus den Nuclei gracilis und cuneatus, dem Tractus spinothalamicus, den sensiblen Kernen des N. trigeminus (V) und dem Tractus solitarius zu. Die Fasern enden an Neuronen in umschriebenen Bezirken. Da jedes Neuron seine Informationen aus einem ganz bestimmten rezeptiven Feld der Körperperipherie erhält, werden solche Neuronaggregationen als spezifische Thalamuskerne oder Relaiskerne bezeichnet. Je kleiner ein Körperareal ist, dessen Afferenzen auf ein Thalamusneuron konvergieren, z. B. an den Fingerspitzen, um so schärfer ist das Diskriminationsvermögen einzelner Empfindungen. Da benachbarte Körperregionen auf nebeneinanderliegende Bezirke im spezifischen Thalamuskern treffen, finden wir hier eine somatotopische Gliederung, d. h. eine räumliche Zuordnung der peripheren Sinnesfläche. Die im Thalamus beginnenden Neurone bilden eine funktionelle und trophische Einheit mit den entsprechenden Großhirnrindenabschnitten. Sie stehen durch doppelläufige Faserzüge mit dem Gyrus postcentralis derselben Hirnhälfte in Verbindung, der als primärer sensorischer Cortex ebenfalls eine Punkt-zu-Punkt-Zuordnung der Peripherie erlaubt. Er soll auf S. 104 (Abb. 2.37) beschrieben werden. Die rückläufigen Fasern zum Thalamus dienen der Empfindlichkeitseinstellung.

Die rostral gelegenen Teilkerne der ventral-lateralen Kerngruppe (**Nuclei ventralis anterior** und **ventralis lateralis**) erhalten Erregungen vom Pallidum, von der Substantia nigra und über den Pedunculus cerebellaris cranialis von den Kernen des Kleinhirns. Die Impulse von den extrapyramidalmotorischen Kernen werden im Nucleus ventralis anterior auf motorische Assoziationsfelder des Frontallappens umgeschaltet, solche vom Kleinhirn im Nucleus ventralis lateralis zum motorischen Rindenzentrum des Gyrus precentralis. Daher wird die ventrale anterolaterale Kerngruppe, die über die genannten Verbindungen den Ablauf von Bewegungen moduliert, ebenfalls zu den spezifischen Thalamuskernen gerechnet.

Zu den spezifischen Thalamuskernen zählt man auch die in Schichten angeordneten Kerne des **lateralen Kniehöckers (Nuclei corporis geniculati lateralis)** und den Kern des **medialen Kniehöckers (Nucleus corporis geniculati medialis)**. Ihre somatotopisch geordneten Ganglienzellen stehen im Dienst großer Sinnesbahnen. Die Zellgruppen des Corpus geniculatum laterale sind in 6 Zellschichten mit 5 zwischengeschalteten Faserlamellen übereinandergelagert; sie bilden ein subcorticales Sehzentrum, das seine Informationen über den Tractus opticus aus der Netzhaut erhält und in den Bereich des Sulcus calcarinus des Occipitallappens (Abb. 2.62) projiziert. Der Kern des Corpus geniculatum mediale steht in Verbindung mit den unteren Hügeln. Er bildet ein subcorticales Hörzentrum, dessen Efferenzen zu umschriebenen Feldern im Temporallappen (Abb. 2.63) ziehen.

## Unspezifische Thalamuskerne (Assoziationskerne)

Neben den spezifischen Relaiskernen kennt man unspezifische Assoziationskerne mit ausgedehnten Verbindungen zu Assoziationsfeldern der Großhirnrinde. In den unspezifischen Thalamuskernen konvergieren Bahnen unterschiedlicher Herkunft auf ein Neuron. Solche Bahnen erreichen meist nicht direkt die unspezifischen Thalamuskerne, sondern über Umschaltungen in der Formatio reticularis. Die Formatio reticularis erhält damit Einfluß auf die unspezifischen Thalamuskerne und über diese auf Hirnrindengebiete, die assoziative Aufgaben haben: sekundäre Rindengebiete oder Assoziationsfelder (s. S. 105).

Fasern aus der Formatio reticularis und aus den Vestibulariskernen enden im **Nucleus ventralis intermedius.** Seine Efferenzen in den Grund des Sulcus centralis koppeln Kopf- und Blickwendungen mit dem Gleichgewicht.

Der **Nucleus posterior thalami** ist über die Colliculi craniales in die Sehbahn eingeschaltet. Er erhält weiter Zuflüsse von der Hörbahn über das Corpus geniculatum mediale. Der Kern projiziert die Erregungen in die Rinde des Occipital-, Parietal- und Temporallappens (Assoziationsfelder des Sehens und Hörens).

Der **Nucleus lateralis dorsalis** mit somatosensiblen Afferenzen ist mit Assoziationsfeldern im Parietallappen verbunden.

Die **Nuclei anteriores thalami** im Tuberculum anterius erhalten über den Tractus mamillothalamicus Afferenzen vom Nucleus corporis mamillaris und aus dem Fornix. Ihre Erregungen werden über doppelläufige Verbindungen in den Gyrus cinguli projiziert.

Die medialen Thalamuskerne **(Nuclei mediales thalami)** stehen einerseits mit Hypothalamus und Corpus amygdaloideum, andererseits mit der Stirnhirnrinde in Verbindung. Sie sind eng mit den Nuclei ventralis anterior und ventralis lateralis verknüpft. Der Zusammenfluß von visceralen und somatischen Impulsen wird in den medialen Thalamuskernen zu Grundstimmungen integriert, die im Stirnhirn bewußt werden.

Die intralaminäre Kerngruppe **(Nuclei intralaminares)** liegt verteilt in den Marklamellen des Thalamus. Intralaminäre Kerne haben vorwiegend subcorticale Verbindungen. Sie projizieren nur spärlich und diffus in die Großhirnrinde, zumeist über Umschaltungen in anderen Thalamuskernen. Daher grenzt man diese Kerngruppe auch als „**truncothalamische" Kerne** ab gegen alle anderen Kerne, die in direkter Verbindung mit der Hirnrinde stehen, den „**palliothalamischen" Kernen.**

Der **Nucleus centromedianus** erhält Afferenzen aus dem Pallidum. Seine Axone stehen über Umschaltungen in den anderen intralaminären Kernen mit dem Corpus striatum in Verbindung.

Die **Nuclei centralis lateralis** und **centralis medialis** verkoppeln Impulse des Kleinhirns mit dem Corpus striatum.

Der **Nucleus reticularis** bildet über die Zona incerta des Thalamus ventralis die Fortsetzung der Formatio reticularis im Mittelhirn. Er integriert hauptsächlich intrathalamische Aktivitäten.

Die doppelläufigen, strahlenförmigen Verbindungen des Thalamus mit der Großhirnrinde heißen in ihrer Gesamtheit **Stabkranz des Thalamus (Corona radiata)**, der medial der Capsula interna anliegt; deshalb werden die Thalamusfasern mit den Bahnen der Capsula interna aufgeführt. Dikkere Faserbündel werden als Thalamusstiele **(Radiationes thalamicae)** bezeichnet. Sie gehören zu Schaltkreisen, deren Glieder mit den sensomotorischen Leitungsbögen beschrieben werden sollen.

Die Durchtrennung der Faserzüge von den Nuclei mediales thalami zum Frontalhirn (prefrontale Leukotomie) führt bei schweren Erregungszuständen zur Beruhigung, aber auch zu einer allgemeinen Abflachung der Persönlichkeit.

Eine funktionelle Ausschaltung der Nuclei ventrales anterior und lateralis unter Reizkontrolle (stereotaktische Operation) wird beim PARKINSON-Syndrom (s. S. 136) durchgeführt, um das Zittern (Tremor) zu beseitigen.

Die stereotaktische Ausschaltung von Teilen der Nuclei ventrales posteromedialis und posterolateralis behebt schwere Schmerzen ohne wesentliche Beeinträchtigung der Berührungsempfindung.

### Epithalamus

Am Übergang der Medialfläche des Thalamus auf die Dorsalfläche, dort wo die Tela choroidea ansetzt, befindet sich eine Leiste, die **Stria medullaris**. Sie enthält einen Faserzug des limbischen Systems. Occipitalwärts verbreitert sich die Stria medullaris zu einem dreieckigen kleinen Feld **(Trigonum habenulae)**, das Ganglienzellen enthält: den **Nucleus habenulae**. Zwei Zügel, **Habenulae**, verbinden die Trigona habenularum beider Seiten untereinander. Dort schließt occipital die **Epiphyse (Corpus pineale)** an (Abb. 2.18). Unter der queren Verbindung der Zügel **(Commissura habenularum)** liegt ein etwas dickerer querer Faserzug **(Commissura caudalis)**, der Kerngruppen der Area pretectalis untereinander verbindet. Beide Commissuren, Stria medullaris, Habenulae, Trigona habenularum mit den Nuclei habenularum und Corpus pineale werden zum Epithalamus zusammengefaßt.

### Epiphyse (Zirbeldrüse, Corpus pineale, Epiphysis cerebri)

Die **Zirbeldrüse** trägt ihren Beinamen nach der Form: sie ähnelt einem Pinienzapfen. Vom 3. Ventrikel zieht eine kleine Ausbuchtung (Recessus pinealis) in das Organ. Das Grundgerüst liefert ein gefäß- und nerven-führendes Stroma, in dem große polygonale, fortsatzreiche **Pinealzellen (Pinealocyten)** liegen. Bei älteren Menschen bilden sie Zellgruppen oder -bänder, die durch typische Strukturen, sog. „synaptic ribbons" untereinander verbunden sind. Dazwischen befinden sich Astrocytenähnliche **interstitielle Zellen**. Die marklosen (mehrheitlich noradrenalinhaltigen) Nervenfasern bilden mit den Pinealocyten Synapsen. Oft sieht man schon makroskopisch himbeerförmige Kalkkonkremente. Dieser sog. **Hirnsand (Acervulus cerebri)** ist jedoch nicht nur in der Epiphyse, sondern auch in ihrer Umgebung zu finden. In manchen Fällen bilden sich kleine oder größere Cysten aus.

Die Pinealzellen entwickeln sich aus Nervenzellen. Sie haben bei primitiven Tierformen zum Teil noch den Charakter von Sinneszellen, die ein „**Parietalauge**" bilden. Beim höher entwickelten Wirbeltier verliert die Epiphyse ihre Funktion als Sinnesorgan. Die Pinealocyten sind dort rein parakrine Zellen; sie produzieren die Gewebshormone Serotonin und **Melatonin** (das aus Serotonin entsteht). Bei Amphibien bewirkt Melatonin eine Zusammenballung von Melaningranula in Melanocyten, und damit das Ausbleichen der Haut. Beim Säuger ist seine Wirkung vielseitiger, wenn auch nicht in allen Einzelheiten geklärt. Im Allgemeinen wirkt Melatonin inhibitorisch auf alle endokrinen Organe; damit hat die Epiphyse Einfluß auf das Endokrinium und über dieses indirekt auf die Aktivität des autonomen Nervensystems. Da Serotonin und Melatonin in Abhängigkeit vom Tag-Nacht-Rythmus gebildet werden (Tageslicht hemmt die Melatoninbildung) soll die Epiphyse auf diesem Weg als „biologische Uhr" die endogene Rythmik des Organismus steuern.

Bei Zerstörung der Epiphyse im Kindesalter durch Tumoren kommt es zu einer vorzeitigen Ausreifung (Pubertas praecox) und Hypertrophie der Keimdrüsen.

## 2.2.4 Endhirn (Telencephalon)

Das Endhirn wird auch als **Großhirn (Cerebrum)** bezeichnet.

### 2.2.4.1 Endhirnkerne

Die großen Kerne des Endhirns entstehen aus dem **Ganglienhügel (Colliculus ganglionaris)**. Sie werden nach ihrer Lage zusammen mit dem ebenfalls basal liegenden Globus pallidus des Zwischenhirns als **Basalganglion** bezeichnet. Durch auf- und absteigende Fasersysteme wird der Ganglienhügel in **Schweifkern (Nucleus caudatus)** und **Schalenkörper (Putamen)** gegliedert. Nucleus caudatus und Putamen sind jedoch genetisch und funktionell ein Zentrum (Abb. 2.27): der **Streifenkörper (Corpus striatum)**. Die Entste-

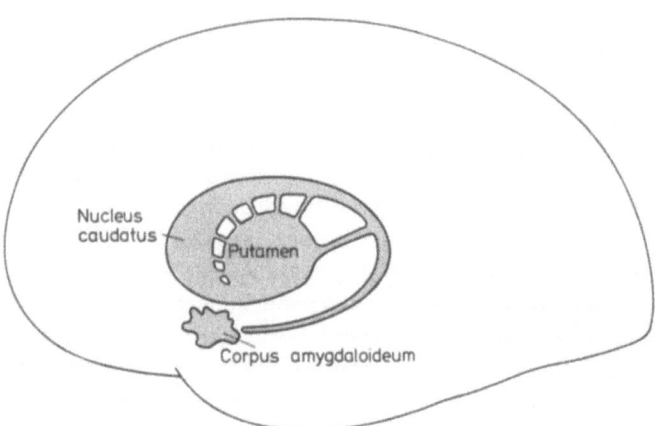

**Abb. 2.27.** Die Endhirnkerne und ihre Lage zueinander auf eine Sagittalebene im Gehirn projiziert

hung von 2 weiteren Endhirnkernen, der **Vormauer (Claustrum)** und dem **Mandelkern (Corpus amygdaloideum)** ist nicht geklärt. Es ist möglich, daß Teile durch Verlagerung paleoencephaler Rindenabschnitte gebildet wurden, Teile aus dem Ganglienhügel entstammen. Die Kerne werden nach ihrer Lage mit zu den Basalganglien gezählt. Die Endhirnkerne sind auf den Abb. 2.28–2.31 zu sehen.

Der **Schweifkern (Nucleus caudatus)** folgt in seiner Ausbildung der Wachstumsrichtung des Seitenventrikels. Er bildet mit seinem breiten **Kopf (Caput nuclei caudati)** die laterale Wand des Vorderhorns vom Seitenventrikel. Ausgedehnte Zellbrücken verbinden ihn hier mit dem lateral liegenden Putamen (Abb. 2.27). Occipitalwärts verjüngt sich der Kern sehr schnell zum **Schweif (Cauda nuclei caudati)**, der sich lateral dem Thalamus anlegt und um diesen herum nach unten vorn umbiegt. Das Schweifende zieht im Dach des Unterhorns vom Seitenventrikel bis an dessen vorderes Ende in die Nähe des Corpus amygdaloideum. Auf Frontalschnitten ist deshalb der Schweif meist zweimal getroffen (Abb. 2.28).

Der **Schalenkörper (Putamen)** hat wie der Schweifkern eine braunrote Färbung. Er liegt als gewölbte Scheibe mit seiner Konkavität dem Pallidum des Zwischenhirns an. Beide zusammen bilden topographisch den **Linsenkern (Nucleus lentiformis)**, der jedoch funktionell wie genetisch zweigeteilt ist (Abb. 2.13). Die nach lateral gerichtete Konvexität des Putamen wird von der Capsula externa begrenzt.

**Streifenkörper (Corpus striatum:** Besonders im rostralen Bereich gehen Nucleus caudatus und Putamen mit breiten Zellbändern ineinander über

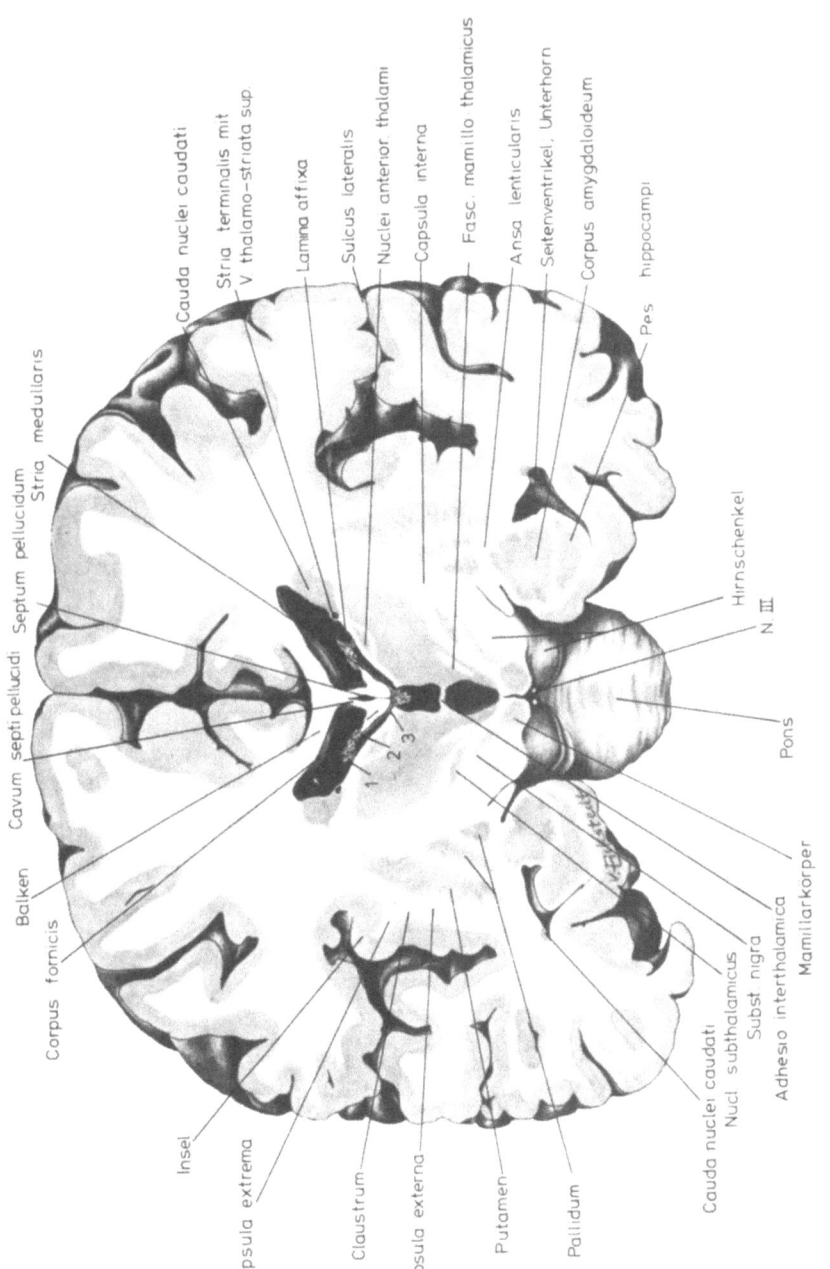

**Abb. 2.28.** Frontalschnitt des Gehirns in Höhe der Adhesio interthalamica, Aufsicht von rostral. Die Zahlen bezeichnen die Anheftungsstellen des Plexus choroideus. Beim Entfernen bilden sich Abrißlinien: *1* = Tenia choroidea (an der Lamina affixa); *2* = Tenia fornicis (an der Unterfläche des Fornix); *3* = Tenia thalami (in Höhe der Stria medullaris)

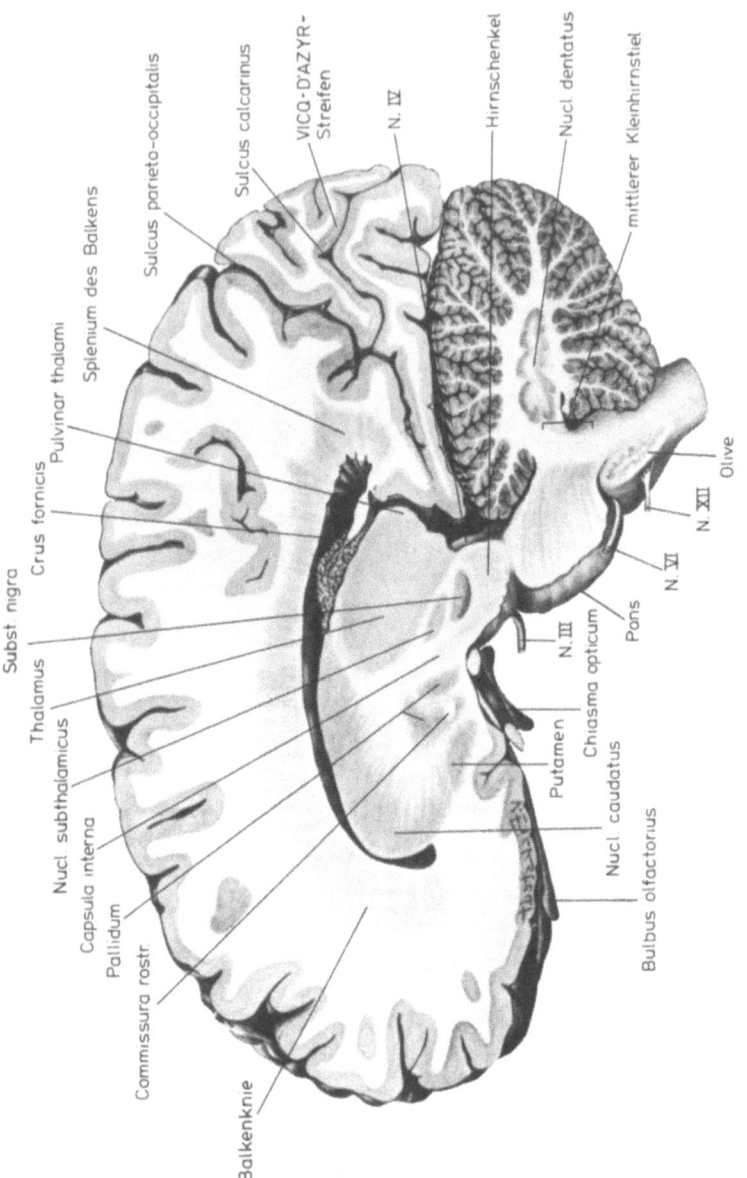

**Abb. 2.29.** Paramedianer Sagittalschnitt durch das Gehirn, von lateral her gesehen. Am Hirnstamm sind von rostral nach caudal folgende Kerngruppen zu erkennen: Endhirn: Nucleus caudatus und Putamen; Zwischenhirn: Pallidum, Thalamus, Nucleus subthalamicus; Mittelhirn: Substantia nigra (der medialwärts liegende Nucleus ruber ist nicht getroffen); verlängertes Mark: Olive. Folgende Fasersysteme sind gut zu sehen: Über dem Seitenventrikel: Corpus callosum; zwischen den Kernen die Capsula interna, besonders der Übergang des Genu in den Hirnschenkel. Im Rautenhirn: die quer ziehenden Fibrae pontis transversae, die sich zum mittleren Kleinhirnstiel sammeln. Hinter der Olive: der aufsteigende untere Kleinhirnstiel

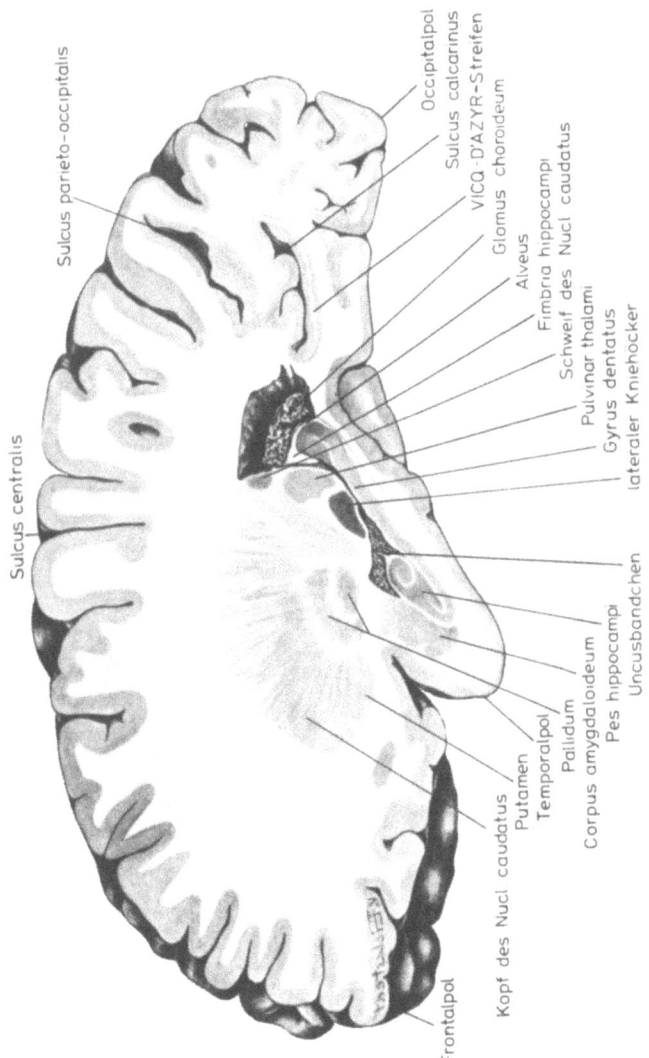

**Abb. 2.30.** Lateraler Sagittalschnitt durch das Gehirn von medial her gesehen. In der Hauptsache erkennt man Rinde und Marklager. Rechts im Bild der Grund des Sulcus calcarinus mit intracorticalen Assoziationsfasern (VICQ D'AZYR-Streifen). Vom Seitenventrikel sind nur der Übergang vom Zentralteil in Hinter- und Unterhorn sowie das Unterhorn selbst getroffen. Der Inhalt ist Adergeflecht. Am Temporallappen erkennt man den Gyrus parahippocampalis und den ins Ventrikelunterhorn eingerollten Hippocampus. Zentral sind die Fasern der Capsula interna zu sehen sowie die medial davon liegenden Kerngruppen von Thalamus und Nucleus caudatus. Auch das lateral liegende Pallidum ist angeschnitten, weil die innere Kapsel in diesem Gebiet medialwärts in die Hirnschenkel konvergiert

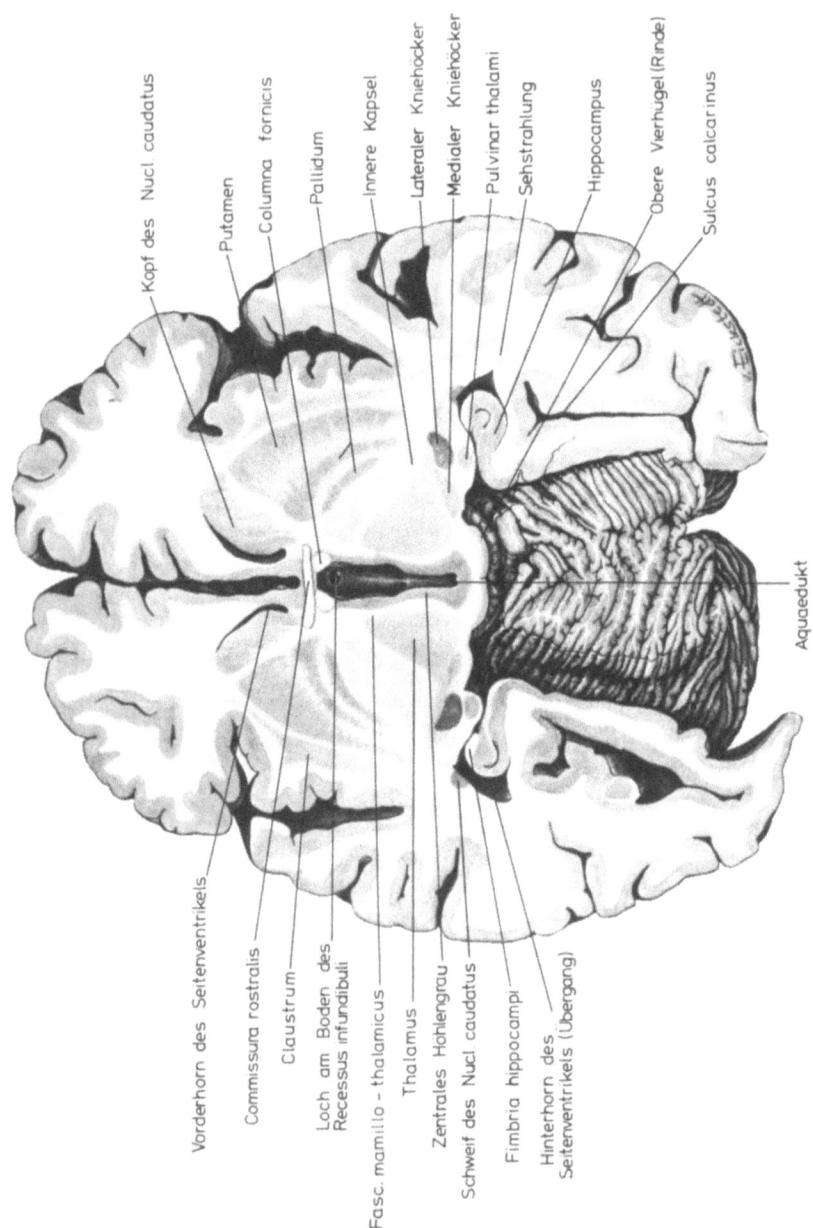

**Abb. 2.31.** Horizontalschnitt des Gehirns in Höhe der Commissura rostralis; Aufsicht von cranial. Die Oberfläche des Kleinhirns ist tangential angeschnitten

(Abb. 2.27). Sie bilden ein einheitliches extrapyramidalmotorisches Zentrum. Occipitalwärts lassen die dichter werdenden Faserzüge der Capsula interna immer weniger Verbindungsbrücken zwischen den beiden Abschnitten des Streifenkörpers stehen. Das Corpus striatum wird, da es sich in der Phylogenese später entwickelt, häufig als **Neostriatum** dem stammesgeschichtlich älteren Pallidum **(Paleostriatum)** gegenübergestellt. Es erhält Afferenzen von allen Abschnitten der Großhirnrinde, vom Thalamus und von der Substantia nigra. Die meisten efferenten Fasern erreichen das Pallidum. Sie bilden über Verbindungen zum Thalamus und zurück zum Striatum, oder weiter zur Großhirnrinde, große Neuronenschleifen. Efferente Fasern ziehen auch zur Substantia nigra (s. S. 135).

Die **Vormauer (Claustrum)** liegt als eine schmale Zellscheibe zwischen der Capsula externa und dem Marklager der Insel (**Capsula extrema,** Abb. 2.28). Basalwärts erstreckt sich das Claustrum, an Masse zunehmend, bis zum Corpus amygdaloideum, mit dem es zusammenhängt, und bis zur Area prepiriformis.

Der **Mandelkern (Corpus amydaloideum)** bildet eine unregelmäßig konturierte Kernmasse im Temporallappen vor dem Unterhorn des Seitenventrikels (Abb. 2.30). Er grenzt innen an das Claustrum, außen an die Rinde des Gyrus parahippocampalis; ventral steht er mit dem Corpus striatum in Verbindung. Der Mandelkern ist Teil des limbischen Systems. Er empfängt olfaktorische, aber auch optische und akustische Impulse. Von ihm entspringt u. a. die Stria terminalis zum Hypothalamus. Bei Reizung des Mandelkerns werden emotionale Reaktionen ausgelöst. Wut, Angst, Aufmerksamkeit oder Entspannung werden von entsprechenden visceralen Funktionen (Pupillenreaktion, Veränderung von Herzschlagfrequenz, Blutdruck und Atmung) begleitet.

*2.2.4.2 Großhirnmantel (Pallium)*

**Topographie der Großhirnoberfläche**
Sobald die weichen Hirnhäute abgelöst sind, ist der Blick auf die in frischem Zustand hellgraue Oberfläche der beiden Hemisphären des Großhirns (Hemispheria cerebri) freigegeben. Sie sind durch einen tiefen Einschnitt, die **Fissura longitudinalis cerebri,** unvollständig voneinander getrennt (Abb. 2.28). Man unterscheidet an jeder Hemisphäre eine superolaterale, eine mediale sowie eine basale Fläche (**Facies superolateralis, Facies medialis, Facies inferior**) sowie einen vorderen oberen, einen vorderen unteren und einen hinteren Pol (**Polus frontalis, Polus temporalis, Polus occipitalis**). Die obere Kante zwischen der superolateralen und der medialen

Großhirnoberfläche wird als Mantelkante bezeichnet. Zur Oberflächenvergrößerung ist der Großhirnmantel (Pallium) zu mehr oder weniger stark geschlängelten **Hirnwindungen (Gyri)** aufgeworfen, die durch tiefe **(Fissurae)** und weniger tiefe Furchen **(Sulci)** äußerlich begrenzt werden. Das Oberflächenrelief ist nicht nur bei jedem Gehirn verschieden ausgebildet, sondern auch der Vergleich der einen mit der anderen Hemisphäre zeigt deutliche Unterschiede.

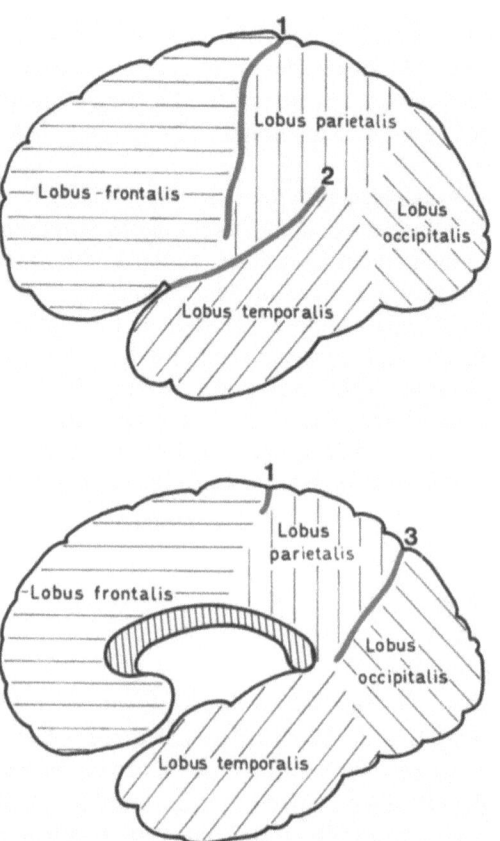

**Abb. 2.32.** Einteilung der Hirnlappen. Die trennenden Furchen sind rot eingezeichnet. Auf der lateralen Fläche
*1* = Sulcus centralis; *2* = Sulcus lateralis. Auf der medialen Fläche: *3* = Sulcus parietooccipitalis

Gehirn 99

Zur Übersicht zunächst eine grobe Einteilung (Abb. 2.32). Wir unterscheiden am Großhirnmantel zunächst 4 **Lappen (Lobi)**:

| | |
|---|---|
| **Stirnlappen** | (Lobus frontalis) |
| **Scheitellappen** | (Lobus parietalis) |
| **Schläfenlappen** | (Lobus temporalis) |
| **Hinterhauptslappen** | (Lobus occipitalis) |

Die Lobi sind durch folgende Sulci unvollständig voneinander getrennt (Abb. 2.32):
a) Der **Sulcus centralis** trennt an der Lateralfläche den Stirn- vom Scheitellappen. Diese verhältnismäßig tiefe Furche geht senkrecht etwa von der Mitte der Mantelkante aus und stößt, abwärts verlaufend, auf den von vorn unten kommenden Sulcus lateralis.
b) Der **Sulcus lateralis** trennt die dorsal liegenden Stirn- und Scheitellappen vom basal befindlichen Schläfenlappen.
c) Der **Sulcus parietooccipitalis** trennt an der Medialfläche den Scheitel- vom Hinterhauptslappen.

Keine scharfe Trennung besteht zwischen Schläfen- und Hinterhauptslappen.

Folgende Gyri und Sulci werden den einzelnen Lobi zugeordnet:

### Facies superolateralis (Abb. 2.33 u. 2.34)

| | | |
|---|---|---|
| **Lobus frontalis** | Gyrus frontalis superior | |
| | | Sulcus frontalis superior |
| | Gyrus frontalis medius | |
| | | Sulcus frontalis inferior |
| | Gyrus frontalis inferior | |
| | Pars orbitalis, Pars triangularis, Pars opercularis | |
| | Ramus anterior, Ramus ascendens, Ramus posterior | |
| | | Sulcus lateralis |
| **Lobus parietalis** | Gyrus precentralis | |
| | | Sulcus centralis |
| | Gyrus postcentralis | |
| | | Sulcus postcentralis |
| | Lobulus parietalis superior | |
| | | Sulcus intraparietalis |
| | Lobulus parietalis inferior | |
| | Gyrus supramarginalis | Occipitales Ende des Sulcus lateralis |
| | Gyrus angularis | Occipitales Ende des Sulcus temporalis superior |

100  Zentrales Nervensystem

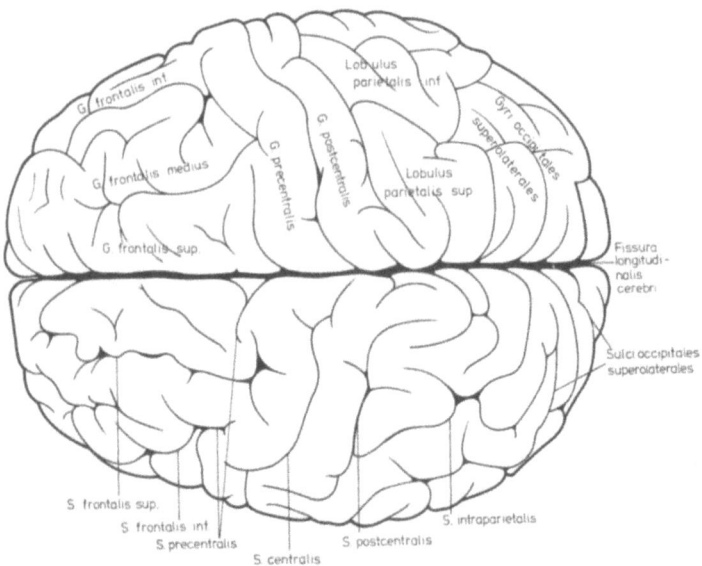

**Abb. 2.33.** Aufsicht auf das Gehirn von oben

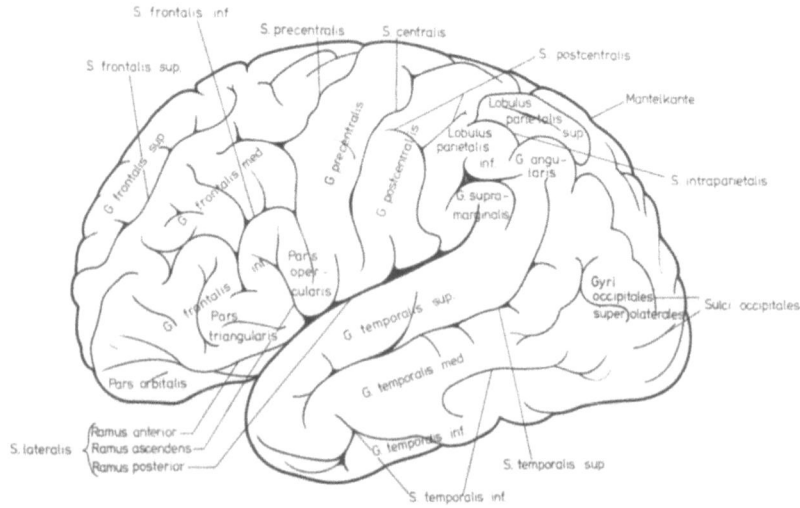

**Abb. 2.34.** Aufsicht auf das Gehirn von lateral

| | | |
|---|---|---|
| **Lobus temporalis** | | |
| | Gyrus temporalis superior | |
| | | Sulcus temporalis superior |
| | Gyrus temporalis medius | |
| | | Sulcus temporalis inferior |
| | Gyrus temporalis inferior | |
| **Lobus occipitalis** | | |
| | Gyri occipitales superolaterales | |
| | | Sulci occipitales superolaterales |

Spreizt man den Sulcus lateralis auseinander, so entdeckt man ein weiteres, in die Tiefe verlagertes Rindengebiet, die **Insel (Lobus insularis, Insula),** die von Teilen der anliegenden Lobi bedeckt wird. Diese Teile heißen **Deckelchen, Opercula.**

Wir unterscheiden ein **Operculum frontoparietale** (Gyrus frontalis inferior – Pars opercularis, unteres Ende von Gyrus precentralis und unteres Ende vom Gyrus postcentralis) von einem **Operculum temporale** (Gyrus temporalis superior).

Das Operculum temporale besitzt auf seiner zur Insel gerichteten, medialen Fläche 2–4 Gyri: die HESCHL-**Querwindungen (Gyri temporales transversi).**

Die **Insel** besteht aus mehreren kurzen Windungen **(Gyri breves insulae)** und einer langen Windung **(Gyrus longus insulae)** und wird vom **Sulcus circularis** umgrenzt. Unten bildet die **Inselschwelle (Limen insulae)** den Übergang zur Basalfläche.

### Facies medialis (Abb. 2.35)

| | | |
|---|---|---|
| **Lobus frontalis** und **Lobus parietalis** | | |
| | Gyrus frontalis superior | |
| | Lobulus paracentralis | Oberes Ende des Sulcus centralis |
| | | Sulcus cinguli |
| | Gyrus cinguli | |
| | | Sulcus corporis callosi |
| | Precuneus | |
| **Lobus occipitalis** | | Sulcus parietooccipitalis |
| | Cuneus | |
| | | Sulcus calcarinus |
| | Gyri occipitales mediales | |
| | | Sulci occipitales mediales |

# Zentrales Nervensystem

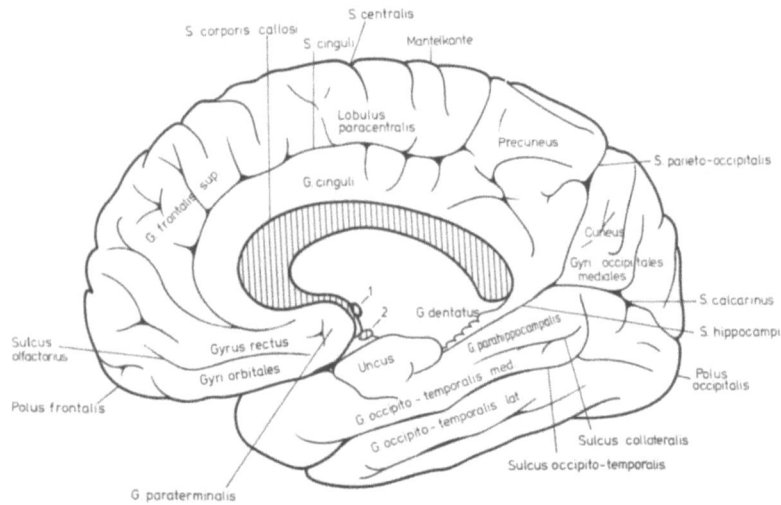

**Abb. 2.35.** Aufsicht auf das Gehirn von medial. Das Stammhirn ist entfernt worden, ein Teil der basal liegenden Gyri wird dadurch sichtbar. Der Balken ist auf der Schnittfläche schraffiert. Commissura rostralis (*1*) und Chiasma opticum (*2*) sind im Querschnitt unter dem Balken zu sehen

**Facies inferior** (Abb. 2.36)
Die basale Hirnfläche ist in ihrer Gesamtheit nur nach Abtrennen des Hirnstamms zu sehen.

**Lobus frontalis**
                Gyrus rectus
                              Sulcus olfactorius
                Gyri orbitales
                              Sulci orbitales

**Lobus temporalis** und
**Lobus occipitalis**
                Gyrus occipitotemporalis
                lateralis
                              Sulcus occipitotemporalis
                Gyrus occipitotemporalis
              medialis
                              Sulcus collateralis
                Gyrus parahippocampalis,
              Uncus
                              Sulcus hippocampi

**Lobus occipitalis**
                Gyrus dentatus
                Gyri occipitales inferiores
                              Sulci occipitales inferiores

Gehirn 103

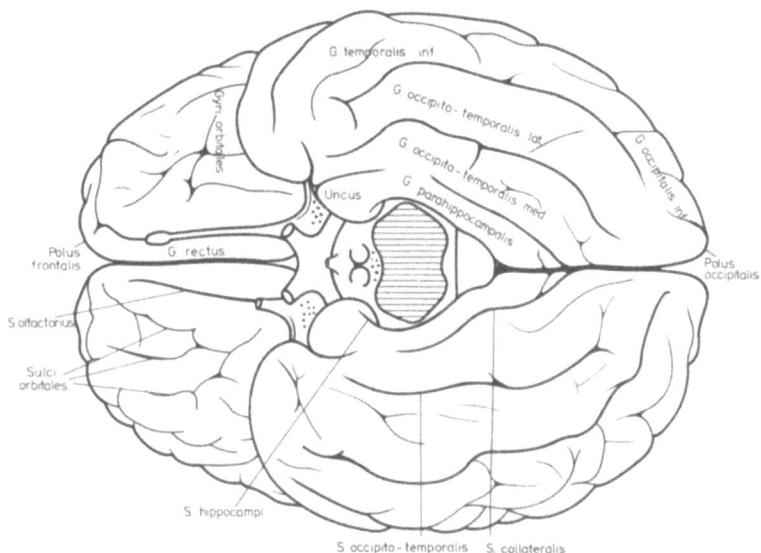

**Abb. 2.36.** Aufsicht auf das Gehirn von unten. Die Schnittfläche des durchschnittenen Mittelhirns ist schraffiert; ein Tractus olfactorius wurde abgeschnitten

Neben dem Gyrus rectus liegt im Sulcus olfactorius der **Riechkolben (Bulbus olfactorius)**, ein rudimentärer Endhirnlappen, der sich im **Riechstrang (Tractus olfactorius)** nach hinten fortsetzt (Abb. 2.36). Dieser trennt sich in einen lateralen und medialen Streifen **(Striae olfactoriae lateralis** und **medialis)**. Die Striae begrenzen ein etwa dreieckiges Feld, das **Trigonum olfactorium**. Ihm folgt occipitalwärts die **Substantia perforata rostralis,** so bezeichnet, da sie von zahlreichen Gefäßen durchbohrt wird. In der Fortsetzung der Stria olfactoria lateralis liegt in der Umschlagfurche vom Stirn- zum Scheitellappen ein flaches Feld **(Area prepiriformis),** das beim Säugling noch die Form zweier Windungen hat: **Gyrus semilunaris** und **Gyrus ambiens.**

Ein kleiner Faserzug mit eingelagerten Zellen, das **diagonale Band** (BROCA), verbindet die Striae olfactoriae lateralis und medialis. Es zieht um die Mantelkante in ein an der medialen Fläche gelegenes Feld **(Area subcallosa).** Dieses Feld ist mit dem der anderen Hirnhälfte durch den unter dem Balken liegenden **Gyrus paraterminalis** verbunden (Abb. 2.35).

Während der Mantel des Großhirns die nach caudal folgenden Hirnabschnitte von oben dergestalt überlagert, daß nur ein Teil der Kleinhirnoberfläche sichtbar ist, sind an der Basalfläche nicht nur Rindengebiete des

Endhirns, sondern auch Anteile der anderen Hirnabschnitte zu erkennen. Von vorn nach hinten unterscheiden wir auf Abb. 2.17 folgende, im nebenstehenden Schema mit den lateinischen Namen bezeichnete Gebilde:

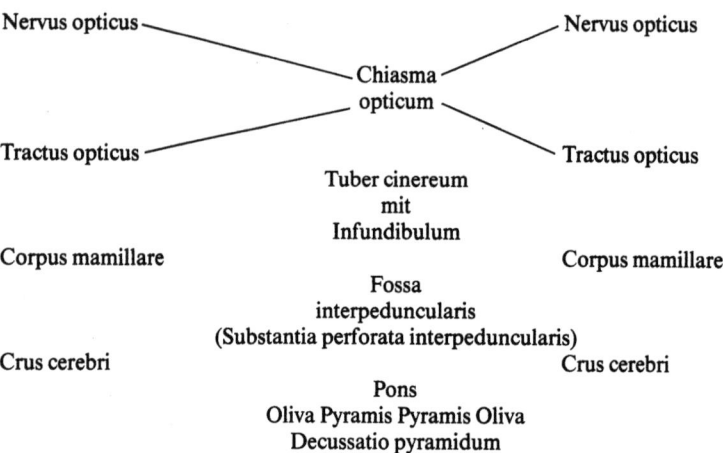

## Großhirnrindenzentren

Bei der Zuordnung einzelner Funktionen zu bestimmten Rindenfeldern sollte man als wichtigsten Grundsatz behalten: Keine Rindenformation vollbringt ausschließlich spezifische Einzelleistungen, sondern alle Gebiete sind in Assoziations- und Integrationsprozesse der Gesamtrinde eingeschaltet und mit subcorticalen Zentren in Form von Regelkreisen verknüpft.

### Projektionsfelder

Wir kennen aus elektrophysiologischen Versuchen in sensomotorische Leitungsbögen eingreifende Zentren (s. S. 107), die in bestimmten Rindenregionen lokalisiert sind. Diese „**Projektionsfelder**" zeigen eine **somatotopische Gliederung,** in der entsprechende Körperabschnitte Punkt für Punkt ihre corticale Repräsentation finden (Abb. 2.37). In der Arealgröße spiegelt sich nicht die Masse eines Muskels oder die Größe eines sensiblen Körperfeldes, sondern die Zahl der motorischen Einheiten bzw. die Zahl der Receptoren wider. Je mehr fein abgestufte Einzelbewegungen ein Muskel, z. B. der Zunge oder der Hand, auszuführen vermag, um so größer ist sein Projektionsgebiet. Die Projektionsfelder für den Bewegungsapparat umfassen in der Regel Muskelgruppen mit gemeinsamer Funktion.

Da die langen Projektionsbahnen in der Regel die Mittellinie kreuzen, ist die linke Körperhälfte der rechten Hemisphäre zugeordnet, die rechte der

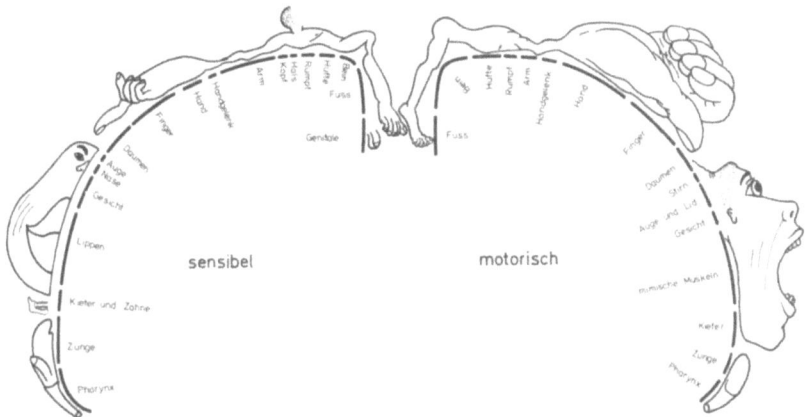

**Abb. 2.37.** Motorischer und sensibler „Homunculus". Zu beachten sind die unterschiedliche Lage und Ausdehnung der Felder: Mund, Kopf, Hand und Genitale. (Nach PENFIELD u. RASMUSSEN 1950)

linken Hemisphäre. Außerdem stehen die Projektionen auf dem Kopf. So ist das Bein in Arealen nahe der Mantelkante, also im oberen Abschnitt der Konvexität vertreten, nach unten folgen Rumpf, Arm und Kopf (Abb. 2.37).

Projektionsfelder sind als **primäre Rindenfelder** benachbarten Gebieten, den **Assoziationsfeldern** oder **sekundären Feldern,** untergeordnet. Den letzteren fehlt der unmittelbare Bezug zum Körperschema, sie haben mehr eine zusammenfassende Kontrollfunktion aufgrund von spezifischen Erinnerungsbildern. Als **tertiäre Rindenfelder** kann man phylogenetisch junge Gebiete auffassen (Frontal- und Temporalpol, Basalfläche von Parietal- und Temporallappen), deren Aufgaben wesentlich umfassender sind und von denen die individuelle und persönlichkeitseigene Handlungsgesinnung abhängt. Ist schon für einfache Bewegungsabläufe das Zusammenspiel mehrerer Rindenfelder notwendig, so können höhere psychische Leistungen nur durch Zusammenarbeit der gesamten Hirnrinde vollbracht werden.

An der Grenze zu phylogenetisch älteren Rindengebieten wie Insel oder Gyrus cinguli liegen motorische oder sensorische **Supplementfelder,** in denen man eine angedeutete somatotopische Ordnung findet. Bei Ausfall primärer Rindenfelder können die entsprechenden Supplementfelder, wahrscheinlich Vorläufer der Projektionsfelder, teilweise als Ersatz einspringen.

Die heute gebräuchliche Numerierung der Rindenfelder geht auf eine Einteilung von BRODMAN (1925) zurück (Abb. 2.38). Im folgenden sollen nur die Rinden-Schwerpunktgebiete für Motorik und Sensorik aufgezählt werden (Abb. 2.39).

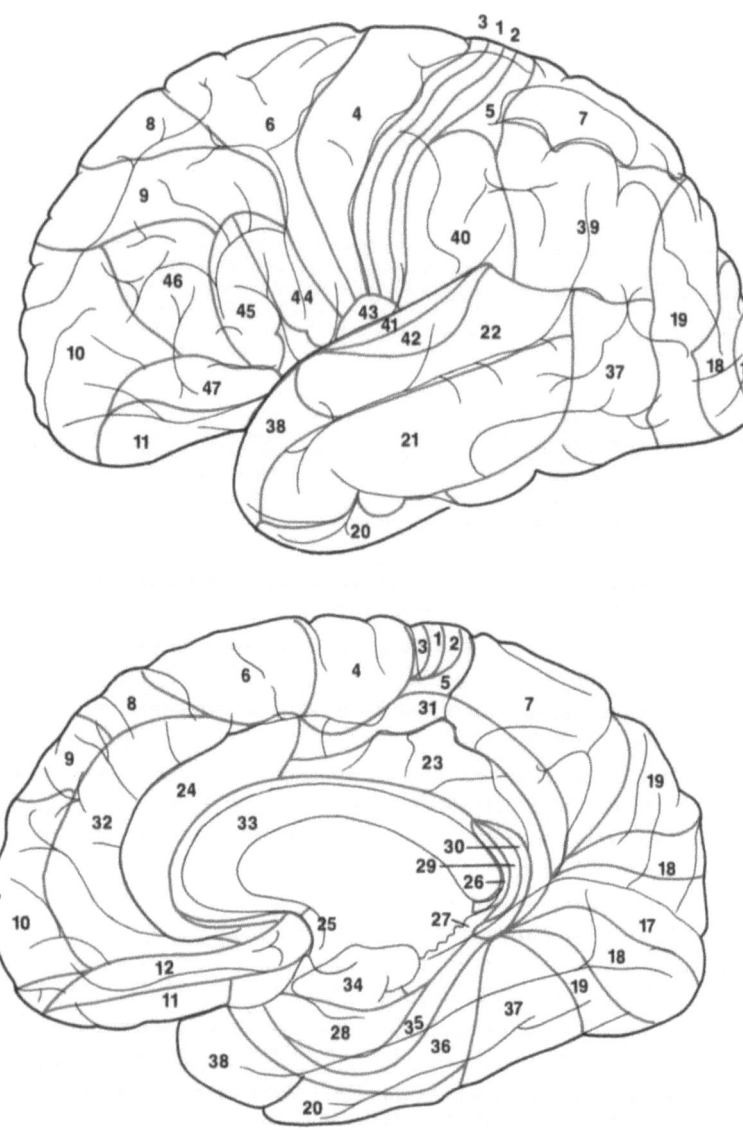

**Abb. 2.38.** Die cytoarchitektonischen Rindenfelder. (Nach Brodman 1925)

# Gehirn

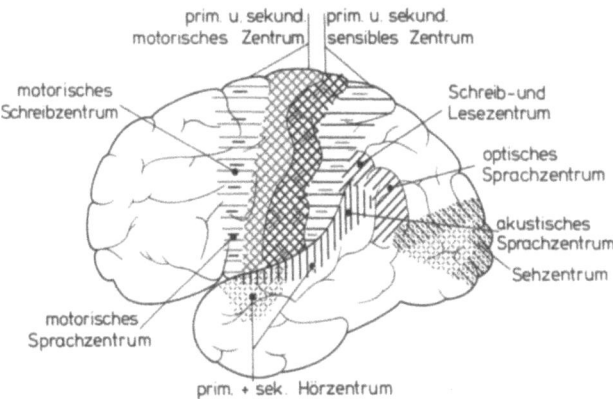

**Abb. 2.39.** Die wichtigsten Rindenzentren. Ausgezogen: Zentren an der lateralen Fläche; unterbrochen: Zentren an der medialen Fläche. Die motorischen Zentren sind rot, die sensorischen Zentren schwarz gezeichnet. Primäre Rindenzentren sind kariert, sekundäre Rindenzentren gestreift hervorgehoben

## Motorische Rindenzentren

| | | |
|---|---|---|
| Primär | Gyrus precentralis (4) | Willkürliche Einzelbewegungen |
| Sekundär | Gyrus frontalis superior (hintere Abschnitte – 6) | Bewegungskombinationen des Rumpfes |
| | Gyrus frontalis medius (hintere Abschnitte – 8, 9) | Blickrichtung und Kopfdrehung |
| | Pars triangularis und Pars opercularis gyri frontalis inferioris (44, 45) | Motorisches Sprachzentrum (BROCA) nur einseitig, beim Rechtshänder links |

## Sensorische Rindenzentren

| | | |
|---|---|---|
| Primär | Gyrus postcentralis (1, 2, 3) | Körperfühlsphäre |
| | „Lippen" des Sulcus calcarinus (17) | Sehzentrum |
| | HESCHL-Querwindungen (41, 42) | Hörzentrum |
| | Trigonum olfactorium, Substantia perforata rostralis, Area prepiriformis (Teile des Corpus amygdaloideum) | Riechzentrum |

Obwohl die Riechnerven im Bulbus olfactorius, einem Rindenteil, schon umgeschaltet werden, nimmt man Geruchsempfindungen erst in der genannten Region wahr. Sie ist kein echtes Projektionsfeld, da keine Punkt-zu-Punkt-Zuordnung der Riechreize möglich ist.

# Zentrales Nervensystem

| | | |
|---|---|---|
| Sekundär | Lobuli parietales superior und inferior (5, 7) | Integrative Verarbeitung der Oberflächen- und Tiefensensibilität: Ortsgedächtnis, Körpertastbild, kinästhetisches Zentrum |
| | Lobus occipitalis, Medialfläche und anschließende Konvexität (18, 19) | Optische Erinnerungsbilder |
| | Gyrus temporalis superior (22) | Akustische Erinnerungsbilder |
| | Gyrus parahippocampalis (Cortex entorhinalis - 28) | Zentrum für Geruchsassoziationen |
| | Operculum fronto-parietale (43), Limen insulae | Corticale Projektion für den Geschmackssinn |
| Gyrus temporalis superior (hinterer Abschnitt - 22) | Akustisches Sprachzentrum | Sensorisches Sprachzentrum (WERNICKE) |
| Gyrus angularis (39) | Optisches Sprachzentrum | |
| Gyrus supramarginalis (40) | Schreibzentrum, Lesezentrum | |

Der Ausfall primärer Rindenzentren, z. B. durch ein lokalisiertes Trauma, ist klinisch deutlich abzugrenzen, aber auch die Zerstörung sekundärer Zentren kann zu spezifischen Leistungsausfällen führen, die meist mit der Sprache zusammenhängen. Sie liegen in der Regel nur in einer Hemisphäre, die als **dominante Hemisphäre** bezeichnet wird. Beim Rechtshänder ist es die linke, beim Linkshänder kann es die rechte und/oder linke sein.

**Motorische Aphasie** = Unvermögen Worte zu formen, bei Schädigungen der Pars triangularis und Pars opercularis des Gyrus frontalis inferior.

**Sensorische Aphasie** = Fehlendes Wortverständnis bei Schädigung des Gyrus temporalis superior.

**Alexie und Agraphie** = Lese- und Schreibstörungen bei Schädigung im Gebiet des Gyrus angularis und Gyrus supramarginalis.

**Agnosie** = Gestörtes Erkennen von Gegenständen bei Schädigung im Parietallappen.

**Apraxie** = Unfähigkeit zum Ausführen sinnvoller Tätigkeiten bei Schädigung der präfrontalen Region.

## Architektur der Großhirnrinde (Cortex cerebri)

Die 1,5–4,5 mm dicke, durch ihren Reichtum an Ganglienzellen grau aussehende Rinde überzieht die gesamte Oberfläche des Großhirns. Sie zeigt in ihrem Aufbau eine deutliche Schichtung. Mit dem Wachstum und der Oberflächenvergrößerung des Endhirns im Laufe der phylogenetischen Entwicklung geht auch eine Differenzierung des Schichtenbaus einher. Beim Menschen steht der phylogenetisch alte Teil der Rinde, der **Paleocortex** und **Archeocortex** mit seiner Dreischichtung dem jüngeren, 6-schichtigen **Neocortex** (Abb. 2.40) gegenüber. Da der Neocortex den Hauptteil der

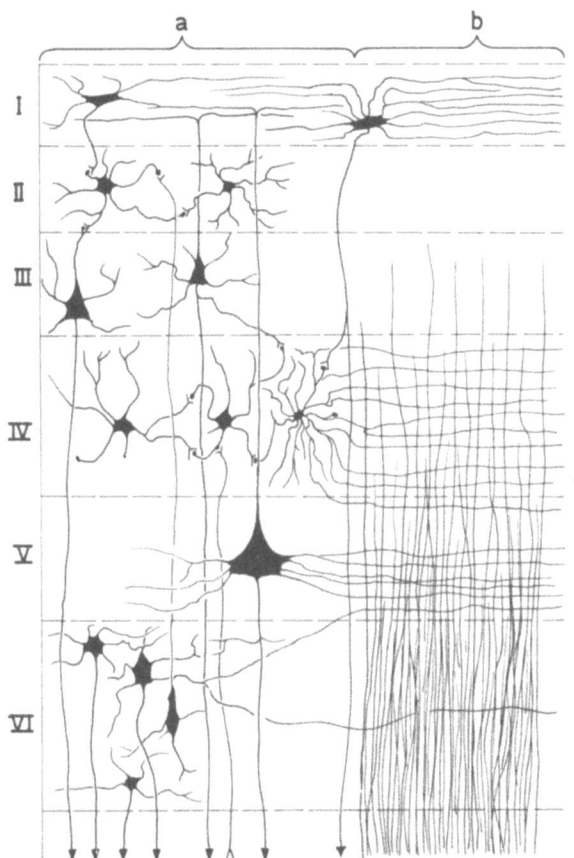

**Abb. 2.40.** Cyto- und Myeloarchitektonik des Isocortex mit synaptischen Verbindungen der Ganglienzellen untereinander. (Modifiziert nach BRODMAN 1909)

Rinde ausmacht, wird er als hochdifferenzierter, in sich ähnlich strukturierter „**Isocortex**" dem primitiver aufgebauten „**Allocortex**" gegenübergestellt. In Übergangszonen zwischen Isocortex und Allocortex (Insel, Gyrus cinguli) verwischt die Sechsschichtung, wobei nur die 5. Rindenschicht deutlich hervortritt („**Mesocortex**").

Zum **Allocortex** gehören die Riechrinde und die Hippocampusformation. Er besteht aus folgenden Schichten:

I. **Molekulare Schicht**     – mit vorwiegend Tangentialfasern.
    **(Lamina molecularis)**

II. **Körnerschicht (Lamina granularis)** oder **Pyramidenschicht (Lamina pyramidalis)**
— mit Körnerzellen (assoziative Elemente), ausgeprägt im Gyrus dentatus mit mittelgroßen Pyramidenzellen; ausgeprägt im Hippocampus.

III. **Multiforme Schicht (Lamina multiformis)**
— mit unterschiedlich geformten Zellelementen.

Die auf der eingerollten Rinde des Pes hippocampi liegende weiße Schicht heißt **Alveus**, sie grenzt direkt an das Ependym des Seitenventrikels.

Die spezifische Einzelleistung umschriebener Felder des **Isocortex** findet ihren morphologischen Niederschlag in der Zell- und Faserarchitektonik, z.T. auch im Bau der Glia und in der Verteilung der Blutgefäße. Entsprechend können wir eine Differenzierung einzelner Gebiete hinsichtlich folgender Strukturen vornehmen:

**Cytoarchitektonik** — Anordnung unterschiedlicher Ganglienzelltypen

**Myeloarchitektonik** — Unterschiedliche Ausbildung und Anordnung markhaltiger Nervenfasern

**Chemoarchitektonik** — Unterschiedliches histochemisches Verhalten von Ganglienzellen

**Glioarchitektonik** — Anordnung und Ausbildung der Glia

**Angioarchitektonik** — Anordnung der Rindenblutgefäße.

Grundsätzlich ist a) cyto- und b) myeloarchitektonisch, wie Abb. 2.40. zeigt, eine deutliche Sechsschichtung des Isocortex zu erkennen. Die Schichten sollen im folgenden, von außen nach innen gehend, aufgezählt werden:

I. **Molekulare Schicht (Lamina molecularis)**
  a) Verstreut kleine, vielfach horizontal orientierte Zellen mit corticofugal gerichtetem Axon und tangential laufenden Dendriten.
  b) Tangentiale Assoziationsfaserschicht.

II. **Äußere Körnerschicht (Lamina granularis externa)**
  a) Dicht gelagerte Körnerzellen, deren Axone hauptsächlich in der gleichen Schicht enden.
  b) Nur wenige myelinisierte Tangentialfasern.

III. **Äußere Pyramidenschicht (Lamina pyramidalis externa)**
  a) Breite Schicht mit von außen nach innen größer werdenden Pyramidenzellen, deren Axon basal abgeht. Es bekommt innerhalb der Schicht eine Markscheide und ist am Aufbau von Projektionsbahnen beteiligt.
  b) Die radiäre Markstrahlung der Rinde wird in dieser Schicht deutlich.

| | |
|---|---|
| IV. Innere Körnerschicht (Lamina granularis interna) | a) Ähnlich wie Schicht II.<br>b) Dichte tangentiale Faserzüge, die als **äußerer BAILLARGER-Streifen (Stria medullaris externa)** bezeichnet werden. Dieser Streifen ist in der Sehrinde so stark ausgeprägt, daß er mit den tangentialen Fasern der V. Schicht verschmilzt und für das bloße Auge sichtbar wird: **VICQ-D'AZYR-Streifen**. Das Gebiet 17 trägt deshalb auch den Namen „Area striata". |
| V. Innere Pyramidenschicht (Lamina pyramidalis interna) | a) Schicht der großen Pyramidenzellen, deren basal abgehende Axone die corticofugalen motorischen Bahnen bilden.<br>b) Horizontal ausgerichtete Fasern bilden den **inneren BAILLARGER-Streifen (Stria medullaris interna)** der in der Sehrinde in die Stria medullaris externa übergeht. |
| VI. Spindelzellschicht (Lamina multiformis) | a) Vielgestaltige, häufig spindelförmige Zellelemente, von denen die größeren bevorzugt außen, die kleineren innen liegen. Deshalb wird hier oft eine weitere Unterteilung in VI. und VII. Schicht getroffen. Die Axone der meist radiär ausgerichteten Perikarya ziehen ins Marklager oder in Richtung der oberen Rindenschichten; sie können auch innerhalb ihrer Schicht enden.<br>b) In der Hauptsache radiär ausgerichtete, dicht gelagerte Faserstränge. |

Im einzelnen ist noch unbekannt, welche Zelltypen die verschiedenen Bahnen aufbauen, man weiß jedoch, daß aufsteigende Fasern von subcorticalen Zentren, hauptsächlich vom Thalamus, unter starker Aufzweigung in der IV. Schicht enden, intracorticale Assoziationsfasern besonders in der II. und IV. Schicht. Absteigende Axone gehen von den Pyramidenzellen der III. und V. Schicht aus; sie besitzen allerdings Kollaterale, die Verbindungen innerhalb der Rinde herstellen.

So enthalten motorische Rindenfelder bevorzugt große Pyramidenzellen, entsprechend erstrecken sich die III. und V. Schicht bis in die anderen Schichten **(agranulärer Rindentyp)**. In sensorischen Arealen überwiegen die Körnerzellen, und die II. und IV. Schicht sind besonders ausgeprägt **(granulärer Rindentyp)**. Im Extremfall spricht man von einer **„Verpyramidisierung"**, z. B. im Gyrus precentralis, bzw. von einer **„Verkörnelung"** der Rinde, z. B. in der Area striata. Gegenden, die solche Verschiebungen und damit ein Verstreichen des Grundtypus der Sechsschichtung aufweisen, werden als **„heterotypische"** Rinde der regelmäßig geschichteten, **„homotypischen"** Rinde gegenübergestellt.

## 2.2.4.3 Großhirnfasersysteme

Die Großhirnrinde kann ihren assoziativen und integrierenden Aufgaben nur dadurch gerecht werden, daß alle Zentren in jeder Richtung untereinander verbunden sind. Neben den **Projektionsbahnen**, die die Hirnrinde mit tiefergelegenen Zentren verbinden, lassen sich **Assoziations-** und **Commissurenbahnen** unterscheiden.

**Assoziationsbahnen** (Abb. 2.41) verbinden verschiedene Rindenzentren der gleichen Hemisphäre. Man kennt kurze, innerhalb der Rinde liegende (BAILLARGER-Streifen) und längere, im Mark verlaufende Assoziationsbahnen. Diese werden eingeteilt in folgende Faserzüge:

| | |
|---|---|
| 1. **Fibrae arcuatae** | Bogenförmige Faserverbindung zweier benachbarter Gyri eines Lappens. |
| 2. **Fasciculus longitudinalis superior** (**Fasciculus frontooccipitalis superior**) | Langer horizontaler Faserzug vom lateralen Stirn- zu Scheitel- und Hinterhauptslappen. |
| 3. **Fasciculus arcuatus** | Bogenförmige Abzweigung von 2. zum Schläfenlappen. |
| 4. **Fasciculus frontooccipitalis inferior** | Horizontaler Faserzug von der orbitalen Stirnlappenfläche zum Hinterhauptslappen. |
| 5. **Fasciculus uncinatus** | Hakenförmige Abzweigung von 4. zum Schläfenlappen. |
| 6. **Fasciculus longitudinalis inferior** (**Fasciculus temporooccipitalis**) | Langer horizontaler Faserzug zwischen Schläfen- und Hinterhauptslappen. |
| 7. **Cingulum** | Bündel unterschiedlich langer Fasern zwischen Frontallappen und Temporallappen, im Grund vom Gyrus cinguli und vom Gyrus parahippocampalis ziehend. |

**Commissurenbahnen** (Abb. 2.42) verbinden gleiche Rindenareale beider Hemisphären:

| | |
|---|---|
| 1. **Commissura rostralis** | Rundes Faserbündel zwischen Allocortexarealen und Isocortex beider Stirn- und Schläfenlappen. |
| 2. **Corpus callosum** | Ausgedehnte Querverbindung des Isocortex, an der man im Mediansschnitt von vorn nach hinten Rostrum, Genu, Truncus und Splenium corporis callosi unterscheiden kann. Die Fasern ziehen im Bogen zu den Frontalpolen und zu den Occipitalpolen (Forceps frontalis und Forceps occipitalis.) |
| 3. **Commissura fornicis** | Kreuzende Faserzüge zwischen den Fornixschenkeln, die Allocortexteile untereinander verbinden. |
| 4. **Commissura habenularum** | Feine Querverbindung zwischen Allocortexarealen über die Habenulae. |

Die **Commissura caudalis** gilt, da sie nicht Rindenabschnitte, sondern Kerne des Fasciculus longitudinalis im Mittelhirn miteinander verbindet, nicht

Gehirn 113

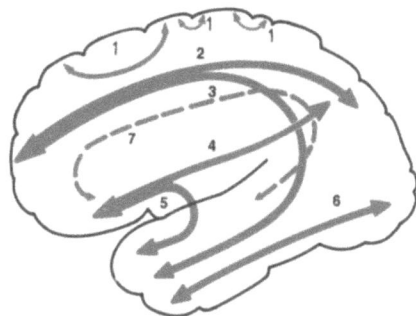

Abb. 2.41. Schema der Assoziationsbahnen. Unterbrochen: das an der Medialseite ziehende Cingulum (Numerierung s. Text)

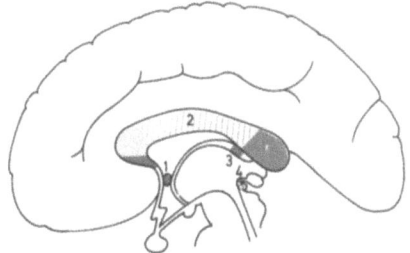

Abb. 2.42. Schema der Commissurenbahnen. Die Abschnitte des Corpus callosum sind unterschiedlich gerastert. Die „unechte" Commissura caudalis ist rot umrandet (Numerierung s. Text)

als echte Commissurenbahn. (Die Adhesio interthalamica enthält nur Gliafasern, keine Nervenbahnen!)

**Projektionsbahnen** verbinden als Faserfächer die Großhirnrinde mit tiefer gelegenen Zentren des Gehirns und des Rückenmarks. Die Bahnen führen Erregungen von der Großhirnrinde über Umschaltungen in die Peripherie, mit zentrifugalen (efferenten) Fasern. Weiter projizieren sie Impulse aus der Peripherie über zwischengeschaltete Kerne in die Hirnrinde, mit zentripetalen (afferenten) Fasern. Die meisten Bahnen werden im Endhirn durch das Wachstum basaler Kernmassen zu einer breiten Faserplatte, der Capsula interna, zusammengedrängt (Abb. 2.43).

Die **innere Kapsel (Capsula interna)** erscheint im Horizontalschnitt V-förmig (Abb. 2.31). Man unterscheidet ein **Crus anterius** zwischen Caput nuclei caudati (innen) und Nucleus lentiformis (außen), ein **Knie (Genu)** etwa in Höhe des Foramen interventriculare und ein **Crus posterius** zwischen Thalamus (innen) und Nucleus lentiformis (außen). Die Projektionsfasern durchziehen die Capsula interna in einer bestimmten Anordnung, die in Abb. 2.43 wiedergegeben ist. Die Fasern vom und zum Thalamus

114  Zentrales Nervensystem

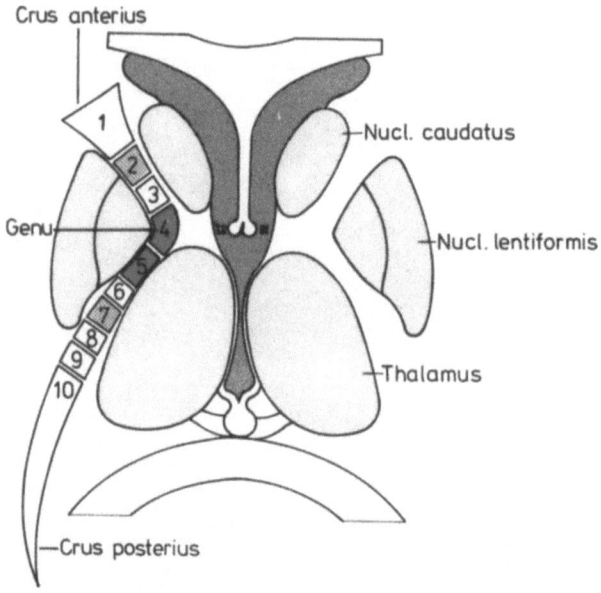

**Abb. 2.43.** Querschnitt durch die Capsula interna und ihre Bahnen im Horizontalschnitt, in Höhe der Foramina interventricularia (x). Rot: motorische Bahnen; rot gerastert: Bahnen zum Kleinhirn; weiß: sensible und sensorische Bahnen. *1* = Vorderer Thalamusstiel; *2* = Frontale Großhirnbrückenbahn; *3* = Mittlerer Thalamusstiel; *4* = Motorische Hirnnervenbahn; *5* = Pyramidenbahn; *6* = Oberer Thalamusstiel; *7* = Parietotemporale Großhirnbrückenbahn; *8* = Hinterer Thalamusstiel; *9* = Hörstrahlung; *10* = Sehstrahlung

zweigen in Höhe des Zwischenhirns ab. Sie bilden die **Corona radiata,** die sich streckenweise zu den Thalamusstielen verdichtet (Radiationes thalamicae anteriores, centrales und posteriores).

Ein kleiner Teil der Projektionsbahnen bildet außen um den Nucleus lentiformis die **Capsula externa,** die sich ober- und unterhalb dieses Kerns wieder mit der Capsula interna vereint. Caudalwärts konvergieren die Projektionsbahnen in die Hirnschenkel.

Blutungen aus den Arteriae centrales der Arteria cerebri media in die Capsula interna können, da hier die Bahnen auf engem Raum zusammengedrängt sind, große Ausfälle bewirken. Solche „apoplektischen Insulte" haben bei größerer Ausdehnung eine Lähmung der gesamten gegenseitigen Gesichts- und Körperhälfte (Hemiplegie) zur Folge.

## 2.2.5 Kleinhirn (Cerebellum)

### 2.2.5.1 Gliederung des Kleinhirns

Das Kleinhirn entwickelt sich als ein dem Stammhirn nebengeschaltetes Zentrum dorsal vom IV. Ventrikel. Es ist ein Regulationsorgan, das im Nebenschluß aller motorischen Systeme korrigierend in die Statik und Gesamtmotorik eingreift.

Im einzelnen sind die Aufgaben des Kleinhirns:
1. Erhaltung des Gleichgewichts,
2. Regulation des Muskeltonus,
3. Koordination von Bewegungen.

Diese Funktionen werden jeweils von Kleinhirnteilen ausgeführt, die in Abhängigkeit von einer bestimmten Entwicklungsstufe in der Wirbeltierreihe entstanden sind.

In der Reihenfolge ihrer stammesgeschichtlichen Entwicklung und nach ihrer Verknüpfung unterscheiden wir deshalb 3 Kleinhirnanteile, die in den Abb. 2.44 und 2.45 verschieden gerastert gezeigt werden:

| | | |
|---|---|---|
| **Lobus flocculonodularis** | - **Vestibulocerebellum** | - Gleichgewicht |
| **Lobus cranialis** und | - **Spinocerebellum** | - Muskeltonus |
| **Lobus caudalis** | | |
| **Lobus medius** | - **Pontocerebellum** | - Bewegungskoordination. |

Die Berücksichtigung dieses Grundbauplans ermöglicht das Verständnis der verschiedenen Kleinhirnsysteme, während der althergebrachten anatomischen Nomenklatur (Abb. 2.46) keine funktionelle Bedeutung zukommt.

Das Vestibulocerebellum ist als ältester Anteil mit dem N. vestibularis verbunden. Das Spinocerebellum empfängt zur Tonusregulation Informationen der Tiefensensibilität, besonders von den Halsmuskeln. Das Pontocerebellum stellt die Verbindung mit den genetisch jüngsten Systemen her, nämlich den motorischen Systemen des Großhirns. Es übernimmt jedoch auch Aufgaben des Spinocerebellums, so daß sich funktionell diese beiden Kleinhirnanteile überlappen.

In der Markzone liegen, von medial nach lateral gesehen, folgende Kerne:

| | | |
|---|---|---|
| **Firstkern** | - **Nucleus fastigii** | Vestibulo- und |
| **Kugelkerne** | - **Nuclei globosi** | Spinocerebellum |
| **Pfropfkern** | - **Nucleus emboliformis** | |
| **Zahnkern** | - **Nucleus dentatus** | Ponto- und Spinocerebellum. |

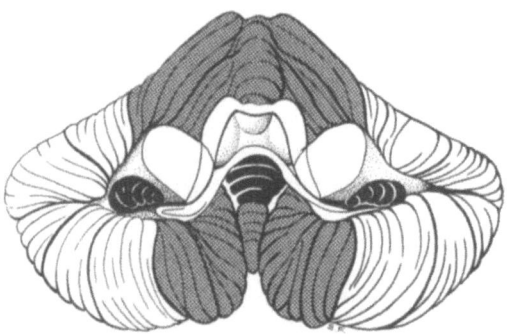

**Abb. 2.44.** Das Kleinhirn von unten gesehen. Weiß: Lobus medius (Pontocerebellum); grau: Lobus cranialis und Lobus caudalis (Spinocerebellum); schwarz: Lobus flocculonodularis (Vestibulocerebellum)

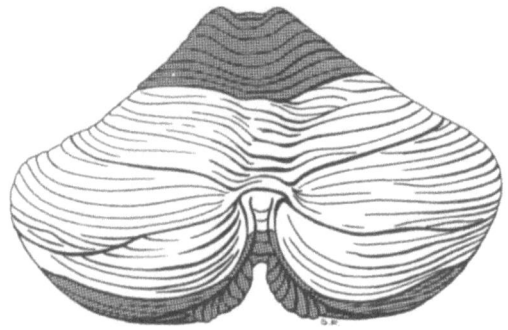

**Abb. 2.45.** Das Kleinhirn von oben gesehen. Die Lappen sind wie in Abb. 2.44 getönt

Das Kleinhirn besitzt, wie das Großhirn, 2 Hemisphären **(Hemispheria cerebelli)**, die durch einen unpaaren Mittelteil, den **Wurm (Vermis)**, miteinander zusammenhängen. Die etwa 1 mm starke Rinde bildet die Oberfläche des Kleinhirns. Sie ist wie die des Großhirns gefaltet. Das Kleinhirn besitzt jedoch ein wesentlich engeres, horizontal gestelltes, Faltenrelief. Besonders tiefe Einfaltungen grenzen die Läppchen (Lobuli) voneinander ab. Auf Sagittalschnitten (Abb. 2.29) entsteht ein baumartig verzweigtes Muster, der Lebensbaum **(Arbor vitae)**, mit Blättern **(Folia cerebelli)**.

Nach der Art der efferenten Verbindungen zwischen Kleinhirnrinde und Kleinhirnkernen kann man eine **mediale Rindenzone** (Vermis) mit Efferen-

Gehirn 117

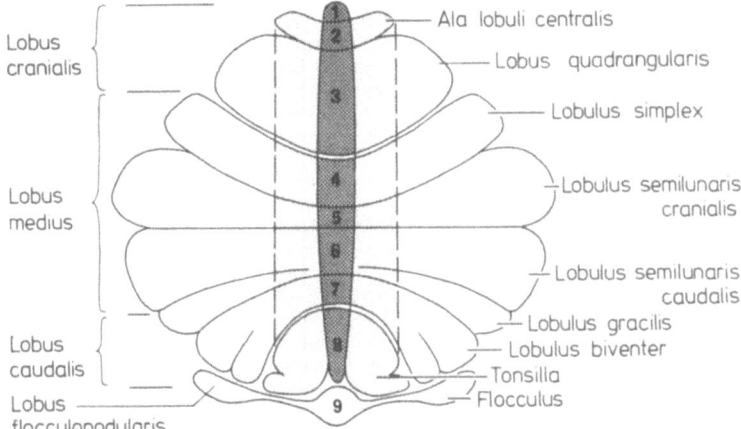

**Abb. 2.46.** Nomenklatur der Kleinhirnrinde, die auf eine Ebene ausgefaltet wurde. (Nach NIEUWENHUYS et al. 1980). Dunkel gerastert: mediale Rindenzone; hell gerastert: intermediäre Rindenzone; weiß: laterale Rindenzone. Die Abschnitte des Wurms sind numeriert: *1* = Lingula; *2* = Lobulus centralis; *3* = Culmen; *4* = Declive; *5* = Folium; *6* = Tuber; *7* = Pyramis; *8* = Uvula; *9* = Nodulus

zen zum Nucleus fastigii, eine **intermediäre Zone** (paravermal) mit Efferenzen zu den Nuclei emboliformis und globosi und eine **laterale Zone** (Hemisphären) mit Efferenzen zum Nucleus dentatus unterscheiden (Abb. 2.46).

### 2.2.5.2 Kleinhirnrinde (Cortex cerebelli)

Die Kleinhirnrinde zeigt eine Gliederung in 3 Schichten, von außen nach innen (Abb. 2.47):

| | |
|---|---|
| **Molekularschicht** | – **Stratum moleculare** |
| **Ganglienzellschicht** | – **Stratum neuronorum piriformium** |
| **Körnerschicht** | – **Stratum granulosum.** |

In der Molekularschicht befinden sich locker gelagert kleine vielgestaltige Zelltypen: **Sternzellen, Korbzellen** und **Golgi-Zellen**. Stern- und Golgi-Zellen bilden Assoziationssysteme innerhalb ihrer Schicht. Die Neuriten der Korbzellen enden in Faserkörben an den Zellkörpern der Ganglienzellschicht.

Die sehr großen (35 µm), birnenförmigen Perikarya der Ganglienzellschicht, die PURKINJE-**Zellen,** besitzen zahlreiche Dendriten, die sich spalierbaumförmig in der Molekularschicht verzweigen. Jedes Dendriten-

118   Zentrales Nervensystem

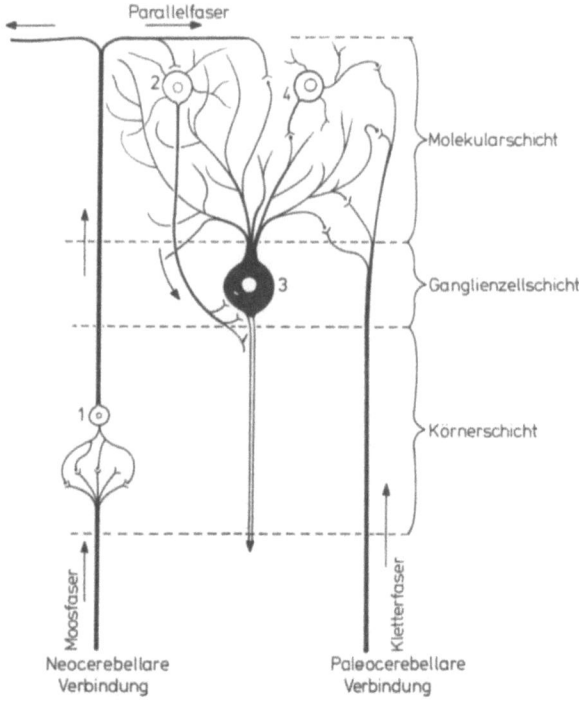

**Abb. 2.47.** Die wichtigsten neuronalen Schaltmuster in der Kleinhirnrinde. Links eine indirekte Verbindung: die aufsteigende Nervenfaser (Moosfaser) endet vielfach aufgesplittert an den Dendriten einer Körnerzelle (*1*). Die Erregung wird zu PURKINJE-Zelldendriten und zu Dendriten einer Korbzelle (*2*) weitergeleitet. Deren Axon endet korbförmig am Perikaryon der PURKINJE-Zelle (*3*). Rechts eine direkte Verschaltung zur PURKINJE-Zelle durch eine Kletterfaser, die Axonkollateralen zu einer Sternzelle (*4*) schickt

bäumchen steht senkrecht zum Windungsverlauf. Die an der Zellbasis entspringenden Axone erhalten in der Körnerschicht ihre Markscheide und bündeln sich zu efferenten Bahnen, die in den Kleinhirnkernen inhibitorische (GABA-erge) Synapsen bilden. Die PURKINJE-Neurone, die innerhalb des Kleinhirns bleiben, werden auch „intrinsische" Neurone genannt.

Die Körnerschicht besteht hauptsächlich aus kleinen, dicht beieinanderliegenden Zellen, den Körnerzellen, deren Dendriten in der gleichen Schicht von zahlreichen excitatorischen Endigungen afferenter Neurone (**Moosfasern**) vom Rückenmark, von Brückenkernen und von Kernen der Medulla oblongata erreicht werden. Diese Komplexe imponieren im mikroskopischen Bild als kernfreie Zonen. Die Axone der Körnerzellen ziehen in die Molekularschicht, spalten sich dort T-förmig und verlaufen par-

allel zum Windungsverlauf (**Parallelfasern**) durch die Dendritenbäume der
PURKINJE-Zellen, mit denen sie excitatorische Synapsen bilden (Abb. 2.47).
Direkte Afferenzen zu den Dendriten der PURKINJE-Zellen stammen aus
der Olive (**Kletterfasern**). Moosfasern und Kletterfasern geben auf ihrem
Weg Kollaterale zu den Kleinhirnkernen ab. Eingeschaltete Interneurone
(Korbzellen, Sternzellen, Golgi-Zellen) schließen modulierende Erregungskreise innerhalb der Rinde.

### 2.2.5.3 Funktionsprinzip des Kleinhirns

Alle afferenten Bahnen zur Kleinhirnrinde erreichen durch Axonkollaterale auch die Kleinhirnkerne. Diese haben jedoch eine sehr hohe Erregungsschwelle, da sie unter der hemmenden Kontrolle der PURKINJE-Zellen stehen. Erst wenn die PURKINJE-Zellen ihrerseits durch hemmende Interneurone ausgeschaltet werden, fällt ihre Bremswirkung weg; die Kerne können die Erregung weiterleiten. Auf diese Weise wird die Aktivität der Kleinhirnkerne über eine genau abgestimmte Hemmung und Enthemmung moduliert.

### 2.2.5.4 Kleinhirnbahnen

Das Kleinhirn ist mit den anderen Hirnabschnitten durch 3 Stielpaare (**Pedunculi cerebellares**) verbunden (Abb. 2.48).

a) **Pedunculus cerebellaris cranialis** – Verbindung mit dem Mesencephalon
b) **Pedunculus cerebellaris medius** – Verbindung mit dem Metencephalon
c) **Pedunculus cerebellaris caudalis** – Verbindung mit dem Myelencephalon

In den Pedunculi laufen die Bahnen von und zum Kleinhirn (Abb. 2.48).

**Afferente (zum Kleinhirn führende) Bahnen und ihr jeweiliges Ende**
1. **Tractus vestibulocerebellaris** – Lobus flocculonodularis
   (direkte sensorische Kleinhirnbahn)
2. **Tractus nucleocerebellaris** – Lobus flocculonodularis
   (indirekte sensorische Kleinhirnbahn)
3. **Tractus spinocerebellaris ventralis** – Lobi cranialis und caudalis
   (GOWERS)

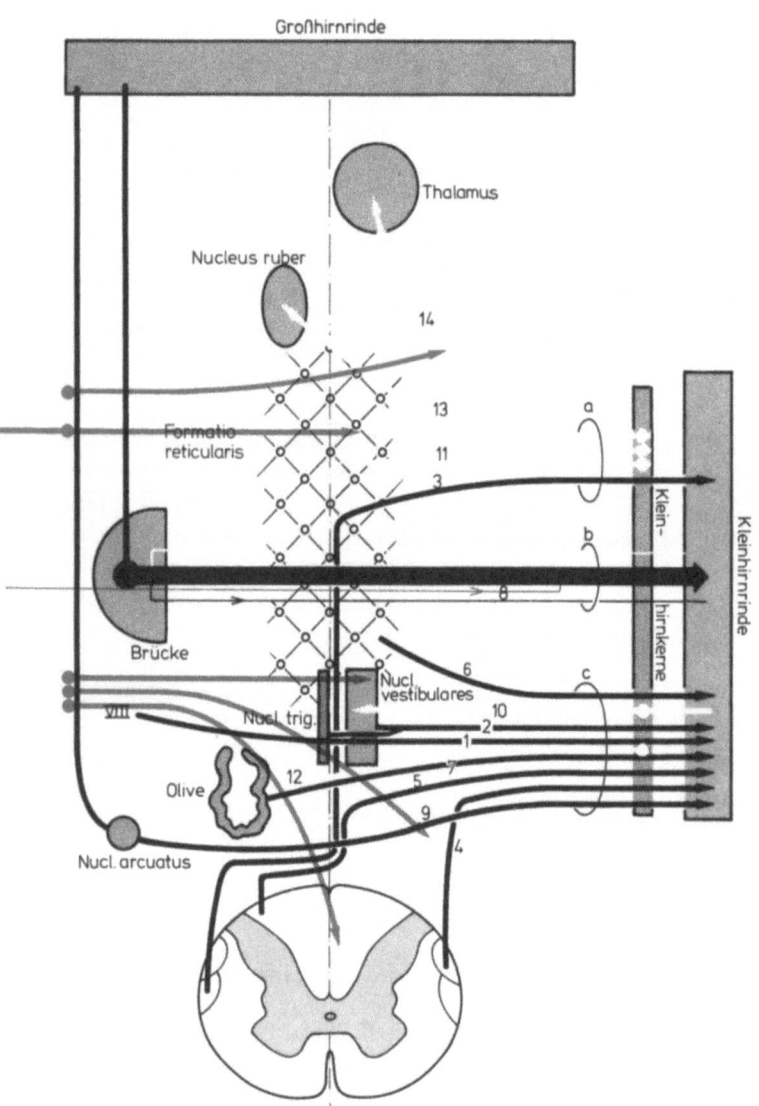

**Abb. 2.48.** Die Kleinhirnstiele mit den in ihnen verlaufenden Bahnen (s. Text). (*a*) oberer Kleinhirnstiel, (*b*) mittlerer Kleinhirnstiel, (*c*) unterer Kleinhirnstiel. Schwarz: afferente Kleinhirnbahnen; rot: efferente Kleinhirnbahnen

| | |
|---|---|
| 4. **Tractus spinocerebellaris dorsalis** (FLECHSIG) | – Lobi cranialis und caudalis |
| 5. **Tractus cuneocerebellaris** | – Lobi cranialis und caudalis |
| 6. **Tractus reticulocerebellaris** | – Lobi cranialis und caudalis |
| 7. **Tractus olivocerebellaris** | – Alle Rindenabschnitte |
| 8. **Tractus pontocerebellaris** | – Vorwiegend Lobus medius, aber auch Lobi cranialis und caudalis |
| 9. **Tractus arcuatocerebellaris** | – Lobus flocculonodularis. |

**Efferente (vom Kleinhirn führende) Bahnen und ihr jeweiliger Beginn:**

| | |
|---|---|
| 10. **Tractus cerebellonuclearis** | – Nucleus fastigii und Rinde vom Lobus flocculonodularis |
| 11. **Tractus cerebelloreticularis** | – Nucleus fastigii |
| 12. **Tractus cerebelloolivaris** | – Nuclei emboliformis, globosi, dentatus |
| 13. **Tractus cerebellorubralis** | – Nuclei emboliformis, globosi, dentatus |
| 14. **Tractus cerebellothalamicus** | – Alle Kleinhirnkerne. |

Die Efferenzen des oberen Kleinhirnstiels entspringen in den mit der entsprechenden Kleinhirnhemisphäre verbundenen Kernen (Nuclei emboliformis, globosi und dentatus). Sie kreuzen im Mesencephalon und enden im Nucleus ventralis anterior und Nucleus ventralis lateralis des Thalamus, im zentralen Höhlengrau und im Nucleus ruber. Da die hier entspringenden Bahnen zum Rückenmark nochmals kreuzen, übt jede Kleinhirnhemisphäre letztlich auf die gleichseitige Rückenmarkhälfte ihren Einfluß aus. Jede Hälfte des Vermis dagegen ist über den Nucleus fastigii (und weiter über die Tractus vestibulospinalis und reticulospinalis) mit beiden Seiten des Rückenmarks verbunden.

Bei allmählichem Ausfall des Kleinhirns, bei langanhaltenden Krankheitsprozessen, können andere Hirnzentren seine Funktion teilweise übernehmen. Es entstehen dann keine Ausfallserscheinungen. Bei plötzlichem Ausfall der Kleinhirnzentren stehen 4 Symptome im Vordergrund:

| | |
|---|---|
| 1. **Ataxie** | = unkontrollierte, ausfahrende Bewegungen (Ausfall der Tonusregulation); torkelnder Gang (Ausfall der Vestibularisregulation); Hinfallen bei geschlossenen Augen. |
| 2. **Adiadochokinese** | = Unmöglichkeit der Durchführung sich schnell wiederholender, entgegengesetzter Bewegungen, z. B. Pro- und Supination (Ausfall der Bewegungskoordination). |
| 3. **Dyssynergie** | = fehlende Koordination der an einer Bewegung beteiligten Muskelgruppen, dadurch Gefährdung des Gleichgewichts. |
| 4. **Dysmetrie** | = fehlendes Maß für eine geplante Bewegung (z. B. wird das Bein beim Überschreiten einer Schwelle übertrieben angehoben). |

## 2.3 Neuronale Regelkreise

### 2.3.1 Reflexbögen

Die Grundform der zentralnervösen Integration ist der einfache **spinale Reflex**. Zu einem Reflex gehören 3 Funktionen, die an 3 verschiedene Substrate gebunden sind: Der von **Receptoren** aufgenommene Reiz wird als Erregung von **Neuronen** zum Zentralnervensystem geleitet, umgearbeitet, gelangt wieder in die Peripherie und wird dann von **Effektoren** (z. B. Drüsen- oder Muskelzellen) beantwortet (Abb. 2.49).

Die Funktion der Reception ist an besondere Aufnahmestrukturen geknüpft, die wir Receptoren nennen. Nach der Sinnesmodalität, die sie vermitteln, unterscheiden wir:

1. **Teloreceptoren:** Die sensorischen Qualitäten Sehen, Riechen, Hören und Schmecken werden durch sie vermittelt.
2. **Exteroceptoren:** Sie liegen in der Haut und vermitteln die sensiblen Qualitäten Schmerz, Druck, Temperatur und Berührung.
3. **Enteroceptoren:** Sie sind Fühler des Organismus für Veränderungen in ihm selbst. Sie melden Blutdruckveränderungen, Ionenveränderungen usw. Eine besondere Art der Enteroceptoren sind die Receptoren des Gleichgewichts.
4. **Proprioceptoren:** Sie vermitteln Reize aus dem Bewegungsapparat (Muskeln, Sehnen, Gelenkkapseln), die dieser in sich selbst initiiert.

Die Funktion der Leitung und Verarbeitung von Erregungen übernehmen mehrere hintereinandergeschaltete Neurone. Das afferente Neuron ist mit dem Receptor in Kontakt; sein Perikaryon liegt im Spinalganglion. Der zentrale Fortsatz dieses Neurons zieht durch die hintere Wurzel ins Rückenmark und schaltet dort über Interneurone auf ein Motoneuron im Vorderhorn um. Das efferente Neuron, ein A-$\alpha$-Motoneuron, besitzt ein großes Perikaryon, sein Axon hat eine dicke Markscheide. Es endet unter Aufsplitterung an mehreren extrafusalen Muskelfasern, die dadurch zu einer motorischen Einheit zusammengefaßt sind.

Die Funktion der Reaktion ist an Zellen gebunden, die die ankommende Erregung in Arbeit umzusetzen vermögen. Diese Arbeit findet ihren Ausdruck in unserem Beispiel in der Kontraktion von Myofilamenten.

*2.3.1.1 Eigenreflexe*

Wenn der Reflex nur der Vermittlung über 2 Neurone (d. h. einer einzigen zentralen Synapse) bedarf, nennen wir ihn **monosynaptisch**. Hierzu ein Beispiel: Wird durch einen Schlag auf eine Sehne ein Muskel gedehnt, und da-

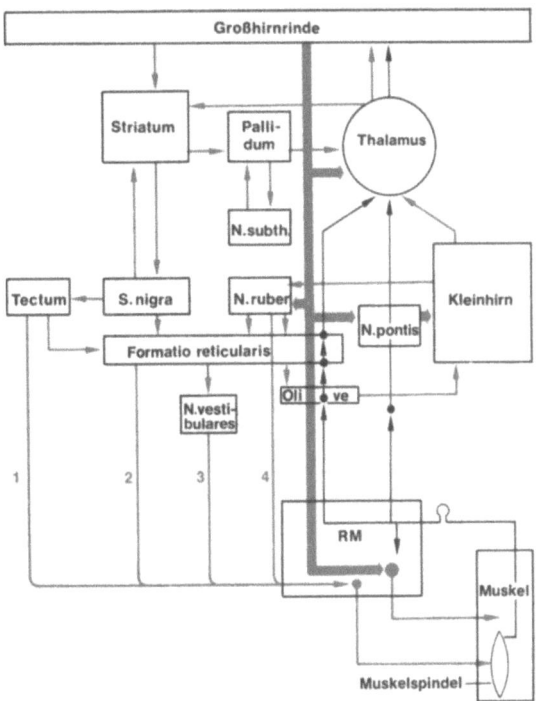

**Abb. 2.49.** Schema verschiedener Schaltkreise. (Modifiziert nach NIEUWENHUYS et al. 1980) Rechts unten: spinaler Reflexbogen; ein sensibler Impuls führt aus einer Muskelspindel über das Spinalganglion ins Rückenmark (RM). Dort schaltet er auf ein A-α-Motoneuron um, das die Arbeitsmuskulatur aktiviert. Afferente Schenkel der höheren Reflexbögen sind die Vorderseiten- und Hinterstrangbahnen (schwarz). Sie können in verschiedenen Abschnitten des Gehirns auf den efferenten Schenkel der motorischen Bahnen (rot) umschalten. 1-4 = Efferenzen des extrapyramidalmotorischen Systems (s. Text). Breit: Pyramidenbahn

mit sein auf Längenänderung geeichter Receptor - die Muskelspindel - erregt, durcheilt die Erregung eine zum ZNS führende dicke I-a-Faser, wird im selben Segment und auf derselben Seite auf ein in die Peripherie führendes A-α-Motoneuron umgeschaltet und bringt über die Vermittlung einer motorischen Endplatte denselben Muskel zur Kontraktion. Aufnahme- und Erfolgsstruktur liegen somit in demselben Organ. Deswegen wird dieser Reflex auch als Eigenreflex oder Proprioceptionsreflex bezeichnet.

Eigenreflexe sind jedoch im strengen Sinne nicht monosynaptisch, denn in der Regel sind Interneurone zwischengeschaltet. Jede Körperbewegung wird von einer Vielzahl von Muskeln gegen die Schwerkraft ausgeführt und muß mit einer Vielzahl von Einzelfunktionen unser labiles Gleichgewicht aufrechterhalten. Schon die kleinste Bodenunebenheit müßte zum Sturz führen, würden unsere Muskel-, Sehnen- und Gelenkreceptoren nicht unentwegt mit Entladungssalven reflektorisch die Motoneurone erregen, die durch Veränderung des Muskeltonus den Körper einer neuen Umweltsituation anpassen. Die Aufrechterhaltung unseres Körpers gegen die Schwerkraft bevorzugt dabei ganz besonders die Streckreflexe.

Bleiben wir bei unserem ersten Beispiel, so werden also durch die Dehnung von intrafusalen Muskelfasern dicke markhaltige 1-a-Fasern erregt, die diese Erregung außerordentlich schnell zum Rückenmark leiten. Dort bekommen sie über ein oder mehrere Interneurone mit großen A-$\alpha$-Motoneuronen synaptischen Kontakt. Deren Axone bewirken eine Muskelkontraktion. Mit Axonkollateralen werden gleichzeitig benachbarte Motoneurone im Vorderhorn gehemmt. Die Längenänderung des Muskels führt wieder zu einem Nachlassen der Spindelafferenzen, so daß ein Regelkreis entsteht, der durch die Gleichgewichtshaltung bestimmt wird, also vom Muskel selbst. Diese einfachen myostatischen Regelkreise wären ungenügend, könnten sie nicht vom ZNS selbst beeinflußt werden. Über kleinere $\gamma$-Motoneurone erreichen übergeordnete motorische Zentren des Rückenmarks und des Gehirns die intrafusalen Muskelfasern innerhalb der Muskelspindeln. Deren Kontraktion bewirkt diesmal eine aktiv hervorgerufene Dehnung der Receptoren in Muskelspindelmittelabschnitten. Der Erfolg ist derselbe wie bei einer passiven Dehnung, die 1-a-Fasern werden wieder erregt und führen zu einer Tonuserhöhung der Arbeitsmuskulatur durch $\alpha$-Motoneurone. Die einfache reflektorische Regulation des Muskeltonus wird also über die A-$\gamma$-Motoneurone vom ZNS her differenziert und abgestuft. Die über $\alpha$- oder $\gamma$-Motoneurone laufende Endstrecke wird von allen noch so komplex aufgebauten Leitungswegen benützt, so daß jeder motorische Impuls letzten Endes in den einfachen myostatischen Regelkreis eingreifen kann.

## Haltereflexe

Wie weit die myostatische Regelung gehen kann, wird aus einem Versuch verständlich, bei dem einer Katze alle über dem Rautenhirn liegenden Hirnabschnitte (Mittelhirn, Zwischenhirn, Endhirn) entfernt wurden. Die Erregung von Labyrinth- und Halsdehnungsreceptoren führt bei solch einem „decerebrierten" Tier zu Tonusänderungen der Extremitäten im Sinne einer Streckung. Jede passive Änderung der Kopfhaltung beim stehenden Tier wird so beantwortet, daß der Kopf seine frühere Haltung zum Rumpf wieder einnimmt. Beugt man den Kopf, werden auch die vorderen Extremitäten gebeugt, hebt man ihn, beugt das Tier die hinteren Extremitäten.

## 2.3.1.2 Fremdreflexe

Sind Aufnahme- und Erfolgsorgan räumlich voneinander getrennt, liegt z. B. der Receptor in der Haut, der Effektor aber ist ein Muskel, so müssen in jedem Fall viele Synapsen die Erregung im Zentrum vermitteln. Da Receptor und Effektor nicht im gleichen, sondern in einander „fremden" Organen liegen, werden solche **polysynaptischen Reflexe** auch als Fremdreflexe oder exteroceptive Reflexe bezeichnet. Hierzu ein Beispiel: Beim Streichen über die Bauchhaut kontrahiert sich die Bauchdeckenmuskulatur. Der Muskelapparat reagiert also auf einen Hautreiz mit einer gezielten Abwehrmaßnahme, die aus mehreren Einzelbewegungen zusammengesetzt sein kann. Hierbei übernehmen im Rückenmark die Assoziationszellen, Commissurenzellen und Strangzellenkollateralen, die die Grundbündel aufbauen, die Verschaltung über mehrere Segmente auf der gleichen wie auf der Gegenseite.

Je höher die stammesgeschichtliche Entwicklung ist, um so höher liegende Zentren werden in den Reflexbogen eingeschaltet; ihre Faserverbindungen legen sich von außen den Grundbündeln an. Dadurch entstehen lange Bahnen von und zum Gehirn, deren Zusammenlagerung wir als Vorderseiten- und Hinterstränge im Rückenmark kennenlernten. Diese Bahnen enthalten jedoch immer auch Kollaterale der Strangzellaxone, die nur über ein oder mehrere Segmente nach oben oder unten laufen, die also die Funktion von Grundbündeln haben. Hierzu werden, wie auf Abb. 2.5 zu sehen ist, in den Hintersträngen ein ovales Feld nach FLECHSIG (Fasciculus septomarginalis) und ein kleiner seitlicher Bezirk als SCHULTZE-Komma (Fasciculus interfascicularis), sowie ein dorsaler dreieckiger Abschnitt als PHILIPPE-GOMBAULT-Triangel (Fasciculus triangularis) bezeichnet.

### Stellreflexe

Ein Tier, dem man als obersten Hirnabschnitt noch das Mittelhirn beläßt, kann sich in die normale Körperstellung aufrichten. Beteiligt sind hierbei nicht nur die Receptoren von Labyrinth und Halsmuskulatur, sondern auch von der Körperoberfläche und den Augen, deren Erregung im Mittelhirn verarbeitet wird. Durch diese Reflexe wird also die Einnahme der Grundstellung und ihr Aufrechterhalten gewährleistet. Stellreflexe sind durch ihre mehrfache Auslösungsmöglichkeit mit die bestgesicherten Funktionen des Zentralnervensystems.

Je höher also der Scheitelpunkt des Reflexbogens liegt, um so komplexer ist die ausgelöste Funktion. Selbst in der Hirnrinde lassen sich angeborene Reflexabläufe lokalisieren. Decortiziert man eine Katze, entfernt man ihr also die Hirnrinde, verschwindet nicht nur die Willkür-, sondern auch die Spontanmotorik, es resultiert ein „Automatentier".

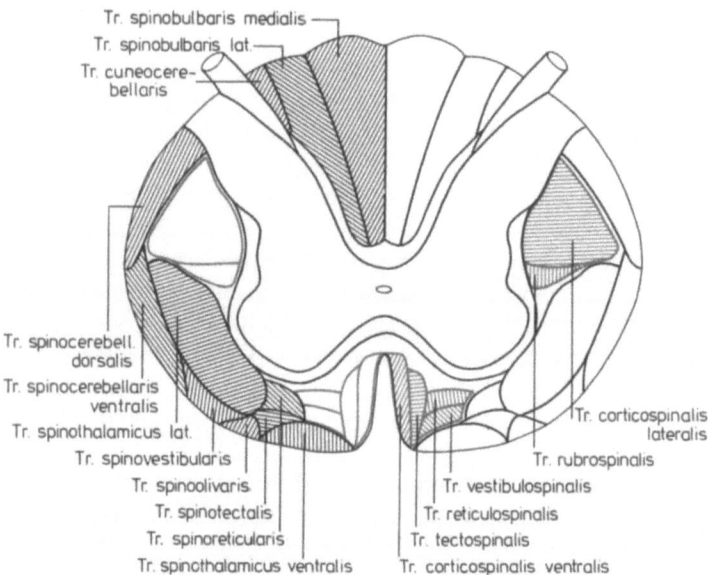

**Abb. 2.50.** Lage der Bahnen im Rückenmark. Die in diesem Schema scharf begrenzten Felder sind in Natur nicht in gleicher Weise abgrenzbar, sondern überlappen sich stellenweise

## 2.3.2 Sensible Bahnen

Großhirnrinde und subcorticale Zentren sind durch afferente Rückenmarkbahnen mit den contralateralen Sinnesorganen der Haut (Oberflächensensibilität), sowie der Muskelfasern und Gelenke (Tiefensensibilität) verbunden. Diese Leitungen bestehen wie die motorischen Bahnen aus mehr oder weniger oft umgeschalteten Neuronenketten. Die aus wenigen langen Neuronen aufgebauten Bahnen werden zum „Lemniscussystem" zusammengefaßt. Sie halten sich an eine somtotopische Ordnung und werden in den spezifischen Thalamuskernen umgeschaltet. Die Neuronenketten mit zahlreichen Synapsen beziehen die Formatio reticularis und ihre vielfachen Verschaltungen ein. Sie verlaufen parallel zu den Lemniscusbahnen.

Die Lage der sensiblen Bahnen im Rückenmark zeigt Abb. 2.50.

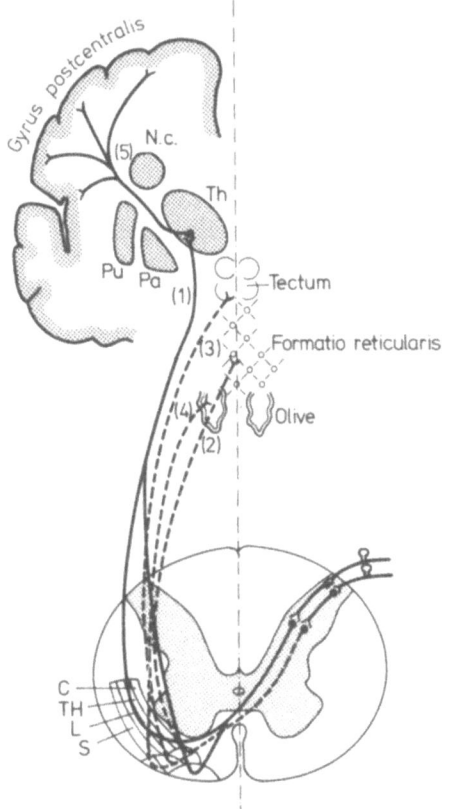

**Abb. 2.51.** Die Vorderseitenstrangbahnen. - Der zentrale Fortsatz der Spinalganglienzelle endet über Umschaltung in der Substantia gelatinosa an einer Strangzelle im Hinterhorn. Das dort beginnende Neuron kann als
*(1)* Tractus spinothalamicus
*(2)* Tractus spinoreticularis
*(3)* Tractus spinotectalis
*(4)* Tractus spinoolivaris
das Gehirn erreichen. Über den Thalamus werden primäre und sekundäre Zentren im Parietallappen erreicht *(5)*
*Pu* = Putamen
*Pa* = Pallidum
*N.c.* Nucleus caudatus
*Th* = Thalamus
Die segmentale Gliederung des Vorderseitenstrangs ist durch die Bezeichnungen
*S* = sacral
*L* = lumbal
*TH* = thoracal und
*C* = cervical
zu erkennen

### 2.3.2.1 Vorderseitenstrangbahnen (Abb. 2.51)
*(Tractus spinothalamicus ventralis, Tractus spinothalamicus lateralis, Tractus spinoreticularis, Tractus spinotectalis, Tractus spinoolivaris)*

Diese Bahnen leiten die Sensibilität für Druck und Berührung sowie Schmerz und Temperatur. Da die Empfindungsqualität für Druck und Berührung nur grob und undifferenziert ist, wird sie auch als **„protopathische Sensibilität"** bezeichnet. Die zentralen Fortsätze der Spinalganglienzellen enden direkt oder über Umschaltungen in der Substantia gelatinosa an den Strangzellen der Hintersäule. Aus dem Gehirn absteigende, modulierende Fasern, die ihrerseits in die Substantia gelatinosa gelangen, können hier die eingehende Erregung bahnen oder hemmen. Die Axone der Strangzellen kreuzen in der Commissura alba desselben Segments und erreichen den gegenseitigen Vorderseitenstrang. Während der Hauptteil der Fasern im Tractus spinothalamicus lateralis aufwärts zieht, verläuft ein kleiner Teil der Druck- und Berührungsafferenzen im Tractus spinothalamicus ventralis. Die Neurone aus benachbarten Segmenten sind innerhalb des Strangs nebeneinander angeordnet, die Fasern der höheren Körperabschnitte lagern sich von der Seite der grauen Substanz her an. Nach diesem Prinzip verlaufen übrigens alle in die Rückenmarkstränge eintretenden Bahnen. So entsteht auch in den spinothalamischen Bahnen eine **somatotopische Gliederung,** ähnlich wie wir sie in den spezifischen Kernen des Thalamus und in der Hirnrinde kennenlernten. Im Rautenhirn treten die protopathischen sowie die Schmerz- und Temperaturfasern aus dem Nucleus spinalis nervi trigemini hinzu. Die spinothalamischen Bahnen schließen sich im Mittelhirn dem Lemniscus medialis an. Sie setzen sich z.T. ohne weitere Umschaltung zum Thalamus fort, wo sie im Nucleus ventralis posterolateralis enden. Die hier beginnenden Neurone erreichen primäre sensorische Zentren der Großhirnrinde (Abb. 2.51)

Ein Teil der Vorderseitenstrangbahnen zweigt schon in der Haubenregion ab (Tractus spinoreticularis). Die innerhalb der Formatio reticularis vielfach umgeschalteten Fasern enden in den intralaminären Thalamuskernen. Weitere Axone ziehen zum Tectum (Tractus spinotectalis) und in die Olive (Tractus spinoolivaris). Auch Fasern der später zu besprechenden Hinterstrangbahnen gesellen sich zu den Abzweigungen. Durch diese Kurzschlüsse können die motorischen Kerngruppen des Mittel- und Rautenhirns direkt beeinflußt werden. So werden in jedem Abschnitt des Gehirns sensomotorische Leitungsbögen gebildet. Die Formatio reticularis hat jedoch, wie schon auf S. 74ff. geschildert wurde, weitere Funktionen. Unter anderem konvergieren in ihr Afferenzen verschiedener Sinnesorgane auf wenige Neurone. Diese ziehen über mehrere Synapsen zu den unspezifischen Thalamuskernen, von denen assoziative Rindenfelder erreicht werden.

*2.3.2.2 Hinterstrangbahnen* (Abb. 2.52) *(Tractus spinobulbaris medialis, Tractus spinobulbaris lateralis)*

Diese Bahnen leiten differenzierte Berührungsempfindungen (**„epikritische Sensibilität"**), Vibrations- und Gelenkempfindungen. Die zentralen Fortsätze der Spinalganglienzellen schicken ihre Kollateralen ohne Umschaltungen in den gleichseitigen Hinterstrang, wo sie ununterbrochen bis in die Medulla oblongata (Bulbus medullae spinalis) ziehen. Wie in den Vorderseitenstrangbahnen wird das periphere Körperschema durch die

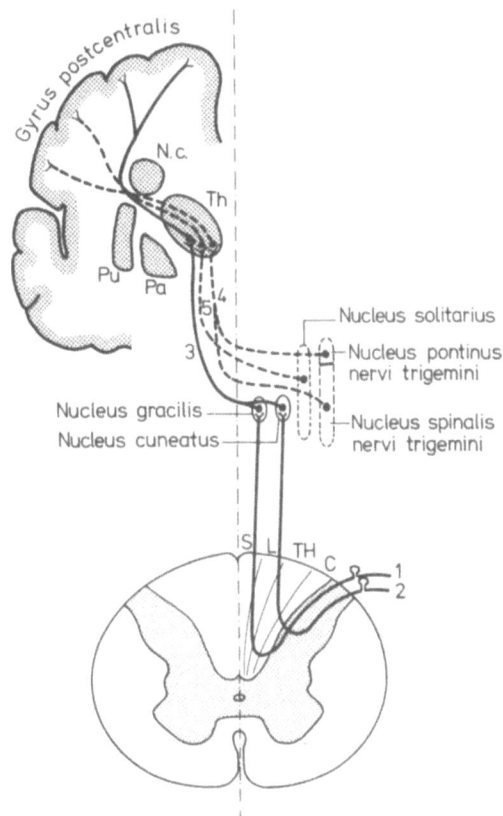

**Abb. 2.52.** Die Hinterstrangbahnen. - Der zentrale Fortsatz der pseudounipolaren Spinalganglienzelle eines Lendensegments (*1*) zieht zum Nucleus gracilis: Tractus spinobulbaris medialis. Der zentrale Fortsatz von Zelle (*2*) eines Halssegments endet im Nucleus cuneatus: Tractus spinobulbaris lateralis. Die in diesen Kernen entspringenden Axone (*3*) ziehen gemeinsam im Lemniscus medialis zum Thalamus: Tractus bulbothalamicus. Hier beginnt das 3. Neuron zum Gyrus postcentralis: Corona radiata. Die Axone der sensiblen Trigeminuskerne schließen sich als Lemniscus trigeminalis (*4*) dem Lemniscus medialis an. (*5*) Angelagerte Fasern aus dem Nucleus solitarius.
*Th* = Thalamus; *N.c.* = Nucleus caudatus; *Pu* = Putamen; *Pa* = Pallidum. Die segmentale Gliederung der Stränge ist durch die Bezeichnung $S$ = sacral, $L$ = lumbal, $TH$ = thoracal und $C$ = cervical gekennzeichnet

schichtweise Anlagerung der aufwärts hinzutretenden Axone widergespiegelt. Von der Intumescentia cervicalis aufwärts trennt ein Septum intermedium zusätzlich die medial liegenden Fasern der unteren Körperhälfte von den lateral befindlichen der oberen Körperabschnitte. Im „Bulbus" (Medulla oblongata) gehen die Fasern jederseits an 2 Kerngruppen synaptische Kontakte ein (Abb. 2.52). Der mediale oder GOLL-Strang (Fasciculus gracilis) endet im Nucleus gracilis, der die Vorwölbung des Tuberculum gracile hervorruft. Der laterale, oder BURDACH-Strang (Fasciculus cuneatus) zieht in den Nucleus cuneatus, den Urheber des Tuberculum cuneatum.

In diesen Kernen beginnt das 2. Neuron (**Tractus bulbothalamicus**), dessen Axone als **mediale Schleife (Lemniscus medialis)** bogenförmig auf die Gegenseite kreuzen und im spezifischen Nucleus ventralis posterolateralis des Thalamus enden. Der Bahn legen sich Fasern aus dem sensiblen Hauptkern des N. trigeminus (Nucleus pontinus) an, die die epikritische Sensibilität aus dem Kopfbereich auf die gleiche Weise dem Thalamus zuführen. Denselben Weg benutzen Axone des Nucleus solitarius. Weiterhin ziehen auch die spinothalamischen Bahnen (mit angelagerten Fasern aus dem Nucleus spinalis nervi trigemini) auf diesem Weg zum Thalamus, so daß ein dickes Bündel bogenförmig durch Rauten- und Mittelhirn verläuft: das Lemniscussystem. Es faßt diejenigen aufsteigenden Fasersysteme zusammen, die im Thalamus enden:

a) Lemniscus medialis (bulbothalamische Bahn)
b) Lemniscus trigeminalis (Trigeminusbahn)
c) Lemniscus spinalis (spinothalamische Bahn).

Dazu angelagert:

d) Fasern aus dem Nucleus solitarius.

Da alle Bahnen im Rückenmark bzw. im Hirnstamm zur Gegenseite kreuzen, stehen die spezifischen Kerne des linken Thalamus in Verbindung mit der Peripherie der rechten Körperseite und umgekehrt. Benachbarte Körperregionen werden auf nebeneinanderliegende Thalamusbezirke projiziert; wir haben also auch hier eine Punkt-zu-Punkt-Zuordnung. Das im Thalamus beginnende 3. Neuron der Hinterstrangbahnen projiziert die Sensibilität der verschiedenen Körperregionen auf entsprechende Abschnitte des Gyrus postcentralis; deshalb besteht auch dort eine somatotopische Gliederung. Die Projektionsfelder der Hirnnervenbahnen sind im ventrolateralen Abschnitt dieser Windung lokalisiert.

Die Hinterstränge führen auch die Tiefensensibilität aus Muskelspindeln und Sehnenorganen des oberen Körperabschnitts zum Kleinhirn. Diese Bahn entspricht in ihrem Verlauf dem Tractus spinocerebellaris dorsalis, der die Tiefensensibilität der unteren Körperhälfte führt. Sie soll mit den Kleinhirnregelkreisen besprochen werden.

Wird bei einer Verletzung das Rückenmark halbseitig unterbrochen, so kommt es zu charakteristischen Ausfallserscheinungen unterhalb der Verletzungsstelle, sowohl auf der gleichen Seite als auch auf der Gegenseite (BROWN-SEQUARD-**Symptomkomplex**): Auf der gleichen Seite führt die Unterbrechung der Hinterstränge und der Kleinhirnseitenstränge (nur ein Teil der Kleinhirnstränge kreuzt) zu einer schweren Störung der Tiefensensibilität (Lageempfindung). Die Berührungssensibilität wird zwar zum größten Teil im gegenseitigen Vorderstrang geführt, es besteht aber eine Hyperästhesie (Berührung wird als Schmerz empfunden) durch den Ausfall der epikritischen Sensibilität. Auf der Gegenseite fallen dagegen bei kaum gestörter Berührungsempfindung Schmerz- und Temperaturempfindungen aus (dissoziierte Sensibilitätsstörung), da die Vorderseitenstrangbahnen im Eintrittsegment kreuzen.

### 2.3.3 Motorische Bahnen

Untersuchungen der letzten Jahre haben gezeigt, daß die Auffassung von 2 unabhängig voneinander funktionierenden motorischen Systemen nicht richtig ist. Beide Systeme sind morphologisch und funktionell eng miteinander verbunden (Abb. 2.49); beide benützen den Grundregelkreis des Rückenmarks als gemeinsame Endstrecke. Die Ausgänge des **extrapyramidalmotorischen Systems** erregen bevorzugt die A-$\gamma$-**Motoneurone**, beeinflussen also die Spindelmotorik; die **Pyramidenbahn** endet dagegen überwiegend an den großen A-$\alpha$-**Motoneuronen**. Jede Erregung des Gyrus precentralis wird den sekundären Zentren in der präzentralen Rinde und den subcorticalen Kerngebieten mitgeteilt. Die über die Pyramidenbahn geleiteten Impulse informieren also auch Kerne des extrapyramidalen Systems und dessen Steuerungszentren im Cortex. Umgekehrt erreichen Impulse des extrapyramidalmotorischen Systems wieder den Gyrus precentralis. Diese Rückkoppelung ist mehrfach gesichert, da alle motorischen Intentionen der Großhirnrinde über die Großhirnbrückenbahn gleichsam im Durchschlag dem Kleinhirn zugeleitet werden, und von hier aus über den Thalamus wieder zurück ins Endhirn, über den Nucleus ruber in Mittel- und Rautenhirn gelangen.

#### 2.3.3.1 Pyramidenbahn (Tractus corticospinalis)

Die Pyramidenbahn leitet motorische Impulse, die in der Großhirnrinde „bewußt intendiert" sind, zur Muskulatur der contralateralen Körperhälfte (Abb. 2.53). Sie dient der willkürlichen oder corticalen Motorik. Der Beginn der Pyramidenbahn liegt im Gyrus precentralis. Dieser zeigt, wie auch der Gyrus postcentralis, eine somatotopische Gliederung (Abb. 2.37). Die Axone der z. T. besonders großen Pyramidenzellen (BETZ-Zellen) ziehen ohne weitere Umschaltung ins Rückenmark. Axonkollaterale erreichen jedoch das gleichseitige Corpus striatum, den gleichseitigen Thalamus, Nucleus subthalamicus, Nucleus ruber, Colliculus superior sowie die Formatio reticularis (Abb. 2.54). Die Efferenzen der letztgenannten 3 Kerngebiete ins

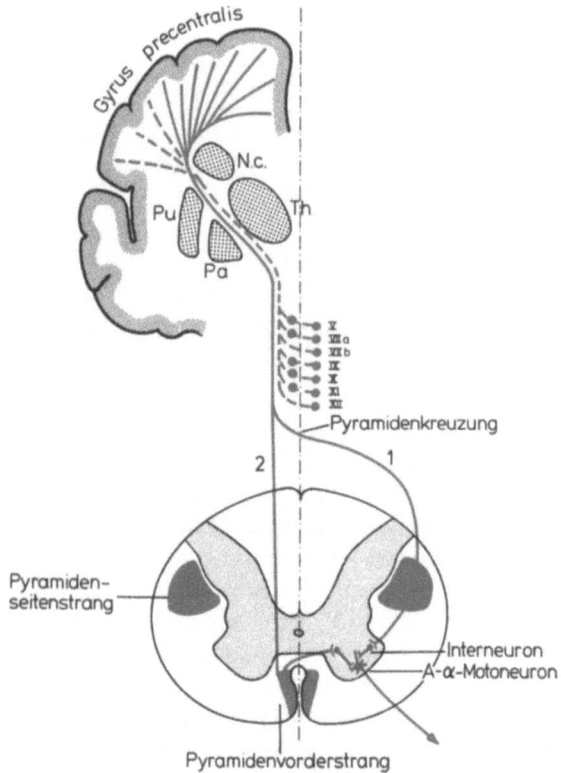

**Abb. 2.53.** Pyramidenbahn und motorische Hirnnervenbahn. – Die Fasern entspringen im Gyrus precentralis, ziehen zwischen den subcorticalen Kerngruppen (Capsula interna) abwärts, geben hier Axonkollaterale ab, kreuzen zum größten Teil in der Medulla oblongata und bilden den: *1* = Pyramidenseitenstrang, *2* = Pyramidenvorderstrang. Sie enden über Interneurone an den α-Motoneuronen des Austrittsegments. *Pu* = Putamen; *Pa* = Pallidum; *N.c.* = Nucleus caudatus; *Th* = Thalamus

Rückenmark können auch als Teile der Pyramidenbahn angesehen werden. Wir wollen sie mit den extrapyramidalen Bahnen besprechen.

Zusammen mit den thalamocorticalen Fasern bildet der Tractus corticospinalis die Capsula interna. Er zieht weiter durch die Großhirnschenkel und die Brücke in die Medulla oblongata. Hier zeigt er sich an der Ventralseite als eine strangförmige Vorwölbung, die der Bahn ihren Namen gegeben hat, die Pyramide (Pyramis). Im Übergang zum Rückenmark kreuzt der größte Teil der Fasern (ca. 80–95%) auf die Gegenseite (Decussatio pyramidum, Abb. 2.53) und zieht im Seitenstrang abwärts. Er bildet den **Tractus**

Neuronale Regelkreise 133

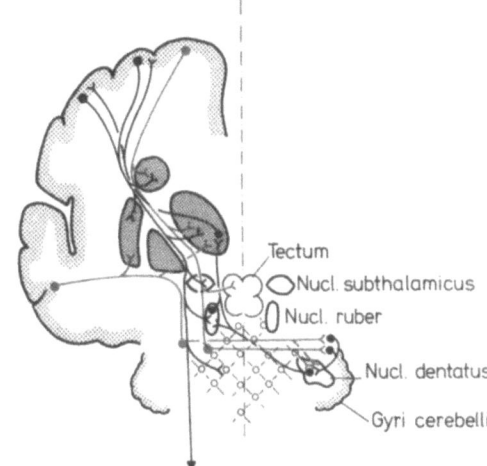

Abb. 2.54. Kollaterale der Pyramidenbahn (schwarz) und Großhirnbrückenkleinhirnbahn (rot), sowie die von ihnen angesteuerten Kerngruppen

corticospinalis lateralis. Der kleinere, noch ungekreuzte Strangteil verläuft im Vorderstrang als **Tractus corticospinalis ventralis.** Er kreuzt erst im Austrittsegment auf die Gegenseite. Die Axone der Pyramidenzellen enden meist nicht direkt an den A-$\alpha$-Motoneuronen, sondern über kurze Schaltneurone. Sie bieten den Vorteil der Verknüpfung mehrerer $\alpha$-Motoneurone. Durch die Kollateralen des Tractus corticospinalis und die parallel laufenden corticopontinen Bahnen werden Schaltkreise in die pyramidale Motorik mit einbezogen, die über das gleichseitige Corpus striatum und den gegenseitigen Nucleus dentatus (im Kleinhirn) laufen. Beide Kerne projizieren in die Nuclei ventralis lateralis und ventralis anterior des Thalamus, der den Kreis mit thalamocorticalen Projektionen zu primärmotorischen und supplementärmotorischen Arealen schließt.

**Motorische Hirnnervenbahn (Fibrae corticonucleares)**
Die corticale Motorik der Muskulatur im Kopfbereich entspricht im Aufbau und zentralen Verlauf der Pyramidenbahn. Die Ursprungsgebiete liegen im Anschluß an die Felder für den Arm im unteren Teil des Gyrus precentralis; in der Capsula interna schließen die abwärtsziehenden Fasern rostral an die Pyramidenbahn an. Sie enden, anstatt im Rückenmark, schon in der Haubenregion an den motorischen Ursprungskernen der Hirnnerven. Der motorische Kern des N. trigeminus, der Teil des Facialiskerns für die Muskeln der Stirn und der Nucleus ambiguus werden beidseitig innerviert. Die Fasern für den Facialiskernabschnitt, der für die Muskeln der unteren Gesichtshälfte zuständig ist, und für den Kern des N. hypoglossus, verlau-

fen gekreuzt. Die Kerne der Augenmuskeln und die Ursprungskerne des Parasympathicus erhalten keine Fasern, die direkt aus der Hirnrinde kommen.

Isolierte Ausfälle der Pyramidenbahn entstehen z. B. durch Blutungen in die Capsula interna (Schlaganfall: **Apoplexie**). Die schlagartige Lähmung trifft die Muskeln der gegenseitigen Körperhälfte (Halbseitenlähmung: **Hemiplegie**). Sie ist eher schlaff, da der überwiegend bahnende Einfluß des Tractus corticospinalis auf die A-$\alpha$-Motoneurone wegfällt. Weitaus häufiger betreffen die Blutungen gleichzeitig auch extrapyramidalmotorische corticofugale Bahnen, die, bevor sie das Corpus striatum erreichen, mit der Pyramidenbahn durch die Capsula interna laufen. Das so entstehende Lähmungsmischbild wird nach einem schlaffen, durch den Schock bedingten Initialstadium spastisch, weil der hemmende Einfluß der übergeordneten extrapyramidalmotorischen Zentren wegfällt und der bahnende Einfluß der Mittel- und Rautenhirnzentren auf die Motoneurone zur vollen Auswirkung kommt.

### 2.3.3.2 Extrapyramidalmotorische Bahnen (Abb. 2.55)

Das extrapyramidale System dient der **unwillkürlichen Motorik**. Diese umfaßt die Steuerung von Haltefunktionen und die Abstufung verschiedenster Bewegungsabläufe, die nicht unmittelbar bewußt beeinflußt werden, z. B. Begleitbewegungen beim Sprechen oder Gehen oder erlernte Bewegungskombinationen, wie Tanzen, Bedienen bestimmter Geräte usw. Die extrapyramidalmotorischen Zentren sind nicht, wie früher angenommen, in einer Richtung hintereinandergeschaltet. Vielmehr bilden die von ihnen ausgehenden Fasern Rückkoppelungsschleifen, die untereinander verbunden sind. An verschiedenen Stellen können aufsteigende Systeme in diese Schaltkreise eingreifen, an anderen können absteigende Rückenmarkbahnen beginnen. In den – auf Abb. 2.49 vereinfacht dargestellten – Schaltplan ist auch die Großhirnrinde mit einbezogen. Die hier beginnende Pyramidenbahn kann damit als die wichtigste aller Efferenzen des extrapyramidalen Systems aufgefaßt werden.

**A:** Der 1. Schaltkreis liegt zwischen Großhirnrinde → Corpus striatum → Pallidum → Thalamus und wieder Großhirnrinde. Das Corpus striatum erhält Fasern von allen Teilen des Neocortex. Seine efferenten Axone ziehen zur Substantia nigra und geben Kollaterale zum Pallidum ab. Die Efferenzen des inneren Pallidumsegments wieder ziehen topisch geordnet als Ansa lenticularis durch die Zona incerta zu den (spezifischen) Nuclei ventralis anterior und ventralis lateralis des Thalamus. Von hier aus werden andere Thalamuskerne informiert. Der Hauptteil der Thalamusaxone aber zieht zur Rinde des Gyrus precentralis und des anschließenden Frontallappens zurück.

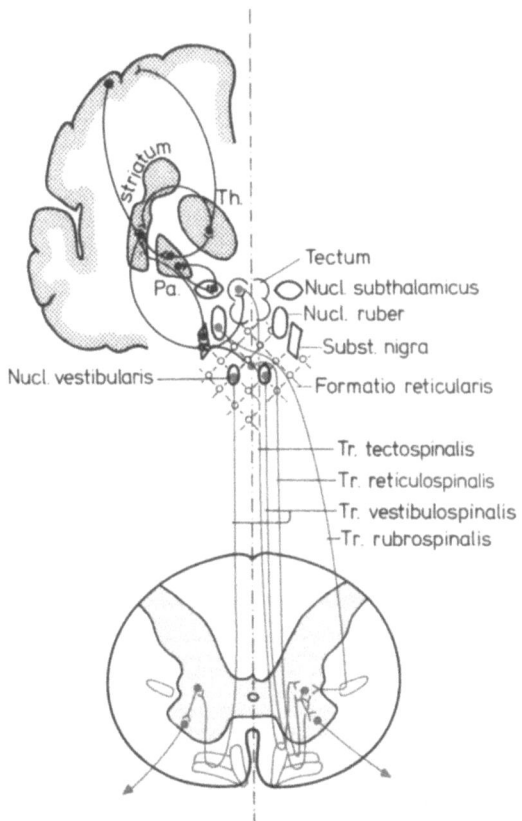

**Abb. 2.55.** Die extrapyramidalen Bahnen. – In die Schaltkreise A–D (s. Text) sind corticale Zentren, subcorticale Zentren und Stammhirnzentren einbezogen. Die abwärtsziehenden Bahnen enden an den Motoneuronen des Austrittsegments

**B:** Der 2. Schaltkreis bildet einen Kurzschluß zwischen Corpus striatum → Pallidum → Thalamus und Corpus striatum. Sein Anfangsteil ist identisch mit dem 1. Schaltkreis. Von der Ansa lenticularis zweigen dann Fasern zum Nucleus centromedianus des Thalamus ab. Efferenzen dieses intralaminären Kerns ziehen zurück in das Corpus striatum.
**C:** Der 3. Schaltkreis läuft vom Pallidum über den Nucleus subthalamicus wieder zurück zum Pallidum. Die vom lateralen Pallidumsegment wegziehenden Axone sind topisch geordnet.
**D:** Der 4. Schaltkreis zieht vom Corpus striatum über die Substantia nigra zurück zum Corpus striatum. Das nigrostriatale System (s. S. 78) mit seinen

rückläufigen dopaminergen Fasern spielt eine Rolle beim Bewegungsbeginn und bei Begleitbewegungen.

In die gezeigten Schaltkreise können aufsteigende Systeme eingreifen. Vom Nucleus dentatus des Kleinhirns werden die verarbeiteten Kleinhirnprojektionen der Großhirn-Brücken-Kleinhirnbahn in die Nuclei ventralis anterior und ventralis lateralis thalami (Schaltkreis A) und zum Nucleus ruber geleitet. Von der Formatio reticularis ziehen Fasern in die intralaminären Thalamuskerne (Schaltkreis B). Serotonerge Fasern vom Nucleus raphes dorsalis der Formatio reticularis erreichen das Corpus striatum auf direktem Wege.

Der endgültige „Output" des extrapyramidalen Systems geht von den Zentren des Mittel- und Rautenhirns aus. Efferenzen der Substantia nigra schalten im Tectum und in der Formatio reticularis um. Hier entspringen der 1) **Tractus tectospinalis** und der 2) **Tractus reticulospinalis.** Der Tractus reticulospinalis wird auch von Efferenzen des Nucleus ruber gespeist. Fasern der Formatio reticularis erreichen die Vestibulariskerne. Hier beginnt der 3) **Tractus vestibulospinalis.** Eine direkte Verbindung des Nucleus ruber mit dem Rückenmark stellt der 4) **Tractus rubrospinalis** her. Die motorischen Hirnnervenkerne, die wie die Motoneurone des Rückenmarks abhängig von der pyramidalen und extrapyramidalen Motorik funktionieren, werden in der Regel über analoge Bahnen erreicht.

Das Zusammenspiel aller Zentren wird erst verständlich, wenn einzelne Abschnitte der Neuronenschleifen ausfallen. Das klinische Erscheinungsbild der extrapyramidalmotorischen Erkrankungen läßt sich in 2 Symptomkomplexe trennen.

Hyperkinetische hypotone Erkrankungen zeigen übermäßig ausfahrende unwillkürliche Bewegungen, bei vermindertem Ruhetonus der Muskulatur. Ursache ist der Ausfall des Corpus striatum oder präzentraler Rindenteile. Damit gewinnen bewegungsfördernde Schaltkreise das Übergewicht. Das typische Krankheitsbild ist der Veitstanz.

Hypokinetische hypertone Erkrankungen zeigen bei einer Tonussteigerung der Gesamtmuskulatur eine Hemmung der normalen Spontan- und Mitbewegungen; bei gezielten Bewegungen kann ein starkes Zittern auftreten. Dabei ist unter anderem das nigrostriatale System geschädigt. Weitere Schäden liegen im Bereich der Formatio reticularis und des Thalamus. Hierher gehört z. B. das PARKINSON-Syndrom.

## 2.3.4 Kleinhirnregelkreise

Besonders beim aufrechtgehenden Menschen ist ein Regulationssystem für Tonus und Gleichgewicht innerhalb der Motorik unumgänglich. Diesen stabilisierenden Koordinationsapparat bildet zum größten Teil das Kleinhirn. Nicht umsonst entwickelt es sich gerade im Dach des Rautenhirns. Es enthält, wie in Kapitel 2.2.5 beschrieben wurde, seine ursprünglichen Afferenzen aus dem mit Rautenhirnkernen verbundenen Gleichgewichtsorgan (**direkte und indirekte vestibuläre Bahn**). Auch Kerngruppen des Rauten- und Mittelhirns stehen mit dem Kleinhirn in Verbindung (**Tractus olivocerebellaris und reticulocerebellaris**). Zuletzt bekommt das Kleinhirn Afferenzen der Endhirnmotorik (**Großhirn-Brücken-Kleinhirnbahn** und **Tractus arcuatocerebellaris**), deren Teile sich der Rautenhirnhaube ventral anlegen. Das Kleinhirn seinerseits erhält über den Thalamus, die motorischen Haubenkerne und die Nuclei vestibulares Einfluß auf die Statik und Motorik des Gesamtorganismus.

### 2.3.4.1 Vestibuläre Bahnen (Abb. 2.48)
*(Tractus nucleocerebellaris, Tractus vestibulocerebellaris)*

Die Receptoren für das Gleichgewicht liegen im Labyrinth des Felsenbeins. Das **häutige Labyrinth** besteht aus den **Bogengängen (Ductus semicirculares)**, dem **Vestibulum (Sacculus** und **Utriculus)** und der **Schnecke (Cochlea)**. Bogengänge und Vestibulum, zusammengefaßt als **Vestibularorgan** bezeichnet, enthalten die Receptoren des statischen Organs (in der Schnecke liegen die Receptoren des Hörorgans). Die in den Bogengängen gelegenen Sinnesfelder, die Cristae ampullares, reagieren auf Drehbeschleunigung (Kopfbewegungen), die Sinnesfelder von Sacculus und Utriculus (Macula sacculi und Macula utriculi) registrieren lineare Beschleunigung (Stellung im Raum). Ihre Impulse sind schwerkraftabhängig. Mit den Sinneszellen stehen die peripheren Fortsätze bipolarer Ganglienzellen in synaptischem Kontakt, deren Perikarya das **Ganglion vestibulare** bilden. Ihre zentralen Fortsätze ziehen zusammen mit den Fasern des Hörnerven als **N. vestibulocochlearis** (N. statoacusticus, VIII. Hirnnerv) zum Rautenhirn. Hier enden sie zum größten Teil im Boden der Rautengrube (**Area vestibularis**) an 4 Kernen:

1. **Nucleus vestibularis medialis** (SCHWALBE)
2. **Nucleus vestibularis lateralis** (DEITERS)
3. **Nucleus vestibularis cranialis** (BECHTEREW)
4. **Nucleus vestibularis caudalis** (ROLLER).

Im medialen und im unteren Vestibulariskern enden auch Fasern aus dem Rückenmark (**Tractus spinovestibularis**).

In den Vestibulariskernen beginnt das 2. Neuron der Vestibularisbahn, Axone aus den sensiblen Trigeminuskernen legen sich ihm an. Die Fasern ziehen durch die unteren Kleinhirnstiele zum Lobus flocculonodularis. Diese Bahn ist die **indirekte**, nämlich umgeschaltete **sensorische Kleinhirnbahn (Tractus nucleocerebellaris)**. Die Vestibulariskerne sind nicht nur als

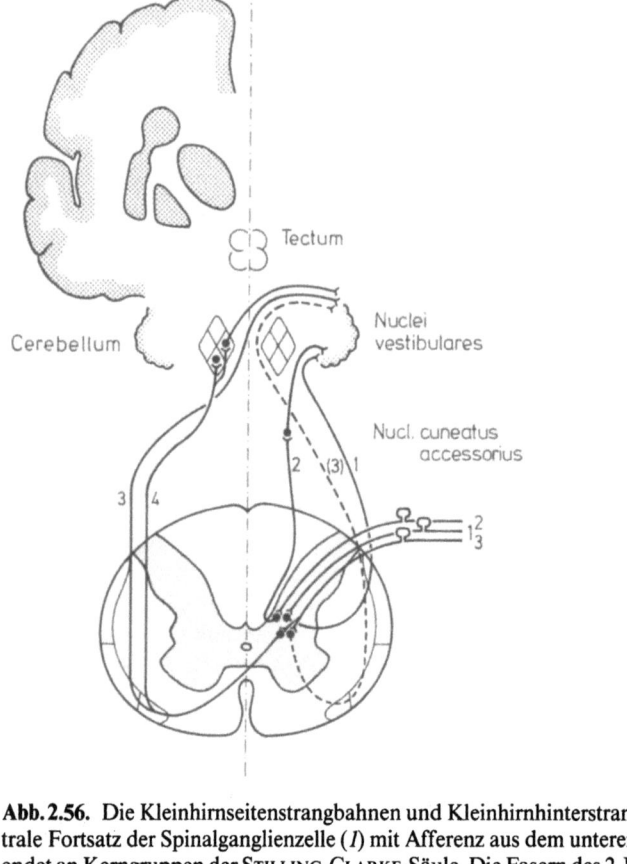

**Abb. 2.56.** Die Kleinhirnseitenstrangbahnen und Kleinhirnhinterstrangbahn. – Der zentrale Fortsatz der Spinalganglienzelle (*1*) mit Afferenz aus dem unteren Körperabschnitt endet an Kerngruppen der STILLING-CLARKE-Säule. Die Fasern des 2. Neurons ziehen im gleichseitigen Tractus spinocerebellaris dorsalis durch den Pedunculus cerebellaris caudalis ins Kleinhirn. Der zentrale Fortsatz der Spinalganglienzelle (*2*) mit Afferenz aus dem oberen Körperabschnitt zieht im gleichseitigen Fasciculus cuneatus zum Nucleus cuneatus accessorius. Das dort beginnende 2. Neuron läuft durch den gleichseitigen Pedunculus cerebellaris caudalis ins Kleinhirn. Der zentrale Fortsatz der Spinalganglienzelle (*3*) endet an ventralen Kerngruppen des Hinterhorns. Die Fasern des 2. Neurons ziehen zum größten Teil im gegenseitigen (ausgezogen) zum kleineren im gleichseitigen (gestrichelt) Tractus spinocerebellaris ventralis bis ins Mittelhirn und dann rückläufig durch das Velum medullare craniale ins Kleinhirn. Der im Segment gekreuzte Teil der Fasern führt im Velum eine zweite Kreuzung durch, so daß letztlich alle Fasern auch dieser Bahn im gleichseitigen Kleinhirn enden. Ein Teil der Fasern zieht als (*4*) Tractus spinovestibularis unter Umschaltung in den Vestibulariskernen zum Kleinhirn

Schaltstelle der Vestibularisbahn zum Kleinhirn aufzufassen. Vielmehr haben sie koordinierende Funktion für alle unmittelbaren Gleichgewichtsregulationen innerhalb des Rautenhirns. Der mediale, der craniale und der caudale Vestibulariskern haben folgende Verbindungen:

a) mit den verschiedenen Zellgruppen der Formatio reticularis,
b) mit den Ursprungskernen von Augen- und Halsmuskeln über das mediale Längsbündel (Fasciculus longitudinalis medialis – Abb. 2.57).
Bei jeder Kopfbewegung erfolgt auf diese Weise eine reflektorische Augenbewegung, um den gesehenen Gegenstand festzuhalten und die optische Kontrolle des Raums aufrechtzuerhalten (vestibuläre kompensatorische Blickbewegungen).
c) Besonders der laterale Vestibulariskern steht in Verbindung mit Motoneuronen des Rückenmarks über den **Tractus vestibulospinalis.**
Nur ein kleines, beim Menschen fast ganz zurückgebildetes Bündel vestibulärer Wurzelfasern zieht direkt, ohne Umschaltung im Rautenhirn, durch den unteren Kleinhirnstiel als **direkte sensorische Kleinhirnbahn (Tractus vestibulocerebellaris)** zum Lobus flocculonodularis.

Die Verbindung des Vestibularissystems mit den Augenmuskeln zeigt sich deutlich, wenn man beim Spülen des äußeren Gehörgangs mit kaltem Wasser eine Endolymphströmung in den Bogengängen hervorruft. Es tritt ein rhythmisches Augenzucken auf: calorischer Nystagmus. Ausfälle des Vestibularissystems führen zu ähnlichen Störungen wie Erkrankungen des Kleinhirns. Beim Ausfall des Gleichgewichtsorgans im Labyrinth kommt es zu Schwindel, Übelkeit und Erbrechen.

*2.3.4.2 Spinocerebelläre Bahnen* (Abb. 2.56)
*(Tractus spinocerebellaris ventralis –* GOWERS, *Tractus spinocerebellaris dorsalis –* FLECHSIG, *Tractus spinobulbaris/cuneocerebellaris, Tractus spinovestibularis/nucleocerebellaris)*

Über die Tiefensensibilität informieren die Kleinhirnseitenstrangbahnen und ein lateraler Teil der Hinterstrangbahnen den Lobus cranialis und Lobus caudalis des Kleinhirns. Die Bahnen führen die Afferenzen aus Muskelspindeln und Sehnenorganen. Es sind besonders schnell leitende Fasern (bis zu 165 m/s). Wie bei allen afferenten Systemen besteht das 1. Neuron aus der pseudounipolaren Zelle im Spinalganglion mit ihrem peripheren und zentralen Fortsatz. Der vordere Kleinhirnseitenstrang **(Tractus spinocerebellaris ventralis)** erhält Afferenzen vorwiegend aus den Sehnenorganen. Das ins Hinterhorn eintretende 1. Neuron endet mit Kollateralen an Kerngruppen des Rückenmarkhinterhorns und der Substantia intermedia centralis. Die Axone des hier beginnenden 2. Neurons erreichen auf der Gegenseite (z. T. auch auf der gleichen Seite) ein Areal am ventralen

140    Zentrales Nervensystem

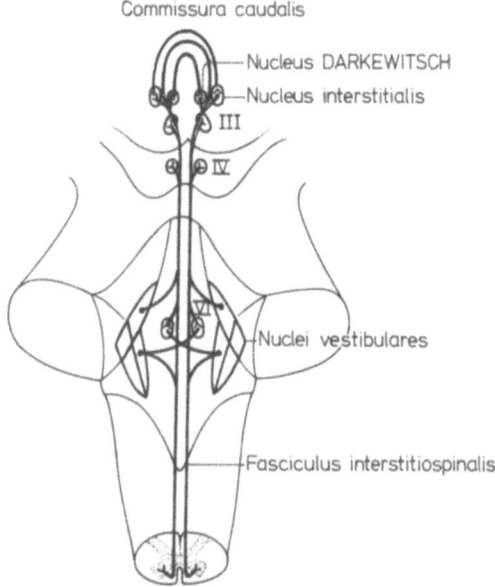

**Abb. 2.57.** Das mediale Längsbündel und seine Verbindungen in der Aufsicht von dorsal

Rand des Seitenstrangs. Sie steigen durch das Rautenhirn hindurch bis ins Mittelhirn auf, biegen dort erst um die oberen Kleinhirnstiele um und gelangen rückläufig über das vordere Marksegel (Velum medullare craniale) ins Kleinhirn. Diese Bahn schießt gleichsam auf ihrem Weg ins Kleinhirn über ihr Ziel hinaus und muß dann umwenden (Abb. 2.56). Ein Teil der Fasern schaltet auf dem Weg zum Kleinhirn in den Vestibulariskernen um: **Tractus spinovestibularis/nucleocerebellaris.**

Die Fasern für den hinteren Kleinhirnseitenstrang **(Tractus spinocerebellaris dorsalis)** gehen synaptischen Kontakt mit den Zellen der STILLING-CLARKE-Säule (Nucleus thoracicus) ein. Der Tractus spinocerebellaris dorsalis führt proprioceptive Afferenzen von Bein und Rumpf. Er legt sich dem gleichseitigen vorderen Kleinhirnseitenstrang dorsal an. Die Bahn steigt in die Medulla oblongata auf und erreicht das Kleinhirn über den unteren Kleinhirnstiel. Der cerebelläre (laterale) Anteil des gleichseitigen Hinterstrangs (Tractus spinobulbaris) führt proprioceptive Afferenzen von Arm und Hals. Seine Fasern schalten im Nucleus cuneatus accessorius um und bilden den **Tractus cuneocerebellaris.** Die Bahn zieht durch den gleichseitigen unteren Kleinhirnstiel mit dem Tractus spinocerebellaris dorsalis zum Kleinhirn (der thalamische Teil der Hinterstrangbahn erreicht im verlängerten Mark über die Fibrae arcuatae internae die mediale Schleife).

*2.3.4.3 Tegmentocerebelläre Bahnen*
*(Tractus reticulocerebellaris, Tractus olivocerebellaris)*

Die in die multisynaptischen Neuronenketten der sensiblen Bahnen eingeschaltete Formatio reticularis ist Ursprung des **Tractus reticulocerebellaris**. In der Formatio reticularis sammeln sich weiterhin Efferenzen des Nucleus ruber. Sie bilden ein dickes Faserbündel (zentrale Haubenbahn), das in der Olive endet. Alle Efferenzen der Olivenkerne **(Tractus olivocerebellaris)** ziehen als Kletterfasern in die Kleinhirnrinde. Diese Kerngruppe wird deshalb als vorgeschalteter Kleinhirnkern angesehen.

*2.3.4.4 Corticocerebelläre Bahnen*
*(Tractus corticopontocerebellaris, Tractus arcuatocerebellaris)*

Auch corticale motorische Zentren stehen in Kontakt mit den Gleichgewichtsregulationen des Kleinhirns. Die Verbindung entwickelt sich erst mit der Ausbildung des Neocortex. Das 1. Neuron endet in Höhe des Rautenhirns an ventral liegenden Kerngruppen, die die Vorwölbung des Brückenfußes bilden **(Tractus corticopontinus)**. Nach ihrer corticalen Herkunft unterscheidet man Fibrae frontopontinae, die im Crus anterius der Capsula interna abwärts ziehen von Fibrae temporopontinae und Fribrae parieto - occipitopontinae, im Crus posterius der Capsula interna abwärts ziehend. Die Fasern des 2. Neurons kreuzen, auf der Oberfläche der Brücke deutlich sichtbar, als Fibrae pontis transversae auf die Gegenseite und ziehen durch die mächtigen mittleren Kleinhirnstiele hauptsächlich zu dem sich in der Stammesgeschichte gleichzeitig entwickelnden Lobus medius der Kleinhirnrinde **(Tractus pontocerebellaris)**.

Ein kleiner Faserzug der Pyramidenbahn verläuft über eine Umschaltung im Nucleus arcuatus quer über den Boden der Rautengrube **(Striae medullares)** und durch den unteren Kleinhirnstiel zum Lobus flocculonodularis. Durch die Großhirn-Kleinhirn-Bahnen wird das Kleinhirn von jedem über die Pyramidenbahn laufenden Impuls informiert.

*2.3.4.5 Efferente Kleinhirnbahnen*

Die efferenten Kleinhirnbahnen beginnen in den Kleinhirnkernen (zum kleineren Teil auch mit den PURKINJE-Zellen der Kleinhirnrinde, s. S. 119).

Die zur Haube ziehenden efferenten Bahnen bilden mit den afferenten Kleinhirnbahnen doppelläufige Schleifen:

a) **Tractus cerebellonuclearis** zu den Vestibulariskernen;
b) **Tractus cerebelloreticularis** zur Formatio reticularis;
c) **Tractus cerebelloolivaris** zur Olive.

In Anbetracht der Verbindung des Nucleus ruber mit der Olive über die zentrale Haubenbahn kann auch der

d) **Tractus cerebellorubralis** als rückläufiger Teil der olivocerebellären Schleife gelten. Der
e) **Tractus cerebellothalamicus** erreicht die Nuclei ventralis anterior und ventralis lateralis thalami, die dann ihrerseits über präzentrale Großhirnrinde und Corpus striatum in die motorischen Schaltkreise eingreifen.

## 2.3.5 *Limbisches System*

Die Bezeichnung limbisches System stammt von den Teilen des Archeopallium und Paleopallium, die wie ein Saum (Limbus) den Balken umgeben (Abb. 2.58). Sie beschränkte sich ursprünglich nur auf entsprechende Endhirnabschnitte. Diese sind jedoch so eng mit umschriebenen Teilen der anderen Hirnabschnitte verknüpft, daß heute mit dem Begriff limbisches System der folgende große Komplex umfaßt wird:

| | |
|---|---|
| Im Endhirn: | **Hippocampusformation, Corpus amygdaloideum, Regio septalis, Regio preoptica, Gyrus cinguli, Gyrus parahippocampalis.** |
| Im Zwischenhirn: | **Hypothalamus.** |
| Im Mittelhirn: | einige paramedian liegende Kerne der **Formatio reticularis.** |

Das limbische System reguliert alle elementaren Lebensäußerungen der Selbsterhaltung (Nahrungsaufnahme, Verdauung) und der Arterhaltung (Fortpflanzung). Da diese vitalen Vorgänge immer von Lust- oder Unlustgefühlen begleitet werden, spielt das limbische System auch eine wichtige Rolle im emotionalen Geschehen. Seine enge Beziehung zu den ebenfalls archeocorticalen Zentren der Riechbahn findet ihren Ausdruck in geruchsbezogenen Affektionen. Man kann jemanden „nicht riechen" oder vom Duft einer Blume in Glücksstimmung versetzt werden. Über Verbindungen mit dem Neocortex und Kernen der extrapyramidalen Motorik beeinflußt das limbische System affektbetonte Handlungen wie Wutausbrüche, Aggressionen oder euphorische Reaktionen.

Neuronale Regelkreise 143

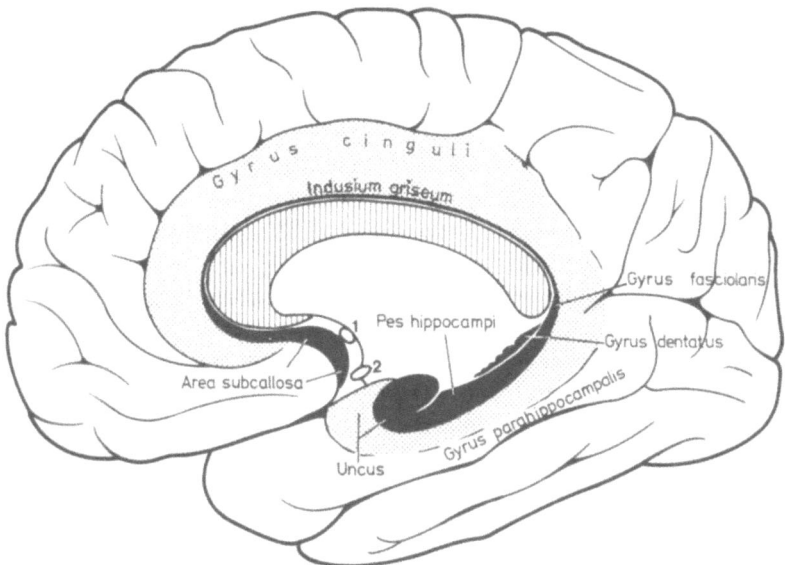

**Abb. 2.58.** Äußerer Ring (gerastert) und innerer Ring (Hippocampusformation - schwarz) des limbischen Cortex. Das Corpus callosum ist schraffiert. *1* = Commissura rostralis; *2* = Chiasma opticum

## 2.3.5.1 Strukturen des limbischen Systems

Die wichtigsten limbischen Strukturen, die alle über Faserschleifen untereinander verbunden sind, sollen näher erläutert werden.

Die **Hippocampusformation** bildet einen Halbkreis um das Corpus callosum. Sie beginnt rostral mit der **Area subcallosa**, setzt sich in das **Indusium griseum** fort, einen Streifen grauer Substanz, der dem Balken in seiner ganzen Länge aufliegt, und bildet caudal den um das Splenium corporis callosi biegenden **Gyrus fasciolaris**. Der folgende Rindenabschnitt wird breiter und liegt wieder rostralwärts gerichtet in der medialen Wand des Lobus temporalis. Während der Entwicklung rollt er sich um seine Längsachse, den Sulcus hippocampi, nach innen ein und bildet im Unterhorn des Seitenventrikels eine Einstülpung, den Hippocampus. Im Frontalschnitt wirkt die eingerollte Rinde wie ein Ammonshorn (Cornu ammonis), das nach Art und Lage der Zellen in mehrere Abschnitte unterteilt werden kann. Das Ammonshorn wird bedeckt von der Faserplatte des Alveus. Der am weitesten medial gelegene Streifen der Rinde in der Fortsetzung des Gyrus fasciolaris hat ein gezähntes Aussehen: **Gyrus dentatus**. Das vordere Ende des Hippocampus bildet einen hakenförmigen Wulst an der Basalfläche des

Gehirns, den **Uncus,** im Übergang zu dem an der Basalfläche des Gehirns gelegenen Gyrus parahippocampalis. Der Uncus und der anschließende rostrale Teil des Gyrus parahippocampalis werden als **Cortex entorhinalis** bezeichnet. Das Grenzgebiet zwischen Ammonshorn und entorhinaler Rinde nennt man Subiculum. Die Rinde der Hippocampusformation bildet den **inneren Ring des limbischen Cortex.** Sie besitzt eine Dreischichtung des entwicklungsgeschichtlich alten Allocortex. Die angrenzenden Rindengebiete, der **Gyrus parahippocampalis** und in seiner Fortsetzung der **Gyrus cinguli,** zeigen als Mesocortex schon eine angedeutete Sechsschichtung im Übergang zum Isocortex. Sie formen den **äußeren Ring des limbischen Cortex.**

Das **Corpus amygdaloideum** besteht aus einer Reihe von Kerngruppen, die sich bis in die Rinde des Temporallappens erstrecken.

Als **septale Region** bezeichnet man den rostralen Übergang des Septum pellucidum in den Gyrus paraterminalis **(Septum precommissurale).** Caudal grenzt die septale Region an die präoptische Region, ventromedial gehen ihre Kerngruppen in die des **diagonalen Bandes** (BROCA) über.

Die **präoptische Region** umfaßt das Gebiet des Hypothalamus zwischen Commissura rostralis und Chiasma opticum. Obwohl als ehemals rostraler Teil des Prosencephalons zum Endhirn gehörend, kann sie topographisch dem Zwischenhirn zugeordnet werden.

Zu den **paramedianen Kernen der Formatio reticularis** gehören der **Nucleus interpeduncularis** im Boden der Fossa interpeduncularis, der **Nucleus tegmentalis dorsalis** (GUDDEN) und 2 Raphekerne **(Nucleus raphes dorsalis** und **Nucleus centralis superior).**

*2.3.5.2 Bahnen des limbischen Systems*

Die heute bekannten Verbindungen der Strukturen des limbischen Systems sind sehr kompliziert und können nur vereinfacht zur Darstellung kommen. Die Verbindungen der großen limbischen Abschnitte des Endhirns (Corpus amygdaloideum, Hippocampusformation, Gyrus cinguli und Gyrus parahippocampalis) sollen als erste aufgeführt werden (Abb. 2.59).

Die im Temporallappen liegenden Strukturen des limbischen Cortex, Gyrus dentatus und Hippocampus, stehen über direkte Faserprojektionen mit dem Cortex entorhinalis, mit dem Gyrus parahippocampalis und über das **Cingulum** mit dem Gyrus cinguli in Verbindung. Gyrus cinguli und Gyrus parahippocampalis erhalten wieder Afferenzen aus dem Neocortex. Impulse aus dem Neocortex können auf diese Weise in den äußeren Ring und weiter in den inneren Ring des limbischen Cortex vermittelt werden. Der gleiche Weg wird auch in umgekehrter Richtung beschritten.

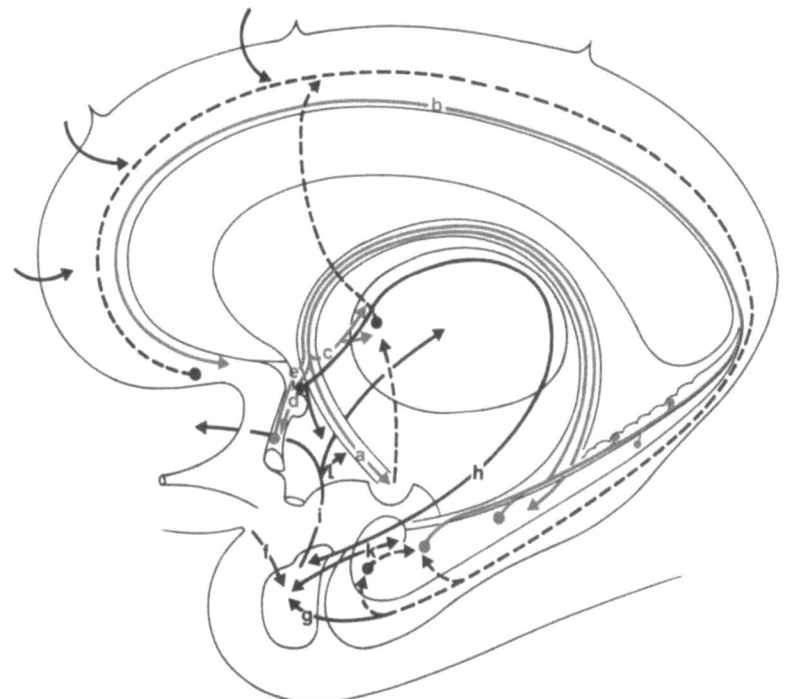

**Abb. 2.59.** Faserverbindungen der limbischen Abschnitte des End- und Zwischenhirns. Rot: Faserzüge des Fornix *a–e* (s. Text); schwarz: Afferenzen und Efferenzen des Corpus amygdaloideum *f–l* (s. Text); unterbrochen: PAPEZ-Leitungsbogen (nur die Teilstrecke des Fornix ist durchgezogen)

Der **Fornix**, ein dickes Faserbündel, verbindet den Hippocampus mit anderen Zentren des limbischen Systems. Die Fasern des Fornix sammeln sich aus dem Alveus zur **Fimbria hippocampi**, die dem Hippocampus medial anliegt. Die Fimbria geht occipitalwärts in das flache Band des **Crus fornicis** über, das sich mit dem Crus der anderen Hemisphäre vereinigt und als **Corpus fornicis** bogenförmig unter dem Corpus callosum nach vorn zieht. Im hinteren Bereich des Corpus fornicis kreuzen einige Fasern auf die Gegenseite. Sie bilden die **Commissura fornicis**. Vor dem Thalamus teilt sich der Corpus fornicis wieder in 2 einwärts gebogene Fornixsäulen (**Columnae fornicis**). Sie bilden zunächst jederseits den rostralen Rahmen des Foramen interventriculare (**Pars libera columnae fornicis**), dann tauchen sie in das Gebiet des Hypothalamus ein (**Pars tecta columnae fornicis**):

a) Die meisten Fasern des Fornix enden im Corpus mamillare.
b) Zwei schmale Faserstreifen lösen sich von den Fornixschenkeln, verlaufen hinter dem Corpus callosum aufwärts und dann als **Striae longitudinales medialis** und **lateralis** im Indusium griseum über den Balken. Sie senken sich in die Area subcallosa ein.
c) Ein Faserbündel verläßt die Columna fornicis in Höhe des Foramen interventriculare und erreicht die Nuclei anteriores thalami und die Stria terminalis.
d) Einige Fasern der Pars tecta columnae fornicis ziehen vor der Commissura rostralis zur septalen Region und weiter zu Frontalhirnabschnitten.
e) In umgekehrter Richtung ziehen durch den Fornix Fasern von den Septumkernen zum Gyrus dentatus und Hippocampus.

Der Kernkomplex des **Corpus amygdaloideum** ist durch mehrere Faserbündel mit den anderen Hirnabschnitten verbunden:

f) Afferente sekundäre olfaktorische Fasern der Stria olfactoria lateralis, die mit der Riechbahn besprochen werden sollen.
g) Afferente Verbindungszüge von Gyrus cinguli (Area 24), Gyri temporales und Gyri orbitales über das Cingulum.
h) Doppelläufige Bahnen, die über die **Stria terminalis** die Commissura rostralis und den rostralen Hypothalamus erreichen.
i) Doppelläufige, ventral verlaufende Faserzüge, die sich in die Richtungen Frontalhirn, rostraler Hypothalamus und Nuclei mediales thalami aufspalten.
k) Doppelläufige Verbindungen mit dem Hippocampus.
l) Efferenzen, die durch den Hypothalamus zur Formatio reticularis in Mittel- und Rautenhirn und zum dorsalen Vaguskern ziehen.

Zuletzt sollen die Verbindungen zwischen septaler Region, Hypothalamus und Kernen der Formatio reticularis besprochen werden (Abb. 2.60). Die Hauptachse dieser auf- und absteigenden Verbindungen erstreckt sich zwischen Endhirn und Mittelhirn. Die meisten Bahnen unterbrechen dabei im Hypothalamus als Zwischenstation.

A. **Mediales Vorderhirnbündel (Fasciculus telencephalicus medialis):** Doppelläufiger Faserzug zwischen Septumregion und den Kernen der Formatio reticularis mit Umschaltungen in den Hypothalamuskernen. Abzweigungen im Mittelhirn beziehen Kerne des Lemniscus lateralis und die monoaminergen Zellgruppen der Formatio reticularis mit ein. Aus dem Endhirn schließen sich Fasern vom Frontalhirn an.
B. **Dorsales Längsbündel** (SCHÜTZ - **Fasciculus longitudinalis dorsalis**): Nahe dem zentralen Höhlengrau gelegenes doppelläufiges Faserbün-

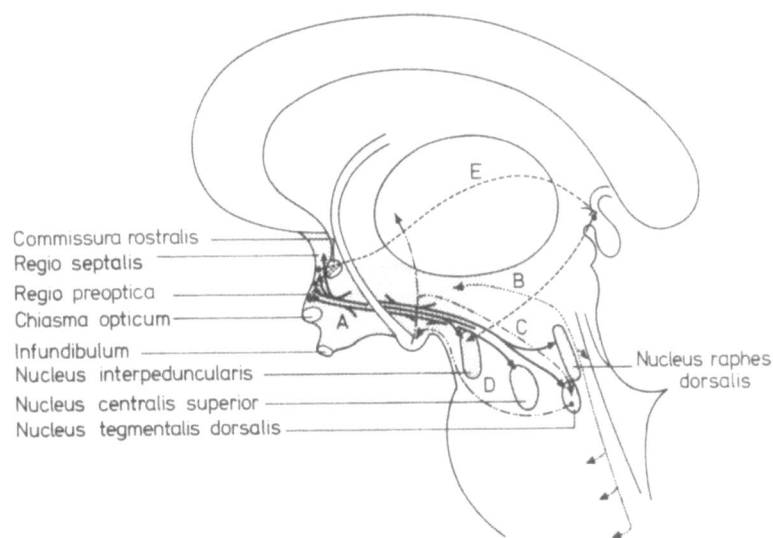

**Abb. 2.60.** Faserverbindungen des limbischen Systems zwischen Septumkernen, Hypothalamus (Epithalamus) und Formatio reticularis. $A$ = Fasciculus telencephalis medialis; $B$ = Fasciculus longitudinalis dorsalis; $C$ = Fasciculus mamillotegmentalis; $D$ = Pedunculus corporis mamillaris; $E$ = Stria medullaris thalami

del zwischen der Regio hypothalamica posterior und autonomen Kernen von Rautenhirn und oberem Rückenmark, mit Umschaltungen im zentralen Höhlengrau und im Nucleus tegmentalis dorsalis.

C. **Fasciculus mamillotegmentalis:** Abspaltung des Fasciculus mamillothalamicus aus dem Corpus mamillare zum Nucleus tegmentalis dorsalis.

D. **Pedunculus corporis mamillaris:** Basal ziehende gegenläufige Fasern vom Nucleus tegmentalis dorsalis zurück zum Corpus mamillare.

Ein in den Kernen der Septumregion und der präoptischen Region beginnendes Faserbündel zieht nicht durch den Hypothalamus, sondern bildet die

E. **Stria medullaris thalami:** Diese Bahn wird in den Nuclei habenularum des Epithalamus umgeschaltet und erreicht den Nucleus interpeduncularis, der seinerseits mit den anderen limbischen Kernen des Mittelhirns verbunden ist. Die Nuclei habenularum sollen weiterhin Schaltstationen von Fasern des Pallidum sein, die zur Substantia nigra und zu Kernen der Formatio reticularis im Mittelhirn ziehen. Über diese Bahn soll das limbische System in die extrapyramidalmotorischen Schaltkreise mit einbezogen werden.

Neben der Hauptachse verlaufen auch einige wichtige Nebenschleifen: Präoptische und laterale Hypothalamusregion sind durch zahlreiche Fasern mit dem Frontalhirn und den medialen Thalamuskernen verbunden.

Die Corpora mamillaria sind Schaltstationen in einem Neuronenkreis: Hippocampus – Corpus mamillare – Nuclei anteriores thalami – und von dort über das Cingulum wieder zum Hippocampus (PAPEZ-**Leitungsbogen**). Der Teil des Leitungsbogens zwischen Corpus mamillare und vorderen Thalamuskernen bildet den kompakten **Fasciculus mamillothalamicus**.

Hypothalamische Kerne kontrollieren auf teils neuronalem, teils humoralem Weg die Produktion von Adenohypophysenhormonen (s. S. 81) und produzieren selbst neurohypophysäre Hormone (Abb. 2.24).

Läsionen im Bereich des limbischen Systems führen zu ganz unterschiedlichen Ausfällen: Durchtrennung des Cingulum bewirkt bei schweren Schmerzen oder Angstzuständen eine Beruhigung und Gleichgültigkeit gegenüber dem Schmerz. Verletzungen des Hippocampus führen zu einem Verlust des Kurzzeitgedächtnisses.

Reizung bestimmter Areale (septale Region, Corpus amygdaloideum) kann beim Tier Kau- und Schluckbewegungen auslösen, zur Defäkation oder Erektion führen, oder das Gefühl des Wohlbefindens hervorrufen.

Nach doppelseitiger Läsion des ganzen Temporallappens werden Tiere zahm und zutraulich, verlieren ihre ererbte Scheu gegenüber Gegnern und entwickeln eine Hypersexualität.

## 2.4 Sinnesbahnen

### 2.4.1 Riechbahn

Der Geruchsinn ist der phylogenetisch älteste Sinn mit Projektion ins Endhirn. Das Endhirn besteht ursprünglich sogar zum größten Teil aus dem Riechhirn. Die Riechbahn ist im Vergleich mit den anderen Sinnesbahnen primitiv aufgebaut:

Die Receptoren des Geruchsinns sind bipolare Ganglienzellen, die in umschriebenen Bezirken der Nasenschleimhaut liegen. Die Axone der Riechzellen ziehen direkt ins Gehirn. Man bezeichnet diese Zellen, da sie so wie die Retinareceptoren in die Peripherie verlagerte Neurone sind, als primäre Sinneszellen. Alle anderen Sinneszellen (sekundäre Sinneszellen) werden durch Vermittlung von angelagerten Nervenfasern mit dem Zentralnervensystem verbunden.

Die Axone der bipolaren Ganglienzellen enden, ohne Umschaltung in subcorticalen Kernen, direkt im Endhirn und zwar auf der gleichen Seite.

Die Rinde des ursprünglichen Endhirns (Allocortex) ist mit 3 Schichten wesentlich einfacher aufgebaut als die übrige Hirnrinde. Beim Menschen

Sinnesbahnen 149

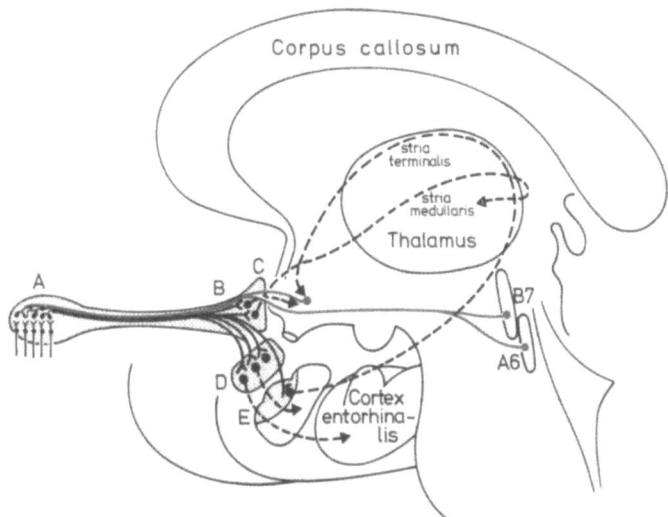

**Abb. 2.61.** Die Zentren der Riechbahn *A-E* (s. Text) mit primären (Nervi olfactorii), sekundären (ausgezogene Linien) und tertiären (unterbrochene Linien) Projektionen. Rot: Fasern, die in entgegengesetzter Richtung zum Bulbus olfactorius ziehen. (Nach NIEUWENHUYS et al. 1980)

mit seinem geringen Geruchsvermögen (Mikrosmatiker) sind die ursprünglichen Riechhirnanteile weitgehend verkümmert.

Die Receptoren des Riechorgans liegen in einem etwa 2 cm$^2$ großen Schleimhautfeld am oberen Teil des Nasenseptums und der gegenüberliegenden oberen Muschel: der **Regio olfactoria**. Das mehrreihige Epithel besteht aus Sinneszellen, Stützzellen und Basalzellen. Die **Sinneszellen** sind bipolare Nervenzellen, deren peripherer Fortsatz mit einer kolbenförmigen Verdickung **(Bulbus dendriticus)** an die Oberfläche tritt. Der Bulbus besitzt mehrere lange Fortsätze, die im Grundaufbau Cilien gleichen. Diese Sinneshaare ragen in einen die Oberfläche bedeckenden Terminalfilm. Vom basalen Pol geht das marklose Axon ab. Die Gesamtheit aller Axone bildet die **Riechfäden (Nervi olfactorii, Fila olfactoria)**. Die Nervi olfactorii durchziehen die Lamina cribrosa des Siebbeins und treten von basal in den **Riechkolben (Bulbus olfactorius)**, das primäre Zentrum für die Verarbeitung olfaktorischer Impulse im Endhirn, ein. Hier gehen die Nervi olfactorii mit den Dendriten großer pyramidenförmiger Ganglienzellen (2. Neuron der Riechbahn - **Mitralzellen**) knäuelförmige synaptische Kontakte ein. Zum Teil sind sie auch mit kleineren Zellelementen verschaltet, nämlich den **Körnerzellen** sowie den **Büschel-** (oder **Pinsel-)zellen**. Die Büschelzellen sollen über die Commissura rostralis Rückkopplungsschleifen zwischen den beiden Riechkolben bilden. Die synaptischen Knäuel **(Glomeruli olfactorii)** sind sehr groß (100 µm). Sie liegen in 1-2 Schichten innerhalb der Olfactoriusfasern im Bulbus. Darauf folgen die Mitralzellen und die kleineren Zellformen, so daß die Bulbusrinde eine entsprechende Schichtung zeigt. Die markhaltigen Axone der Mitralzellen ziehen über den **Tractus olfactorius** zum **Trigonum olfactorium** (Abb.2.61). Ein Teil der Fasern endet als **Stria olfactoria intermedia** im Trigonum sowie in der angrenzenden **Substantia perforata rostralis**. Das Gebiet wird von 2 Faserzügen begrenzt, den Striae olfactoriae lateralis und medialis. Nur die **Stria olfactoria lateralis** wird von sekundären olfaktorischen Projektionen durchzogen. Die **Stria olfactoria medialis** erreicht nach neuen Befunden über Umschaltungen Zentren des limbischen Systems. Die Fasern der Stria olfactoria lateralis biegen um das Limen insulae und erreichen ein in der Umschlagfalte zwischen Frontal- und Temporallappen liegendes Feld, die **Area prepiriformis**. Dieser beim Menschen flache Rindenabschnitt ist beim „Makrosmatiker" noch Teil eines birnenförmigen Lappens **(Lobus piriformis)** mit 2 Gyri **(Gyrus semilunaris** und **Gyrus ambiens)**. Ein Teil der Fasern zieht weiter zum Corpus amygdaloideum.

Das Rhinencephalon umfaßt also: (A) Bulbus olfactorius (primäres Zentrum), (B) Trigonum olfactorium, (C) Substantia perforata rostralis, (D) Area prepiriformis und einen rindenwärts gelegenen Teil des (E) Corpus amygdaloideum (sekundäre Zentren).

Die sekundären Rindenfelder stehen über tertiäre Projektionen mit anderen Zentren, besonders solchen des limbischen Systems, in enger Verbindung:

a) Sie entsenden Efferenzen über das mediale Vorderhirnbündel zum Hypothalamus (Area preoptica, Area lateralis) und weiter zu den Nuclei mediales thalami. Die Fasern erreichen den Thalamus über die Stria medullaris thalami, die auch Bahnen des limbischen Systems zum Nucleus habenulae enthält.
b) Sie bekommen über das Corpus amygdaloideum Anschluß an die multisynaptischen Neuronenketten des limbischen Systems im Endhirn.
c) Sie erreichen über den Cortex entorhinalis (Uncus) den inneren und äußeren Ring des limbischen Cortex.

Verschiedene Hirngebiete entsenden zum Bulbus olfactorius direkte Afferenzen, die die olfaktorischen Impulse modulieren:

a) aus dem Trigonum olfactorium und der Substantia perforata rostralis, sowie vom Kern des diagonalen Bandes;

b) von der Area prepiriformis;
c) von der Area lateralis des Hypothalamus;
d) von monoaminhaltigen Kernen der Formatio reticularis (Locus coeruleus und Nucleus raphes dorsalis).

## 2.4.2 Sehbahn

Der Reizempfänger des Sehens, die **Netzhaut,** ist eine Ausstülpung des Zwischenhirns. Sie besitzt als hochentwickelter Hirnteil eine Gliederung in 10 Schichten, in denen kernhaltige Zonen mit plexiformen, synapsenhaltigen Zonen abwechseln. Funktionell kann man 3 Neurone unterscheiden:

1. Neuron: **Photoreceptoren** (unipolar) = **Stratum photosensorium;**
2. Neuron: **Schaltzellen** (bipolar) = **Stratum ganglionare retinae;**
3. Neuron: **Opticuszellen** (multipolar) = **Stratum ganglionare nervi optici.**

Die Neurone sind derart hintereinandergeschaltet, daß die Photoreceptoren an der vom Licht abgewendeten Seite der Netzhaut liegen, wo sie das Pigmentepithel berühren; die bipolaren Zellen mit sehr kurzen Fortsätzen liegen in der Mitte; die Opticuszellen sind dem Glaskörper zugewandt. Das Licht gelangt also erst nach Durchdringen aller Schichten der Netzhaut – außer dem Pigmentepithel – auf die lichtempfindlichen Receptororgane: die Photoreceptoren.

Man unterscheidet 2 Grundformen der Photoreceptoren nach ihrer Gestalt: die **Stäbchen** und die **Zapfen.** Funktionell lassen sie sich durch ihre unterschiedliche Verhaltensweise trennen. Die Erregungen der vorwiegend in peripheren Netzhautabschnitten liegenden Stäbchen werden auf wenige Opticuszellen gebündelt – es besteht eine Konvergenzschaltung. Die Lichtempfindlichkeit ist damit größer, das Auflösungsvermögen durch die grobe Rasterung gering. Zur Netzhautmitte hin ist die Projektion der dichterliegenden Zapfen auf wenige Opticuszellen beschränkt, dadurch entsteht eine Verfeinerung des Bildrasters mit Steigerung des Auflösungsvermögens auf Kosten einer verminderten Lichtempfindlichkeit. Eine dritte Receptorart in der Form der Zapfen vereinigt beide Vorteile: bei sehr enger Lagerung eine hohe Lichtempfindlichkeit und infolge von Einzelschaltung ein starkes Auflösungsvermögen. Diese Elemente findet man in der **Macula lutea** neben der optischen Achse des Auges, funktionell der „Stelle des schärfsten Sehens".

Morphologisch bestehen grundsätzlich alle 3 Photoreceptoren aus einem spezialisierten Receptorende, einem Perikaryon und einem kurzen, dicken Axon, das die synaptischen Kontakte mit bipolaren Schaltzellen herstellt.

Die durch Lichteinfall ausgelöste Strukturveränderung am Receptor wirkt als erregendes Moment auf das 2. Neuron, die bipolare Zelle, die die Erregung zum 3. Neuron, der Opticuszelle, weiterleitet.

Die Axone aller Opticuszellen bilden, nachdem sie die Lamina cribrosa (durchlöcherter Teil der bindegewebigen äußeren Augenhaut – Tunica fibrosa) durchtreten haben, den **Sehnerv (Nervus opticus).** Sie werden kurz hinter dem Augapfel (Bulbus oculi) markhaltig. Der Nervus opticus ist entsprechend seiner Herkunft von Hirnhäuten umgeben. Man bezeichnet ihn deshalb auch als **Fasciculus opticus.** Die **Vagina externa nervi optici,** die sich in die Tunica fibrosa des Augapfels fortsetzt, entspricht der Dura mater. Zwischen ihr und der **Vagina interna nervi optici** (Arachnoidea und Pia mater) befindet sich ein capillärer Spalt. Die beiden Nervi optici treten durch die Canales optici in den Schädelraum und vereinigen sich vor der Hypophyse zur **Sehnervenkreuzung (Chiasma opticum).** Hier kreuzen aber nur die Fasern der nasalen Hälfte jeder Retina **(temporale Gesichtsfelder)** auf die Gegenseite, die Fasern der temporalen Retinafelder **(nasale Gesichtsfelder)** ziehen ungekreuzt durch das Chiasma (Abb. 2.62). Die Erregungen der Macula lutea werden gekreuzt und ungekreuzt weitergeleitet. Die Fortsetzung der Faserzüge nach dem Chiasma opticum bildet jederseits den **Tractus opticus.** Dieser zieht seitlich des Diencephalon occipitalwärts und umschlingt den Hirnschenkel. Die Axone enden:

a) als Radix lateralis im Corpus geniculatum laterale des Metathalamus;
b) als Radix medialis im Colliculus cranialis und in der prätectalen Region;
c) ein kleiner Faserzug verläßt die Sehbahn schon vor dem Chiasma opticum und tritt in die Regio hypothalamica anterior unmittelbar über dem Chiasma ein **(Tractus retinohypothalamicus).** Über diese Fasern kann die Sehbahn verschiedene Verhaltensrhythmen beeinflussen.

**a) Radix lateralis.** Die geschichtete graue Substanz des **Corpus geniculatum laterale** wird von unterschiedlichen Faseranteilen beschickt. Die Schichten 2, 3 und 5 erhalten Fasern aus der gleichseitigen Retina, die Schichten 1, 4 und 6 aus der gegenseitigen Retina. Im Corpus geniculatum laterale beginnt die **Sehstrahlung (Radiatio optica).** Sie durchzieht den hinteren Schenkel der Capsula interna, biegt um das Unterhorn des Seitenventrikels und erreicht das optische Projektionsfeld **(Area striata)** im Bereich des Sulcus calcarinus (Area 17). Die Area striata hat ihren Namen von verdickten Assoziationsfaserzügen in der 4. und 5. Rindenschicht, die den mit bloßem Auge sichtbaren VICQ-D'AZYR-**Streifen** bilden. Auch die Calcarinarinde läßt eine topische Zuordnung der aus der Netzhaut projizierten Bilder erkennen, wobei der Sulcus calcarinus etwa dem horizontalen Meridian der

Sinnesbahnen 153

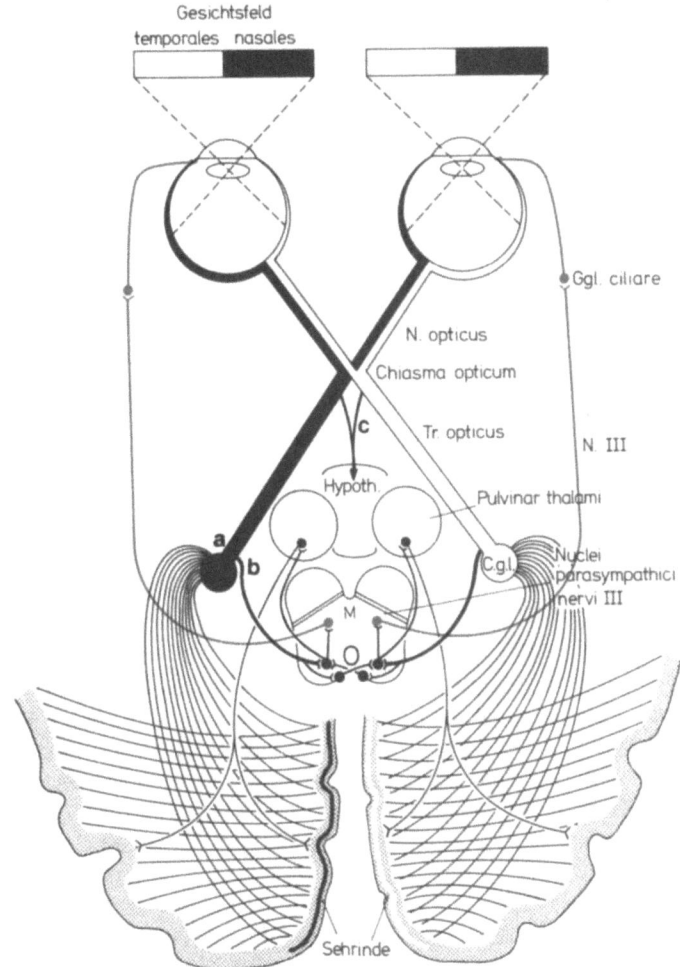

**Abb. 2.62.** Die Sehbahn. Die Buchstaben *a–c* bezeichnen die im Text aufgeführten Bahnen. Rot: efferente Anteile der Reflexbahnen. $M$ = Mittelhirn; $C.g.l.$ = Corpus geniculatum laterale

Netzhaut entspricht. Die unteren Retinahälften (obere Gesichtsfelder) werden zu den unteren „Calcarinalippen" geleitet und umgekehrt. Bedingt durch die teilweise Kreuzung erreichen die Afferenzen der linken Retinahälften (rechte Gesichtsfelder) den linken Occipitallappen. Rechte Hand und rechtes Auge sind daher beide mit der dominanten Hemisphäre verbunden. Die Macula lutea projiziert auf polwärts gelegene Anteile der Area striata, periphere Rindenabschnitte auf rostrale Anteile.

Die an das primäre Rindenfeld anschließenden Assoziationsfelder (Areae 18, 19) sind durch kurze Assoziationsfasern mit der Sehrinde verbunden. Sie werden unter dem Begriff „optische Erinnerungsbilder" zusammengefaßt.

**b) Radix medialis.** Ein Teil der Fasern des Tractus opticus biegt in mediocaudaler Richtung ab und erreicht durch das Brachium colliculi cranialis den Colliculus cranialis und die Area pretectalis. Diese Zentren vermitteln den Anschluß der Sehbahn an die Kerne der inneren und äußeren Augenmuskeln. Sie gelten als Reflexzentren. Weiter projizieren sie in die Kerngruppen des Pulvinar thalami. Von diesen thalamischen Kernen ziehen wiederum Efferenzen zur primären und sekundären Sehrinde.

**Optische Reflexe**
Bei der Hell-Dunkel-Einstellung erfolgt eine reflektorische Pupillenverengung bzw. -erweiterung. Bei der Nah-Fern-Einstellung wird die Veränderung der Pupillenweite mit einer Änderung der Linsenkrümmung (Akkomodation) und einer Änderung der Blicklinien (Konvergenz) gekoppelt.

**1. Lichtreflex.** Dieser Reflex bewirkt eine beidseitige oder konsensuelle Verengung der Pupille (Miosis), bei verstärktem Lichteinfall auch nur in ein Auge. Die Glieder der Neuronenkette sind: Tractus opticus → pretectale Neurone → parasympathischer Nucleus oculomotorius accessorius beider Seiten → N. oculomotorius, parasympathischer Anteil → Ganglion ciliare → Nn. ciliares breves → M. sphincter pupillae. Die Ursprungszellen der sympathischen Fasern, die die Erweiterung der Pupille (Mydriasis) bewirken, liegen in der intermediolateralen Zellsäule des oberen Thoracalmarks. Eine Verbindung der pretectalen Region mit diesem **„Centrum ciliospinale"** über den Fasciculus longitudinalis dorsalis ist nicht sicher. Die sympathischen Fasern steigen im Halsgrenzstrang aufwärts und werden im Ganglion cervicale superius auf postganglionäre Axone umgeschaltet. Diese verlaufen mit der A. carotis interna und ihren Ästen, durchziehen das Ganglion ciliare und innervieren den M. dilatator pupillae.

**2. Akkomodationsreflex.** Bei der Naheinstellung des Auges wird die Brechkraft der Linse durch Abrundung verstärkt. Der afferente Schenkel dieses Reflexes schließt die Sehrinde ein; das letzte Glied des efferenten Schenkels zieht zum M. ciliaris.

**3. Konvergenzreflex.** Bei Annäherung eines ins Auge gefaßten Gegenstands werden die Augen durch die Mm. recti mediales adduziert. Der afferente Schenkel dieses Reflexes zieht zur Area striata, die in diesem Fall als Reflexzentrum angesehen werden kann. Die efferenten Fasern laufen über die pretectalen Kerne zum Nucleus nervi oculomotorii.

Tumoren der Hypophyse führen durch Druck auf das darüberliegende Chiasma opticum zur Schädigung seiner Mittelteile, der kreuzenden nasalen Opticusfasern. Da hierbei die temporalen Gesichtsfelder ausfallen, spricht man von einem **Scheuklappenphänomen (bitemporale Hemianopsie).**

Bei einseitiger Schädigung von Tractus opticus, Corpus geniculatum laterale oder Sehrinde sind die gleichseitigen Netzhauthälften, aber die gegenseitigen Gesichtsfelder betroffen. Es resultiert eine gegenseitige **homonyme Hemianopsie.**

Eine Zerstörung der Area striata beider Hemisphären erzeugt „**Rindenblindheit**", Schädigung der angrenzenden Assoziationsfelder „**Seelenblindheit**".

## *2.4.3 Hörbahn*

Die Schallwellen versetzen im Innenohr auf dem Wege über die Perilymphe die Basilarmembran der Schnecke in Schwingungen, der das CORTI-Organ aufsitzt. Dieses ist der Träger der Receptorzellen für das Hören. Die wahrscheinlich mit einer Deckmembran (**Membrana tectoria**) verklebten Härchen der Sinneszellen werden durch die Schwingungen leicht verbogen. (Nach der „Spaltdüsentheorie" berühren die Sinneszellen die Deckmembran nicht, sondern werden nur durch die Strömung der Endolymphe bewegt.) Der von der **Haarzelle** auf noch unbekannte Weise transformierte Reiz löst eine Erregung der peripheren Endigungen von bipolaren Ganglienzellen aus. Sie umgeben als Dendritenkörbchen die Basis jeder Haarzelle. Die Perikarya der Ganglienzellen bilden in der Schneckenachse das **Ganglion cochleare**. Ihre zentralen Fortsätze ziehen mit den Nervenfasern des Gleichgewichtsorgans als N. vestibulocochlearis (N. statoacusticus – VIII. Hirnnerv) ins Schädelinnere. Sie treten am Kleinhirnbrückenwinkel gemeinsam mit dem N. facialis ins Rautenhirn ein. Hier teilen sich die Hörnervenfasern. Sie enden einmal am Nucleus cochlearis ventralis, zum anderen am Nucleus cochlearis dorsalis (Abb. 2.63). Die beiden Kerne liegen lateral im Boden der Rautengrube, in ihnen beginnt das 2. Neuron der Hörbahn.

Die Axone des **ventralen Endkerns (Nucleus cochlearis ventralis)** ziehen in ein die Mittellinie kreuzendes Faserfeld, das **Corpus trapezoideum**. In dieses Gebiet sind die oberen Olivenkerne beider Seiten **(Nuclei olivares craniales)** sowie Zellgruppen des Corpus trapezoideum **(Nuclei ventralis und dorsalis corporis trapezoidei)** eingelagert.

Hier werden reflektorische Verschaltungen mit dem motorischen Trigeminuskern und dem Facialiskern ermöglicht. Bei lauten Tönen können so die Mm. tensor tympani und stapedius die Vibration der Gehörknöchel-

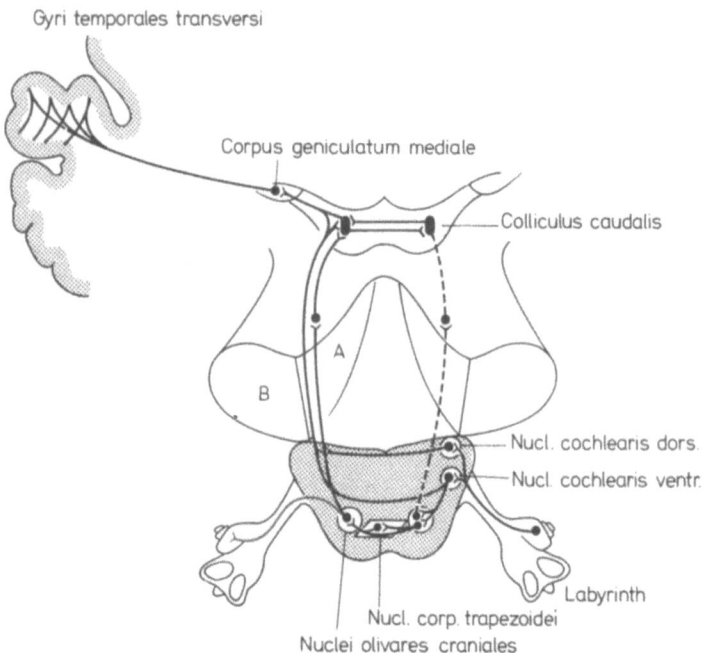

**Abb. 2.63.** Die Hörbahn. Das Rautenhirn ist in der Mitte der Rautengrube durchschnitten. Der Blick auf die rostrale Schnittfläche zeigt die Kerngruppen der Hörbahn. $A$ = Schnittfläche des Pedunculus cerebellaris superior; $B$ = Schnittfläche des Pedunculus cerebellaris medius

chen dämpfen. Von der oberen Olive ziehen außerdem efferente Fasern zur anderen Schnecke. Sie bilden dort inhibitorische Synapsen an den Haarzellen, hemmen also die Erregbarkeit des gegenseitigen CORTI-Organs.

Das aus dem Corpus trapezoideum entspringende Faserbündel zieht auf der Gegenseite als langgezogene **laterale Schleife (Lemniscus lateralis)** aufwärts zum Colliculus caudalis. Im Verlauf der lateralen Schleife finden weitere Umschaltungen statt. Neben der vom Nucleus cochlearis ventralis ausgehenden multisynaptischen Neuronenkette (die teilweise auch den Weg des gleichseitigen Lemniscus lateralis nimmt) gibt es einige direkt zum Colliculus caudalis oder zum Corpus geniculatum mediale ziehende Axone dieses Kerns.

Die Fasern des **dorsalen Endkerns (Nucleus cochlearis dorsalis)** kreuzen als **Striae acusticae externae** auf die Gegenseite und schließen sich in der Gegend des oberen Olivenkerns ohne weitere Umschaltung dem Lemniscus lateralis an.

Die **Colliculi caudales** sind untereinander durch Faserzüge verbunden. Sie haben weiter Verbindung mit den Colliculi craniales, die reflektorische Augenbewegungen bei Geräuschen vermitteln.

Das **Brachium colliculi caudalis** setzt die Hörbahn jederseits vom Colliculus caudalis zum spezifischen Kern im Thalamus, dem Corpus geniculatum mediale fort.

Im **Corpus geniculatum mediale** beginnt das letzte Glied der Neuronenkette, das als **Hörstrahlung (Radiatio acustica)** im hinteren Schenkel der Capsula interna zu den akustischen Projektionsfeldern in den HESCHL-**Querwindungen (Gyri temporales transversi** – Area 41) zieht. Außer den Projektionen zur gegenseitigen Hörrinde ziehen auch einige Fasern zur gleichen Seite. Diese Afferenzen sind für das Richtungshören wichtig. Die Hörrinde ist wie alle primär sensorischen Rindenzentren topisch gliedert. In ihr sind die Schneckenwindungen gleichsam aufgerollt repräsentiert. Hohe Töne (von Haarzellen der Basalwindung) werden rostral wahrgenommen, tiefe Töne (von Haarzellen der obersten Windung) dagegen in occipitalen Abschnitten. Den Projektionsfeldern sind die Assoziationsfelder des Hörens, die „akustischen Erinnerungsfelder" (Area 22, 42), benachbart. Sie enthalten Zentren für Sprach- und Lautverständnis. Ihr Ausfall erzeugt „Seelentaubheit", während die Zerstörung der Hörrinde zu „Rindentaubheit" führt.

## 2.4.4 Geschmacksbahn

Die Geschmacksreceptoren des Mund- und Rachenraums liegen in den Geschmacksknospen. Sie sind zwiebelförmig gebaut und heller als das übrige Mundhöhlenepithel. Jede Geschmacksknospe enthält Stütz- und Sinneszellen. Eine Verbindung zur Epitheloberfläche besteht durch eine enge Öffnung, den Geschmacksporus. In diesen ragen zahlreiche feine Fortsätze der Sinneszellen, die die Geschmacksqualitäten aus der Mundhöhle wahrnehmen. Die Wahrnehmung der Geschmacksqualitäten ist in unterschiedlichen Zungenabschnitten verschieden. Man schmeckt „süß" an der Zungenspitze, „sauer" am Zungenrand, „salzig" an Spitze und Rand und „bitter" am Zungengrund.

An die Basis jeder Sinneszelle einer Geschmacksknospe gelangen terminale Aufzweigungen sensorischer Nervenfasern. Diese ziehen:

1. von den vorderen Zweidritteln der Zunge (Papillae fungiformes) über N. lingualis → Chorda tympani → N. intermedius des Facialis zum Ganglion geniculi (Abb. 2.64),
2. vom hinteren Zungendrittel (Papillae foliatae und circumvallatae) über den N. glossopharyngeus zum Ganglion caudalis nervi glossopharyngei,

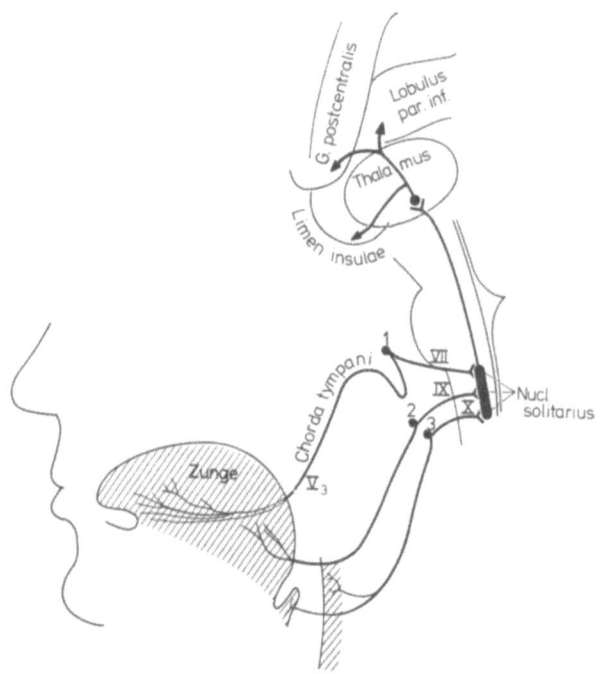

**Abb. 2.64.** Die Geschmacksbahn. *1* = Ganglion geniculi; *2* = Ganglion caudalis nervi glossopharyngei; *3* = Ganglion caudalis nervi vagi; $V_3$ = Nervus lingualis (aus dem Nervus mandibularis, einem Trigeminusast); *VII* = Nervus intermedius; *IX* = Nervus glossopharyngeus; *X* = Nervus vagus

3. vom Zungengrund, Pharynx und Kehlkopfeingang über den N. vagus zum Ganglion caudalis nervi vagi.

Die Fasern enthalten die peripheren Fortsätze pseudounipolarer Ganglienzellen, deren Perikarya in den oben genannten Ganglien liegen. Ihre zentralen Fortsätze treten mit den Hirnnerven ins Rautenhirn und enden im Nucleus solitarius, dessen oberer Abschnitt im Dienst des Geschmacks steht und deshalb auch Nucleus gustatorius genannt wird. (Der untere Teil des Nucleus solitarius – Pars cardiorespiratoria – erhält Afferenzen von Chemo- und Pressoreceptoren, s. S. 229.) Die Axone der Ganglienzellen im Nucleus solitarius (2. Neuron) schließen sich dem Tractus bulbothalamicus an; sie beteiligen sich damit am Aufbau des Lemniscussystems und enden im Nucleus ventralis posteromedialis des Thalamus. Das hier beginnende 3. Neuron zieht zum frontalen und parietalen Operculum und zum Limen insulae.

# 3 Peripheres Nervensystem

## 3.1 Hirnnerven (Nervi craniales)

### 3.1.1 Funktionelle Übersicht der Hirnnerven

Alle aus dem Gehirn austretenden Nerven bezeichnet man als Hirnnerven. Wir kennen 12 Hirnnervenpaare (Abb. 3.1).

| | |
|---|---|
| I | – Nervi olfactorii |
| II | – Nervus opticus |
| III | – Nervus oculomotorius |
| IV | – Nervus trochlearis |
| V | – Nervus trigeminus |
| VI | – Nervus abducens |
| VII | – Nervus facialis |
| VIII | – Nervus vestibulocochlearis (statoacusticus) |
| IX | – Nervus glossopharyngeus |
| X | – Nervus vagus |
| XI | – Nervus accessorius |
| XII | – Nervus hypoglossus |

Die Nervi olfactorii gelten in ihrer Gesamtheit als ein Hirnnerv; sie enden in einem vorgestülpten Endhirnabschnitt. Auch der Nervus opticus wird zu den Hirnnerven gezählt. Als ursprüngliche Ausstülpung des Zwischenhirns ist er strenggenommen ein Hirnteil und wird deshalb auch als Fasciculus opticus bezeichnet.

Alle übrigen Hirnnervenkerne halten sich an das Bauprinzip von Grund- und Flügelplatte im Rückenmark (Abb. 3.2). Im Boden der Rautengrube liegen die somatomotorischen Zellgruppen (im Rückenmark die Vorderhornzellen) am weitesten medial, darauf folgen intermediär die visceromotorischen und viscerosensiblen Zellgruppen (im Rückenmark Seitenhornzellen), und ganz außen liegen die somatosensiblen bzw. sensorischen Kerne (im Rückenmark Strangzellen der Hinterhörner). Da wir im Gehirn keine segmentale Gliederung finden, sind auch die Hirnnerven nicht segmental angeordnet, sondern zeigen folgende charakteristische Merkmale:

**Tabelle 3.1.** Übersicht der Hirnnerven

| Nerv | Qualität | Perikarya der sensiblen (sensorischen) Fasern | Ursprungs- bzw. Endkerne | Gehirnaustritt bzw. -eintritt u. Schädeldurchtritt | Innervationsgebiet |
|---|---|---|---|---|---|
| I Nn. olfactorii (s. Riechbahn) | Sensorisch | Regio olfactoria (bipolare Nervenzellen) | Glomeruli olfactorii | Bulbus olfactorius, Lamina cribrosa | Riechepithel in der Regio olfactoria des Nasendachs |
| II N. opticus (s. Sehbahn) | Sensorisch | Retina (Opticuszellen) | Corpus geniculatum laterale, Colliculus cranialis | Canalis opticus | Retina |
| III N. oculomotorius | Motorisch | | Nucleus nervi oculomotorii | Fossa interpeduncularis, | M. rectus medialis, M. rectus superior, M. rectus inferior, M. obliquus inferior, M. levator palpebrae superioris |
| | Parasympathisch | | Nucleus accessorius (WESTPHAL-EDINGER) | Fissura orbitalis superior | M. sphincter pupillae und M. ciliaris (nach Umschaltung im Ggl. ciliare) |
| IV N. trochlearis | Motorisch | | Nucleus nervi trochlearis | Caudal der Vierhügelplatte, Fissura orbitalis superior | M. obliquus superior |

Hirnnerven (Nervi craniales) 161

| | | | | | |
|---|---|---|---|---|---|
| V N.trigeminus Äste: N.ophthalmicus (V1) | Sensibel | Ggl.trigeminale, Nucl.mesencephalicus | Nuclei pontinus und spinalis nervi trigemini | Seitl. Rand der Brücke, Fissura orbitalis superior | Augenhöhle, oberes Augenlid, Stirn, Kopfhaut vorn, Nasenrücken |
| N.maxillaris (V2) | Sensibel | Ggl.trigeminale Nucl.mesencephalicus | Nuclei pontinus und spinalis nervi trigemini | Foramen rotundum | Haut des Gesichts, Schleimhaut der Nasenhöhle, Zähne und Zahnfleisch des Oberkiefers |
| N.mandibularis (V3) | | Ggl.trigeminale Nucl.mesencephalicus | Nuclei pontinus und spinalis nervi trigemini | Foramen ovale | Schleimhaut der Mundhöhle (außer Gaumen), Haut (Kinn, Unterlippe), Teile von Schläfe und Kopfhaut, Zähne, Zahnfleisch im Bereich des Unterkiefers |
| | Motorisch | | Nucl. motorius nervi trigemini | Foramen ovale | Kaumuskeln, Mundbodenmuskeln, M.tensor tympani, M.tensor veli palatini |
| VI N. abducens | Motorisch | | Nucl. nervi abducentis | Zwischen Brücke und Pyramide, Fissura orbitalis superior | M.rectus lateralis |
| VII N. facialis | Motorisch | | Nucl. nervi facialis | Kleinhirnbrückenwinkel, Canalis facialis, Foramen stylomastoidum | Mimische Muskulatur, M. stapedius, obere Zungenbeinmuskeln (teilweise) |
| N.intermedius N.intermedius (N. petrosus major) | Sensorisch Parasympathisch | Ggl. geniculi | Nucl. solitarius Nucl. salivatorius cranialis | Canalis facialis Foramen lacerum | Vordere ⅔ der Zunge 1.Glandula lacrimalis, Drüsen des Nasen-Rachenraums und der Mundhöhle (nach Umschaltung im Ggl. pterygopalatinum) |

**Tabelle 3.1** (Fortsetzung)

| Nerv | Qualität | Perikarya der sensiblen (sensorischen) Fasern | Ursprungs- bzw. Endkerne | Gehirnaustritt bzw. -eintritt u. Schädeldurchtritt | Innervationsgebiet |
|---|---|---|---|---|---|
| (Chorda tympani) | Parasympathisch | | | Fissura petrotympanica | 2. Glandulae sublingualis und submandibularis, (nach Umschaltung im Ggl. submandibulare) |
| VIII N. vestibulocochlearis | | | | Kleinhirnbrückenwinkel | |
| Pars vestibularis | Sensorisch | Ggl. vestibulare | Nuclei vestibulares lateralis (DEITERS) cranialis (BECHTEREW) caudalis (ROLLER) medialis (SCHWALBE) | Meatus acusticus internus | Macula utriculi, Macula sacculi, Cristae ampullares |
| Pars cochlearis | Sensorisch | Ggl. cochleare | Nuclei cochleares dorsalis und ventralis | | CORTI-Organ |
| IX N. glossopharyngeus | Motorisch | | Nucl. ambiguus | Sulcus retroolivaris | Pharynxmuskulatur |
| | Sensibel | Ggl. rostralis | Nuclei pontinus u. spinalis nervi trigemini | Foramen jugulare | Schleimhaut von Gaumen, Rachen und Mittelohr |
| | Sensorisch | Ggl. caudalis | Nucl. solitarius | | Mechano- und Chemoreceptoren in der |

| Nerv | Qualität | Ganglion | Kern | Austritt | Innervationsgebiet |
|---|---|---|---|---|---|
| | | | | | Carotisgabel, hinteres Drittel der Zunge |
| (N. petrosus minor) | Parasympathisch | | Nucl. salivatorius caudalis | Fissura sphenopetrosa | Glandula parotis (nach Umschaltung im Ggl. oticum) |
| X N. vagus | Motorisch | | Nucl. ambiguus | Sulcus retroolivaris | Larynxmuskulatur, M. levator veli palatini, Pharynxmuskulatur |
| | Sensibel | Ggl. rostralis | Nuclei pontinus und spinalis nervi trigemini | Foramen jugulare | Haut des äußeren Gehörgangs (Hinterwand) |
| | Sensorisch | Ggl. caudalis | Nucl. solitarius | | Schleimhaut von Pharynx, Larynx, Trachea, Oesophagus, Vallecula, Epiglottis |
| | Parasympathisch | | Nucl. dorsalis nervi vagi | | Brusteingeweide, Oberbauchorgane und Intestinaltrakt bis CANNON-BÖHM-Feld (nach Umschaltung in intramuralen Ganglien) |
| XI N. accessorius | Motorisch | | Nucl. ambiguus (craniale Wurzel), substantia intermedia centralis (C 1–C 6) (spinale Wurzel) | Sulcus retroolivaris, Foramen jugulare | M. sternocleidomastoideus, M. trapezius, anteilig an Vagusinnervation |
| XII N. hypoglossus | Motorisch | | Nucl. nervi hypoglossi | Sulcus ventrolateralis, Canalis hypoglossi | Zungenmuskulatur |

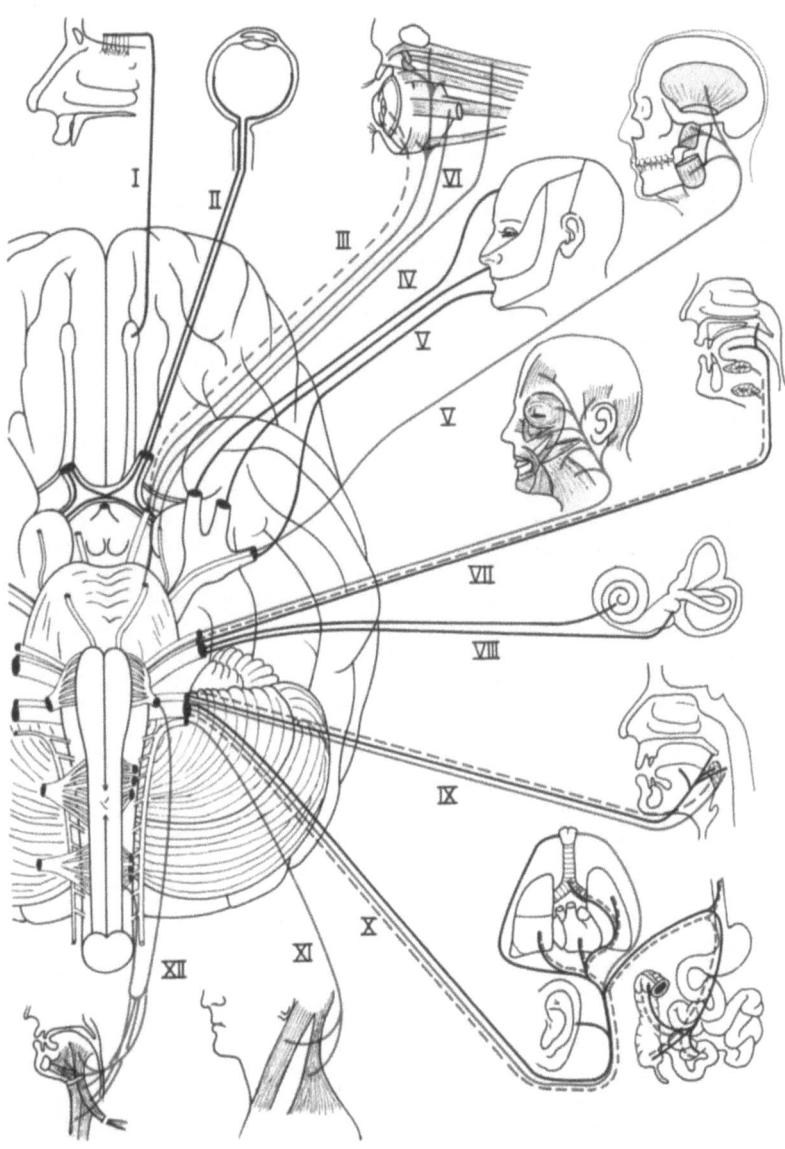

**Abb. 3.1.** Schema der Hirnnerven (I–XII) und ihrer Versorgungsgebiete. (Modifiziert nach NETTER)
Schwarz: sensorische (sensible) Anteile – afferent
Rot ausgezogen: motorische Anteile ⎫
Rot unterbrochen: parasympathische Anteile ⎬ – efferent

Hirnnerven (Nervi craniales) 165

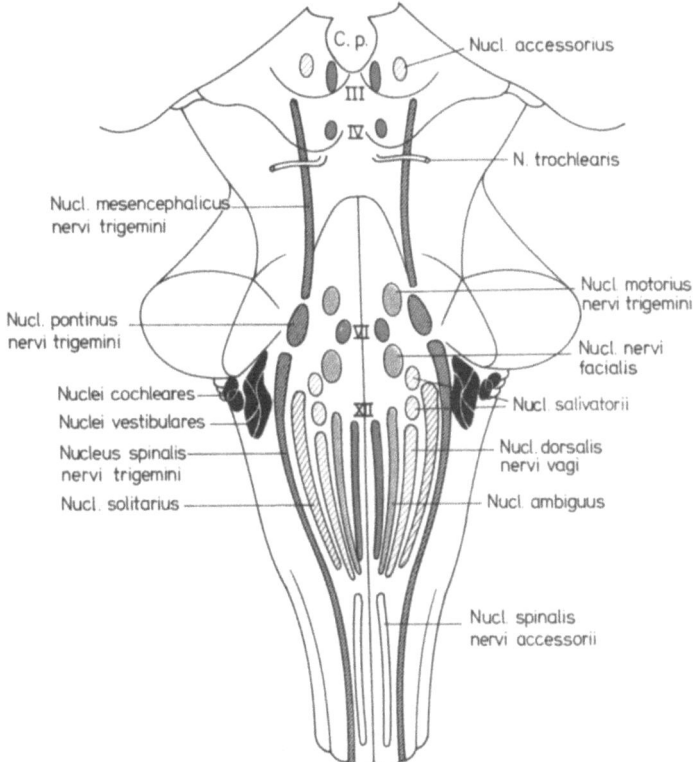

**Abb. 3.2.** Die Lage der Hirnnervenkerne (III–XII) in Mittel- und Rautenhirn, von dorsal gesehen. Rot: somatomotorische Kerngruppen der motorischen Hirnnerven. Rot gerastert: motorische Kerngruppen der Kiemenbogennerven. Rot gestreift: parasympathische Kerngruppen. Schwarz gestreift: sensorische Kerngruppen der Kiemenbogennerven. Schwarz gerastert: somatosensible Kerngruppen der Kiemenbogennerven. Schwarz: sensorische Kerngruppen. *C.p.* = Corpus pineale

a) **Individualisation:** Durch Zerfall der einheitlichen Kernsäule des Rückenmarks in einzelne Kerne enthalten die austretenden Nerven nicht mehr alle Faserqualitäten in gleicher Zusammensetzung, sind also keine gemischten Nerven. Vielmehr führt jeder Nerv nur Fasern aus Einzelkernen mit bestimmten Qualitäten.

b) **Spezialisation:** Dabei übernehmen einige Hirnnerven spezielle Aufgabenbereiche. Ihre anderen, nicht genützten Anteile bilden sich zurück. Wenn z. B. ein Hirnnerv sich in den Dienst der Zungenmotorik stellt, verkümmern seine seniblen Anteile. Diese bilden wieder das Spezialgebiet eines anderen Hirnnerven, dessen motorische Kerne dafür rudimentieren.

Die medial liegenden **somatomotorischen Hirnnerven** verlassen auch in einer medialen Reihe das Gehirn. Hierzu zählen: N. oculomotorius, N. trochlearis, N. abducens und N. hypoglossus.

Alle anderen Hirnnerven treten in einer lateralen Reihe aus. Dazu gehört die Gruppe der **Kiemenbogennerven**: N. trigeminus, N. facialis, N. glossopharyngeus, N. vagus und dessen Abspaltung, der N. accessorius. Mit dem Verlust ihrer ursprünglichen Funktion, der Innervation des Kiemenapparats, ändern diese Nerven im Lauf der Stammesgeschichte ihren zuerst rein visceralen Charakter, um den neuen Anforderungen der Visceralbogenabkömmlinge zu genügen. Dabei differenziert sich auch die ursprünglich viscerale Kehlkopf- und Schlundmuskulatur histologisch zu quergestreiften Muskelelementen. Entsprechend ihrer geänderten Funktion kann man die sie versorgenden Nerven zwar als somatomotorisch, die der entsprechenden Hautbezirke als somatosensibel bezeichnen; infolge ihrer Herkunft aber liegen die Kerne weiterhin intermediär. Die lateral liegenden Kerne des N. vestibulocochlearis erhalten somatische Afferenzen.

Im Gegensatz zu den Spinalnerven vereinigen sich die Faserbündel der Hirnnerven bereits innerhalb des Gehirns. Die nunmehr gemischten Nerven treten lateral aus dem Hirnstamm. Ihre sensiblen Anteile entwickeln sich wie die der Rückenmarknerven aus der in den Kopfbereich diskontinuierlich fortgesetzten Neuralleiste, der Kopfganglienleiste (Abb. 2.11). Die daraus entstehenden Ganglien, die Cranialganglien, enthalten die den sensiblen Hirnnerven zugehörigen Perikarya. Der rostrale Abschnitt der Kopfganglienleiste liefert das Material für das Ganglion des N. trigeminus (Ganglion trigeminale), der caudale das für die Ganglien des N. facialis (Ganglion geniculi), N. glossopharyngeus (Ganglia rostralis und caudalis) und N. vagus (Ganglia rostralis und caudalis).

Auch der noch verbleibende Hirnnerv, der N. vestibulocochlearis, tritt lateral aus dem Gehirn, hat jedoch als rein sensorischer Nerv eine besondere Funktion: er verbindet hochspezialisierte Sinnesorgane mit dem Gehirn. Dieser Nerv wurde deshalb auf S. 137 und 155 schon besprochen.

Allgemein bezeichnet man motorische Hirnnervenkerne als Nuclei originis, sensible als Nuclei terminationis. Die Nuclei terminationis sind, wie die Strangzellen im Rückenmark, eingeschaltet in Leitungsbögen, die die Informationen in jedem Hirnabschnitt auf motorische Zentren weitergeben können. Diese stehen ihrerseits mit den Nuclei originis in Kontakt. Axonkollaterale können die Nuclei originis auch direkt erreichen. Da alle Kerne in die Formatio reticularis eingebettet sind, bietet diese sich mit ihren Schaltneuronen in jeder Richtung als Reflexzentrum an. Die Hirnnervenkerne sind also wie die Kerngruppen des Rückenmarks Anfangs- und Endabschnitte von verschieden langen Neuronenketten, deren oberste Glieder in der Hirnrinde liegen.

Die intermediären Kerngruppen, die ihren visceromotorischen Charakter behalten haben, bilden den cranialen Parasympathicus, der im Abschnitt über das autonome Nervensystem ausführlich besprochen wird. Die parasympathischen Fasern folgen auf der ersten Wegstrecke aus dem Gehirn den Hirnnerven: N. oculomotorius, N. facialis, N. glossopharyngeus und N. vagus. Nach dem Austritt aus dem Schädel zweigen sie zu ihren parasympathischen Ganglien ab, in denen die bis dorthin präganglionären Fasern auf postganglionäre Neurone umgeschaltet werden. Die parasympathischen Kopfganglien haben wie die sensiblen Ganglien ihren Ursprung in der Kopfganglienleiste. Die postganglionären parasympathischen Nervenfasern erreichen mit neu aufgesuchten Hirnnerven ihr Innervationsgebiet.

Im Gehirn gibt es keine sympathischen Kerne. Sympathische Fasern erreichen das Kopfgebiet nur über Nervengeflechte um die großen Kopfgefäße. Ihre präganglionären Neurone wurden im Ganglion cervicale superius auf postganglionäre Neurone umgeschaltet.

### 3.1.2 Motorische Hirnnerven (Abb. 3.3)

Die Kerne der motorischen Hirnnerven erhalten ihre Information direkt oder über Umschaltungen in der Formatio reticularis von den motorischen Zentren des pyramidalen Systems (Tractus corticonuclearis) und von den Zentren des extrapyramidalen Systems. Die 3 Augenmuskelkerne (III, IV, VI) erhalten keine direkten Zuflüsse der Pyramidenbahn. Sie sind untereinander durch den Tractus longitudinalis medialis (Abb. 2.57) verschaltet.

**Nervus oculomotorius (III)**
Dieser Hirnnerv besitzt außer einem motorischen Anteil für die äußeren Augenmuskeln auch parasympathische Fasern, die die inneren Augenmuskeln innervieren.

**Motorische Kerne:** Der Nucleus nervi oculomotorii liegt als mediale, großzellige Kerngruppe im Mittelhirn ventral vom Aquädukt in Höhe der Colliculi craniales.

168  Peripheres Nervensystem

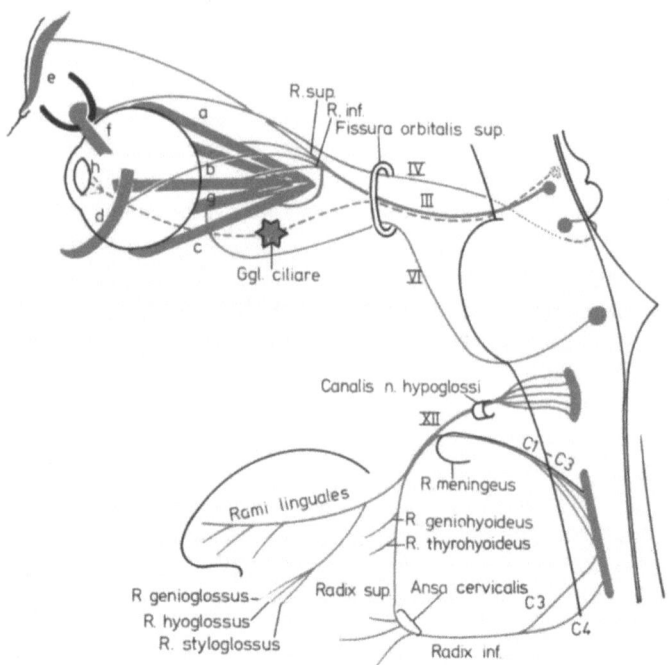

**Abb. 3.3.** Die motorischen Hirnnerven und ihre Äste. *a* = M. rectus superior; *b* = M. rectus medialis; *c* = M. rectus inferior; *d* = M. obliquus inferior; *e* = M. levator palpebrae superioris; *f* = M. obliquus superior; *g* = M. rectus lateralis; *h* = Mm. sphincter pupillae und ciliaris; *III, IV, VI, XII:* Nn. oculomotorius, trochlearis, abducens, hypoglossus

**Parasympathische Kerne:** Eben dort findet sich etwas weiter cranial ein paariger kleinzelliger Nucleus accessorius (WESTPHAL-EDINGER).

**Verlauf.** Die Axone sammeln sich ventralwärts ziehend zum Nervenstamm, der, fast ausschließlich ungekreuzt, das Mittelhirn am medialen Rand der Hirnschenkel direkt oberhalb der Brücke verläßt. Der Nerv erreicht durch die Fissura orbitalis superior und innerhalb des Anulus tendineus die Orbita:

**Motorische Innervation:**
Ramus superior:   M. levator palpebrae superioris
                  M. rectus superior
Ramus inferior:   M. rectus medialis
                  M. rectus inferior
                  M. obliquus inferior.

**Parasympathische Innervation** (s. auch S. 222):
M.sphincter pupillae
M.ciliaris

### Nervus trochlearis (IV)

Der IV. Hirnnerv innerviert als „Rollnerv" des Auges einen Muskel, der über eine Trochlea ans Auge zieht (M. obliquus superior).

**Motorischer Kern:** Der Nucleus nervi trochlearis liegt im Mittelhirn ventral des Aquädukts im Bereich der Colliculi caudales.

**Verlauf:** Die Fasern streben, um das zentrale Höhlengrau herumziehend, nach dorsal und kreuzen auf die Gegenseite. Der Nervus trochlearis tritt unterhalb der Vierhügelplatte aus dem Mittelhirn aus. Er verläßt also als einziger Hirnnerv das Gehirn an der Dorsalseite. Während seines intracranialen Verlaufs schlingt er sich ventralwärts um die Hirnschenkel und lagert sich seitlich dem Nervus oculomotorius an. Der Nerv erreicht ebenfalls durch die Fissura orbitalis superior, aber oberhalb des Anulus tendineus, die Orbita.

**Motorische Innervation:** M.obliquus superior.

### Nervus abducens (VI)

Der VI. Hirnnerv, der „Auswärtsziehende", innerviert entsprechend dieser Funktion den äußeren seitlichen Augenmuskel (M. rectus lateralis).

**Motorischer Kern:** Der Nucleus nervi abducentis liegt medial im Rautenhirn unter dem Colliculus facialis der Rautengrube.

**Verlauf:** Der Nerv tritt zwischen Brücke und Pyramide aus dem Gehirn und zieht, wie die anderen Augenmuskelnerven, durch die Fissura orbitalis superior in die Orbita.

**Motorische Innervation:** M.rectus lateralis.

### Nervus hypoglossus (XII)

Der motorische Zungennerv versorgt alle inneren und äußeren Muskeln der Zunge. Man kann seine Herkunft von den Spinalnerven noch gut aus dem Zusammenschluß von 3–4 motorischen Vorderwurzeln ableiten. In Ausnahmefällen existiert sogar noch eine rudimentäre hintere Wurzel mit einem „Spinalganglion".

**Motorischer Kern:** Der Nucleus nervi hypoglossi erstreckt sich als großzellige Kernsäule im Rautenhirn von der Höhe des Trigonum nervi hypoglossi in der Rautengrube bis hinab zur Olive.

**Verlauf:** Die Axone kreuzen auf die Gegenseite und verlassen die Medulla oblongata in 10-15 Wurzelfäden durch die Furche zwischen Pyramide und Olive (Sulcus ventrolateralis). Der Nerv zieht durch den Canalis nervi hypoglossi aus dem Schädel, biegt seitlich um die Äste der A. carotis externa und erreicht durch den Spalt zwischen M. mylohyoideus und M. hyoglossus die Zunge.

Einige Fasern des N. hypoglossus nehmen Verbindung auf mit dem Ganglion inferius nervi vagi und dem Ganglion cervicale superius des Sympathicus. Außerhalb des Schädels legen sich dem N. hypoglossus eine Strecke weit Fasern aus den Rückenmarknerven C 1 bis C 3 an.

**Innervation der Fasern,** die mit dem **N. hypoglossus** laufen:
1. Ramus meningeus zur Dura mater im Hinterhauptbereich;
2. Radix cranialis, die mit der Radix caudalis aus C 3 und C 4 die Ansa cervicalis bildet und mit ihr die untere Zungenbeinmuskulatur versorgt;
3. Ramus geniohyoideus  
4. Ramus thyrohyoideus } zu den gleichnamigen Muskeln.

**Motorische Innervation des N. hypoglossus:**
Rami linguales:       zur Zungeninnenmuskulatur  
Ramus genioglossus  
Ramus hyoglossus      } zur Zungenaußenmuskulatur  
Ramus styloglossus

*3.1.3 Kiemenbogennerven (Nervi branchiales)*

**Nervus trigeminus (V)**
Der V. Hirnnerv ist der Nerv des 1. Kiemenbogens (Abb. 3.4 und 3.5). Er besitzt einen großen sensiblen Anteil für Haut und Schleimhäute des Gesichts (Radix sensoria) sowie einen kleineren motorischen für die Kaumuskeln (Radix motoria).

Sensorische Fasern für den Geschmack und parasympathische Axone begleiten den N. trigeminus nur streckenweise.

Obwohl sensible Fasern immer afferent, also centripetal, ziehen, wollen wir aus didaktischen Gründen bei der Besprechung aller Nerven mit den Kerngebieten beginnen und die Nerven peripherwärts (centrifugal) verfolgen.

**Sensible Kerne:** Die Nuclei nervi trigemini bestehen aus 2 Kerngruppen, deren obere, der Nucleus pontinus nervi trigemini, im Metencephalon liegt, der untere, Nucleus spinalis nervi trigemini, sich als Kernsäule bis ins Halsmark erstreckt und sich dort in die Strangzellen des Rückenmarks fortsetzt. Im Nucleus pontinus enden überwiegend Fasern der epikritischen Sensibilität, im Nucleus spinalis solche der protopathischen Sensibilität sowie Schmerz- und Temperaturfasern. Der Nucleus spinalis wird funktionell weiter unterteilt in einen Subnucleus oralis, Subnucleus interpolaris und einen Subnucleus caudalis. Dabei übernimmt der Subnucleus caudalis die Qualitäten Schmerz und Temperatur in der Weise, daß Mund-, Nasenspitzen- und Kinnareale oben, alle lateral und scheitelwärts anschließenden Hautareale nach unten folgend repräsentiert sind.

Fasern der anderen Hirnnerven mit sensiblen Anteilen (Nn. IX und X) enden entsprechend ihrer Qualitäten ebenfalls im Nucleus pontinus und im Nucleus spinalis nervi trigemini.

Die sehr schmerzhafte Trigeminusneuralgie kann mit der Durchtrennung des Nucleus spinalis nervi trigemini behandelt werden.

Den beiden sensiblen Kernen schließt sich cranialwärts eine Zellsäule an, die sich ins Mittelhirn erstreckt: Nucleus mesencephalicus nervi trigemini. Dieser Kern ist kein Endkern. Vielmehr liegen hier die pseudounipolaren Ganglienzellen von peripheren Fasern, die ohne Unterbrechung durch das Ganglion trigeminale hindurchziehen, und ihr „Ganglion" erst im Gehirn selbst erreichen. Die Neurone führen propriceptive Impulse aus der Kaumuskulatur. Kollaterale ihrer zentralen Fortsätze erreichen den Nucleus motorius nervi trigemini und schließen den Eigenreflexbogen. Der Nucleus mesencephalicus soll, nach neuen Befunden, auch Afferenzen der anderen beiden Trigeminusäste erhalten.

**Motorischer Kern:** Der Nucleus motorius nervi trigemini (auch Nucleus masticatorius genannt, da er die Kaumuskeln innerviert) liegt medial vom Nucleus pontinus im cranialen Abschnitt der Rautengrube.

**Verlauf:** Der kräftige sensible Nervenstamm verläßt das Rautenhirn seitlich zwischen Brücke und mittlerem Kleinhirnstiel. Der motorische Anteil legt sich ihm erst rostral, dann ventral an. Der Nerv zieht in einer Hirnhautausstülpung der hinteren Schädelgrube unter die Dura mater der mittleren Schädelgrube. Hier bilden die Perikarya der zu den Nuclei spinalis und pontis ziehenden sensiblen Nervenfasern ein halbmondförmiges Cranialganglion, das Ganglion trigeminale (semilunare); die Nervenfasern zum Nucleus mesencephali ziehen ohne Unterbrechung durch das Ganglion hindurch. Die zentralen Fortsätze der pseudounipolaren Ganglienzellen, also der sensible Nervenabschnitt zwischen Ganglion und Gehirn, werden in ihrer Gesamtheit als Radix sensoria bezeichnet. Sie schwimmen in einem Liquorsack, der sich an der konkaven Seite des Ganglions zu einem Liquorsee erweitert, der Trigeminuszisterne. Die peripheren Fortsätze der pseudounipolaren Ganglienzellen verlassen das Ganglion an seiner Konvexität in 3 großen Ästen (Trigeminus = Drillingsnerv), deren Innervationsgebiet Abb. 3.4 veranschaulicht.

1. Ast: N. ophthalmicus
2. Ast: N. maxillaris
3. Ast: N. mandibularis.

Die Radix motoria zieht basal am Ganglion vorbei und vereinigt sich mit dem 3. Ast.

**Nervus ophthalmicus (V 1)**
Dieser Nerv gelangt, nach Abgabe eines Ramus tentorii zum Tentorium cerebelli, durch die Fissura orbitalis superior in die Augenhöhle und zerfällt in 3 Äste.

**Äste des Nervus ophthalmicus** (Abb. 3.4):
1. Ramus tentorii zum Tentorium cerebelli
2. N. frontalis teilt sich in:
   a) N. supraorbitalis
      → Ramus medialis
      → Ramus lateralis      } zum oberen Augenlid und der Haut der Stirn.
   b) N. supratrochlearis: zur Nasenwurzel, zum medialen Augenwinkel und zur Haut der Stirn (kommuniziert mit dem N. infratrochlearis).
3. N. lacrimalis: zur Tränendrüse, zur Haut und Bindehaut des lateralen Augenwinkels.
   Angelagerte parasympathische Fasern der „Tränenanastomose": N. zygomaticus ← Ganglion pterygopalatinum ← N. petrosus major ← N. intermedius (des N. facialis).
4. N. nasociliaris teilt sich in:
   a) N. ethmoidalis posterior: zu den hinteren Siebbeinzellen;
   b) N. ethmoidalis anterior: zieht durch das Foramen ethmoidale anterius in die Schädelhöhle, sein Endast versorgt die Haut der Nasenspitze;
   c) N. infratrochlearis: zu Augenlidern und medialem Augenwinkel (kommuniziert mit dem N. supratrochlearis);
   d) Nn. ciliares longi: direkt zum Augapfel;
   e) Ramus communicans cum ganglio ciliari: durchzieht das gleichnamige Ganglion zum Augapfel.

Hirnnerven (Nervi craniales) 173

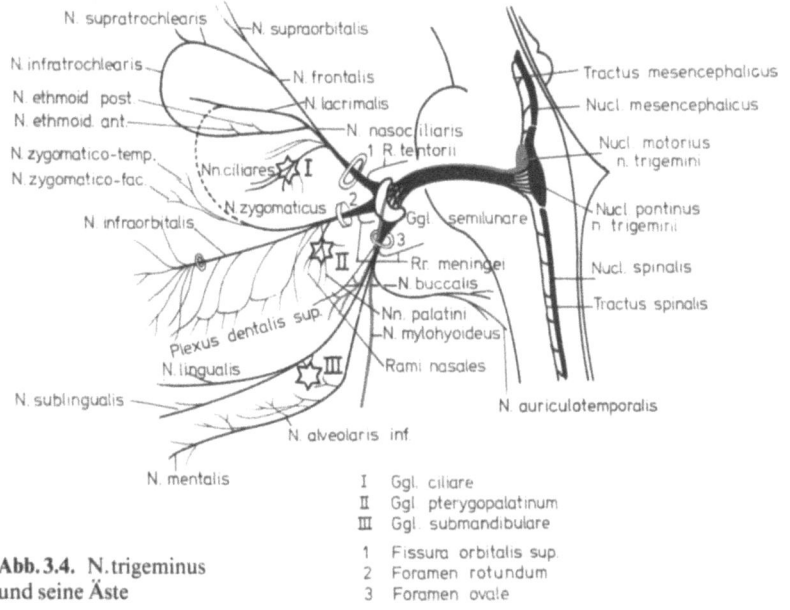

**Abb. 3.4.** N. trigeminus
und seine Äste

I   Ggl. ciliare
II  Ggl. pterygopalatinum
III Ggl. submandibulare

1 Fissura orbitalis sup.
2 Foramen rotundum
3 Foramen ovale

## Nervus maxillaris (V 2)

Dieser Nerv tritt durch das Foramen rotundum in die Fossa pterygopalatina. Seine direkte Fortsetzung ist der N. infraorbitalis, der durch das gleichnamige Foramen unter der Augenhöhle austritt. Er innerviert die Gesichtshaut (Abb. 3.5).

### Äste des Nervus maxillaris:

1. Ramus meningeus: zur Dura mater der Schädelkalotte;
2. N. zygomaticus teilt sich in
   a) N. zygomaticotemporalis zur Haut der Schläfe;
   b) N. zygomaticofacialis zur Haut über dem Jochbogen.
   Angelagerte parasympathische Fasern vom Ganglion pterygopalatinum bilden einen Ramus communicans zum N. lacrimalis (Tränenanastomose).
3. N. infraorbitalis gibt Zweige ab als Nn. alveolares superiores, die den Plexus dentalis superior bilden.
   Seine Endaufzweigungen sind:
   a) Rami palpebrales inferiores zum Unterlid;
   b) Rami nasales externi und interni zur Haut und Schleimhaut der Nase;
   c) Rami labiales superiores zu Oberlippe und oberem Teil des Vestibulum oris.

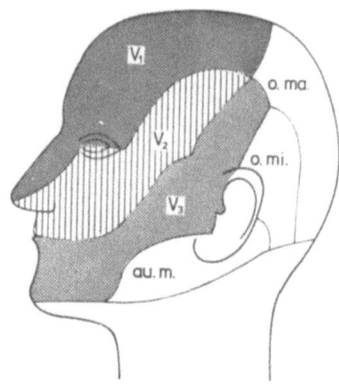

Abb. 3.5. Sensible Innervation des Kopfes. *V 1, V 2, V 3* = Hauptäste des N. trigeminus; *au. m.* = N. auricularis magnus; *o. mi.* = N. occipitalis minor; *o. ma.* = N. occipitalis major

4. Nn. pterygopalatini durchziehen das Ganglion pterygopalatinum und innervieren mit:
   a) Rami nasales posteriores, mediales et laterales die Schleimhaut der Nase;
   b) N. palatinus major et Nn. palatini minores die Schleimhaut des Gaumens.

### Nervus mandibularis (V 3)

Dieser Nerv besteht aus einem sensiblen und einem motorischen Anteil. Er erreicht durch das Foramen ovale die Fossa infratemporalis. Ein rückläufiger Ramus meningeus zieht durch das Foramen spinosum zur Dura mater. Der N. mandibularis teilt sich in 2 Hauptäste:

### Äste des Nervus mandibularis:

1. Der vordere Hauptast (auch N. masticatorius genannt) gibt folgende Zweige ab:
   Motorisch:
   a) Nn. temporales profundi zum M. temporalis;
   b) N. pterygoideus lateralis zum M. pterygoideus lateralis;
   c) N. pterygoideus medialis zum M. pterygoideus medialis sowie zu 2 Abspaltungen dieses Muskels: M. tensor veli palatini und M. tensor tympani;
   d) N. massetericus zum M. masseter;
   e) Sensibel: N. buccalis zur Haut und Schleimhaut der Wange.

2. Der hintere Hauptast verzweigt sich wie folgt:
   a) N. auriculotemporalis (ein sensibler Nerv) teilt sich in:
   N. meatus acustici externi zum äußeren Gehörgang;
   Rami parotidei zur Glandula parotis;
   Nn. auriculares anteriores zur Ohrmuschel;
   Rami temporales superficiales zur Haut der Schläfe.
   Angelagerte parasympathische Fasern vom N. facialis ziehen mit den Rami parotidei zur Glandula parotis.
   b) N. alveolaris inferior läuft im Canalis mandibulae zum Foramen mentale und gibt folgende Äste ab:
   N. mylohyoideus (motorisch) läuft zum M. mylohyoideus und Venter anterior m. digastrici;
   Plexus dentalis inferior (sensibel) zu unterer Zahnreihe und Zahnfleisch. Sein Endast ist der N. mentalis, der zu Kinn und Unterlippe zieht.
   c) N. lingualis zur Schleimhaut von Gaumenbogen, Mundboden und Zunge gibt den
   N. sublingualis zur Glandula sublingualis und angrenzenden Mundschleimhaut ab.
   Angelagerte sensorische und parasympathische Fasern kommen aus der Chorda tympani; sensorische zu den Geschmacksknospen, sekretorische nach Umschaltung im Ganglion submandibulare zur Glandula submandibularis und zur Glandula sublingualis.

**Nervus facialis (VII)**
Der VII. Hirnnerv ist der Nerv des 2. Kiemenbogens (Abb. 3.6), er enthält als gemischter Nerv vorwiegend motorische, weniger sensorische und sekretorische (parasympathische) Qualitäten. Die sensorischen und parasympathischen Fasern verlaufen intracranial vom motorischen Hauptstamm abgegrenzt im N. intermedius.

**Motorischer Kern:** Der motorische Kern des N. facialis befindet sich seitlich vom Colliculus facialis im Boden der Rautengrube. Der obere Kernanteil, der Ursprungskern für die Innervation der Stirnmuskeln, ist mit dem der Gegenseite verbunden, der untere dagegen erhält nur kontralaterale Zuflüsse.

Die Verschaltung der motorischen Kernabschnitte hat zur Folge, daß bei einer zentralen Schädigung des N. facialis der obere Facialiskern der Gegenseite die Innervation der ganzen Stirn übernimmt: die zentrale Facialislähmung betrifft also nur die untere Gesichtshälfte. Ist der Nerv jedoch nach dem Austritt aus dem Gehirn geschädigt, fällt die Gesamtinnervation aus: die periphere Facialislähmung betrifft das ganze Gesicht.

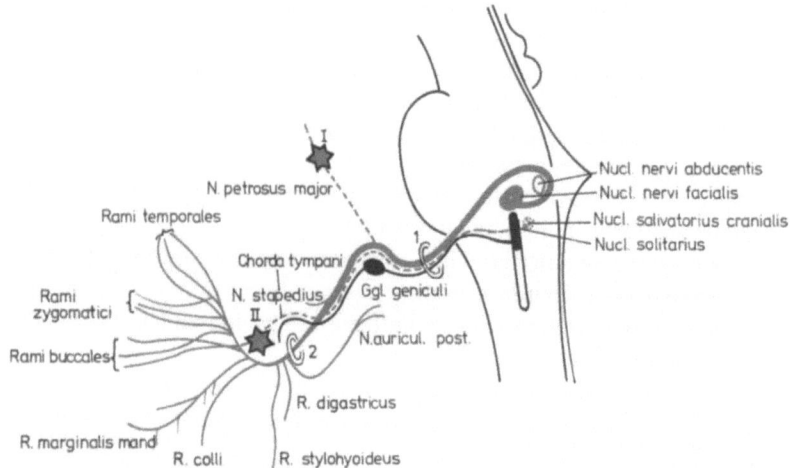

**Abb. 3.6.** N. facialis und seine Äste (rot ausgezogen: motorische Fasern; rot unterbrochen: parasympathische Fasern). I = Ggl. pterygopalatinum. II = Ggl. submandibulare

**Sensorischer Kern:** Die sensorischen (afferenten) Axone des N. facialis enden im Nucleus solitarius.

Der Nucleus solitarius besteht aus einer Reihe von Kernen, die sich bis ins Halsmark erstrecken und untereinander durch starke Faserbündel (Tractus solitarius) verbunden sind. Die oberen Kerne sind für die Geschmacksafferenzen der Zunge verantwortlich. Entsprechend enden hier auch die sensorischen Fasern der anderen am Schmecken beteiligten Nerven. (Der untere Anteil des Nucleus solitarius erhält viscerosensible Afferenzen vom N. glossopharyngeus und N. vagus.)

**Parasympathischer Kern:** Die Wurzelzellen für die sekretorischen Fasern liegen im oberen Speichelkern (Nucleus salivatorius cranialis), der sich etwa in der Mitte der Rautengrube befindet.

**Verlauf des N. facialis:** Die Fasern des motorischen Facialiskerns umschlingen zuerst in einem inneren Facialisknie (Genu nervi facialis) den Abducenskern. Sie verlassen dann das Gehirn im Kleinhirnbrückenwinkel zusammen mit den als N. intermedius angelagerten sensorischen und parasympathischen Fasern und dicht gefolgt vom N. vestibulocochlearis. Nach Eintritt in den Porus acusticus internus erreicht der N. facialis im Grund des inneren Gehörgangs mit einer scharfen Biegung, dem äußeren Knie (Geniculum nervi facialis), den Canalis facialis. Hier bilden die pseudounipolaren Perikarya seiner sensorischen Fasern ein Cranialganglion, das Ganglion geniculi.

Im weiteren Verlauf zieht der N. facialis erst quer, dann längs zur Pyramidenachse bis in Höhe des lateralen Bogengangs, wo er eine Vorwölbung am Antrum mastoideum hervorruft. Er tritt dann abwärtssteigend im Foramen stylomastoideum aus dem Schädel.

Im Canalis facialis zweigen der N. petrosus major, der N. stapedius und die Chorda tympani ab.

**Äste des N. facialis innerhalb des Schädels:**
1. N. petrosus major (parasympathisch), zieht nach Umschaltung im Ganglion pterygopalatinum über Äste des N. trigeminus zu Tränen-, Nasen- und Gaumendrüsen
2. N. stapedius zieht zum M. stapedius
3. Chorda tympani durchzieht in einer Schleimhautfalte rückläufig die Paukenhöhle (daher ihr Name), verläßt den Schädel durch die Fissura petrotympanica und verbindet sich mit dem N. lingualis aus V 3.
Sie führt:
   a) sensorische Fasern aus den Geschmacksknospen der vorderen ⅔ der Zunge
   b) parasympathische Fasern, die nach Umschaltung im Ganglion submandibulare die Glandulae submandibularis und sublingualis innervieren.

**Äste des N. facialis außerhalb des Schädels:**
4. N. auricularis posterior teilt sich in:
   a) Ramus auricularis zu den äußeren Ohrmuskeln
   b) Ramus occipitalis zum M. occipitalis
   c) Ramus digastricus zum Venter posterior musculi digastrici
   d) Ramus stylohyoideus zum M. stylohyoideus.

Die weiteren Äste entspringen aus einem Nervengeflecht in der Ohrspeicheldrüse, dem Plexus parotideus:
5. Ramus colli verbindet sich mit dem sensiblen N. transversus colli aus dem Plexus cervicalis und innerviert das Platysma
6. Ramus marginalis mandibulae zu M. risorius, M. depressor anguli oris, M. mentalis, M. depressor labii inferioris
7. Rami buccales zu M. buccinator, M. levator labii superioris alaeque nasi, M. nasalis, M. orbicularis oris, M. levator anguli oris
8. Rami zygomatici zu M. orbicularis oculi, Mm. zygomaticus major und minor
9. Rami temporales zu Ohrmuskeln, M. orbicularis oculi, M. corrugator supercilii, Venter frontalis m. occipitofrontalis.

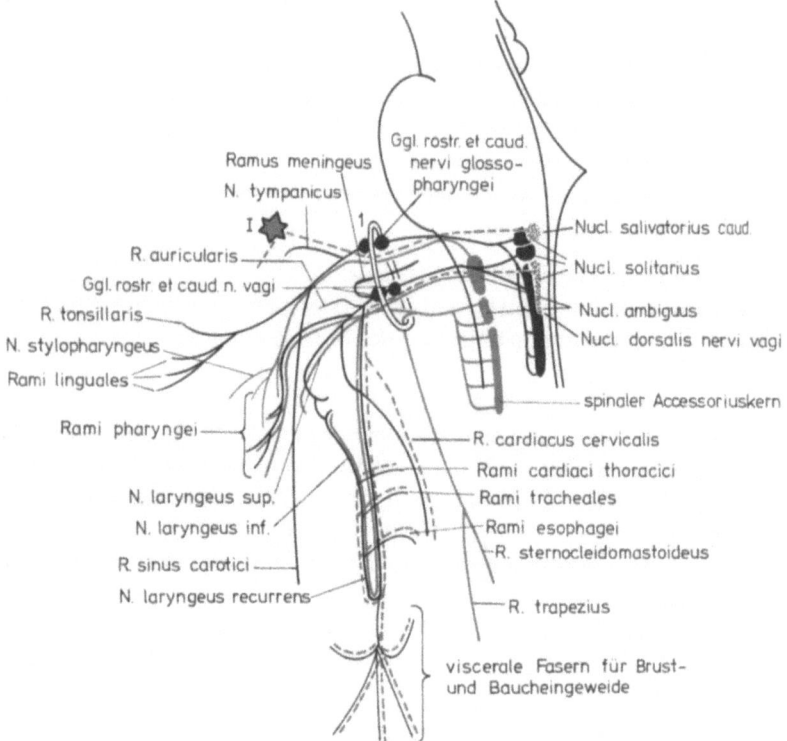

**Abb. 3.7.** Die Nerven der Vagusgruppe und ihre Äste (rot unterbrochen: parasympathische Fasern) 1 Foramen jugulare; I Ganglion oticum

## Die Vagusgruppe

N. glossopharyngeus, N. vagus und N. accessorius können wegen der engen Verknüpfung ihrer Kern- und Ausbreitungsgebiete in einer Gruppe zusammengefaßt werden (Abb. 3.7):

### Nervus glossopharyngeus (IX)

Der Zungenschlundnerv ist der Nerv des 3. Kiemenbogens. Er besitzt motorische, sensible, sensorische und parasympathische Qualitäten.

**Motorischer Kern:** Die motorischen Wurzelzellen des N. glossopharyngeus liegen gemeinsam mit denen des N. vagus und des cranialen N. accessorius in einem medialen, langgestreckten Kerngebiet der Medulla oblongata, dem Nucleus ambiguus (Abb. 3.2).

**Sensible Kerne:** Die somatosensiblen Fasern enden in den Nuclei pontinus und spinalis nervi trigemini. Visceroafferenzen aus dem Sinus caroticus und dem Glomus caroticum endigen in den autonomen Zentren der Formatio reticularis und im caudalen Abschnitt des Nucleus solitarius.

**Sensorischer Kern:** Geschmacksführende (sensorische) Fasern ziehen in den cranialen Teil des Nucleus solitarius.

**Parasympathischer Kern:** Der Ursprungskern der sekretorischen Fasern, der untere Speichelkern (Nucleus salivatorius caudalis), liegt in der Medulla oblongata.

**Verlauf:** Der IX. Hirnnerv verläßt die Medulla oblongata seitlich der Olive (im Sulcus retroolivaris) und zieht durch das Foramen jugulare aus dem Schädel. Innerhalb und außerhalb des Foramen verdickt er sich jeweils zu einem Cranialganglion, den Ganglia rostralis et caudalis nervi glossopharyngei. Im Ganglion rostralis liegen die pseudounipolaren Perikarya der somatosensiblen Neurone, im Ganglion caudalis die der viscerosensiblen (chemo- und mechanoreceptorischen) und der sensorischen Fasern. Von hier aus ziehen Verbindungsäste zum N. facialis, N. vagus und zum oberen Cervicalganglion des Truncus sympathicus. Der Nerv folgt dann dem M. stylopharyngeus als Leitmuskel und endet im hinteren Drittel der Zunge.

**Äste des N. glossopharyngeus:**
**N. tympanicus:** Er zieht durch den Canaliculus tympanicus in die Paukenhöhle und innerviert sensibel deren Schleimhaut als Plexus tympanicus, der sich mit sympathischen Fasern von der Arteria carotis (Nn. caroticotympanici) verflicht. Sein Endast ist der parasympathische N. petrosus minor. Er gelangt durch die Fissura sphenopetrosa zum Ganglion oticum. Die Verbindung N. glossopharyngeus → N. tympanicus → N. petrosus minor → Ganglion oticum wird auch als JACOBSON-Anastomose bezeichnet.

Die postganglionären Fasern des N. petrosus minor innervieren über einen Ramus communicans mit dem N. auriculotemporalis (V 3) und weiter über den Plexus parotideus (VII) die Glandula parotis.

**Sensibel-sensorische Äste:** Ramus sinus carotici: Viscerosensibler Ast zum Sinus caroticus und zum Glomus caroticum. Er leitet Impulse der dort gelegenen Mechanoreceptoren und Chemoreceptoren;
Rami tonsillares zur Gaumenbogenschleimhaut;
Rami linguales zum hinteren Drittel der Zungenschleimhaut und zu ihren Geschmacksknospen.

**Motorische Äste:** Rami pharyngei bilden mit Fasern des N. vagus und des Sympathicus den Plexus pharyngeus. Sie innervieren die Schlundmuskeln (zusammen mit Rami pharyngei des N. vagus). Ramus musculi stylopharyngei zum M. stylopharyngeus.

### Nervus vagus (X)

Der X. Hirnnerv, der „Umherschweifende", ist der Nerv des 4. und aller abwärts folgenden Kiemenbögen. Sein Gewicht liegt in der parasympathischen Innervation der ganzen oberen Körperhälfte, jedoch besitzt auch er motorische, sensorische und sensible Faseranteile.

**Parasympathische Kerne:** Die parasympathischen Wurzelzellen liegen im Nucleus dorsalis nervi vagi am unteren Ende der Rautengrube (Trigonum nervi vagi) dicht unter der Oberfläche.

**Motorischer Kern:** Der motorische Ursprungskern bildet den Mittelabschnitt des Nucleus ambiguus.

**Sensibel-sensorische Kerne:** Die somatosensiblen Fasern enden wie die des N. glossopharyngeus an den Nuclei pontinus und spinalis des N. trigeminus.
Geschmacksfasern vom Zungengrund und viscerale Afferenzen von der Schleimhaut des Schlunddarms ziehen zum Nucleus solitarius. (Visceroafferenzen von Dehnungsreceptoren der Aortenwand enden wie die des N. glossopharyngeus auch in autonomen Regulationszentren der Formatio reticularis.)

**Verlauf:** Der X. Hirnnerv verläßt unterhalb des N. glossopharyngeus mit 10-15 Wurzelfäden die Medulla oblongata im Sulcus dorsolateralis. Er tritt mit dem N. accessorius in einer Durascheide eingeschlossen durch das Foramen jugulare aus dem Schädel. Wie beim N. glossopharyngeus liegen die pseudo unipolaren Wurzelzellen seines sensibel-sensorischen Anteils in zwei Ganglien innerhalb und außerhalb des Schädels: Ganglion rostralis und Ganglion caudalis nervi vagi. Außerhalb des Schädels treten Fasern aus dem N. accessorius, die ihn bis zur Kehlkopfmuskulatur begleiten, hinzu.
Der N. vagus zieht zwischen V. jugularis interna und A. carotis communis abwärts zum oberen Thoraxeingang. Von dort an verlaufen rechter und linker Nerv verschieden.
Der rechte N. vagus zieht zwischen Vena und Arteria subclavia über die Rückseite des rechten Stammbronchus an die Rückfläche der Speiseröhre. In Höhe der A. subclavia verläßt ihn der N. laryngeus recurrens, der rückläufig um dieses Gefäß nach cranial biegt. Der Hauptnerv gelangt als Trun-

Hirnnerven (Nervi craniales) 181

cus vagalis posterior durch den Hiatus esophageus an die hintere Fläche des Magens.
Der linke N. vagus kreuzt den Aortenbogen ventral, gibt hier den N. laryngeus recurrens nach hinten halswärts ab und erreicht dorsal vom Lungenhilus die Vorderseite der Speiseröhre, an der er als Truncus vagalis anterior durch den Hiatus esophageus zur Vorderfläche des Magens zieht. Da beide Nerven um die Speiseröhre ein Geflecht bilden (Plexus esophageus), in dem sie zahlreiche Fasern austauschen, werden sie von dort an als Vagusstämme **(Trunci vagales)** bezeichnet.

**Äste des N. vagus**
**Kopfteil**
Der Kopfteil des N. vagus hat 2 sensible Äste:
1. Ramus meningeus rückläufig zur Dura mater der hinteren Schädelgrube;
2. Ramus auricularis zu Ohrmuschel, Trommelfell und hinterer Unterwand des äußeren Gehörgangs.

**Halsteil**
3. Rami pharyngei verbinden sich mit N. glossopharyngeus und Sympathicus zum Plexus pharyngeus und versorgen motorisch Gaumenbogenmuskulatur und Pharynxmuskeln sowie sensibel die Pharynxschleimhaut.
Folgende Muskeln werden innerviert:
   a) M. palatoglossus
   b) M. palatopharyngeus
   c) Mm. constrictores pharyngis
   d) M. levator veli palatini
   e) M. uvulae.
4. Rami cardiaci cervicales (parasympathisch und viscerosensibel) ziehen längs der A. carotis zum Plexus cardiacus (oberster Ast: Depressornerv als Blutdruckfühler).
5. N. laryngeus superior zieht medial der A. carotis interna und teilt sich in Höhe des Zungenbeins in einen Ramus externus (motorisch) für den M. cricothyroideus und einen Ramus internus (sensibel-sensorisch) durch die Membrana thyrohyoidea zur Schleimhaut von Kehlkopf und Zungenwurzel sowie den hier liegenden Geschmacksknospen. Der Ramus internus verbindet sich mit dem N. laryngeus inferior über einen Ramus communicans.

**Brustteil:**
6. Der N. laryngeus recurrens gibt folgende Äste ab:
   a) Rami cardiaci thoracici zum Plexus cardiacus
   b) Rami tracheales zur Luftröhre und

c) Rami esophagei zur Speiseröhre
d) der N. laryngeus inferior ist der Endast und teilt sich in einen Ramus anterior und einen Ramus posterior, die alle Kehlkopfmuskeln außer dem M. cricothyroideus versorgen, sowie die Schleimhaut unterhalb der Stimmbänder (der Ramus posterior bildet die oben beschriebene Schlinge mit dem N. laryngeus superior).

Nach Abgabe des N. laryngeus recurrens enthält der N. vagus nur noch parasympathische efferente und viscerale afferente Fasern, deren Verlauf im Abschnitt über das autonome Nervensystem (s. S. 225) beschrieben wird.

Kratzen am Gehörgang kann über den sensiblen Vagusast einen Hustenreflex auslösen. Schädigung des N. laryngeus inferior, z. B. bei operativen Eingriffen an der Schilddrüse, führt zur Kadaverstellung des Stimmbandes infolge Lähmung der Kehlkopfmuskeln (Recurrenslähmung).

**Nervus accessorius (XI)**
Der rein motorische XI. Hirnnerv setzt sich aus einem spinalen und einem cranialen Teil zusammen. Er versorgt 2 Abkömmlinge der Kiemenbogenmuskulatur (M. trapezius und M. sternocleidomastoideus).

**Motorischer Kern:** Die motorischen Ursprungszellen der cranialen Wurzel bilden den caudalen Abschnitt des Nucleus ambiguus. Die Zellen der spinalen Wurzel liegen in einer langen intermediozentralen Zellsäule, die sich an den Nucleus ambiguus anschließt und bis zum V. oder VI. Halssegment reicht (Nucleus spinalis nervi accessorii).

**Verlauf:** Die Axone verlassen im Anschluß an den N. vagus mit cranialen Wurzelfäden (Radices craniales) die Medulla oblongata und mit caudalwärts folgenden spinalen Wurzelfäden (Radices spinales) das Halsmark zwischen den motorischen und sensiblen Wurzeln. Alle Wurzelfäden vereinigen sich oberhalb des Foramen magnum zum Nervenstamm, der zusammen mit dem N. vagus den Schädel durch das Foramen jugulare wieder verläßt.

**Innervationsgebiete:** Ein Ramus internus vereinigt sich kurz nach dem Schädelaustritt mit dem N. vagus. Ein Ramus externus innerviert den M. sternocleidomastoideus und den M. trapezius.

## 3.2 Spinalnerven (Nervi spinales)

### 3.2.1 Entwicklung der Spinalnerven

Alle Ganglienzellen des erwachsenen Körpers, die nicht im Zentralorgan (Rückenmark oder Gehirn) liegen, stammen von der auf S. 8 beschriebenen **Neuralleiste** ab (s. Abb. 1.1). Die Neuralleiste wird im Bereich des Rumpfes als kontinuierlicher Strang, im Kopf in Form einzelner Zellhaufen angelegt. Auch der Zellstrang im Rumpfbereich gliedert sich später zu Knoten; diese werden die Spinalganglien, die dann segmental angeordnet zu beiden Seiten des Neuralrohrs liegen. Die Spinalganglien bestehen also aus den nicht weiter in die Peripherie gewanderten Zellen der Neuralleiste. Die Zellen bilden 2 Fortsätze aus, sie sind zunächst bipolar. Ihre zentralwärts wachsenden Fortsätze nehmen Verbindung mit dem Rückenmark auf und ziehen zur Flügelplatte. Die in peripherer Richtung wachsenden Fortsätze ziehen zu den zugehörigen **Myotomen, Dermatomen** und **Sklerotomen** oder weiter bis in die sich entwickelnden Organe. Im Spinalganglion liegen also die Perikarya aller sensiblen Spinalnervenanteile. Durch die beschriebenen Entwicklungsvorgänge (s. S. 12) werden die ursprünglich bipolaren Ganglienzellen pseudounipolar. Der Spinalnerv enthält weiter Nervenfortsätze aus dem Rückenmark: Axone, die aus der Grundplatte des Neuralrohrs als Motoneurone in die Peripherie vorwachsen, legen sich kurz hinter dem Spinalganglion den sensiblen Fasern an. Der resultierende Faserstrang aus sensiblen und motorischen Nerven ist der Spinalnerv.

### 3.2.2 Allgemeiner Bau und Topographie der Spinalnerven

Der Mensch besitzt **31 Spinalnervenpaare.** Jeder Spinalnerv entsteht aus den vereinigten ventralen und dorsalen Wurzelfasern (Radix ventralis und Radix dorsalis) eines Rückenmarksegments (Abb. 3.8). Der Spinalnerv ist ein **gemischter Nerv,** der alle für die nervöse Versorgung des Körpers notwendigen Faserqualitäten führt.

Entsprechend den **Rückenmarkabschnitten** teilt man die Spinalnerven ein in: **Nn. cervicales, Nn. thoracici, Nn. lumbales, Nn. sacrales** und **Nn. coccygei.**

| Faserqualität | Zugehöriges Perikaryon |
|---|---|
| 1. somatosensible Fasern | große Spinalganglionzelle (A-Zelle) |
| 2. viscerosensible Fasern | kleine Spinalganglionzelle (D-Zelle) |

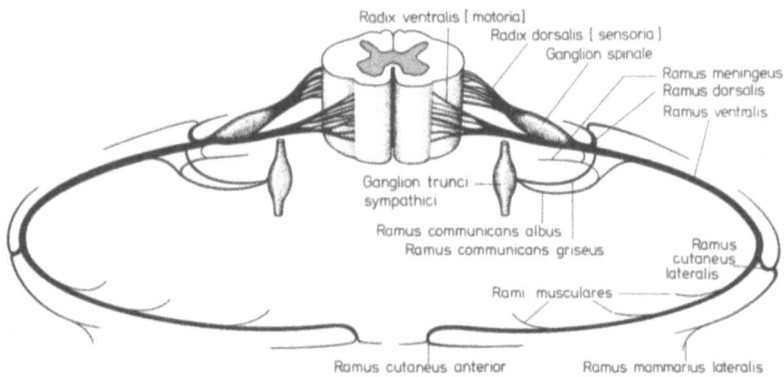

**Abb. 3.8.** Segment des thorakalen Rückenmarks mit dem dazugehörigen Spinalnerven und der segmentalen peripheren Innervation der Eingeweide sowie ventrale und dorsale Körperregion

3. visceromotorische Fasern    Wurzelzelle im Seitenhorn des Rückenmarks.
                               Ganglionzelle im vegetativen Ganglion.
4. somatomotorische Fasern     Wurzelzelle im Vorderhorn des Rückenmarks.

Die Spinalnerven sind nur kurz, meist etwa 1 cm, und teilen sich in Höhe der Zwischenwirbellöcher (Foramina intervertebralia) in die **Äste der Spinalnerven** (Abb. 3.8).

1. **Ramus dorsalis**            = Ast zur Rückenhaut und autochthonen Rückenmuskulatur.
2. **Ramus ventralis**           = Ast zu den lateralen und ventralen Körperabschnitten sowie zu den Extremitäten.
3. **Ramus meningeus**           = Rückläufiger Ast zu den Rückenmarkshäuten.
4. **Rami communicantes albus et griseus** = Nebenschaltungen zu und von den Grenzstrangganglien.

Die **Rami dorsales** der Spinalnerven versorgen als gemischte Nerven einen handbreiten Streifen der Rückenhaut beiderseits der Medianlinie sowie den autochthonen Muskelapparat der Wirbelsäule, dessen Hauptstrang als „M. erector spinae" zusammengefaßt ist.

Mehrere der Rami dorsales haben eine eigene Bezeichnung, nämlich:

| | |
|---|---|
| Ramus dorsalis C 1 | = **N. suboccipitalis,** versorgt motorisch die hinteren kleinen Muskeln der Kopfgelenke. |
| Ramus dorsalis C 2 | = **N. occipitalis major,** innerviert sensibel die Haut am Hinterkopf. |
| Rami dorsales L 1-L 5 | = **Nn. clunium superiores** verlaufen zur Haut der oberen Gesäßregion. |
| Rami dorsales S 1-S 5 | = **Nn. clunium medii** ziehen zur Haut der mittleren Gesäßregion. |

## 3.2.3 *Plexus der Rami ventrales der Spinalnerven*

Mit der vorwiegend ventralen Entwicklung des Körpers (die Gliedmaßen sind ventrale Anteile) geht die stärkere Entwicklung der **Rami ventrales** der Spinalnerven einher. An den Extremitäten werden die Muskelanlagen (Myotome) und ihre segmentale Innervation stark gegeneinander verlagert. Da dies nur die ventrale Muskulatur betrifft, werden Nervenstränge aus den Rami ventrales der zugehörigen Spinalnerven stark untereinander verflochten. Damit kommt es zur Bildung von Plexus.

Durch die Zusammenlagerung von Anteilen der Myotome zu individuellen Muskeln oder Muskeleinheiten werden diese meist auch von mehreren Rückenmarksegmenten versorgt. Der Ausfall eines Segments bei Lähmungen kann dort, wo Plexus vorkommen, von anderen funktionierenden Segmenten überdeckt werden. Aufgrund der Plexusbildung erklärt sich auch die gelegentliche Doppelinnervation von Muskeln: Anteile eines Segments können durchaus in verschiedenen peripheren Nerven verlaufen Segmentale und periphere Lähmungen zeigen daher prinzipiell verschiedene Ausfallerscheinungen. Im thorakalen Bereich bleibt die ursprüngliche segmentale Anordnung der Rami ventrales erhalten: Dort stellen die Rami ventrales die Nn intercostales dar.

Durch die Bildung der Nervengeflechte (Plexus) können wir die Rami ventrales in folgende Abschnitte einteilen:

| | |
|---|---|
| C 1-C 4 | bilden das Halsgeflecht, **Plexus cervicalis** (Abb. 3.9), für Hals (oberen Teil des Schultergürtels) und Zwerchfell. |
| C 5-Th 1 | bilden das Armgeflecht, **Plexus brachialis** (Abb. 3.10, 3.11) für Schultergürtel und Arm. |
| Th 2-Th 11 | bilden die noch segmentalen Intercostalnerven (Rami ventrales nervorum thoracicorum = **Nervi intercostales** für Thorax und Bauchwand. |

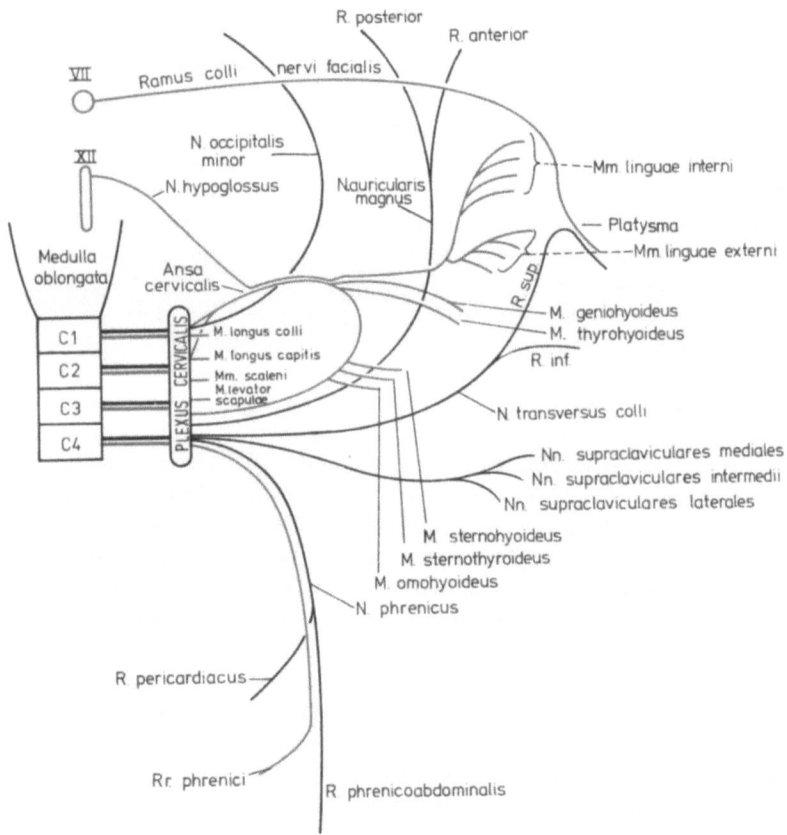

**Abb. 3.9.** Plexus cervicalis. Schema der motorischen (rot) und sensiblen (schwarz) peripheren Halsinnervation. *VII* und *XII* sind die motorischen Äste der Hirnnerven (N. facialis und N. hypoglossus), die sich an der Halsinnervation beteiligen und Schlingen (Ansae) mit Ästen des Plexus cervicalis bilden. (Abbildung in Anlehnung an WEBER 1975)

| | |
|---|---|
| Th 12-L 4 | bilden das Lendengeflecht, **Plexus lumbalis** (Abb. 3.12). |
| L 5-S 3 | bilden das Kreuzbeingeflecht, **Plexus sacralis** (Abb. 3.12). Lenden- und Kreuzbeingeflecht werden als **Plexus lumbosacralis** zusammengefaßt und innervieren dorsale und ventrale Rumpfwand, Becken, Beckengürtel und untere Extremität. |
| S 4-Co 1 | bilden das Steißbeingeflecht, **Plexus coccygeus** für Steiß- und Analgegend. |

Spinalnerven (Nervi spinales) 187

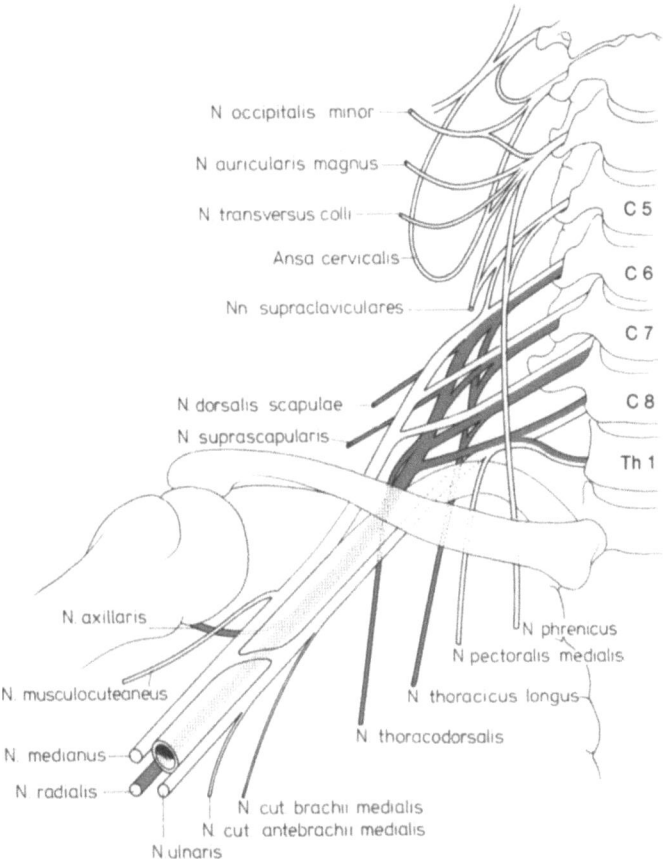

**Abb. 3.10.** Plexus brachialis und seine Äste für den Schultergürtel sowie die Aufteilung in Fascikel und Hauptäste (in Anlehnung an LANZ/WACHSMUTH 1935). Die dorsalen Anteile für N. axillaris und N. radialis (rot) sind von den ventralen Ästen (schwarz) differenziert. Aus Gründen der Übersichtlichkeit wurden im Schema die Nn. subclavius, subscapularis und pectoralis lateralis nicht eingezeichnet

## 3.2.4 Halsgeflecht (Plexus cervicalis)

Die Rami ventrales von C 1-C 4 bilden das Halsgeflecht. Sie liegen zwischen den Ursprungszacken des M. scalenus anterior und des M. scalenus medius. Der wichtigste Nerv des Plexus cervicalis ist der **N. phrenicus.** Es werden weiter indirekte und direkte **Rami musculares** und **Rami cutanei** unterschieden.

Die indirekten **Rami musculares** laufen zur Ansa cervicalis und sind Muskeläste für die unteren Zungenbeinmuskeln. Diese Schlinge enthält Fasern, die streckenweise mit dem N. hypoglossus (XII. Hirnnerv) verlaufen und wird deshalb auch als „Ansa hypoglossi" bezeichnet (Abb. 3.9). Innervierte Muskeln sind: M. geniohyoideus, M. thyrohyoideus, M. sternohyoideus, M. sternothyroideus und M. omohyoideus (untere Zungenbeinmuskeln). Die die Mm. geniohyoideus und thyrohyoideus innervierenden Fasern ziehen mit dem N. hypoglossus in den oberen Schenkel der Ansa cervicalis, die Faserzüge für die anderen drei Muskeln entspringen ihrem unteren Schenkel (Abb. 3.9).

Die direkten **Rami musculares** ziehen zu den tiefen Halsmuskeln sowie zu M. trapezius, M. sternocleidomastoideus und M. levator scapulae. Die motorische Innervation des M. trapezius und M. sternocleidomastoideus stammt aus dem N. accessorius (Fasern des spinalen Kerns, s. S. 182). Der Plexus cervicalis soll nur proprioceptive Fasern (Muskelspindeln, Sehnenorgane) für diese beiden Muskeln führen (Abb. 3.9). Weiter werden folgende Muskeln innerviert:

Mm. longus capitis und longus colli
Mm. recti capitis lateralis und anterior
Mm. scaleni
M. levator scapulae (gelegentlich innervieren ihn auch die Äste des N. dorsalis scapulae)
M. sternocleidomastoideus ⎫
M. trapezius ⎭ Doppelinnervation mit N. accessorius.

Die **Rami cutanei**, Hautäste, treten gemeinsam am hinteren Rand des M. sternocleidomastoideus im Trigonum colli laterale (Punctum nervosum) an die Oberfläche und ziehen dort strahlenförmig auseinander:

| | |
|---|---|
| N. occipitalis minor | – nach hinten zur Haut in der Gegend des Warzenforsatzes |
| N. auricularis magnus | – nach oben zur Haut an Unterkieferwinkel und Ohrläppchen |
| Nn. supraclaviculares | – nach unten zur Haut über dem Schlüsselbein |
| N. transversus colli | – nach vorn zur Haut der vorderen Halsseite; dieser Nerv ist dem N. facialis (früher Ansa cervicalis superficialis) streckenweise angelagert. |

## N. phrenicus
Der N. phrenicus stammt aus C 3–C 5 des Plexus cervicalis. Er zieht im Bogen abwärts vor den M. scalenus anterior, dann zwischen A. und V. subcla-

via in den Thorax vor der Pleurakuppel. Er setzt sich seitlich im Mediastinum fort, liegt unter der Pleura mediastinalis durchscheinend vor dem Lungenhilus und befindet sich streckenweise in dem schmalen Spaltraum, der von Pleura und Perikard gebildet wird. Wichtig ist die topographische Lage des linken N. phrenicus zwischen A. subclavia und A. carotis communis und das seitliche Überkreuzen des Aortenbogens. Beim rechten N. phrenicus ist der Verlauf entlang der V. cava superior, dem rechten Vorhof und der V. cava inferior von Bedeutung. Nach Erreichen der Zwerchfellkuppeln breiten sich die Nn. phrenici kranzförmig auf den beiden Zwerchfellhälften aus. Der lange Verlauf des N. phrenicus rührt von der Entwicklung des Zwerchfells aus den Halsmyotomen her. Der Phrenicus innerviert das Zwerchfell motorisch und führt sensible Fasern von der Pleura, vom Perikard (R. pericardiacus) und aus der Bauchhöhle vom Peritoneum (R. phrenicoabdominalis).

Vom N. phrenicus unabhängig verlaufende Faserbündel sind häufig; diese Abspaltungen heißen Nn. phrenici accessorii. Der N. phrenicus versorgt den wichtigsten Atemmuskel, das Diaphragma. Der Ausfall wird bei einseitiger Lähmung ausgeglichen. Die doppelseitige Parese bewirkt jedoch schwerste Ventilationsstörungen. Früher wurden zur Behandlung der Lungentuberkulose basale Lungenabschnitte durch eine einseitige Phrenicusexhairese (Nervziehen) stillgelegt, um die Lungenbewegungen durch die Zwerchfellkontraktion zu vermeiden. Dazu wird ein Stück des N. phrenicus auf der Höhe des M. scalenus anterior „herausgezogen", um die schnelle Regeneration zu verhindern. Phrenicusparesen sind durch den komplizierten Verlauf relativ häufig, am meisten nach Bronchialcarcinomen beschrieben. Andere Schäden des Plexus cervicalis sind relativ selten. Bei einer aufsteigenden Lähmung im Rückenmark (z. B. bei Poliomyelitis) ist durch den hohen Abgang des N. phrenicus das Diaphragma der letzte Atemmuskel, der die Lungenfunktion aufrechterhält; eine aufsteigende Lähmung bis C 3 oder Querschnittslähmung über C 3 führt zum vollständigen Atemstillstand. Die Reizung der sensiblen Fasern aus dem Peritoneum führt zur Projektion des Schmerzes in das entsprechende Dermatom: so werden z. B. peritoneale Reizschmerzen der erkrankten Gallenblase vom Patienten in der Schultergegend lokalisiert.

### 3.2.5 Armgeflecht (Plexus brachialis)

Die 5 Rami ventrales der Spinalnerven von C 5 bis Th 1 bilden ein Geflecht, das zunächst zu 3 Hauptstämmen (Trunci) konvergiert, die in einer Frontalebene liegen. Die Rami ventrales dieser **Spinalnerven**, die **Trunci superior, medius** und **inferior** verlaufen durch die hintere Scalenuslücke (zwischen M. scalenus anterior und M. scalenus medius), liegen oberhalb der aufsteigenden A. subclavia und projizieren sich oberhalb der Clavicula auf das laterale Halsdreieck. Diese **Pars supraclavicularis** des Plexus brachialis erreicht absteigend den Scheitelpunkt der A. subclavia. Aus den Trunci entstehen 3 Fasciculi, die sich über (lateral), hinter (posterior) und unter (me-

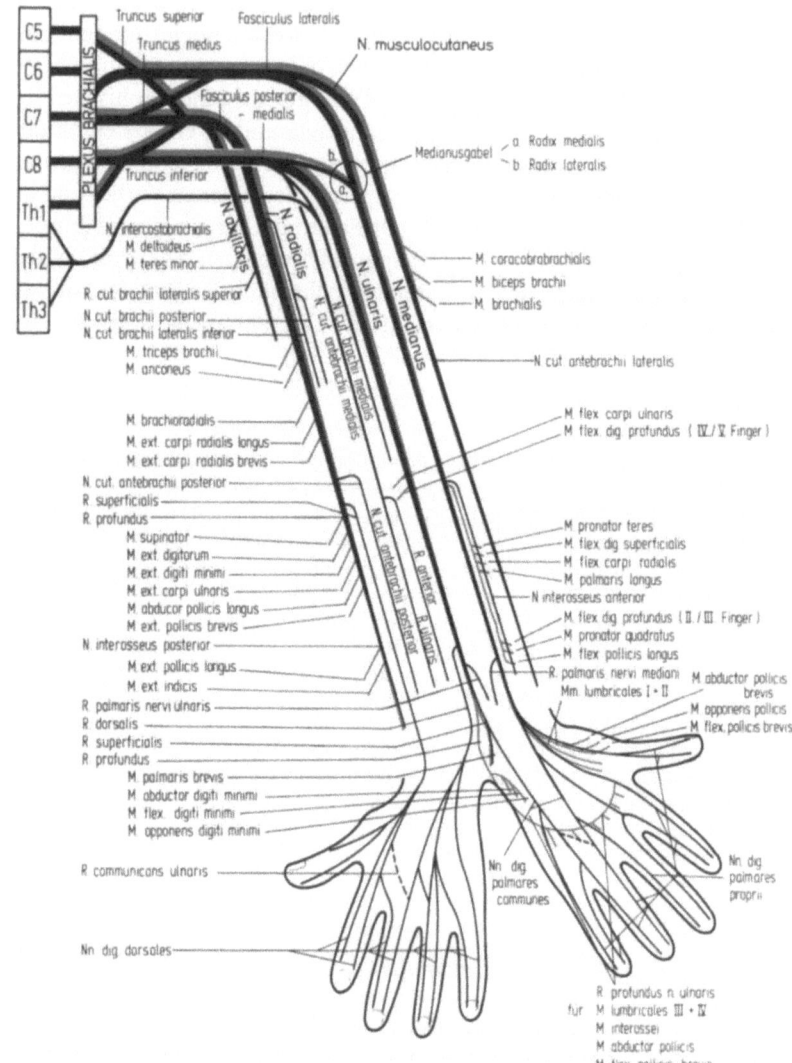

**Abb. 3.11.** Plexus brachialis und seine Hauptäste für den Arm (in Anlehnung an WEBER 1975). Motorische Fasern (rot) und sensible Fasern (schwarz) sind differenziert

Spinalnerven (Nervi spinales) 191

dial) der A. subclavia anordnen. Die Fasciculi lateralis, posterior und medialis bilden die **Pars infraclavicularis** des Plexus brachialis und leiten sich ungleichmäßig aus den Trunci ab (s. Abb. 3.11): Der Fasciculus posterior erhält Anteile aus allen 3 Trunci (die sog Divisiones dorsales). Aus der Pars supraclavicularis stammen einige direkte kleine Nerven für Hals und Schultergürtel, während die großen Armnerven sich ausnahmslos aus der Pars infraclavicularis fortsetzen. Die Beteiligung bestimmter Segmente an der Bildung des Plexus brachialis ist wichtig für die Klinik; deshalb müssen die Zusammenhänge in den Abb. 3.10 und 3.11 genau studiert werden.

Die Äste des Plexus brachialis sind in der Übersicht in kleine dorsale und ventrale sowie in die Hauptnerven einzuteilen:

1. **Dorsale Äste des Plexus brachialis (Abb. 3.10 und 3.11):**
   a) Rami musculares zu Mm. scaleni, M. longus colli
   b) N. dorsalis scapulae zu M. levator scapulae, Mm. rhomboidei
   c) N. thoracicus longus zum M. serratus anterior
   d) N. suprascapularis zu M. supraspinatus, M. infraspinatus
   e) N. subscapularis zu M. subscapularis, M. teres major
   f) N. thoracodorsalis zum M. latissimus dorsi.
2. **Ventrale Äste des Plexus brachialis:**
   a) N. subclavius zu M. subclavius
   b) Nn. pectorales medialis et lateralis zu M. pectoralis major und M. pectoralis minor.
3. **Hauptäste des Plexus brachialis (Abb. 3.11) zum Arm:**
   a) N. axillaris
   b) N. radialis ——————————————— Fasciculus posterior
   c) N. cutaneus brachii medialis
   d) N. cutaneus antebrachii medialis ——— Fasciculus medialis
   e) N. ulnaris
   f) N. medianus
   g) N. musculocutaneus ——————————— Fasciculus lateralis.

**N. axillaris**

Der N. axillaris besitzt Fasern aus den Segmenten C 5 und C 6 und bildet zusammen mit dem N. radialis die Fortsetzung des Fasciculus posterior des Plexus brachialis. Beide Nerven ziehen ventral über die Sehne des M. subscapularis an der Hinterwand der Axilla. Am unteren Rand dieser Sehne biegt der N. axillaris nach hinten in die laterale Achsellücke und zieht zwischen M. teres major und minor in einer engen Spirale um den Humerus. Mit A. und V. circumflexa humeri posterior liegt er dicht am Collum chirurgicum humeri. In seinem Verlauf in der lateralen Achsellücke gibt er einen Ast an den M. teres minor ab. Nach seinem Austritt aus der lateralen Achsellücke ziehen mehrere Äste an den M. deltoideus. Am hinteren Rand sowie zwischen den Fasern des M. deltoideus treten ein oder mehrere Hautäste als N. cutaneus brachii lateralis superior an die laterale und hintere Fläche des Oberarms.

Der N. axillaris kann relativ häufig geschädigt werden: Die Axillarisparese entsteht unter anderem durch Humerusfrakturen am Collum chirurgicum oder bei Luxationen des Schultergelenks. Bei der Reposition eines luxierten Schultergelenks ist zu bedenken, daß eine Axillarisläsion verursacht werden kann. Durch die Parese des N. axillaris entwickelt sich die charakteristische Atrophie des M. deltoideus, und in der Regel ist die Funktion des Schultergelenks stark beeinträchtigt.

## N. radialis

Der N. radialis stammt aus C 5 bis C 8 und zieht als direkter Hauptstrang des Fasciculus posterior des Plexus brachialis auf die dorsale Seite des Oberarms unter das Caput longum des M. triceps brachii. Er bildet eine langgezogene Halbspirale um den Oberarm, begleitet von der A. profunda brachii. Noch an der hinteren Achselfalte durchbrechen Hautäste die tiefen Schichten: N. cutaneus brachii posterior. In der Mitte des Oberarms tritt der Nervenstamm in den Sulcus nervi radialis, unter dem Ansatz des Caput laterale des M. triceps brachii direkt auf dem Periost des Humerus gelegen. Während dieses Verlaufs gibt er Rami musculares an folgende Muskeln ab: M. triceps brachii, M. anconeus, als Variation an den M. brachialis. Schließlich tritt der N. radialis unter dem Vorderrand des M. triceps im Septum intermusculare mediale an den M. brachialis, an den er häufig einige Äste abgibt, und setzt sich zwischen M. brachialis und M. brachioradialis nach ventral in die Fossa cubiti fort. Am Septum intermusculare durchbrechen kleinere Hautäste für den Unterarm, als N. cutaneus antebrachii posterior, die tieferen Schichten. Noch oberhalb der Fossa cubiti gehen Rami musculares für die langen Unterarmmuskeln ab:

M. brachioradialis
M. extensor carpi radialis longus

In der Fossa cubiti teilt sich der N. radialis in den Ramus superficialis und Ramus profundus.

Der Ramus superficialis ist ein Hautnerv, der mit der A. radialis unter dem M. brachioradialis weiterzieht. Im unteren Drittel des Unterarms gelangt er, unter der Sehne des M. brachioradialis hervortretend, auf den M. extensor carpi radialis brevis und verzweigt sich nach Überqueren der Sehne der langen Daumenmuskeln in die Nn. digitales dorsales. Er innerviert die radiale Hälfte des Handrückens (bis Mittelfinger) und bildet am Mittelfinger eine Anastomose mit dem N. ulnaris (Ramus communicans ulnaris).

Der Ramus profundus verläuft aus der Ellenbeuge in den M. supinator und windet sich dorsal um das proximale Radiusende. Er gibt von der Ellenbeuge bis kurz nach seinem Austritt unter dem M. supinator Rami musculares für eine obere Muskelgruppe ab, meist in der aufgeführten Reihenfolge:

M. extensor carpi radialis brevis (dieser Muskel wird gelegentlich auch von einem Ast aus der Ellenbeuge oder aus dem Ramus superficialis versorgt)
M. supinator (dieser Muskel wird variabel aus der Ellenbeuge, von intramuskulären und rückläufigen Ästen nach Durchtritt durch den M. supinator versorgt)
M. extensor digitorum
M. extensor digiti minimi  } aus einem ulnaren Stammnerv
M. extensor carpi ulnaris
M. abductor pollicis longus } aus einem radialen Stammnerv
M. extensor pollicis brevis

Unter dem M. extensor pollicis longus setzt sich der Ramus profundus schließlich als N. interosseus posterior fort und innerviert die distalen Muskeln:

M. extensor pollicis longus
M. extensor indicis

Der N. interosseus posterior führt sensible Fasern von tiefen Schichten (Knochen, Handgelenke etc.).

Die Radialislähmung gehört zu den häufigsten Läsionen peripherer Nerven, wobei Ursache und Art der Schäden sehr vielfältig sein können. Am häufigsten kommen 3 Typen der Radialislähmung vor: In der Axilla führen Verletzungen zu stärksten Ausfällen mit auffallender Beteiligung des M. triceps und des Hautareals am Oberarm, das vom N. cutaneus brachii posterior versorgt wird. Bei der häufigsten Parese durch Fraktur des Humerusschafts am Sulcus nervi radialis sind alle Unterarmstrecker gelähmt und die Hautversorgung durch den Ramus superficialis fällt aus. Durch Ausfall der Streckmuskeln entsteht die schlaff herunterhängende **Fallhand** (Abb. 3.12). Bei der Verletzung durch Fraktur des proximalen Radius haben wir das Bild einer rein motorischen Lähmung der beiden distalen Extensorengruppen (s. Abb. 3.11). Als Eigenart ist auch die isolierte motorische Radialislähmung als einziges neurologisches Symptom bei chronischer Bleiintoxikation mit weiteren internistischen Symptomen zu erwähnen.

### N. cutaneus brachii medialis und N. cutaneus antebrachii medialis

Die beiden medialen Hautnerven stammen aus dem Fasciculus medialis von C 8 und Th 1. Dem N. cutaneus brachii medialis gesellt sich meist noch das Segment Th 2 (seltener sogar Th 3) zu, indem der Ramus cutaneus lateralis des N. intercostalis II als **N. intercostobrachialis** durch das Fettgewebe der Axilla zu dem medialen Hautnerv zieht. Beide Nerven verlassen den

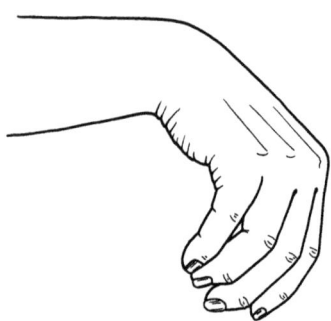

**Abb. 3.12.** Haltung der Hand bei Radialislähmung: in Ruhestellung wiegt der Tonus der Flexoren vor, sog. „Fallhand"

Fasciculus medialis getrennt oder als ein gemeinsamer, verschieden langer Stamm. Der N. cutaneus brachii medialis tritt mit Ästen in der Axilla und am Sulcus bicipitalis medialis durch die Oberarmfascie und versorgt die medialen Hautareale des Oberarms bis zum Epicondylus medialis. Der N. cutaneus antebrachii medialis zieht mit der V. brachialis am Oberarm tiefer und kommt mit der V. basilica im Sulcus bicipitalis medialis an die Oberfläche. Er versorgt mit einem Ramus anterior die Haut auf der vorderen Flexorenseite des Unterarms und mit einem Ramus ulnaris die dorsalen Hautbezirke des Unterarms beiderseits der tastbaren Kante der Ulna.

Die medialen Hautnerven spielen bei der Symptomatik von Erkrankungen im Thoraxbereich eine Rolle; insbesondere auf die mediale linke Oberarmseite projiziert sich häufig der Schmerz beim Herzinfarkt. Die Ursache der Symptome des isolierten medialen Oberarmschmerzes muß daher sorgfältig analysiert werden (Elektrokardiogramm).

## N. ulnaris

Der N. ulnaris ist der direkte Hauptstrang aus dem Fasciculus medialis und enthält Fasern aus C 8 und Th 1. Er befindet sich in der oberen Hälfte des Oberarms an der medialen oder dorsalen Seite der A. axillaris und der A. brachialis, durchbohrt dann das Septum intermusculare mediale und liegt unter der Fascie auf dem Caput mediale des M. triceps brachii. Dorsal vom Epicondylus medialis setzt er sich in einer Rinne (Sulcus nervi ulnaris) fort, in der er von einem osteofibrösen Kanal umgeben ist. Dieser Kanal geht in die Ursprungssehne des M. flexor carpi ulnaris über. Nachdem der N. ulnaris diesen Kanal verläßt, zieht er unter dem M. flexor carpi ulnaris und auf dem M. flexor digitorum profundus weiter, tritt in der Mitte des Unterarms an die A. ulnaris und gibt im distalen Drittel des Unterarms den Ramus dorsalis ab. Im proximalen Unterarmabschnitt gehen Rami musculares ab für:

M. flexor carpi ulnaris
M. flexor digitorum profundus (nur für die ulnare Seite der Anteile des IV. und V. Fingers).

Im distalen Unterarmbereich und proximal der Handgelenke gehen der Reihe nach folgende Äste ab:
Der **Ramus dorsalis** nervi ulnaris ist ein Hautast für die ulnare Streckseite des Unterarms und gibt Nn. digitales dorsales für Handrücken und die dorsale Haut von der Mitte des Mittelfingers bis zum Kleinfinger ab.
Der **Ramus palmaris** nervi ulnaris ist ein Ast für die Haut des Kleinfingerballens.
Der Endast des N. ulnaris zweigt sich nach dem Verlauf über den ulnaren Ansatz des Lig. carpi transversum neben dem Os pisiforme auf, wo er den Ursprung der Kleinfingerballenmuskeln an der Oberfläche erreicht.
Der **Ramus superficialis** als gemischter Nerv ist sensibel für die Haut des halben Ringfingers und des kleinen Fingers palmar sowie des halben Mittelfingers und des ganzen Ring- und kleinen Fingers dorsal, und motorisch für den M. palmaris brevis.
Der **Ramus profundus** dringt durch die Muskeln des Kleinfingerballen und verläuft mit dem Arcus palmaris profundus zwischen M. abductor digiti minimi und M. flexor digiti minimi brevis in die Tiefe. Zwischen den Sehnen der Flexoren gehen in einem Bogen Äste für folgende Muskeln ab:

Alle Kleinfingerballenmuskeln
Mm. interossei palmares et dorsales
Mm. lumbricales III und IV
M. adductor pollicis
M. flexor pollicis, caput profundum.

Bei Ulnarislähmung entsteht unabhängig von der Höhe eine sog. **Krallenhand,** da die Mm. interossi als Beuger der Fingergrundgelenke und Strecker der Mittel- und Endgelenke ausfallen. Die Grundgelenke sind daher überstreckt, die Mittel- und Endgelenke gebeugt. Bei proximalen Lähmungen, die häufig bei Fraktur oder Kompression am Epicondylus medialis humeri entstehen, führt zusätzlich der Ausfall des M. flexor carpi ulnaris und der ulnaren Seite des M. flexor digitorum profundus zu verstärkter Radialabduktion und besonderer Ausprägung der Krallenhand des Ring- und Kleinfingers (Abb. 3.13).

## N. medianus

Der N. medianus hat Wurzeln aus C 5 bis Th 1 und stammt aus den Fasciculi medialis et lateralis ab. Diese beiden Stränge bilden ventral um die A. axillaris eine zweizinkige Gabel, die Medianusgabel, aus der der dicke Nerv in der Axilla entsteht. Gelegentlich verläuft der laterale Anteil – Radix lateralis – auch eine Strecke mit dem N. musculocutaneus und trifft erst in der Mitte des Oberarms auf die Radix medialis („tiefsitzende Medianusgabel"). Im Sulcus bicipitalis medialis überkreuzt der N. medianus von der Axilla bis zur Fossa cubiti in einem spitzen Winkel die A. brachialis von lateral nach medial und zieht unter dem Lacertus fibrosus und dann medial

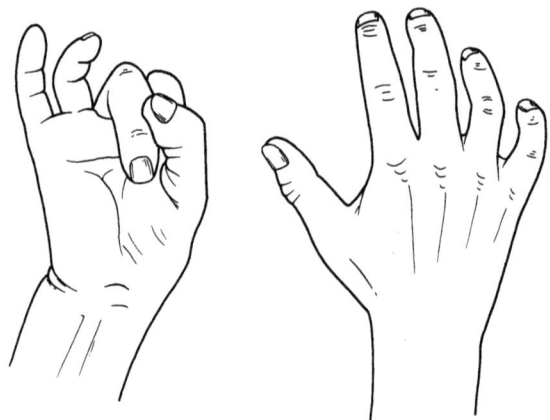

**Abb. 3.13.** Haltung der Hand bei Lähmung des N. ulnaris: beim Versuch die Faust zu schließen (links), bleiben Ring- und Kleinfinger fast gestreckt. In Ruhestellung (rechts) entsteht die „Krallenhand", insbesondere durch Ausfall der M. interossei

entlang der tiefen Bicepssehne. Die Fossa cubiti verläßt der N. medianus, indem er durch die beiden Köpfe des M. pronator teres zieht und die Loge zwischen Mm. flexor digitorum profundus und superficialis erreicht. Dabei unterquert er ab Mitte des Unterarms die Sehnen des M. flexor carpi radialis und M. palmaris longus. Er tritt dann an der Daumenseite in den Canalis carpi, um die Hohlhand zu erreichen. Der N. medianus gibt in seinem Verlauf folgende Äste ab:

Noch in der Fossa cubiti zweigen die **Rami musculares** für die oberflächlichen Flexoren ab:

M. pronator teres
M. flexor carpi radialis
M. palmaris longus
M. flexor digitorum superficialis.

Die Rami musculares für die weiteren, insbesondere tiefersitzenden Flexoren gehen nach Durchtritt durch den M. pronator teres in der Flexorenloge ab; diese Rami musculares stammen aus einem gemeinsamen Stamm, dem **N. interosseus anterior:**

M. flexor digitorum profundus (für 2. und 3. Finger)
M. flexor pollicis longus
M. pronator quadratus.

Im distalen Unterarmabschnitt geht der R. palmaris nervi mediani ab, der die Haut des Daumenballens und der lateralen Hohlhand versorgt. Nach

Spinalnerven (Nervi spinales) 197

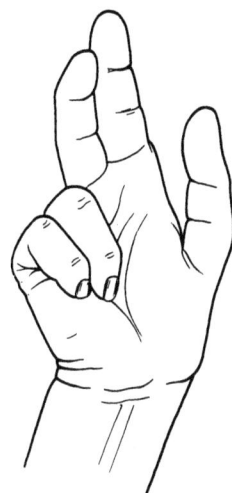

**Abb. 3.14.** Lähmung des N. medianus: nur die ulnaren Finger können gebeugt werden; es entsteht die „Schwurhand"

Durchtritt durch den Carpaltunnel lösen sich die motorischen Nerven des distalen N. medianus zu den Muskeln des Daumenballens und für die Mm. lumbricales. Diese Rami musculares innervieren folgende Muskeln:

M. abductor pollicis brevis
M. opponens pollicis
M. flexor pollicis brevis (Caput superficiale; das Caput profundum wird vom N. ulnaris innerviert!)
Mm. lumbricales I und II.

Die Endäste des N. medianus sind die Nn. digitales palmares communes, die 7 Nn. digitales palmares proprii abgeben und die Haut der 3½ radialen Finger auf der Palmarseite versorgen.

Der N. medianus gehört zu den häufig durch Drucklähmungen befallenen Nerven. Man beobachtet Läsionen am Oberarm (Drucklähmung im Schlaf) bei Reizung im Durchtritt durch den M. pronator teres (chronische Reizung) und die häufigste Lähmung beim Durchtritt durch den Carpaltunnel, das sog. Carpaltunnelsyndrom. Typisches Zeichen der proximalen Medianuslähmung ist die „Schwurhand": Beim Versuch, die Faust zu ballen, können Daumen und Zeigefinger nicht und der Mittelfinger nur teilweise gebeugt werden (Abb. 3.14).

## N. musculocutaneus

Der N. musculocutaneus ist die Fortsetzung des Fasciculus lateralis des Plexus brachialis. Er zieht aus der Axilla durch den M. coracobrachialis und dann zwischen M. biceps brachii und M. brachialis zur Ellenbeuge.

Dabei versorgt er mit Rami musculares den

M. coracobrachialis
M. biceps brachii
M. brachialis.

Am Ende des Muskelbauchs oder am Anfangsteil der Bicepssehne tritt der Endast des N. musculocutaneus seitlich durch die Oberarmfascie und setzt sich als Hautnerv für die laterale und vordere Seite (radial) des Unterarms (auf dem Extensorenbauch gelegen) fort als N. cutaneus antebrachii lateralis. Dieser Nerv läuft streckenweise mit dem Unterarmabschnitt V. cephalica.

Läsionen des N. musculocutaneus werden sehr selten beobachtet, allenfalls durch Schnittverletzungen, bei Schultergelenkluxationen oder Operationen in der Axilla. Dabei ist die Beugefunktion, insbesondere aber auch die Supination (M. biceps brachii) im Ellenbogengelenk stark beeinträchtigt.

### 3.2.6 Intercostalnerven (Rami ventrales nervorum thoracicorum oder Nervi intercostales)

Die Nn. intercostales verlaufen in den Intercostalräumen und innervieren die Thoraxwand. Ventral absteigend erreichen sie auch die Bauchwand: Der 10. Intercostalnerv zieht in die Nabelgegend, der 12. Intercostalnerv in die Leiste. Jeder Intercostalnerv bildet zusammen mit den Vasa intercostalia den Gefäß-Nerven-Strang, der streckenweise im Sulcus costae am caudalen Rippenrand ventralwärts zieht. Häufig liegt das Leitbahnbündel auch unter den Rippen. Im dorsalen Abschnitt befinden sich die Intercostalnerven in der Fascia endothoracica unter den Mm. intercostales externi und interni und auf dem M. intercostalis intimus, in Höhe der mittleren Axillarlinie zwischen den beiden Schichten der Mm. intercostales interni und externi. Im ventralen Bereich treten die 4 oberen Intercostalnerven neben dem Brustbein an die Oberfläche; die 7 unteren ziehen zwischen M. transversus abdominis und M. obliquus internus in die Rectusscheide und oberflächlich vom M. rectus abdominis in die Haut. Der 1. Intercostalnerv beteiligt sich am Aufbau des Plexus brachialis, der 12. (N. subcostalis und N. iliohypogastricus) an der Bildung des Plexus lumbalis.

Die Nervi intercostales haben **Rami musculares** für die gesamte Rumpfwand:

Mm. intercostales externi
Mm. intercostales interni
Mm. intercostales intimi

M. serratus posterior superior
M. serratur posterior inferior
M. transversus abdominis
M. obliquus abdominis internus
M. obliquus abdominis externus
M. rectus abdominis
M. pyramidalis.

Die Hautäste der Nervi intercostales gehen seitlich und vorn an die **Rumpfwand**:

**Rami cutanei laterales** (Abb. 3.8) erreichen die Oberfläche zwischen den Zacken des M. serratus anterior in Höhe der Axillarlinie und innervieren die Haut der lateralen Rumpfwand. Einige Äste erreichen als Rami mammarii laterales die Brustdrüse. Die Rami cutanei laterales der Nn. intercostales 2 und 3 ziehen variabel als N. intercostobrachialis zur Haut der Achselhöhle und der Innenseite des Oberarms, wo sie sich mit dem N. cutaneus brachii medialis (des Plexus brachialis) verbinden.

**Rami cutanei anteriores** treten neben dem Sternum an die Oberfläche und innervieren die Haut der ventralen Rumpfwand. Auch die Rami cutanei anteriores besitzen Äste für die Brustdrüse, Rami mammarii anteriores.

Rami pleurales et peritoneales ziehen zu Pleura parietalis und Peritoneum parietale.

### 3.2.7 Lendenkreuzbeingeflecht (Plexus lumbosacralis)

In diesem ausgedehnten Plexus verbinden sich immer 2 benachbarte Rami ventrales der Spinalnerven als Schlingen (Ansae). Auch der 12. Intercostalnerv und die Sacral- und Coccygealnerven sind in dieses Geflecht mit einbezogen (Abb. 3.15 und 3.16). Eine Trennung in Einzelabschnitte hat deshalb willkürlichen Charakter und wird nur aus didaktischen Gründen vorgenommen.

### 3.2.8 Lendengeflecht (Plexus lumbalis)

Der Plexus lumbalis liegt zu beiden Seiten der Lendenwirbelsäule und wird von den Segmenten Th 12 bis L 4 gebildet. Im Anfangsteil durchbrechen die Äste die Ursprungszacken des M. psoas major und legen sich dann vor den M. quadratus lumborum. Der Plexus lumbalis innerviert die unteren Abschnitte der Bauchwandmuskulatur und Haut sowie im wesentlichen die vordere Oberschenkelregion.

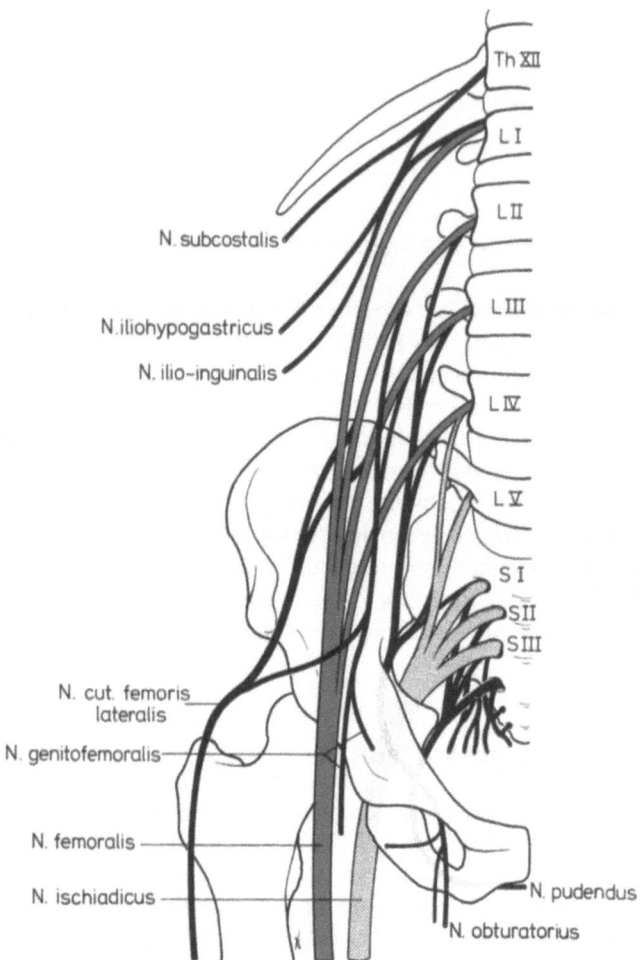

**Abb. 3.15.** Darstellung der topographischen Lage des Plexus lumbosacralis. Der N. femoralis und der N. ischiadicus sind als Hauptstämme hervorgehoben. Man beachte die häufige Faserverbindung des N. genitofemoralis mit dem N. cutaneus femoris lateralis und dem gemeinsamen Stamm des N. iliohypogastricus und N. ilio-inguinalis

**Abb. 3.16.** Plexus lumbosacralis und seine Hauptäste für die untere Extremität (in Anlehnung an WEBER 1975). Motorische Fasern (rot) und sensible Fasern (schwarz) sind differenziert

## Spinalnerven (Nervi spinales) 201

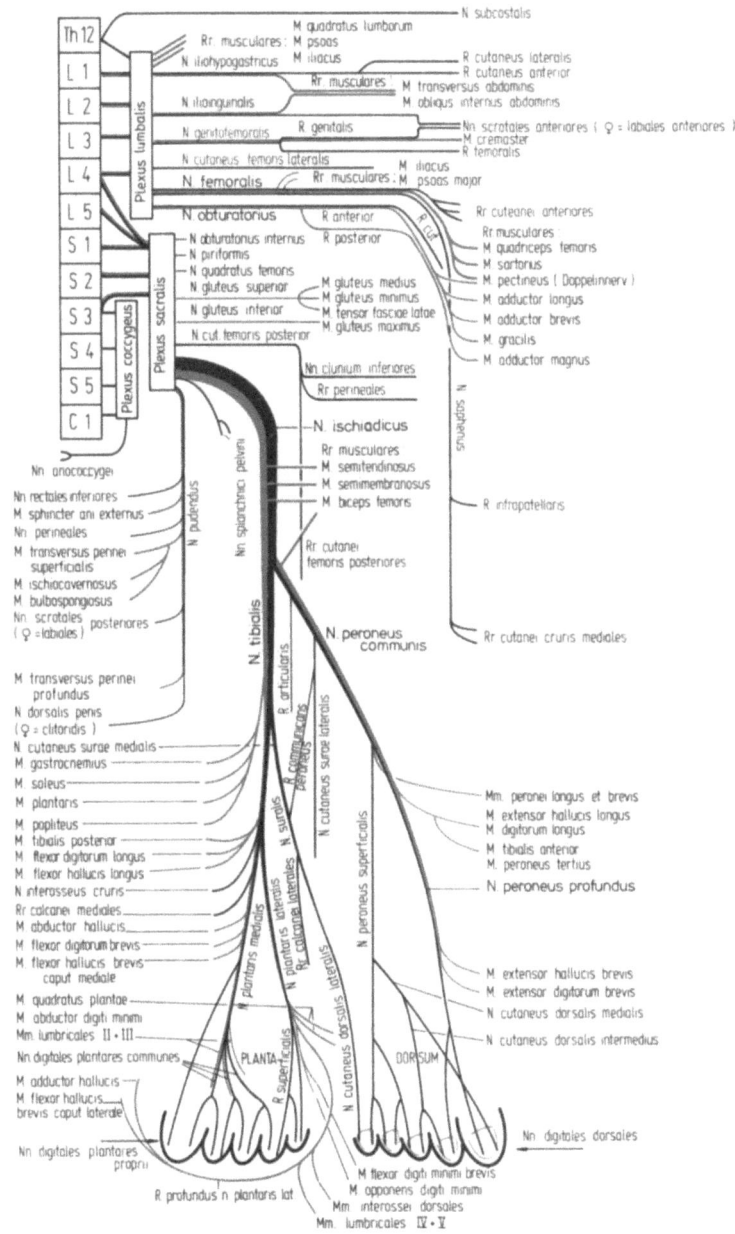

### Äste des Plexus lumbalis (Abb. 3.15 und 3.16)

a) **Rami musculares** sind direkte Äste für Muskeln an der hinteren Abdominalwand. Sie innervieren teilweise:

M. quadratus lumborum
Mm. psoas major et minor
M. iliacus.

b) **N. iliohypogastricus.** Der N. iliohypogastricus stammt aus Th 12 und L 1. Er verläuft zwischen M. quadratus lumborum und M. psoas major hinter der Niere oberhalb des Randes des großen Beckens und liegt dann zwischen dem M. transversus abdominis und M. obliquus internus abdominis. Er zieht in dieser Schicht parallel zur Crista iliaca nach ventral und gibt Rami musculares für folgende Muskeln ab:

M. transversus abdominis
M. obliquus abdominis internus.

Sensible Äste des N. iliohypogastricus ziehen zur Haut der lateralen Leistengegend und der Hüfte; sie stammen vom Ramus cutaneus lateralis. Der sensible Endast, Ramus cutaneus anterior, durchbricht die Aponeurose des M. obliquus externus in Höhe des Anulus inguinalis internus und versorgt die Haut der medialen Leistengegend und oberhalb der Symphyse.

c) **N. ilioinguinalis.** Der N. ilioinguinalis stammt ebenfalls aus L 1 und erhält manchmal Fasern von L 2. Er trennt sich vom N. iliohypogastricus nachdem er im Anfangsteil als gemeinsamer Stamm oder parallel unterhalb des N. iliohypogastricus dorsal der Niere verläuft. Dann zieht er etwas tiefer auf dem M. iliacus nach lateral. Auch er innerviert Teile des M. transversus abdominis und M. obliquus internus. Seine sensiblen Äste sind: Der Ramus cutaneus anterior, der den M. obliquus externus in der Nähe der Spina iliaca anterior superior durchbohrt und dann dem Samenstrang unter der Externusaponeurose innerhalb des Leistenkanals folgt. Die sensiblen Endäste gelangen als Nn. scrotales anteriores bzw. Nn. labiales anteriores zur Haut über der Symphyse, der Peniswurzel sowie an die Haut des Mons pubis, teilweise auch an die Zone der anschließenden Oberschenkelhaut.

d) **N. genitofemoralis.** Dieser Nerv aus L 1 und L 2 durchbohrt noch in der Lendengegend den M. psoas major und trennt sich schon bald in einen Ramus genitalis und einen Ramus femoralis. Die beiden Äste sind meist von der A. iliaca communis und externa verdeckt und liegen auf dem M. psoas unter seiner Fascie. Der **Ramus femoralis** tritt dann durch die Lacuna vaso-

im Trigonum femorale vom Hauptstamm ab. Der Endast des N. femoralis ist der N. saphenus. Er verläuft mit der A. femoralis in den Adduktorenkanal und durchbricht die Lamina vastoadductoria und die Oberschenkelfascie, um meist am Hinterrand des M. sartorius auf die V. saphena magna zu treffen. Mit dieser verläuft er auf der medialen Unterschenkelseite zum Malleolus medialis. Er innerviert zunächst mit dem nach vorn abbiegenden Ramus infrapatellaris die Haut um und unterhalb der Patella. Die distalen Rami cutanei cruris mediales versorgen die Haut am medialen Unterschenkel bis herunter zum Malleolus medialis.

**g) N. obturatorius.** Der unterste Nerv des Plexus lumbalis stammt aus L 2 bis L 4 und liegt in der Tiefe des kleinen Beckens am medialen Rand des M. psoas major. Er gelangt ins kleine Becken, überkreuzt die Articulatio sacroiliaca und erreicht an der Seitenwand des Beckens den Canalis obturatorius. An der Wand des Beckens befindet er sich zunächst unter der A. iliaca communis, dann ist er zwischen V. iliaca externa und A. iliaca interna in der Tiefe zu finden. Hier überkreuzt der oberflächlicher gelegene Ureter den N. obturatorius. Beim weiblichen Becken zieht er durch die Fossa ovarica und ist oft in engem Kontakt zu den Ovarien zu finden. Noch vor Austritt aus dem Becken in die Adduktorengruppe teilt sich der N. obturatorius in einen Ramus anterior und einen Ramus posterior sowie einen **Ramus muscularis** für den M. obturatorius externus. Diese Äste treten nach Verlassen des Canalis obturatorius auseinander und der Ramus posterior und Ramus anterior werden vom M. adductor brevis getrennt. Der **Ramus anterior** versorgt

M. pectineus (auf der Vorderseite auch vom N. femoralis versorgt)
M. adductor longus
M. adductor brevis
M. gracilis.

Der Endast des Ramus anterior ist der senible Ramus cutaneus. Dieser Hautast tritt am Vorderrand des M. gracilis durch die Fascia lata zur Haut in der distalen Hälfte der medialen Oberschenkelfläche; sein Innervationsgebiet überlappt sich mit dem der Rami cutanei anteriores des N. femoralis.

Der **Ramus posterior** verläuft zwischen M. adductor brevis und M. adductor magnus. Er innerviert den M. adductor magnus, der von dorsal auch vom N. ischiadicus mitinnerviert sein kann.

Aberrierende Fasern des N. obturatorius verlaufen als N. obturatorius accessorius ventral durch die Lacuna vasorum. Sie entsprechen meist Fasern des Ramus anterior.

rum zur Haut unterhalb der Leistenbeuge auf dem Trigonum femorale. Der **Ramus genitalis** verläuft weiter nach medial, erreicht den Samenstrang bzw. das Ligamentum teres uteri und zieht durch den Leistenkanal zum Scrotum bzw. den Labia majora. Er versorgt mit motorischen Fasern den M. cremaster und mit sensiblen Fasern die Scrotalhaut sowie die Hodenhüllen. Teilweise werden auch die anliegenden Oberschenkelhautzonen vom Ramus genitalis sensibel mitversorgt.

e) **N. cutaneus femoris lateralis.** Dieser Hautnerv stammt von L 2 und L 3. Er durchbohrt den M. psoas nach dem Ursprung und zieht dicht am Ansatz des M. quadratus lumborum zur Crista iliaca nach lateral. Dann durchquert er in der Fascie des M. iliacus die Fossa iliaca und erreicht die Spina iliaca anterior superior. Dort verläßt er das Becken, meist in Fasern des Ligamentum inguinale eingebettet oder lateral in der Lacuna musculorum. Diese Durchtrittspforte bildet ein fibröser Kanal zur seitlichen Oberschenkelregion. Unter der Fascia lata teilt sich der N. cutaneus femoris lateralis in einen ventralen und dorsalen Ast für die Versorgung der Haut an der anterolateralen Region des distalen Oberschenkels auf.

f) **N. femoralis.** Der N. femoralis ist der Hauptnerv des Plexus lumbalis und stammt aus L 2 bis L 4. Seine Wurzeln sammeln sich am lateralen Rand des M. psoas major. Er verläuft auf dem M. iliacus liegend zur Lacuna musculorum, die er mit dem M. iliacus und M. psoas major dicht am Rand des Arcus iliopectineus durchtritt. Er erreicht damit die Vorderfläche des Oberschenkels, die Regio femoralis, und teilt sich hier in seine Endäste auf. Noch während seines Verlaufs im Becken gibt er Äste für die Muskeln der Abdominalwand ab.

**Zweige des N. femoralis**

**Rami musculares** im Beckenbereich innervieren den

M. iliacus
M. psoas major.

Weitere **Rami musculares** zweigen sich nach Durchtreten durch die Lacuna musculorum frühzeitig in der Fossa iliopectinea zur Innervation folgender Muskeln auf:

M. quadriceps femoris
M. sartorius
M. pectineus (auch vom N. obtoratorius versorgt).

Die Rami cutanei femoris anteriores innervieren die Haut der Oberschenkelvorderseite. Auch sie zweigen dicht unterhalb der Lacuna musculorum

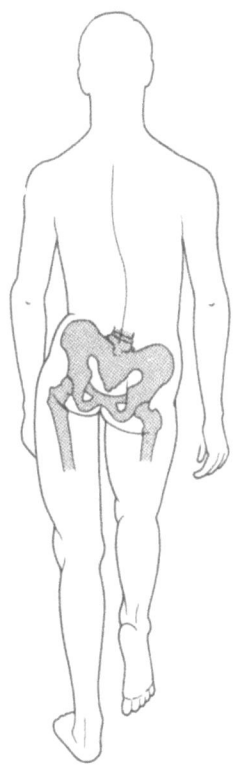

Abb. 3.17. Haltung des Beckens bei Lähmung des N. gluteus superior. Auf der Standbeinseite kann das Becken nicht gerade gehalten werden und kippt bei Heben des Spielbeins zur gesunden Seite ab

e) **N. cutaneus femoris posterior.** Dieser Hautnerv verläßt das Becken ebenfalls durch das Foramen infrapiriforme und gibt in der Gesäßfalte folgende Äste für die Haut der Dorsalseite ab: nach hinten und oben die Nn. clunium inferiores sowie nach medial oben die Rami perineales für die Haut des Dammes, und nach unten zieht der Hauptstamm unter der Fascia lata bis herunter in die Kniekehlenregion. Dabei durchbrechen abschnittsweise kleine Ästchen die Fascia lata, um die Haut an der dorsalen Seite des Oberschenkels zu innervieren.

f) **N. ischiadicus.** Der „Ischiasnerv" ist der dickste Nerv des Menschen überhaupt (Abb. 3.15). Er tritt durch das Foramen infrapiriforme und erreicht die Gesäßregion. Dabei biegt er etwas nach seitlich ab, um schließlich fast genau in der Längsrichtung des Oberschenkels zu verlaufen. Er überquert die Sehnen des M. obturatorius internus, dann die Mm. gemelli und den M. quadratus femoris. Er erreicht das dorsale Muskelcomparti-

### 3.2.9 Kreuzbeingeflecht (Plexus sacralis)

Der Plexus sacralis reicht von L 5 bis S 3 und ist über eine Ansa lumbalis zwischen L 4 und L 5 die kontinuierliche Fortsetzung des Plexus lumbalis. Die Rami ventrales in diesem Bereich treten durch die Foramina sacralia pelvina auf die konkave Vorderkrümmung des Kreuzbeins, der sie dicht aufliegen. Der überwiegende Teil der Faserbündel sammelt sich vor dem M. piriformis noch im Foramen ischiadicum majus als N. ischiadicus und zieht durch das Foramen infrapiriforme in die Regio glutea. Die Gesamtheit des Plexus sacralis innerviert die Muskulatur des Beckens, die dorsalen Regionen des Oberschenkels und mit Ausnahme des Innervationsgebiets des N. saphenus den Unterschenkel und Fuß.

**Äste des Plexus sacralis**

**a) Rami musculares** ziehen zu den kleinen pelvitrochantären Muskeln und sind nach den sie versorgenden Muskeln benannt:

N. piriformis zum M. piriformis
N. quadratus femoris zum M. quadratus femoris.

Weiter versorgen Rami musculares die Mm. gemelli superior et inferior und den M. obturatorius internus.

**b) Rami articulares.** Das Hüftgelenk enthält ebenfalls direkte Äste aus dem Plexus sacralis.

**c) N. gluteus superior.** Der N. gluteus superior stammt aus L 4 bis S 1 und tritt mit der Arteria und Vena glutea superior durch das Foramen suprapiriforme. Er zieht zwischen M. gluteus medius und minimus, die er innerviert, nach lateral vorn, und mit seinem Endast versorgt er den M. tensor fasciae latae.

Die von ihm innervierten Muskeln führen als Hauptfunktion die Abduktion des Oberschenkels in der Hüfte sowie eine Innenrotation durch, so daß bei einer Lähmung eine Abduktionsschwäche im Hüftgelenk entsteht. Auf der gelähmten Seite kann das Becken vom Standbein bei Heben des Spielbeins nicht mehr horizontal gehalten werden (Abb. 3.17), so daß das Becken bei jedem Schritt nach seitwärts von der gelähmten Seite wegkippt (TRENDELENBURG-Zeichen).

**d) N. gluteus inferior** stammt aus L 5 bis S 2 und zieht neben dem N. ischiadicus durch das Foramen infrapiriforme. Er gibt fächerförmig Äste an den M. gluteus maximus ab.

Bei Schädigung des N. gluteus inferior ist der M. gluteus maximus gelähmt, daß eine Streckung im Hüftgelenk, damit das Aufrichten des Rumpfes, stark behindert wird.

ment des Oberschenkels und liegt hier etwas medial zwischen den tastbaren Knochenpunkten des Tuber ischiadicum und Trochanter major. In der gesamten Regio glutaea ist der N. ischiadicus vom M. glutaeus maximus bedeckt. Im dorsalen Muskelcompartiment des Oberschenkels unterkreuzt der N. ischiadicus spitzwinklig das Caput longum des M. biceps femoris und liegt in der Tiefe zwischen den dorsalen Flexoren. Er überquert den Ansatz des Caput breve des M. biceps femoris und zieht zwischen medialen und lateralen Streckern in die Kniekehle. Oberhalb der Kniekehle teilt er sich bereits in den medialen N. tibialis und den lateralen N. peroneus communis. Die Höhe der Teilungsstelle kann variieren, gelegentlich sind der N. tibialis und der N. peroneus communis schon im Foramen infrapiriforme als getrennte Stränge zu sehen (hohe Teilung).

Im Oberschenkel gehen die **Rami musculares** für die ischiocruralen Muskeln ab. Vom Tibialisanteil werden der M. semitendinosus und der M. semimembranosus sowie das Caput longum des M. biceps femoris innerviert. Die Peroneusportion versorgt das Caput breve des M. biceps femoris. Ein Teil der Rami musculares der Tibialisportion erreichen auch die hinteren Anteile des M. adductor magnus. Die Endäste des N. ischiadicus sind der N. tibialis und der N. peroneus communis.

Schädigungen oder Reizungen des N. ischiadicus sind ein gut bekanntes Krankheitsbild. Als „Ischias" wird die schmerzhafte Reizung bezeichnet, die u. a. bei Nucleus-pulposus-Hernien oder Tumoren auftritt. Dabei kann die Dehnung des Nerven durch Beugen im Hüftgelenk bei gestrecktem Knie besonders schmerzauslösend sein (diagnostisch als LASÈGUE-Zeichen).

## N. tibialis

Der N. tibialis teilt die rautenförmige Fossa poplitea als Diagonale von der Spitze zwischen den medialen und lateralen Muskeln des dorsalen Oberschenkelcompartiments herunter zum Einschnitt zwischen den beiden Köpfen des M. gastrocnemius. In der Fossa poplitea liegen die Arteria und Vena poplitea nach medial neben dem Nerv. Der Nervenstamm gibt in der Kniekehle den N. cutaneus surae medialis ab sowie **Rami musculares** für die oberflächlichen dorsalen Flexoren:

M. gastrocnemius
M. soleus
M. plantaris
M. popliteus.

Der Ramus muscularis für den M. popliteus setzt sich als N. interosseus cruris in der Tiefe auf der Membrana interossea fort, versorgt die Knochen des Unterschenkels und zieht weiter bis zum Sprunggelenk, das er mit Rami articulares versorgt.

Aus der Kniekehle zieht der Stamm des N. tibialis unter die beiden Gastrocnemiusköpfe und unter dem Arcus tendineus m. solei in die dorsale Flexorenloge. Er verläuft hauptsächlich auf dem M. tibialis posterior lateral der A. tibialis posterior und bedeckt vom M. soleus, den er auch hier mit tiefersitzenden Rami musculares innerviert. Während seines Verlaufs in der tiefen Flexorenloge bildet er **Rami musculares** für:

M. tibialis posterior
M. flexor digitorum longus
M. flexor hallucis longus.

Der Gefäßnervenstrang des N. tibialis und der Arteria und Vena tibialis posterior verlaufen schließlich mit den Sehnen der tiefen Beuger nach distal in einem Kanal um den Malleolus medialis an die Fußsohle (Canalis malleolaris): Vor Eintritt in den Canalis malleolaris gehen Rami calcanei mediales für die Versorgung der Haut um den Malleolus medialis bis zur Ferse ab. Hinter dem Malleolus medialis liegen Gefäße und Nerven recht oberflächlich, vom Retinaculum mm. flexorum bedeckt und auf den Sehnen von M. flexor digitorum longus und M. flexor hallucis longus. Noch im Canalis malleolaris teilt sich der N. tibialis in seine Endäste, den N. plantaris medialis und N. plantaris lateralis.

Der N. cutaneus surae medialis zieht zwischen den beiden Köpfen des M. gastrocnemius unter die Fascia cruris. begleitet von der V. saphena parva. Hautäste durchbohren die Fascie und innervieren die dorsale Region des Unterschenkels. Auf den Stamm des Nerven trifft meist ein Ramus communicans aus dem N. peroneus communis oder dem N. cutaneus surae lateralis, selten auch mehr distal aus dem N. peroneus superficialis. Dieser neue Nerv ist der **N. suralis,** der mit der V. saphena parva auf dem M. gastrocnemius zum Malleolus lateralis herunterzieht. Der N. suralis gibt für die Haut am lateralen Knöchel und an der Ferse Rami calcanei laterales und für die Haut des lateralen Fußrücken den Ramus cutaneus dorsalis lateralis ab.

Der **N. plantaris medialis** unterquert den M. abductor hallucis und erreicht seinen lateralen Rand auf der Höhe der distalen Ossa tarsalia. An diesen Muskel und den M. flexor digitorum brevis (Caput mediale) gibt er motorische Äste ab. In der Fußwölbung teilt er sich und innerviert weiter die Muskeln des Großzehenballens mit Ausnahme des M. adductor hallucis und Caput laterale des M. flexor hallucis brevis. Weiter gehen Äste an die Mm. lumbricales I und II. Im weiteren Verlauf unter der Fußsohle fächert sich der N. plantaris medialis zwischen dem Rand des M. abductor hallucis und des M. quadratus plantae in die Nn. digitales plantares communes auf,

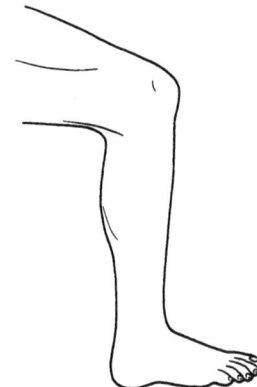

**Abb. 3.18.** Haltung des Fußes bei Lähmung des
N. tibialis. Der Fuß wird auf die Ferse aufgesetzt

die sich als Nn. digitales plantares proprii oberflächlich zum M. adductor hallucis und unter den Sehnen der Mm. flexores digitorum fortsetzen. Sie versorgen die Haut der 3½ medialen Zehen auf der Plantarseite.

Der **N. plantaris lateralis** zieht nach Austritt aus dem Canalis malleolaris unter den M. flexor digitorum brevis und überquert den M. quadratus plantae an dessen Ursprungssehnen, begleitet von der lateral liegenden A. plantaris lateralis. Er gibt zunächst Rami musculares für den M. quadratus plantae und M. abductor digiti minimi ab. Auf der Höhe des Os metatarsale V teilt er sich in einen medialen Ramus profundus und einen lateralen Ramus superficialis. Der **Ramus superficialis** versorgt den M. flexor digiti minimi sowie sensibel die plantare Zehenhaut der lateralen 1½ Zehen mit den Nn. digitales plantares communes und ihren Endästen, den Nn. digitales plantares proprii. Der **Ramus profundus** innerviert alle in der Tiefe gelegenen Muskeln:

Mm. interossei
M. adductor hallucis
die zwei lateralen Mm. lumbricales III und IV
M. flexor hallucis brevis (Caput lateralis)
M. opponens digiti minimi.

Die Tibialisparese ist eine seltene Lähmung. Neben Schädigungen des gesamten Tibialisstamms kommen im peripheren Abschnitt Kompressionslähmungen vor, u.a. durch Einengung im Canalis malleolaris, „Tarsaltunnelsyndrom". Bei proximaler Läsion (Abb. 3.18) entwickelt sich aufgrund des Überwiegens der Extensoren der sog. „Hakenfuß". Bei distaler Läsion ist die Haltung des Fußes gestört, die medialen Zehen überstreckt und Sensibilitätsausfälle auf der Fußsohle und an den Zehen treten besonders hervor.

## N. peroneus

Der N. peroneus communis folgt dem oberen lateralen Rand der Fossa poplitea, d. h. dem M biceps femoris bis zum Caput fibulae, wo er direkt auf das Periost zieht. Hier bildet er eine Spirale in einem osteofibrösen Kanal, der von der proximalen Fibula und der zweigeteilten Ursprungssehne des M. peroneus longus umgeben ist. Noch innerhalb dieses osteofibrösen Kanals teilt sich der N. peroneus communis in den N. peroneus profundus und N. peroneus superficialis. Direkte Äste des N. peroneus communis sind die Rami articulares für das Kniegelenk und der N. cutaneus surae lateralis, die in der Fossa poplitea abgehen. Der N. **cutaneus surae lateralis** zieht durch die Fascia cruris und versorgt die Haut der lateralen Unterschenkelregion bis zum Malleolus lateralis. Der N. peroneus communis oder der N. cutaneus surae lateralis geben einen sehr variablen **Ramus communicans peroneus** zum N. cutaneus surae medialis ab. Aus diesem Ramus communicans peroneus und der Fortsetzung des N. cutaneus surae medialis wird der N. suralis gebildet.

Der N. **peroneus superficialis** verläuft nach vorn unter dem M. peroneus longus und zieht an den Vorderrand des M. peroneus brevis. Er gibt Rami musculares für den M. peroneus longus und den M. peroneus brevis ab und Rami cutanei, die nach distal weiterziehen und das Dorsum des Fußes versorgen: Der mediale Hautast wird als N. cutaneus dorsalis medialis und der zweite als N. cutaneus dorsalis intermedius bezeichnet. Der N. cutaneus dorsalis medialis versorgt die dorso-mediale Fläche der großen Zehe sowie den dorsalen Raum zwischen der 2. und 3. Zehe (die Haut zwischen 1. und 2. Zehe wird vom N. peroneus profundus innerviert). Der N. cutaneus dorsalis intermedius innerviert die Haut der Streckseite der lateralen Hälfte der 3. Zehe bis zur medialen Hälfte der 5. Zehe. Die Außenfläche der 5. Zehe wird vom N. cutaneus dorsalis lateralis aus dem N. suralis versorgt.

Der N. **peroneus profundus** ist hauptsächlich ein motorischer Nerv. Er durchbohrt das Septum intermusculare anterius und gelangt von der Peroneusgruppe zu den Extensoren, um zwischen dem M. tibialis anterior und dem M. extensor hallucis longus auf der Membrana interossea distalwärts weiter zu ziehen. Er gibt Rami musculares ab für:

M. tibialis anterior
M. extensor hallucis longus
M. extensor digitorum longus.

Am distalen Unterschenkel verläuft der N. peroneus profundus unter dem M. extensor digitorum longus und auf dem M. extensor hallucis longus. Zwischen den Sehnen dieser beiden Muskeln tritt er unter dem Retinaculum mm. extensorum inferius auf den Fußrücken. Er wird dabei von der A.

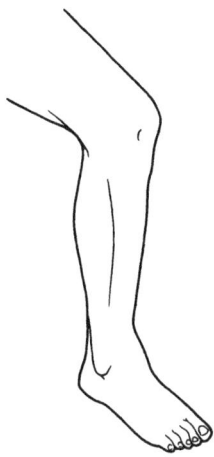

**Abb. 3.19.** Haltung des Fußes bei Lähmung des N. peroneus.
Der Fuß ist in Plantarflexions- und Supinationsstellung

tibialis anterior begleitet. Auf dem Fußrücken versorgt er mit Rami musculares den M. extensor hallucis brevis und den M. extensor digitorum brevis. Der Endast des N. peroneus profundus ist ein sensibler Nerv für die Haut zwischen 1. und 2. Zehe.

Lähmungen des N. peroneus gehören zu den häufigen Läsionen peripherer Nerven (Abb. 3.19). Durch die intragluteale Injektion kann vielfach die Peroneusportion des N. ischiadicus isoliert geschädigt sein. Die am meisten vorkommende Läsion tritt aber durch Verletzung am Fibulaköpfchen auf, wo der N. peroneus oberflächlich liegt. Typisch ist bei Peroneuslähmung der herabhängende Fuß, der beim Gehen mit der Spitze aufgesetzt wird. Dazu muß das gelähmte Bein stark angehoben werden. Es entsteht der sog. „Steppergang".

## N. pudendus

Der N. pudendus stammt aus S 2 bis S 4 (gelegentlich auch S 1) und ist der unterste Ast des Plexus sacralis. Er verläßt das Becken durch das Foramen infrapiriforme medial von den übrigen austretenden Leitbahnen und windet sich dorsal um die Spina ischiadica, um nach vorn in das Foramen ischiadicum minus einzutreten. Das Foramen ischiadicum minus ist die hintere Pforte zur Fossa ischiorectalis, die einen nach unten offenen keilförmigen Raum im Beckenboden darstellt. Dieser wird medial vom M. levator ani und lateral vom M. obturatoris internus begrenzt. In der lateralen Wand bildet die starke Fascie des M. obturatorius internus eine Duplikatur, den Canalis pudendalis, durch den der N. pudendus gemeinsam mit den Vasa pudenda interna auf dem Beckenboden nach vorn zieht. Von hier geht der Hauptstamm über den M. transversus perinei superficialis zum äußeren Genitale, ein tieferer Endast geht unter dem gleichen Muskel zum M. transversus perinei profundus und endet als N. dorsalis penis (clitoridis). Während seines Verlaufs gehen vom N. pudendus in angegebener Reihenfolge motorische und sensible Äste ab:

**Nn. rectales inferiores** zum M. sphincter ani externus und zur perianalen Haut.

**Nn. perineales** für die Haut des Dammes und die folgenden Muskeln:
M. transversus perinei superficialis
M. ischiocavernosus und
M. bulbospongiosus.

**Nn. scrotales posteriores** (Nn. labiales posteriores) für die Haut des Scrotums (Labia majora).

**N. dorsalis penis** (clitoridis) mit einem Muskelast für den M. transversus perinei profundus sowie mit Hautästen für den Penis mit Glans und Präputium (Clitoris) und Urethralschleimhaut.

Direkte viscerale Äste des Plexus sacralis aus S 1 bis S 4 sind die **Nn. splanchnici pelvini**. Sie erreichen u. a. als Nn. rectales medii das Rectum, als Nn. vesicales inferiores den Blasengrund und als N. vaginalis die Vagina.

Direkte Muskeläste des Plexus sacralis sind aus S 4 die Rami musculares für M. levator ani und M. coccygeus. Ein weiterer Ramus muscularis für den M. sphincter ani externus durchbohrt den M. coccygeus, um den äußeren Sphincter ani auch von der Beckeninnenseite zu versorgen.

### *3.2.10 Steißgeflecht (Plexus coccygeus)*

Die letzte Schlinge des Geflechts vor dem Os sacrum (Ansa sacrococcygea) wird aus S 3-S 5 und Co1-Co2 gebildet.

**Äste des Plexus coccygeus**
Die Nn. anococcygei sind sensibel für die Haut der Steiß- und Analgegend sowie motorisch für den M. coccygeus und Anteile des M. levator ani.

### *3.2.11 Segmentale Innervation der Spinalnerven*

Ein Rückenmarksegment ist durch den Zusammenschluß seiner Wurzelfäden zu einem Spinalnervenpaar gekennzeichnet. Jeder Spinalnerv versorgt mit seinen Faserqualitäten ein bestimmtes Körperareal, das periphere Segment. Das periphere Segment ist also die periphere Projektion eines Rückenmarksegments. Dazu gehören:

1. die **segmentale** (radiculäre) **Hautinnervation**
2. die **segmentale** (radiculäre) **Muskelinnervation**
3. die **segmentale** (radiculäre) **Eingeweideninnervation**.

Jeder Spinalnerv innerviert ein bestimmtes Hautareal, das **Dermatom** (Abb. 3.20). Die Dermatome verlaufen am Rumpf als gürtelförmige Bänder bis zur ventralen Mittellinie, an den Extremitäten als schmale Längsstreifen bis zu den Finger- bzw. Zehenspitzen. Die Grenzen der Dermatome sind fließend; sie überlappen sich dachziegelförmig mit denen der Nachbarareale. Die Dermatome decken sich mit dem Innervationsgebiet der peripheren Nerven nur dort, wo die Spinalnerven keine Geflechte bilden, also

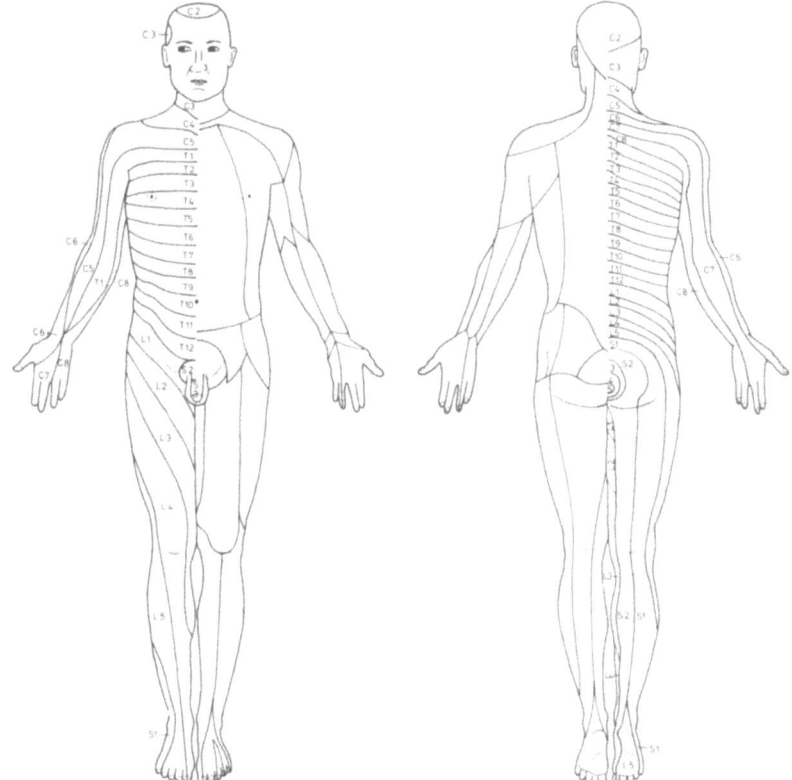

**Abb. 3.20.** Segmentale und periphere Hautinnervation von ventral und dorsal gesehen. Auf der rechten Körperhälfte sind die Dermatome, auf der linken Körperhälfte die Innervationsareale der peripheren Nerven eingezeichnet

im Ausbreitungsgebiet aller Rami dorsales und der Intercostalnerven. Am Hals- und Lendenmark, wo die Spinalnerven Geflechte untereinander eingehen, ist zwar jedem Spinalnerven auch ein streifenförmiges Hautsegment zugeordnet, es deckt sich aber nicht mit dem Ausbreitungsgebiet peripherer sensibler Nerven. Man muß deshalb zwischen einer segmentalen bzw. **radiculären Innervation** einerseits und einer **peripheren Innervation** andererseits unterscheiden (Abb. 3.20).

Jeder Spinalnerv innerviert weiter ein bestimmtes **Myotom**. Wie auf S. 185 ausgeführt, werden durch Verschiebung einzelner Myotomanteile zu unterschiedlichen Muskeleinheiten die meisten Muskeln von mehreren Spinalnerven versorgt. Ihre zugehörigen Nerven bilden durch die Verschiebung ihrer Ansatzpunkte Geflechte. Auch hier sind segmentale und periphere Innervation nicht identisch.

Obwohl morphologisch noch nicht nachgewiesen, sind funktionell auch die inneren Organe bestimmten Rückenmarksegmenten über die Spinalnerven zugeordnet. Sie stehen mit den Dermatomen und Myotomen in einer noch nicht genau erforschten Wechselbeziehung, die in den folgenden Reflexen ihren Ausdruck findet.

**a) Viscerosensibel-cutane Kopplung.** Als Folge von Erkrankungen innerer Organe können in bestimmten Dermatomen Reizerscheinungen und Überempfindlichkeit auftreten. Solche Felder werden nach ihrem Entdecker als HEAD-Zonen bezeichnet. Man stellt sich den Weg wie folgt vor: Die viscerosensiblen Fasern (z. B. von der Leber) ziehen über den N. splanchnicus und den Grenzstrang in ein Spinalganglion. Die zentralen Fortsätze der pseudounipolaren Ganglienzellen bekommen über Axonkollaterale Kontakt mit Schmerz- und Temperatur-Afferenzen (Abb. 4.1).

**b) Cuto-visceromotorische Reflexe.** Umgekehrt erlauben die Wechselbeziehungen zwischen HEAD-Zonen und Eingeweiden die therapeutische Beeinflussung innerer Erkrankungen über die Haut. So kann man durch entsprechende Reizung der Hautgefäßnerven (Massage, Hydrotherapie, Akupunktur) reflektorisch eine Erweiterung der Blutgefäße der segmentbezogenen inneren Organe hervorrufen.

**c) Viscerosensibel-somatomotorische Reflexe.** Die zentralen Abschnitte der viscerosensiblen Fasern haben über Schaltzellen im Rückenmark auch mit den Motoneuronen der Vorderhörner Kontakt. So kommt es bei Schmerzen der Eingeweide zu einer erhöhten Spannung der segmental zugehörigen Muskulatur (z. B. bretthartes Bauchmuskeln bei einer Bauchfellentzündung.

# 4 Autonomes Nervensystem

Die funktionelle Orientierung des Zentralnervensystems wird von 2 Seiten aus gewährleistet: einmal durch Receptoren, die Außenweltveränderungen vermitteln, zum anderen aber durch Fühler der Innenwelt des Organismus. Man spricht einmal von einem auf die Umwelt gerichteten „**oikotropen**" Teil des Nervensystems; seine obersten Zentren in der Hirnrinde können die Informationen aus den Sinnesorganen „bewußt" verarbeiten und durch Erregung der peripheren Muskulatur beantworten. Dagegen reguliert der andere, „**idiotrope**", Teil körperinnere Funktionen, die zur Erhaltung des organischen Lebens notwendig sind. Seine Ganglienzellgruppen können ohne Beteiligung des Bewußtseins, ja selbst noch im tiefen Schlaf arbeiten. Der erste Teil des Nervensystems beeinflußt zur Sicherung der äußeren Existenz die willkürlich arbeitende Muskulatur: das Soma. Wir nennen es deshalb auch **animalisches** oder **somatisches Nervensystem**. Ihm gegenüber stellen wir den anderen Teil, der die Konstanterhaltung des inneren Milieus (Homöostase) sichert, indem er glatte Muskulatur und Drüsen innerviert und die Herztätigkeit reguliert, als **vegetatives** oder **viscerales Nervensystem**. Die Bezeichnung „**Autonomes Nervensystem**" wurde von LANGLEY (1898) eingeführt. Sie bezieht sich weitgehend auf die lokale Autonomie dieses Systems in inneren Organen. Dagegen sind die beiden, in ständiger Wechselwirkung stehenden Systeme, in Gehirn und Rückenmark eng untereinander verknüpft und auch funktionell nicht zu trennen; erst ihr Zusammenspiel ermöglicht eine harmonische Funktion des Gesamtorganismus.

Das autonome Nervensystem zusammen mit dem Endokrinium reguliert alle Lebensprozesse. Während beim autonomen System die Information im wesentlichen neuronal vermittelt wird, haben wir beim Endokrinium eine Vermittlung über den Blutweg. Das Endokrinium kann durch seine autonome Innervation im weiteren Sinne als ein Endglied der autonomen Efferenz betrachtet werden. Es beeinflußt seinerseite auf dem Blutweg die autonomen Zentren im Sinne einer afferenten Rückkoppelung.

Die viscerale Funktion ist wie die somatische an einen Leitungsbogen mit einem afferenten und einem efferenten Schenkel gebunden. Obwohl nur der efferente Schenkel als autonomes Nervensystem in klassischen Sinn bezeichnet wird, ist seine Aktivität abhängig von der afferenten Information und deshalb nicht von ihr zu trennen. Im Gegensatz zum somati-

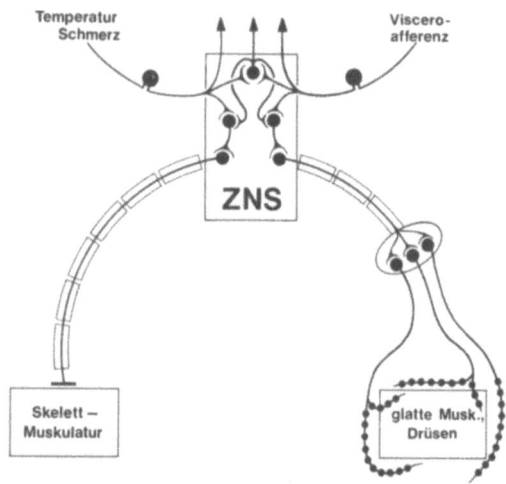

**Abb. 4.1.** Visceraler (rechts) und somatischer (links) Leitungsbogen. Der somatomotorische Nerv endet mit der motorischen Endplatte am quergestreiften Muskel; der visceromotorische Nerv bildet im Drüsengewebe oder an glatten Muskeln Synapsen auf Distanz

schen System besteht der neuronale viscerale Reflexbogen mindestens aus 3 Neuronen (Abb. 4.1):

1. einem viscerosensiblen Neuron und
2. zwei visceroeffektorischen Neuronen.

Die Zellkörper der viscerosensiblen Neurone liegen in den Spinalganglien und in den sensiblen Ganglien der Hirnnerven. Es sind kleine pseudounipolare Ganglienzellen (D-Zellen), deren zentraler Fortsatz über Axonkollaterale Synapsen bildet mit:

a) Neuronen, die gleichzeitig Schmerz- und Temperaturimpulse empfangen
b) übergeordneten Kerngebieten in der Formatio reticularis
c) visceralen Wurzelzellen im Rückenmark und Tegmentum (meist über Interneurone).

Der efferente Schenkel besteht in der Regel aus 2 Neuronen (Abb. 4.1). Das erste, präganglionäre, markhaltige „weiße" Neuron (B-Faser) wird in einem peripheren (autonomen) Ganglion auf das zweite, postganglionäre, marklose „graue" Neuron (C-Faser) umgeschaltet. Ein präganglionäres Neuron kann über Axonkollaterale eine Anzahl postganglionärer Neurone erreichen (Divergenz). Ein postganglionäres Neuron kann aber auch auf diese Weise Informationen von Axonkollateralen mehrerer präganglionärer Neurone erhalten (Konvergenz). Wenige präganglionäre Neurone erhalten damit über die Verschaltung auf viele postganglionäre Neurone Einfluß auf ein entsprechend großes Ausbreitungsgebiet. Je länger der Weg der postganglionären Neurone, um so größer ist die Möglichkeit ihrer weiteren Verzweigung und Ausbreitung. Ist das postganglionäre Neuron nur kurz, ist sein Ausbreitungsgebiet entsprechend kleiner. Im Gegensatz zum Ausfall eines somatomotorischen Nerven bewirkt die Schädigung eines visceromotorischen Nervenstamms keinen nennenswerten Ausfall der Funktion, denn die Ausbreitungsgebiete der postganglionären Nervenverzweigungen überlappen sich stark.

Ein weiterer Unterschied zum somatischen Nervensystem sei herausgestellt (Abb. 4.1): Der Transmitter des somatomotorischen Nerven erreicht den Skelettmuskel über eine spezielle Synapsenformation, die motorische Endplatte. Visceromotorische und sekretorische Nerven dagegen können auf längere Strecken über perlschnurförmige Axonanschwellungen den Transmitter ins Interstitium abgeben (En-passant-Synapsen) und damit mehr Effektorgewebe erreichen.

Die Hauptmasse der visceromotorischen Nervenzellen liegt in der Peripherie in Form von Ganglien. Diese postganglionären Neurone erhalten über präganglionäre Axone Informationen von visceromotorischen Zellgruppen in Rückenmark und Tegmentum. Diese wiederum unterstehen dem Einfluß übergeordneter Steuerungszentren in der Formatio reticularis, die ihrerseits an den Hypothalamus und damit an das limbische System angeschlossen sind.

Wenn man versucht, neuere morphologische Befunde in das klassische Konzept einzubinden, kann man das autonome Nervensystem in einen enteralen, einen sympathischen und einen parasympathischen Anteil gliedern. Unterschiede in physiologischen und pharmakologischen Reaktionen stützen diese Unterteilung. In der Wand von Verdauungsorganen (Magen-Darm-Trakt, Bauchspeicheldrüse) gelegene Neurone bilden das **enterale** System, das innerhalb des Organs: intrinsisch wirkt. Dieses System regelt bis zu einem gewissen Grad selbständig die Funktion des Organs; es wird deshalb auch als „Eingeweidegehirn" bezeichnet. Das **sympathische** System entspringt im thorakal-lumbalen Rückenmark und durchläuft auf typische Weise den aus einer Ganglienkette aufgebauten Grenzstrang (Truncus sympathicus). Die Ursprungszellen des **parasympathischen** Systems liegen einmal im Gehirn; ihre Fortsätze verlaufen im Hirnnerven, um in extracranialen, periarteriellen und intramuralen Ganglien umzuschalten. Zum anderen haben parasympathische Neurone ihren Ursprung im sacralen Rückenmark; diese Nervenfasern ziehen zuerst mit den Ästen der entsprechenden Spinalnerven, dann vor der Wirbelsäule zu ihren Umschaltungen im Beckenbereich. Parasympathische Nerven erreichen nie den sympathischen Grenzstrang.

## 4.1 Enterales System

Die Wand des Magen-Darm-Trakts enthält dichte Geflechte markloser Nervenfasern. Nach der Art des Transmitters kann man cholinerge und adrenerge Nervenfasern unterscheiden. Beide Faserarten enthalten verschiedene Polypeptide als Co-Transmitter (S. 30). Die Fasern verzweigen sich in einem präterminalen Grundplexus, von dem aus submikroskopische Fäserchen über Synapsen auf Distanz die Überträgerstoffe in das umgebende Gewebe (Neuroeffektorgebiet) abgeben.

Nach ihrer topographischen Anordnung lassen sich zwei Komplexe unterscheiden: Plexus myentericus (AUERBACH) zwischen Ring- und Längsmuskulatur und Plexus submucosus (MEISSNER) in der Tela submucosa.

Die Fasern sind die peripheren Fortsätze multipolarer Ganglienzellen, die zum größten Teil in den Eingeweiden selbst liegen: **enterale Ganglien.** Die Zahl der Nervenzellen, die die enteralen Ganglien bilden, ist etwa so groß wie die des gesamten Rückenmarks. Die Fasern werden weiterhin von Axonen postganglionärer sympathischer Neurone aus den prävertebralen Ganglien gebildet, die die enteralen Ganglien ansteuern und ihre Tätigkeit modulieren, oder sich zum kleineren Teil im Effektorgewebe verzweigen (extrinsische Fasern).

Zwischen den marklosen Axonen liegen markscheidenhaltige präganglionäre Fasern, die mit dem N. vagus kommen und an enteralen Nervenzellen umschalten. Die enteralen Ganglien enthalten somit vermutlich eine gemischte Population postganglionärer und intrinsischer Neurone.

Ein Teil der intrinsischen Neurone soll nach neueren Untersuchungen überhaupt nicht auf nervösem Weg, sondern nur durch humorale Faktoren aus dem Verdauungssystem selbst gesteuert werden.

## 4.2 Spinotegmentales System

Das spinotegmentale System umfaßt (Ortho-)Sympathicus und Parasympathicus. Es hat seinen Namen nach den sympathischen Ursprungskernen im Rückenmark und den parasympathischen Ursprungskernen in Tegmentum und Rückenmark.

Sympathicus und Parasympathicus werden nach der klassischen Einteilung aufgrund ihres Transmittergehalts als Antagonisten bezeichnet: der Haupttransmitter des postganglionären Sympathicus ist Noradrenalin, der des postganglionären Parasympathicus Acetylcholin. Diese beiden Transmitter haben ganz unterschiedliche Wirkungen auf das Effektorgewebe (Tab. 4.1). Immunhistochemische Untersuchungen der letzten Jahre zeigten jedoch, daß eine strenge Trennung in ein noradrenerges sympathisches und ein cholinerges parasympathisches System nicht möglich ist. Ein Teil der postganglionären sympathischen Neurone ist cholinerg; andererseits sind cholinerge Zellen des Parasympathicus in der Lage, aus exogenen Vorläufersubstanzen Noradrenalin zu synthetisieren und freizusetzen.

In Gewebekulturen konnte die Fähigkeit der autonomen Ganglienzelle nachgewiesen werden, sowohl Noradrenalin als auch Acetylcholin zu bilden. Die in die autonomen Ganglien eingewanderten Zellen der embryonalen Ganglienleiste produzieren offenbar als ersten Transmitter Noradrenalin. Erst durch den rückwirkenden Einfluß des angesteuerten Effektorgewebes wird die Produktion von Acetylcholin angeregt. Bei Wegfall dieses Einflusses wird der Neuroblast wieder noradrenerg. Auch Intermediärzelltypen mit beiden Transmittern kommen vor. Die Innervation durch das präganglionäre Neuron scheint ebenfalls eine Wirkung auf die Transmitterbildung (insbesondere von Co-Transmittern) zu haben.

Die endgültige Transmitterausstattung einer postganglionären Nervenzelle ist wahrscheinlich von vielen - zum Teil extraneuronalen - Faktoren abhängig. Selbst das ausgereifte Neuron besitzt noch eine gewisse Fähigkeit zur Umwandlung in Abhängigkeit von der Umgebung (phaenotypische Plastizität).

### 4.2.1 Sympathicus (Orthosympathicus)

Die Ursprungskerne des Sympathicus (Abb. 4.2) liegen lateral im Seitenhorn (Substantia intermedia lateralis) des thoracolumbalen Rückenmarkabschnitts (C 8-L 2). Die Axone der Zellen verlassen das Rückenmark durch die vordere Wurzel, erhalten eine Markscheide und gelangen als Rami communicantes albi in den Grenzstrang, wo ein Teil von ihnen umgeschaltet wird. Die postganglionären, marklosen und grauen Faserbündel sind die Rami communicantes grisei. Sie ziehen mit den großen Nervenstämmen zu Rumpfwand und Extremitäten und innervieren mit noradrenergen Fasern Blutgefäße, mit cholinergen Fasern Schweißdrüsen und Mm. arrectores pilorum. Die **paravertebralen Ganglien** im Grenzstrang sind im thoracalen Bereich der Wirbelsäule streng gegliedert. Jedes Ganglion ist durch Rami interganglionares strickleiterförmig mit dem Nachbarganglion verknüpft. Im cervicalen Bereich ist die Zahl der Ganglien auf 3 reduziert

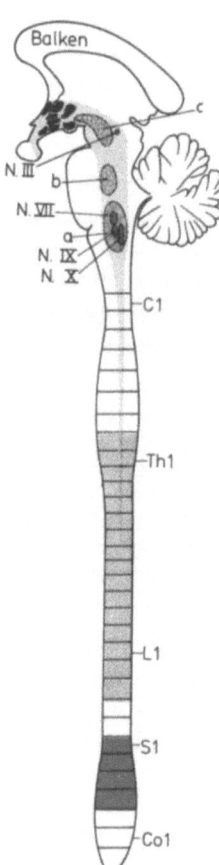

Abb. 4.2. Schema der vegetativen Kerne. – Rot: vegetative Ursprungskerne (einfarbig rot: Parasympathicus, rot gerastert: Sympathicus). Schwarz: Steuerungszentren (schwarz gerastert: in der Formatio reticularis mit umrandeten Feldern a, b und c – s. Text; einfarbig schwarz: hypothalamische Kerne)

(Ganglion cervicale superius, medium und inferius), das untere Halsganglion ist mit dem oberen Brustganglion zu einem sternförmigen Komplex verschmolzen, dem Ganglion cervicothoracicum (stellatum). Im lumbalen und sacralen Gebiet sind es jeweils nur 4 Ganglien. Vor dem Steißbein vereinigen sich beide Grenzstränge zu einem gemeinsamen Ganglion impar.

**Körperwand** und **Extremitäten** werden von den Kernen in den Segmenten Th 2–L 2 auf dem Weg über die thoracalen Grenzstrangganglien und Spinalnerven versorgt. Der Arm erhält seine sympathischen Fasern hauptsächlich aus dem Ganglion stellatum, die Fasern für das Bein schalten in den Grenzstrangganglien L 4–S 3 um.

Die sympathischen Wurzelzellen für den **Kopf** liegen in den Rückenmarksegmenten C 8-Th 2. Die präganglionären Neurone steigen im Grenzstrang zum Ganglion cervicale superius auf, wo sie auf postganglionäre Axone umgeschaltet werden.

Diese marklosen Fäserchen begleiten die großen Kopfgefäße (Plexus caroticus internus, Plexus caroticus externus, Plexus jugularis), um auf diesem Wege die Drüsen, Schleimhäute und glatten Muskeln zu erreichen. Die Fasergeflechte für den **Hals** gehen aus allen 3 Cervicalganglien hervor.

Die Neurone zum **Herz** werden in den Hals- und oberen Brustganglien des Grenzstrangs auf die postganglionären Nn. cardiaci umgeschaltet. Die Efferenzen zur **Lunge** erfahren ihre Umschaltung wahrscheinlich in den thorakalen Ganglien.

Die präganglionären Sympathicusfasern für die **Bauch-** und **Beckenorgane** durchlaufen den Grenzstrang ohne Umschaltung. Auf dem Wege über die paravertebralen Ganglien gelangen die aus mehreren Segmenten zusammengefaßten, präganglionären (markhaltigen) Neurone in die vor der Wirbelsäule gelegenen **prävertebralen Ganglien** und werden erst hier auf postganglionäre, marklose Neurone umgeschaltet.

Es sind:

im thoracalen Abschnitt die Nn. splanchnici major und minores
im Lumbosacralbereich die Nn. splanchnici lumbales und sacrales.

Die prävertebralen Ganglien sind zum Teil in große Geflechte eingebaut:

a) Um die Aorta thoracica liegt der Plexus aorticus thoracicus. An der Lungenwurzel bildet er den Plexus pulmonalis, an der Herzbasis den Plexus cardiacus.
b) Im Bereich der Bauchaorta befindet sich der Plexus aorticus abdominalis mit den Plexus coeliacus, Plexus mesentericus superior und Plexus mesentericus inferior um die großen unpaaren Aortenabgänge. Die beiden ersten, ineinander übergehenden Geflechte werden auch insgesamt als Sonnengeflecht (Plexus solaris) bezeichnet. Sie versorgen die meisten in der Bauchhöhle gelegenen Organe.
c) Vor dem Kreuzbein liegt der Plexus hypogastricus superior, in Fortsetzung nach unten zu beiden Seiten des Rectums der Plexus hypogastricus inferior. Die Plexus hypogastrici haben einen beträchtlichen Anteil parasympathischer Fasern. Sie versorgen Colon descendens, Sigmoid und Rectum. Ihre Fortsetzung zu Harnblase, Prostata, Samenstrang und Schwellkörper wird beim Manne als Plexus vesicoprostaticus bezeichnet. Die bei der Frau Harnblase, Uterus und Vagina versorgenden Abschnitte liegen im Parametrium und heißen Plexus uterovaginalis (FRANKENHÄUSER).

Während die meisten im kleinen Becken liegenden Ganglien (Ganglia pelvici) überwiegend Umschaltungen des sacralen Parasympathicus enthalten, ist das im Halsbereich des Uterus gelegene Ganglion paracervicale uteri fast ausschließlich über die Plexus hypogastrici und den Grenzstrang mit präganglionären sympathischen Fasern verbunden, die hier auf noradrenerge Neurone umschalten.

Die periarteriellen Geflechte in der Gefäßadventitia bilden die Fortsetzung der prävertebralen Geflechte und erhalten ihre Namen nach den Arterien.

Durchtrennung des Halsgrenzstrangs führt zum HORNER-Syndrom: Fehlen der sympathischen Innervation des Auges mit Ptosis (Ausfall des M. tarsalis – Herabhängen des Augenlids), Miosis (Ausfall des M. dilatator pupillae – Verengung der Pupille) und Enophthalmus (Ausfall des M. orbitalis – Zurücksinken des Augapfels).

### 4.2.2 Parasympathicus

Nach der Lage der Ursprungskerne läßt sich der Parasympathicus in einen cranialen und einen sacralen Abschnitt gliedern (Abb. 4.2 und 4.3).

#### 4.2.2.1 Cranialer Parasympathicus

Die cranialen Wurzelzellen des Parasympathicus liegen im Tegmentum von Mittel- und Rautenhirn in einer intermediären Kernreihe: Nucleus oculomotorius accessorius – Nucleus salivatorius cranialis – Nucleus salivatorius caudalis – Nucleus dorsalis nervi vagi. Ihre Axone schließen sich folgenden Hirnnerven an (Abb. 4.5):

III – N. oculomotorius
VII – N. facialis
IX – N. glossopharyngeus
X – N. vagus.

In der Peripherie schalten die präganglionären Fasern dieser Hirnnerven in parasympathischen Ganglien auf postganglionäre Neurone um, die dann teilweise mit anderen Hirnnerven zum Erfolgsorgan ziehen (Abb. 4.4).

Der parasympathische **Nucleus oculomotorius accessorius** liegt im Mittelhirn ventral vom Aqueductus cerebri. Die präganglionären Fasern ziehen mit dem III. Hirnnerven bis zum **Ganglion ciliare** in der Orbita. Hier schalten sie auf postganglionäre Fasern um, die mit den Nn. ciliares breves (diese führen auch sympathische Fasern vom Plexus caroticus internus zum M. dilatator pupillae) zum M. ciliaris und M. sphincter pupillae ziehen.

# Spinotegmentales System 223

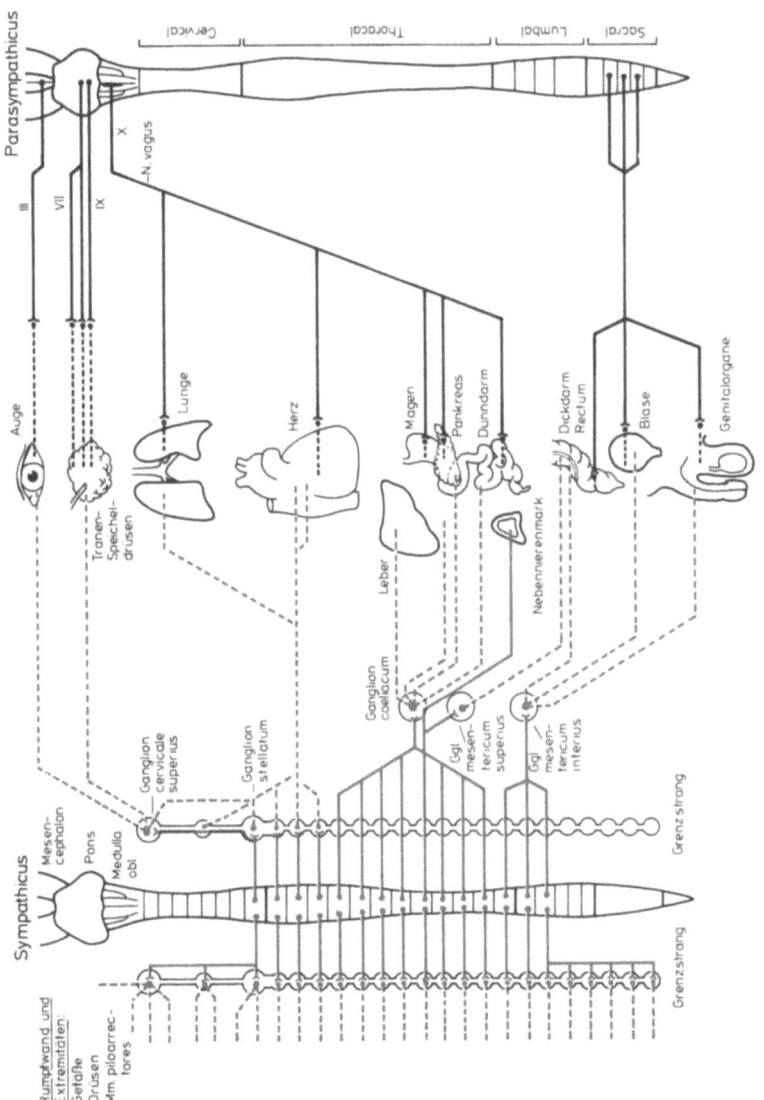

**Abb. 4.3.** Schema der peripheren vegetativen Innervation. – Präganglionäre Fasern: ausgezogen; postganglionäre Äste: unterbrochen

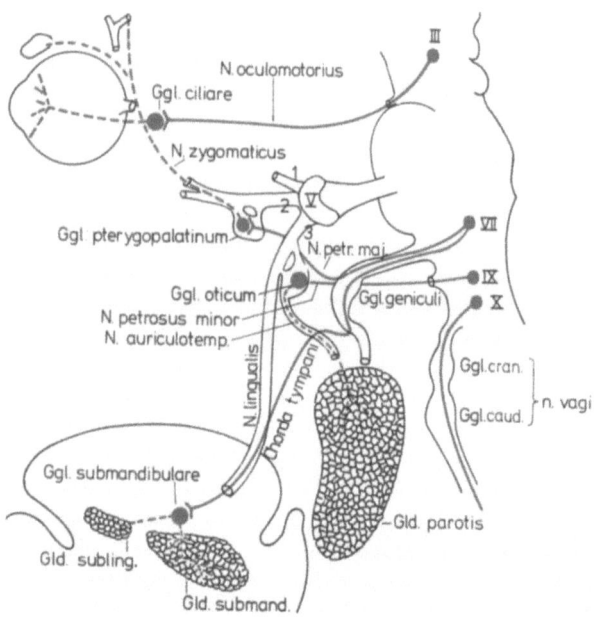

**Abb. 4.4.** Der craniale Parasympathicus (rot) benutzt auf seinem Weg zum Innervationsgebiet verschiedene Hirnnerven als Leitbahnen. *III, VII, IX* und *X* = Nn. oculomotorius, facialis, glossopharyngeus und vagus; *V1, V2, V3* = die Hauptäste des N. trigeminus

Der **Nucleus salivatorius cranialis** liegt in der Brückenhaube, seine Fasern ziehen mit dem N. intermedius des VII. Hirnnerven (Facialis) aus dem Gehirn. In Höhe des Ganglion geniculi zieht ein Teil der präganglionären Fasern als N. petrosus major zum **Ganglion pterygopalatinum,** wo sie umschalten. Die postganglionären Fasern versorgen

a) die Hirnhautgefäße
b) Drüsen und Schleimhaut von Nase und Gaumen
c) ein Teil zieht mit dem N. zygomaticus (2. Trigeminusast – N. maxillaris) zum N. lacrimalis (1. Trigeminusast – N. ophthalmicus) und erreicht die Tränendrüse (Tränenanastomose).

Kurz vor dem Foramen stylomastoideum zieht der andere Teil der präganglionären Fasern in der Chorda tympani zum N. lingualis (3. Trigeminusast – N. mandibularis) und mit diesem zum **Ganglion submandibulare.** Die hier beginnenden postganglionären Fasern innervieren die Glandulae submandibularis, sublingualis und apicis linguae.

Der **Nucleus salivatorius inferior** liegt im Tegmentum medullae oblongatae. Seine Axone verlassen mit dem IX. Hirnnerven (Glossopharyngeus) das Gehirn und ziehen als N. tympanicus unter die Schleimhaut des Mittelohrs, wo sie sich im Plexus tympanicus verflechten. Aus dem Geflecht zieht der N. petrosus minor (JACOBSON-Anastomose) zum **Ganglion oticum**. Das hier beginnende postganglionäre Neuron erreicht über den N. auriculotemporalis (3. Trigeminusast – N. mandibularis) und den Plexus parotideus (N. facialis) die Glandula parotis sowie über den N. glossopharyngeus die Drüsen des hinteren Zungenabschnitts.

Der **Nucleus dorsalis nervi vagi** ist eine langgestreckte Kernsäule im Boden der Rautengrube in der Höhe des Trigonum nervi vagi. Seine Efferenzen ziehen im X. Hirnnerven (N. vagus) abwärts zu den Halsorganen, zum Herzen, zur Lunge und mit dem Ösophagus bis in den Bauchraum. Das Versorgungsgebiet des parasympathischen Vagus reicht hier bis zum distalen Drittel des Colon transversum (CANNON-BÖHM-**Feld** – dieses Feld bezeichnet übrigens nicht nur die Innervationsgrenze zwischen cranialem und sacralem Parasympathicus, sondern auch den Übergang der Blutversorgung von der A. mesenterica superior auf die A. mesenterica inferior). Neben den Brustorganen und dem Magen-Darm-Trakt mit glatter Muskulatur und Drüsen werden auch die großen Bauchdrüsen vom Vagus versorgt.

Die Umschaltung der meisten präganglionären Fasern erfolgt in der Wand der Erfolgsorgane selbst (**intramurale Ganglien**). Ein kleiner Teil der Fasern endet wahrscheinlich schon an Ganglienzellen, die im Nerven selbst liegen.

*4.2.2.2 Sacraler Parasympathicus*

Die sacralen Wurzelzellen des Parasympathicus liegen in der **Substantia intermedia centralis** und **Substantia intermedia lateralis** des Rückenmarks in den Segmenten S 1–S 4 (Abb. 4.2 und 4.3). Die präganglionären Fasern verlassen mit den ventralen Wurzeln das Rückenmark und ziehen mit der Cauda equina zu den zugehörigen Wirbellöchern. Außerhalb der Wirbelsäule bilden sie die **Nn. splanchnici pelvini**, die sich in die prävertebralen Plexus (Plexus hypogastrici superior und inferior, Plexus vesicoprostaticus bzw. Plexus uterovaginalis) einsenken. Ein Teil der Fasern wird unter Umständen schon in den Plexus umgeschaltet, die meisten aber erst para- oder intramural. Die Fasern des sacralen Parasympathicus erreichen die Beckenorgane und den distalen Abschnitt des Dickdarms vom CANNON-BÖHM-Feld an, also als Fortsetzung des Innervationsgebiets des N. vagus (s. S. 212).

**Tabelle 4.1.** Die wichtigen Funktionen des Sympaticus und Parasympaticus im Organismus

| Organ | | Funktion des Sympathicus | Funktion des Parasympathicus |
|---|---|---|---|
| **Kopf** | Gehirn | Bewußtseinssteigerung Vasoconstriction | Bewußtseinsdämpfung Vasodilatation* |
| | Auge | Exophthalmus, Pupillenerweiterung (= Mydriasis) (M. dilatator pupillae) | Akkomodation (M. ciliaris) Pupillenverengung (= Miosis) (M. sphincter pupillae) |
| | Speicheldrüsen | muköse Sekretion | seröse Sekretion |
| | Tränendrüse | schwache Sekretion | starke Sekretion |
| | sonstige arterielle Gefäße im Kopfbereich | Vasoconstriction | (Vasodilatation) |
| **Thorax** | Herz | Frequenzzunahme, verstärkte Kontraktionskraft | Frequenzabnahme, verminderte Kontraktionskraft |
| | Lunge | Bronchodilatation | Bronchoconstriction Drüsensekretion |
| **Bauch** | Magen-Darmtrakt | verminderte Peristaltik Sphincterkontraktion Vasoconstriction | vermehrte Peristaltik Sphincterrelaxation (Defäkation) Vasodilatation |
| | Leber | Glykogenolyse Glukoneogenese | Sekretionssteigerung (keine parasympathische Innervation des Leberparenchyms) |
| | Pankreas | verminderte Insulinsekretion | |
| | Niere | Antidiurese Vasoconstriction | Diurese |
| **Becken** | Genitale | Vasoconstriction Ejakulation | Vasodilatation, Erektion, Sekretion |
| | Harnblase | Harnverhaltung | Harnentleerung |
| Extremitäten Rumpfwand Fettgewebe Skelettmuskel | | Schweißsekretion (cholinerg) Vasoconstriction, Piloarrection Lipolyse Vasoconstriktion (adrenerg) Vasodilatation (cholinerg) | |

\* fragliche Effekte

### 4.2.3 Regulationsmechanismen des autonomen Nervensystems

Der oben beschriebene, centrifugal gerichtete Anteil des visceralen Reflexbogens zeigt nach Untersuchungen der letzten Jahre einen wesentlich komplizierteren Aufbau als bisher angenommen wurde. Auf jeder Ebene der Verschaltungen können eine Vielzahl von Regelkreisen den Impuls steuern und modulieren. Abb. 4.5 zeigt als Beispiel ein prävertebrales Ganglion: Präganglionäre Nervenfasern ($a^1$) können unterschiedliche Co-Transmitter (Tabelle 1.2) führen und so die Erregung der postganglionären Neurone feinabstimmen. Mit den präganglionären Nervenfasern ziehen $a^2$ Collaterale der peripheren Fortsätze von pseudounipolaren Spinalganglienzellen zum Ganglion. Diese Fortsätze sollen einen Reflexbogen schließen, der, ohne das Zentralorgan zu erreichen, auf die efferente Verschaltung einwirkt. Die Umschaltung vom präganglionären auf das postganglionäre Neuron ermöglicht weiterhin die Einflußnahme einer Vielzahl von Rückkopplungsschleifen. Diese können (b) von Axonkollateralen der postganglionären Neurone selbst gebildet werden; sie können aber auch (c) von enteralen Neuronen kommen.

Solche modulierenden Fasern bilden dichte Faserkörbe um die postganglionären Neurone in peripheren Ganglien, die damit zu komplex aufgebauten Integrationszentren werden.

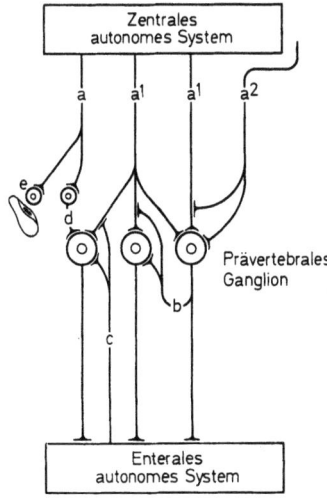

Abb. 4.5. Schema der Schaltmöglichkeiten in einem prävertebralen Ganglion. **a**: präganglionäre Nervenfaser von der Substantia intermedia lateralis zu paraganglionären Zellen; **$a^1$**: präganglionäre Nervenfasern von der Substantia intermedia lateralis zu postganglionären Neuronen; **$a^2$**: präganglionäre Nervenfaser von einer Spinalganglienzelle. **b**: postganglionäre Axonkollaterale. **c**: Fortsatz eines enteralen Neuron. **d**: „interneuronale" paraganglionäre Zelle. **e**: „neuroendokrine" paraganglionäre Zelle

## 4.3 Übergeordnete Steuerungszentren

Die bisher geschilderten enteralen Neurone, sowie die postganglionären Neurone und zentralen Kerngruppen des Sympathicus und Parasympathicus bildeten vielfache viscerale Reflexbögen für die spezifische Funktion einzelner Organe und Organgruppen. Im Bereich des oberen Rückenmarks und des Stammhirns finden wir nun innerhalb der Formatio reticularis Zentren, die als Glieder eines übergeordneten Leitungsbogens die Arbeit des Organismus zu einer sinnvollen Gesamtfunktion (z. B. Atmung oder Blutdruckregulation) zusammenfassen. Hier fungiert die Formatio reticularis als Bindeglied zwischen den spinotegmentalen Kernen des autonomen Nervensystems und den diencephalen Steuerungszentren des limbischen Systems (s. S. 144). Man kann innerhalb der Formatio reticularis 3 Areale unterscheiden, denen die Steuerung des funktionellen Zusammenspiels peripherer, autonomer Mechanismen in großen Organkomplexen obliegt:

a) in der Medulla oblongata in der Gegend der Glossopharyngeus- und Vaguskerne: Schluck-, Atmungs- und Kreislaufzentren.
b) Im Metencephalon (Brückenhaube): Atmungs- und Kreislaufzentren in Korrelation mit dem Gleichgewichtsapparat.
c) Im Mesencephalon: Atmungs- und Kreislaufzentren, Kontrollzentren für die Nahrungsaufnahme (z. B. Saugen, Lecken) in Korrelation mit den Sinnesorganen.

Wie für das somatische Nervensystem kann man auch für das viscerale System die Formatio reticularis als Teil eines Leitungsbogens bezeichnen, dessen Aufgabe die Aufrechterhaltung peripherer Regelgrößen ist. Einige der wichtigsten reticulären Reflexmechanismen sollen kurz besprochen werden:

### a) Carotissinusreflex
**Afferenter Schenkel:** Pressoreceptoren am Sinus caroticus (reagieren auf Veränderung der Wandspannung) → N. glossopharyngeus → Kreislaufzentrum in der Formatio reticularis (Kollaterale zum Nucleus solitarius, unterer Abschnitt).

**Efferenter Schenkel:** Formatio reticularis → Fasciculus longitudinalis dorsalis (SCHÜTZ)

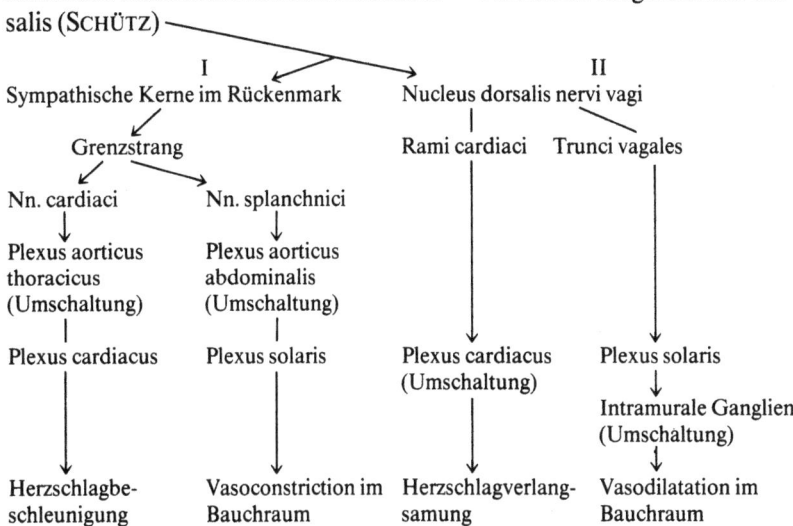

Eine Senkung des Wanddrucks wird über den Weg des Vagus (II) erreicht.

**b) Depressorreflex**
**Afferenter Schenkel:** Pressoreceptoren in der Aortenwand (reagieren auf Änderung der Wandspannung) → N. vagus → Kreislaufzentrum in der Formatio reticularis (Kollaterale zum Nucleus solitarius, unterer Abschnitt).
**Efferenter Schenkel:** wie beim Carotissinusreflex.

**c) Chemoreceptive Reflexe**
**Afferenter Schenkel:** Chemoreceptoren an Aufzweigungen von Gefäßstämmen (Glomus aorticum, Glomus caroticum – reagieren bei mangelnder Sauerstoffsättigung des Bluts) → N. glossopharyngeus/N. vagus → Nucleus solitarius und Kreislaufzentren der Formatio reticularis (diese sprechen auch direkt auf eine Änderung des pH und der $CO_2$-Spannung an).
**Efferenter Schenkel:** wie bei den anderen Reflexen, jedoch über den Weg des Sympathicus (I).

## 4.4 Paraganglien

Aus dem Material der Ganglienleiste stammen Zellen, die sich z. T. selektiv mit Chromsalzen braun anfärben lassen (chromaffine Zellen) und vorzugsweise im Ausbreitungsbereich visceraler Efferenzen gefunden werden. Anhäufungen solcher Zellen nennt man Paraganglien, ihre abdominale Ausbreitung ist während der Kindheit am größten. Besonders groß sind beim Kleinkind das Paraganglion aorticum abdominale (ZUCKERKANDL-**Organ**) am Abgang der A. mesenterica inferior, das sich bis zur Pubertät völlig zurückbildet, und das **Nebennierenmark,** das beim Erwachsenen als größtes Paranganglion erhalten bleibt. Jedoch liegen kleinere Gruppen paraganglionärer Zellen zeitlebens in oder neben den sympathischen Ganglien und an den Teilungsstellen der großen Gefäße (z.B. Glomus caroticum in der Carotisgabel, Paraganglion supracardiale).

Die in den paraganglionären Zellen enthaltenen biogenen Monoamine (Catecholamine und/oder Indolamine) werden in granulärer Form gespeichert (SGC - small granule containing cells) und entwickeln nach Bedampfung mit Paraformaldehyd eine intensive grüne oder gelbe Fluorescenz (SIF - small intensely fluorescent cells). Die Funktion der paraganglionären Zellen ist nicht vollständig geklärt. Neben einer Wirkung auf die $\beta$-Receptoren wird auch ein modulierender Effekt auf sympathische Nervenzellen angenommen. Ein Teil dieser Zellen wird von präganglionären sympathischen Neuronen innerviert und sezerniert seine gefäßaktiven Stoffe ins Blutgefäßsystem (e- in Abb. 4.5). Andere paraganglionäre Zellen sind als Interneurone zwischen prä- und postganglionäres sympathisches Neuron geschaltet, und können so modulierend wirken (d- in Abb. 4.5).

In entsprechenden Experimenten wurde gezeigt, daß paraganglionäre Zellen in der Lage sind, sich in postganglionäre Neurone umzuwandeln. Umgekehrt können unter dem Einfluß von Nebennierenrindenhormonen unreife Nervenzellen zu paraganglionären Zellen werden. Das Nebennierenmark z. B. läßt sich unter diesem Aspekt als ein umgewandeltes Ganglion betrachten.

# 5 Hilfsapparat des Nervensystems

## 5.1 Häute des Zentralnervensystems

Die Zentralorgane des Nervensystems sind von 2 bindegewebigen Hüllen umgeben, der harten und der weichen Hirn- bzw. Rückenmarkhaut. Die weiche Hirnhaut gliedert sich nochmals auf.

1. **Harte Hirnhaut (Pachymeninx** oder **Dura mater)**
2. **weiche Hirnhaut (Leptomeninx):**
   **Arachnoidea** und **Pia mater.**

Diese Häute verhalten sich um Hirn und Rückenmark unterschiedlich, sie sollen deshalb gesondert betrachtet werden (Abb. 5.1 u. 5.2).

### 5.1.1 Dura mater encephali

Sie besteht aus straffem, faserigen Bindegewebe und kleidet die Schädelinnenfläche als Periostersatz völlig aus. Die Dura ist gegen einen nach innen folgenden capillären Spalt, das **Spatium subdurale,** durch einen endothelartigen Belag von Bindegewebszellen abgegrenzt (Abb. 5.1). Im Bereich der Schädelkalotte verhindern 2 senkrecht aufeinanderstehende Durasepten grobe Massenverschiebungen des Gehirns. Die **Großhirnsichel (Falx cerebri)** dringt mediansagittal zwischen die Großhirnhemisphären vor und setzt sich als flache **Kleinhirnsichel (Falx cerebelli)** zwischen den Kleinhirnhemisphären fort. Das **Kleinhirnzelt (Tentorium cerebelli)** entspringt am Schädelknochen in Höhe des Sulcus transversus und der Felsenbeinkante. Es spannt sich zwischen Groß- und Kleinhirn aus und läßt rostral eine Öffnung **(Incisura tentorii)** für das Rhombencephalon frei. Zwischen den beiden Blättern der Dura mater liegen mesothelausgekleidete Hohlräume, die venöses Blut führen: die **Sinus durae matris.**

An der Schädelkalotte ist die Verbindung der Dura mit dem Knochen lockerer als im Bereich der Schädelbasis. Hier bildet sie an 2 Stellen Taschen:

1. Über die Sella turcica spannt sich die Dura als **Diaphragma sellae.** Es besitzt für den Hypophysenstiel eine Öffnung. In der weiten Duratasche liegt die Hypophyse.

232 Hilfsapparat des Nervensystems

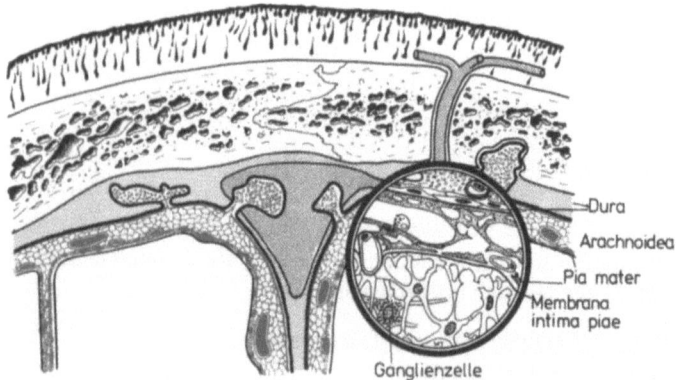

**Abb. 5.1.** Die Hirnhäute (in der Scheitelgegend). Schwarz: Dura mater encephali mit Querschnitt des Sinus sagittalis superior und längs getroffener V. emmissaria parietalis (rot gerastert). Rot: Arachnoidea mit Granulationes arachnoidales und Pia mater encephali mit Gefäßquerschnitten. Im Kreis ein stark vergrößerter Ausschnitt

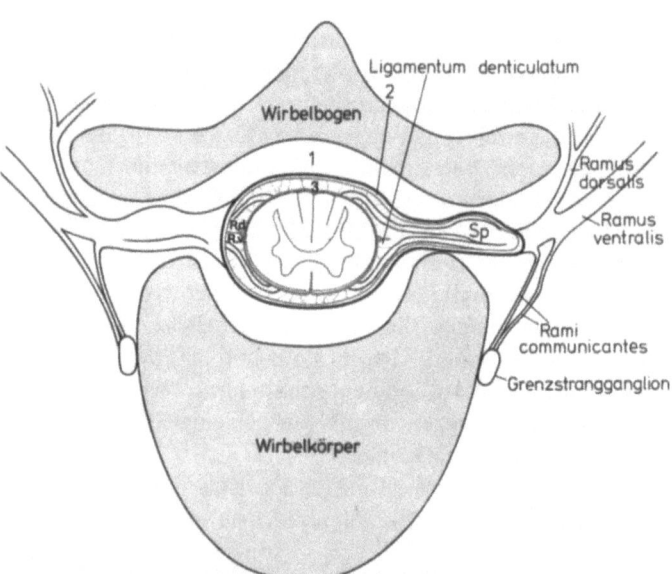

**Abb. 5.2.** Rückenmarkhäute. Schwarz: Pachymeninx (Dura mater spinalis). Rot: Leptomeninx (Arachnoidea und Pia mater). *1* = Cavum epidurale; *2* = Spatium subdurale; *3* = Cavitas subarachnoidalis; *Sp* = Spinalganglion; *R. d.* = Radix dorsalis; *R. v.* = Radix ventralis

2. Der **Saccus endolymphathicus**, eine Ausstülpung des häutigen Labyrinths in den Schädelraum, liegt in einer flachen Duratasche.

Das **Cavum trigeminale** (MECKEL) ist eine fingerlingförmige Ausstülpung der Dura der hinteren Schädelgrube, die sich unter die Dura der mittleren Schädelgrube schiebt und mit ihr verwächst. Sie umhüllt einen Teil der zentralen Trigeminuswurzel sowie das dazugehörige Ganglion trigeminale.

### 5.1.2 Leptomeninx encephali

Sie bildet einen zarten flüssigkeitsreichen Bindegewebskörper, der aus 2 Anteilen besteht: der **Spinnwebhaut (Arachnoidea)** und der **weichen Hirnhaut** im engeren Sinne **(Pia mater)** (Abb. 5.1).

#### 5.1.2.1 Arachnoidea encephali

Sie bildet als glasklare bindegewebige Membran zusammen mit der Innenfläche der Dura mater die Wände des Spatium subdurale. Ihre Grenzschicht besteht aus einer Lage platter Mesothelzellen, die sich an manchen Stellen zu Knötchen verdicken können (Abb. 5.1). Die Funktion dieser Knötchen ist unbekannt. Von der Arachnoidea ziehen Faserstränge wie Spinnwebfäden zur Pia mater, sie sind ebenfalls von einer einfachen Zellschicht umkleidet. Der zwischen beiden weichen Hirnhäuten liegende Maschenraum, der **Subarachnoidalraum (Cavitas subarachnoidalis)** ist mit Liquor cerebrospinalis gefüllt. Besonders im Bereich der Sinus durae matris bildet die Arachnoidea zottenförmige Ausstülpungen, die PACCHIONI-**Granulationen (Granulationes arachnoidales)**. Diese aus liquorgefüllten Bindegewebsmaschen aufgebauten Gebilde drängen gegen Dura und Schädelknochen vor und erzeugen dort kleine Einbuchtungen, die **Foveolae granulares,** die bis zu den Venae diploicae reichen können. Die Granulationen sind beim Säugling flächig, beim Erwachsenen knötchenförmig verteilt. Sie spielen bei der Liquorfiltration (s. S. 240) eine Rolle.

#### 5.1.2.2 Pia mater encephali

Sie ist ein bindegewebiges Häutchen, das der Oberfläche des Gehirns eng anliegt. Sie folgt nicht nur allen Furchen, sondern führt auch die ins Gehirn eindringenden Blutgefäße. Ihre innerste Schicht **(Membrana intima piae)** besteht aus einem Gitterfasernetz mit Basalmembran, das den Gliafüßchen der Hirnoberfläche eng anliegt (Membranae limitans gliae externa und perivascularis).

### 5.1.3 Subarachnoidalraum *(Cavitas subarachnoidalis)*

Der Subarachnoidalraum des Gehirns geht kontinuierlich in den des Rückenmarks über. Mit dem IV. Ventrikel kommuniziert er durch eine mediane Öffnung **(Apertura mediana ventriculi quarti)** und 2 lateral gelegene Kanälchen **(Aperturae laterales ventriculi quarti).** Er ist weiterhin mit adventitiellen Spalträumen (VIRCHOW-ROBIN-**Räume**) verbunden, die die ins Hirn ziehenden größeren Blutgefäße als Manschette umgeben. Da die äußere Grenzschicht der Arachnoidea der Dura folgt, die Pia aber der Gehirnoberfläche, ist die Weite des Subarachnoidalraums jeweils abhängig von den Inkongruenzen zwischen Gehirn und Schädelkapsel. Überall, wo das Gehirn Vertiefungen bildet, entstehen auf diese Weise größere Liquorräume, die **Zisternen (Cisternae subarachnoidales).**

### 5.1.4 Dura mater spinalis

Die harte Rückenmarkhaut beginnt am Foramen magnum, wo sie mit dem Knochen fest verwachsen ist. Von der periostalen Schicht des Wirbelkanals, dem äußeren Blatt der Dura mater spinalis **(Stratum periostale),** ist ein derbfaseriges inneres Blatt **(Stratum meningeale)** durch das **Cavum epidurale** getrennt (Abb. 5.2). Dieser Raum enthält neben Fett und Lymphgefäßen ein dichtes Venengeflecht. Er bildet bei Bewegungen der Wirbelsäule ein Polster um das Rückenmark. Das innere Durablatt umhüllt das Rückenmark und umscheidet als **Vagina radicularis** jede Nervenwurzel bis zum Spinalganglion, an dessen Oberfläche es die perineurale Bindegewebsschicht bildet. Ihre Fortsetzung ist der bindegewebige, **äußere Anteil der Perineuralscheide.**

### 5.1.5 Arachnoidea spinalis

Die Spinnwebhaut des Rückenmarks ist ein weitmaschiger Bindegewebskörper, der dem inneren Durablatt mit einem einschichtigen Mesothel anliegt. Zwischen beiden Blättern liegt als capillärer Spalt das **Spatium subdurale.** Auch nach Entfernung der Dura mater fließt deshalb der Liquor aus dem allseitig geschlossenen Arachnoidalsack nicht ab. Die Arachnoidea begleitet die Dura bis zum 2. Sacralwirbel um jede Spinalnervenwurzel bis zum Spinalganglion und setzt sich als epithelialer, **innerer Anteil der Perineuralscheide** fort. Faserbälkchen durchziehen den liquorgefüllten Raum zwischen Arachnoidea und Pia mater, die Cavitas subarachnoidalis, die sich ebenfalls bis zum Spinalganglion erstreckt.

## 5.1.6 Pia mater spinalis

Die weiche Rückenmarkhaut im engeren Sinne liegt der Oberfläche des Rückenmarks eng an, begleitet die Nervenwurzeln und führt die feinen Blutgefäße für das Rückenmark. Ihr Aufbau entspricht dem der Pia mater encephali.

Als **Ligamenta denticulata** bezeichnen wir 2 in der Frontalebene stehende leptomeningeale Vertäuungen des Rückenmarks. Die Bindegewebszüge entspringen breitflächig von der Pia mater und setzen zwischen den Spinalnervenaustritten, seitlich die Arachnoidea durchdringend, an der Dura mater an. Die zipflig ausgezogenen Bänder erzeugen ein gezähntes Aussehen der Vertäuung.

Da alle Hirnhäute Blutgefäße führen, kommt es bei Verletzungen zu folgenden Blutungsmöglichkeiten:
1. Blutung zwischen Knochen und Dura mater: epidurales Hämatom (besonders gefährlich bei Abriß der A. meningea media; kommt nicht an der Schädelbasis vor);
2. Blutung in das Spatium subdurale: subdurales Hämatom;
3. Blutung in die Cavitas subarachnoidalis: subarachnoidales Hämatom (Folge ist blutiger Liquor);
4. Risse der Sinus durae matris: meist während der Geburt durch Tentoriumabriß infolge der Verschiebung der Schädelknochen gegeneinander.

## 5.2 Liquor cerebrospinalis und Liquorräume

Gehirn und Rückenmark schwimmen in einem Flüssigkeitsmantel, dem Liquor cerebrospinalis, der mechanische Einwirkungen und Austrocknung verhindert und auch ernährende Funktion hat. Sein Gesamtvolumen beträgt ca. 135 ml. Der Liquor cerebrospinalis wird in den Ventrikeln gebildet **(Liquor cerebri internus)** und zirkuliert durch 3 Öffnungen am IV. Ventrikel in die Cavitas subarachnoidalis um Gehirn und Rückenmark **(Liquor cerebri externus)**. Der beim Erwachsenen streckenweise verödete Zentralkanal spielt als Liquorraum nur eine geringe Rolle.

### 5.2.1 Liquor cerebrospinalis

Der Liquor ist eine klare, farblose Flüssigkeit, die in ihrer Zusammensetzung dem Blutplasma nach Abzug des Gesamteiweißes entspricht. Er enthält nur Spuren von Albumin und Globulin (20–40 mg%) sowie vereinzelte Zellen, meist Lymphocyten. Die Zellzahl wird in Dritteln angegeben, da die üblichen Zählkammern 3 ml Inhalt haben; in der Regel zählt man 0/3–9/3

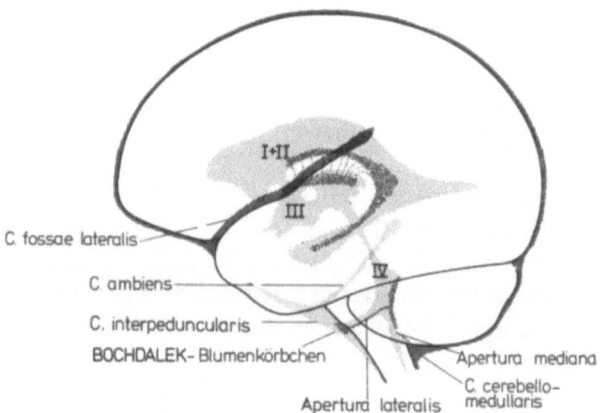

**Abb. 5.3.** Die Liquorräume des Gehirns. *I–IV* = Ventrikel mit Adergeflechten (rot) und ihre Kommunikationen mit den Zisternen des Subarachnoidalraumes

Zellen. Der Liquor cerebrospinalis ist mit dem Blut isotonisch. Sein spezifisches Gewicht beträgt 1007. Zwischen Blutbahn und Liquor besteht eine Permeabilitätsbarriere: die Blut-Liquor-Schranke. Bestimmte, mit dem Blut zirkulierende Fremdstoffe oder Medikamente gehen überhaupt nicht oder nur in Spuren in den Liquor über. Der Liquor erfüllt nicht nur mechanische Funktionen, sondern hat auch Stoffwechselaufgaben. Volumenschwankungen des Gehirns und seiner Blutgefäße können durch Liquormengenveränderungen ausgeglichen werden. Das osmotische Gleichgewicht wird durch die Liquorzirkulation aufrechterhalten und übermäßiger Wassereinstrom ins Hirngewebe (Ödem) verhindert.

## *5.2.2 Liquorräume*

### *5.2.2.1 Ventrikel (Ventriculi cerebri)* (Abb. 5.3)

Das Neuralrohr weitet sich, wie auf S. 51 beschrieben, im Kopfgebiet zu den 3 primären Hirnbläschen aus, deren vorderstes durch 2 seitliche Ausbuchtungen zusätzlich die Endhirnbläschen ausbildet. Diese 5 Hirnbläschen werden durch das Wachstum der Hirnwand zu den späteren Hirnkammern, den **Ventrikeln (Ventriculi cerebri)** umgestaltet. Sie stehen infolge ihrer Entwicklung untereinander in Verbindung und sind mit Liquor cerebrospinalis gefüllt. Entsprechend besitzt jeder Hirnabschnitt einen Liquorraum, der sich der Form des Hirnabschnitts anpaßt. Von vorn nach hinten gesehen liegen die Ventrikel in der Reihenfolge der Numerierung:

## I. und II. Ventrikel oder Seitenventrikel (Ventriculi laterales)

Die Seitenventrikel liegen im paarig angelegten Endhirn. Ein Seitenventrikel hat die Form eines Widderhorns. Man unterscheidet einen **Mittelabschnitt (Pars centralis)**, ein **Vorderhorn (Cornu frontale)**, **Hinterhorn (Cornu occipitale)** und **Unterhorn (Cornu temporale)**. Nur Mittelabschnitt und Unterhorn enthalten Adergeflechte; Vorder- und Hinterhorn sind frei davon.

Die Wände der Pars centralis vom Seitenventrikel sind: lateral der Nucleus caudatus, ventral der Thalamus unter der Lamina affixa, medial das Septum pellucidum und der Fornix und dorsal das Corpus callosum **(Ventrikeldach)**.

Kerngruppen und Rindenabschnitte wölben sich teilweise in das Lumen vor. So erkennt man deutlich folgende Erhebungen an den Ventrikelwänden:

Caput nuclei caudati an der Lateralfläche des Vorderhorns; Thalamus und Cauda nuclei caudati an der ventrolateralen Fläche der Pars centralis; **Calcar avis**, eine durch den Sulcus calcarinus hervorgerufene Vorwölbung an der Medialfläche des Hinterhorns; **Eminentia collateralis**, verursacht durch die Tiefe des Sulcus collateralis am Boden des Unterhorns; **Hippocampus**, die eingerollte Hirnrinde am Boden des Unterhorns; Fimbria hippocampi, die Fortsetzung des Fornix auf dem Hippocampus; **Alveus**, die Ausbreitung der Fornixfasern auf der Oberfläche des Pes hippocampi; Cauda nuclei caudati im Dach des Unterhorns.

Die Adergeflechte der Seitenventrikel werden auf S. 239 besprochen.

## III. Ventrikel (Ventriculus tertius)

Er befindet sich im Zwischenhirn und ist ein aufrechtstehender, einige Millimeter breiter Spaltraum mit verschiedenen Ausziehungen (Recessus):

a) **Recessus opticus** in Richtung Chiasma opticum
b) **Recessus infundibuli**, zum Tuber cinereum und Infundibulum der Neurohypophyse
c) **Recessus pinealis**, zur Epiphyse (Corpus pineale)
d) **Recessus suprapinealis**, in den über der Epiphyse liegenden Dachanteil des III. Ventrikels.

Seine dorsolateralen Wände bilden die Thalami (dorsales), die durch den III. Ventrikel hindurch miteinander durch die **Adhesio interthalamica** verwachsen sind. Ventrolateral und ventral begrenzt der Hypothalamus den III. Ventrikel und rostral schließt ihn die Lamina terminalis ab. Die Verbindung mit dem Seitenventrikel stellt ein kurzer Kanal her, das vorn oben zwischen der Fornixsäule und dem Caput nuclei caudati liegende **Foramen interventriculare**. Das Dach des III. Ventrikels wird von der **Lamina epithelia-**

lis mit der **Tela choroidea ventriculi tertii** gebildet, die mit den Adergeflechten besprochen werden soll. Das hintere Ende des III. Ventrikels mündet nach caudal in den Aquädukt.

**Aquädukt (Aqueductus mesencephali)**
Er liegt im Mittelhirn und ist eine durch das Wachstum der Ganglienzellmassen zum Kanal eingeengte Verbindung zwischen III. und IV. Ventrikel.

**IV. Ventrikel (Ventriculus quartus)**
Er liegt im Rautenhirn und hat die Form eines Zelts. Den Boden bildet die **Rautengrube (Fossa rhomboidea)**. Das Dach **(Tegmen ventriculi quarti)** besteht aus 2 Marksegeln (Vela medullaria). Das **vordere Marksegel (Velum medullare craniale)** erstreckt sich zwischen den oberen Kleinhirnstielen und wird von der Lingula des Kleinhirnwurms bedeckt. Das **hintere Marksegel (Velum medullare caudale)** geht über in die **Lamina epithelialis** mit der **Tela choroidea ventriculi quarti,** von der aus der Plexus choroideus in den Ventrikel ragt. Das Dach wird dorsal vom Kleinhirn abgeschlossen, das alle anderen Anteile überlagert.

Der IV. Ventrikel verjüngt sich zum **Zentralkanal (Canalis centralis)** des Rückenmarks. Er besitzt weiterhin 3 Öffnungen, die das System des Binnenliquors (Liquor cerebri internus) mit den Räumen des Außenliquors (Liquor cerebri externus) in der Cavitas subarachnoidalis verbinden:

a) Die **Apertura mediana ventriculi quarti** am caudalen Ende der Tela choroidea mündet in die Cisterna cerebellomedullaris.

b) Die **Aperturae laterales ventriculi quarti** an den lateralen Ecken der Rautengrube ziehen sich als Recessus laterales kanalartig in die Länge und münden beiderseits neben dem VII. Hirnnerven in die Cisterna interpeduncularis.

Mit Hilfe der **Ventriculographie** kann man Gestaltveränderungen der Ventrikel bei Hirnerkrankungen röntgenologisch darstellen. Hierfür werden die Seitenventrikel von der Konvexität des Gehirns aus punktiert, der Liquor abgesaugt und durch Luft ersetzt.

Die **Encephalographie** ermöglicht bei einer Punktion der Cisterna cerebellomedullaris eine gleichzeitige Darstellung von Subarachnoidalräumen und Ventrikeln.

Die Verbindungsöffnungen zwischen Binnen- und Außenliquor können durch Geschwülste oder entzündliche Verwachsungen verschlossen werden. Es kommt dann zur Liquorstauung in den Ventrikeln und in der Folge zur Druckatrophie der Gehirnsubstanz: dem **Hydrocephalus internus.**

Der **Hydrocephalus communicans** betrifft beide Liquorsysteme. Seine Ursache besteht aus einem Mißverhältnis zwischen Liquorbildung und Liquorabfluß (meist durch erhöhte Liquorproduktion).

### 5.2.2.2 Zisternen (Cisternae subarachnoidales)

Die wichtigsten Zisternen sind (Abb. 5.3):

**Cisterna cerebellomedullaris** (magna)
**Cisterna chiasmatis**
**Cisterna interpeduncularis**
**Cisterna fossae lateralis** ⎫
**Cisterna ambiens** ⎭ paarig.

Bestimmte Zisternen können mit der Punktionskanüle erreicht werden. So durchsticht man bei der „Suboccipitalpunktion" die Membrana atlantooccipitalis dorsalis, um in die Cisterna cerebellomedullaris zu gelangen.

### *5.2.3 Adergeflechte (Plexus choroidei)*

In einigen Abschnitten des Neuralrohrs bleibt die Massenentwicklung der Glioblasten auf der Stufe einer einfachen Zellage. Hier dringen Gefäße der Pia mater, das einschichtige Epithel vor sich herschiebend, in das Lumen des Neuralrohrs vor und bilden Gefäßknäuel, die Adergeflechte (Plexus choroidei). Sie werden von der auf eine einzige Zellschicht reduzierten Hirnwand, dem **Plexusepithel**, bedeckt. Eine Adergeflechtzotte besteht aus einem pialen Bindegewebsstock mit anastomosierenden Blutgefäßen, vor allem mit weitlumigen Capillaren, und ist von einem einschichtigen isoprismatischen Epithel überzogen. Das Epithel setzt sich in das Ependym fort, das die Ventrikel auskleidet. Die isoprismatischen Zellen besitzen oberflächliche Mikrovilli und spärliche, basale Zytoplasmaeinfaltungen. Gelegentlich sieht man als embryonale Reminiszenz noch vereinzelte Kinocilien.

Die Plexus choroidei der Seitenventrikel und des III. Ventrikels entspringen aus einer bindegewebigen Platte, der **Tela choroidea ventriculi tertii**, die sich über dem hauchdünnen Dach des Prosencephalons entwickelt und mit ihm verwächst. Später überspannt sie den III. Ventrikel als eine breitflächige Verbindung zu den Adergeflechten der Seitenventrikel.

Der Plexus choroideus des Seitenventrikels schiebt sich von medial her zwischen Fornix und Thalamus hindurch ins Endhirnbläschen. Hier verklebt er mit dem Boden der Pars centralis. Der Boden, ein Teil des Endhirns, liegt als dünne Lamina affixa dem Thalamus auf. Reißt man den Plexus choroideus ab, entstehen 3 Abrißkanten, die Tenien (Abb. 2.28):

1. **Tenia choroidea**, an der Lamina affixa
2. **Tenia fornicis**, an der Ventralseite des Fornix
3. **Tenia thalami**, an der darunterliegenden Dorsalfläche des Thalamus.

Der Plexus erstreckt sich an der medialen Wand des Seitenventrikels von der Pars centralis ins Unterhorn. Er erreicht seine größte Stärke (**Glomus choroideum**) am Übergang ins Unterhorn.

Der Plexus choroideus des III. Ventrikels stülpt sich von der medialen Ansatzstelle des Plexus choroideus des Seitenventrikels am Thalamus ein. Die Tenia thalami ist also gleichzeitig auch die seitliche Abrißkante des Plexus choroideus vom III. Ventrikel.

Der Plexus choroideus des IV. Ventrikels entwickelt sich im Rhombencephalon in dem hinter dem Kleinhirnwulst gelegenen Dachabschnitt. Durch die laterale Apertur am IV. Ventrikel ragt ein kleiner Teil des Plexus choroideus seitlich zwischen Austrittstelle des N. facialis und Lobulus flocularis des Kleinhirns in das Gebiet der Cisterna interpeduncularis. Diese knäuelförmige Verdickung wird als BOCHDALEK-Blumenkörbchen bezeichnet.

### 5.2.4 Liquorproduktion

Der Liquor wird im Bereich der Ventrikel durch die Plexus choroidei produziert. Täglich werden 70-100 ml Liquor gebildet. Die Adergeflechte der Pia ragen, wie oben beschrieben, in die Ventrikel. Der Entstehungsweg des Liquor cerebrospinalis ist in der Regel folgender: Capillarendothel, Basalmembran, isoprismatisches Plexusepithel.

Diese 3 Schichten bilden für viele Stoffe eine Permeabilitätsbarriere: die **Blut-Liquor-Schranke**. Der Liquor befindet sich, durch Hirn- und Plexuspulsationen bewegt, in dauernder Zirkulation.

### 5.2.5 Liquorresorption

Es wird angenommen, daß der Liquor auf verschiedenen Wegen resorbiert wird. Ein Teil nimmt seinen Weg über das Ependym und Capillaren oder kleine Venen der Pia ins Blut. Ein weiterer langsamer Liquorabfluß findet wahrscheinlich entlang der Perineuralscheiden statt, besonders längs der Nervi olfactorii oder auch im Bereich der Cauda equina. Auch über die Granulationes arachnoidales, die teilweise die Dura mater durchstoßen, kann Liquor in die Sinus durae matris abfiltriert werden.

Bei bestimmten Erkrankungen, z. B. Meningitis, Lues oder Tumoren, ist der Eiweißgehalt des Liquors durch Schädigung der Blut-Liquor-Schranke erhöht. Bei schweren Entzündungen kann der Liquor durch seinen starken Zellgehalt dickflüssig, trüb oder blutig werden. Man findet Granulocyten, Lymphocyten, Plasmazellen, Erythrocyten oder auch Tumorzellen im Liquor.

## 5.3 Blutversorgung des Zentralnervensystems

### 5.3.1 Blutversorgung des Gehirns

#### 5.3.1.1 Arterien der Dura mater (Arteriae durae matris)

Die folgenden Arterien der Dura mater verlaufen zwischen Schädelknochen und Dura:

**A. meningea media:** Sie entspringt aus der A. maxillaris (A. carotis externa) und gelangt durch das Foramen spinosum in die mittlere Schädelgrube. Sie teilt sich an der Innenfläche des Squama temporalis in einen Ramus frontalis, einen Ramus parietalis und einen Ramus orbitalis. Diese Arterie anastomosiert gelegentlich mit der A. lacrimalis.

**A. meningea anterior** (Fortsetzung der A. ethmoidalis anterior): Sie entspringt aus der A. ophthalmica (A. carotis interna) und tritt durch das Foramen ethmoidale anterius in die vordere Schädelgrube.

**A. meningea posterior:** Sie entspringt aus der A. pharyngea ascendens (A. carotis externa), tritt durch das Foramen jugulare in die hintere Schädelgrube und verzweigt sich an der Squama occipitalis.

Zerreißungen der Aa. meningeae führen zu breitflächigen Blutungen zwischen Dura und Knochen in ein dadurch künstlich entstehendes Spatium epidurale. Die Blutung wird als epidurales Hämatom bezeichnet.

#### 5.3.1.2 Arterien des Gehirns (Arteriae encephali)

Sie leiten sich aus 2 großen paarigen Gefäßen ab: A. carotis interna und A. vertebralis (Abb. 5.4).

Die **A. carotis interna** betritt die mittlere Schädelgrube durch den Canalis caroticus. Im folgenden Verlauf bildet sie den „Carotissyphon": sie zieht im Sinus cavernosus zuerst nach vorn, durchdringt die Dura am Processus clinoideus anterior der Ala minor und biegt dann rückwärts bis in Höhe des Chiasma opticum um. Die A. carotis interna teilt sich in folgende Äste:
1. **A. ophthalmica** zur Orbita.
2. **A. cerebri anterior:** Diese zieht in der Fissura longitudinalis cerebri und versorgt mit ihren Zweigen die mediale Hemisphärenfläche sowie ein fingerbreites Gebiet außerhalb der Mantelkante bis zum Sulcus parietooccipitalis. Tiefe zentrale Abzweigungen durchbohren die Substantia perforata rostralis und versorgen das Corpus striatum (Nucleus caudatus und Puta-

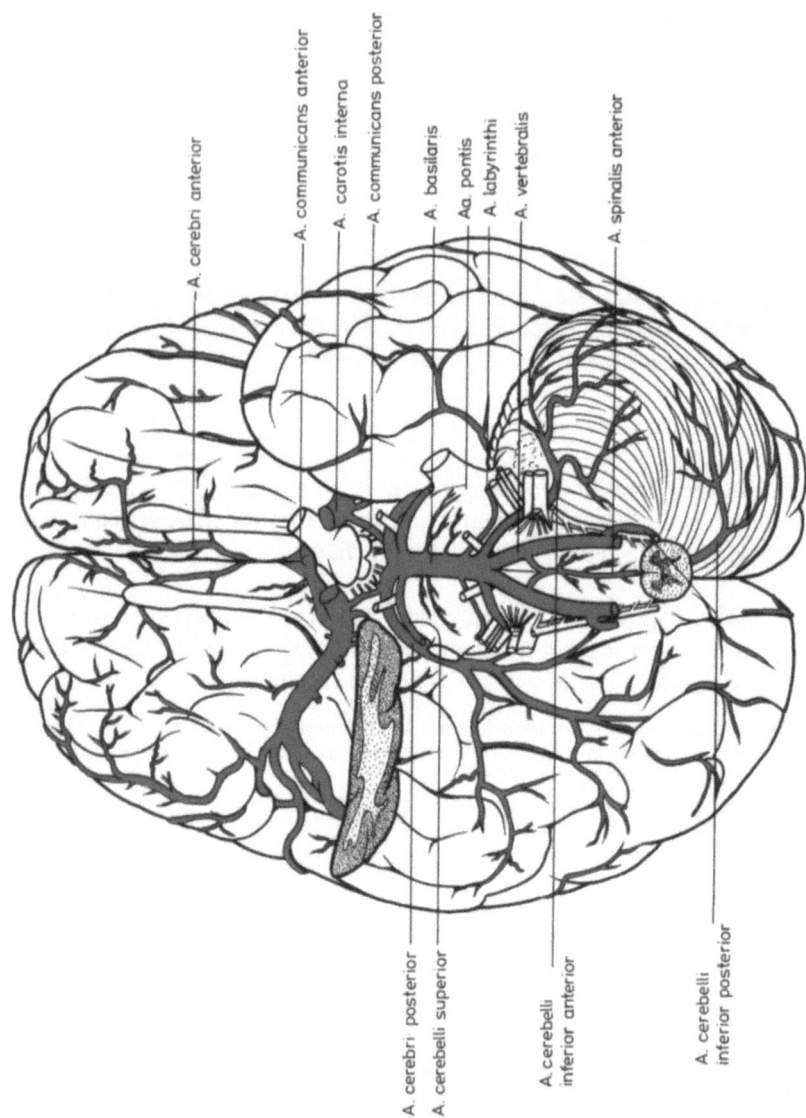

**Abb. 5.4.** Arterien des Gehirns mit dem Circulus arteriosus cerebri

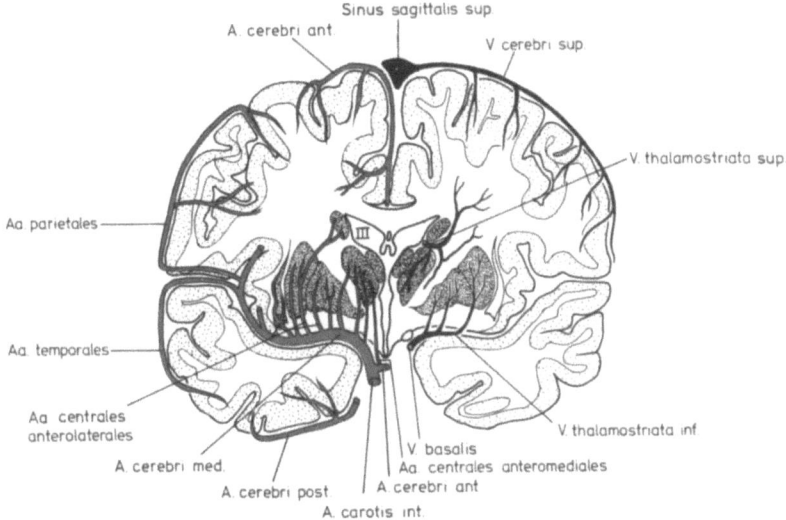

**Abb. 5.5.** Arterielle Verzweigungen im Gehirn in Höhe der Basalganglien (links) und venöse Abflüsse aus Rinden- und Kerngebieten (rechts). (Modifiziert nach SOBOTTA u. BECHER 1973)

men), die vordere Hälfte der Capsula interna und den ventrorostralen Thalamus.

Zweige der A. cerebri anterior:
Aa. centrales anteromediales
Aa. centrales brevis und longa
A. frontobasalis medialis
A. callosomarginalis
A. paracentralis
A. precunealis
A. parietooccipitalis.

3. **A. cerebri media** (Abb. 5.5): Sie zieht im Sulcus lateralis und teilt sich in mehrere Zweige, die in der Hauptsache die laterale Hemisphärenfläche versorgen.

Zweige der A. cerebri media:
A. choroidea anterior zum Adergeflecht im Unterhorn des Seitenventrikels; zentrale Äste dieser Arterie durchbohren die Substantia perforata rostralis und versorgen Regionen des lymbischen Systems und die basal liegenden Kerngebiete,

Aa. centrales anterolaterales zu den Stammganglien und der inneren Kapsel.
Aa. insulares
A. frontobasalis lateralis
Aa. temporales anterior, media und posterior
Aa. sulci centralis, sulci precentralis und sulci postcentralis
Aa. parietalis anterior und posterior
A. gyri angularis.

Die **A. vertebralis** erreicht die Schädelhöhle durch das Foramen magnum und gibt dort kleine Äste zu den weichen Hirnhäuten ab. Der Zusammenfluß beider Aa. vertebrales ist die **A. basilaris.** Aus den Aa. vertebrales und der A. basilaris gehen folgende Äste hervor:

a) A. inferior posterior cerebelli zur Unterfläche des Kleinhirns und zum Adergeflecht des IV. Ventrikels
b) Aa. spinales anterior und posteriores zum Rückenmark
c) A. inferior anterior cerebelli zur Unter- und Seitenfläche des Kleinhirns
d) A. labyrinthi mit dem N. vestibulocochlearis zum Labyrinth
e) Aa. pontis zur Brücke
f) A. superior cerebelli zur oberen Fläche des Kleinhirns
g) Aa. mesencephalicae zum Mittelhirn,
h) **A. cerebri posterior:** Endaufzweigung der A. basilaris zur basalen Fläche von Schläfen- und Hinterhauptslappen, auf die mediale und laterale Fläche übergreifend. Sie teilt sich in A. occipitalis lateralis und A. occipitalis medialis. Kleine Äste ziehen als Aa. centrales posteromediales durch die Substantia perforata interpeduncularis zu mesencephalen Kerngebieten, als Aa. centrales posterolaterales zu den Plexus choroidei und zum caudalen Thalamus.

**Circulus arteriosus cerebri.** An der Gehirnbasis werden die 3 paarigen Arteriae cerebri durch 3 Verbindungsäste (**A. communicans anterior und Aa. communicantes posteriores)** zu einem Arterienring geschlossen: dem Circulus arteriosus cerebri (Abb. 5.4). Der allmähliche Ausfall eines Gefäßes kann auf diese Weise von den anderen Teilen des Ringes kompensiert werden.

Entsprechend ihrer Ausbreitung bewirken Ausfälle von Ästen der A. cerebri media in der dominanten Hemisphäre eine motorische oder sensorische Aphasie, in beiden Hemisphären eine kontralaterale Lähmung der oberen Körperabschnitte. Beim Ausfall der A. callosomarginalis (A. cerebri anterior) dagegen ist das kontralaterale Bein gelähmt. Ist die A. occipitalis medialis (A. cerebri posterior) betroffen, kommt es zu Rindenblindheit.

Die dünnwandigen, von der Hirnbasis zentralwärts zu den Basalganglien und der Capsula interna ziehenden, Aa. centrales sind im Verhältnis zu ihrer Länge sehr schmal. Diese Arterien sind deshalb besonders häufig von arteriosklerotischen oder thrombotischen Verschlüssen betroffen (weißer Infarkt). Sie sind auch besonders empfindlich gegen Blutdruckanstieg bei Hochdruckkrankheiten, da ihre dünnen Wände leicht reißen (roter Infarkt). Die Folge ist in beiden Fällen ein apoplektischer Insult (s. S. 114).

## 5.3.1.3 Venen des Gehirns (Venae encephali)

Das venöse Blut der zentralen Hirnabschnitte gelangt über 2 große Abflüsse aus dem Gehirn: Vena cerebri magna und Vena basalis, die beide in den Sinus rectus münden. Die **Vena cerebri magna** entsteht aus 2 in der Tela choroidea des III. Ventrikels nach hinten ziehenden Venae cerebri internae.

**Vena cerebri interna:** Sie beginnt in der Höhe des Foramen interventriculare durch Zusammenfluß mehrerer Venen:

a) Vv. septi pellucidi: Abfluß aus dem Marklager des Frontallappens
b) V. thalamostriata superior: Abfluß aus dem Corpus striatum und dem Marklager des Parietallappens
c) V. choroidea superior: Abfluß aus den Adergeflechten
d) Vv. directae laterales: Abfluß aus dem Marklager des Occipitallappens
e) Vv. corporis callosi: Abfluß aus dem Corpus callosum.

**Vena basalis:** Diese Vene sammelt an der basalen Hirnfläche das Blut aus den Gebieten des Hypothalamus und zieht um die Hirnschenkel nach oben zur V. cerebri magna. In sie münden:

a) Vv. cerebri anteriores: von der vorderen Balkenregion
b) V. cerebri media profunda (in der Tiefe des Sulcus lateralis): von der Insel
c) Vv. thalamostriatae inferiores: von den Stammganglien
d) V. choroidea inferior: vom Adergeflecht des Seitenventrikels
e) Vv. pedunculares: vom Gebiet der Hirnschenkel.

Das venöse Blut der Hirnrinde sammelt sich in mehreren Abflüssen, die in 3 Hauptrichtungen ziehen:
**Venae cerebri superiores** ziehen cranialwärts zur Mantelkante und ergießen sich in den Sinus sagittalis superior. An der Medialfläche münden die Venen aus dem Gebiet über dem Balken in den Sinus sagittalis inferior.
**Venae cerebri inferiores** münden basalwärts in die Sinus transversus und sigmoideus.

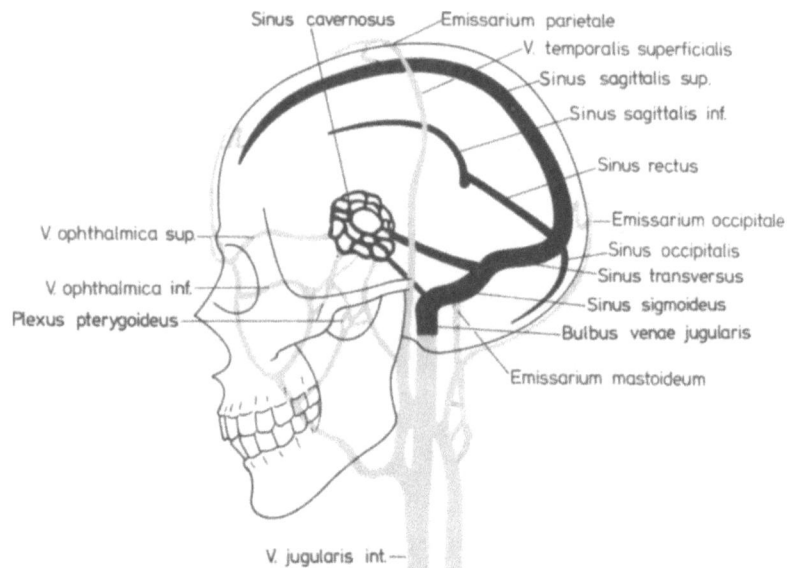

**Abb. 5.6.** Die inneren und äußeren Blutabflüsse des Schädels mit ihren Verbindungen. Schwarz: Sinus durae matris; schwarz gerastert: äußere Venen des Schädels

**Vena cerebri media superficialis** zieht an der Oberfläche des Sulcus lateralis frontalwärts und mündet in den Sinus cavernosus.

In der Regel anastomosieren die Oberflächenvenen miteinander durch die:

a) V. anastomotica superior (magna) zwischen V. cerebri media superficialis und Vv. cerebri superiores
b) V. anastomotica inferior (parva) zwischen V. cerebri media superficialis und Vv. cerebri inferiores.

*5.3.1.4 Blutleiter der Dura mater (Sinus durae matris)* (Abb. 5.6)

Die Oberflächenvenen münden direkt, die tiefen Abflüsse über die beiden oben genannten Venenstämme in große, in die Dura mater eingefügte Blutleiter. Die Wand der Sinus besteht nur aus Endothel und Dura. Da ihnen jede Muskulatur fehlt, sind sie starrwandig; bei Druckzunahme im Schädelraum sind sie nicht komprimierbar. Das venöse Blut strömt in ihnen in Richtung der V. jugularis, die eine gewisse Sogwirkung ausübt, Venenklappen sind nicht vorhanden. Wir unterscheiden folgende auf Abb. 5.6 bezeichnete Sinus durae matris:

a) **Sinus sagittalis superior:** mündet im **Confluens sinuum** in den
b) **Sinus transversus:** zieht am Ansatzrand des Tentorium cerebelli seitwärts und wird infolge S-förmiger Krümmung zum
c) **Sinus sigmoideus:** der in den Bulbus venae jugularis mündet.
d) **Sinus sagittalis inferior:** geht über in den
e) **Sinus rectus:** gelangt in den Confluens sinuum. In den Sinus rectus zieht auch die V. cerebri magna.
f) **Sinus occipitalis:** zieht entlang der Anheftung der Falx cerebelli an der Crista occipitalis zum Confluens sinuum.
g) **Sinus cavernosus:** venöses Kammersystem im Bereich der Sella turcica. In ihn mündet der
h) **Sinus sphenoparietalis:** entlang der Ala minor. Die Abflüsse aus dem Sinus cavernosus gelangen über den
i) **Sinus petrosus superior:** längs der oberen Pyramidenkante in den Sinus sigmoideus und über den
k) **Sinus petrosus inferior:** entlang der hinteren Pyramidenbasis in den Bulbus venae jugularis.

Der Sinus cavernosus steht topographisch in enger Beziehung zu folgenden Gefäßen und Nerven:

A. carotis interna
N. maxillaris – zieht zum Foramen rotundum,
N. ophthalmicus
N. oculomotorius
N. trochlearis
N. abducens
} ziehen zur Fissura orbitalis superior.

Er umhüllt weiter Teile des Ganglion trigeminale und erstreckt sich auf das Mittelohrdach. Erkrankungen im Einzugsgebiet des Sinus cavernosus beeinflussen daher auch die durchziehenden Nerven und Gefäße sowie die anliegenden Gebilde bzw. umgekehrt.
Die wichtigsten Verbindungen zwischen den Sinus durae matris und den extracranialen Venen sind:

Vv. ophthalmicae superior und inferior: zwischen Sinus cavernosus und V. angularis (V. facialis)
Plexus pterygoideus: zwischen Sinus cavernosus und den äußeren Venen des Schädels (V. facialis, V. retromandibularis)
V. emissaria parietalis: zwischen Sinus sagittalis superior und
V. temporalis superficialis
V. emissaria occipitalis: zwischen Confluens sinuum und

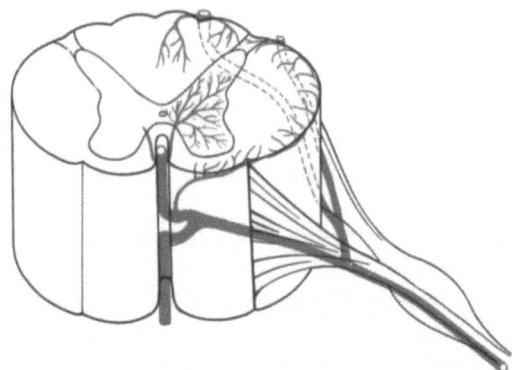

**Abb. 5.7.** Arterien des Rückenmarks, demonstriert an einem Segment. (Modifiziert nach SOBOTTA u. BECHER 1973)

V. occipitalis
V. emissaria mastoidea: zwischen Sinus sigmoideus und Plexus vertebralis.

Oberlippenfurunkel und Entzündungen der oberen Gesichtshälfte können auf dem Weg über V. facialis – V. angularis – Vv. ophthalmicae – Sinus cavernosus in den Bereich der Hirnhäute streuen und zu einer Sinus-cavernosus-Thrombose und einer Infektion der Hirnhäute führen. Alle topographisch dem Sinus cavernosus anliegenden Gebilde können dabei mit betroffen sein.

### 5.3.2 Blutversorgung des Rückenmarks

#### 5.3.2.1 Arterien des Rückenmarks (Arteriae spinales) (Abb. 5.7)

Das Rückenmark erhält sein Blut über:

a) drei bis fünf Zuflüsse (Aa. radiculares) durch die Foramina intervertebralia aus den Segmentarterien (Aa. intercostales, Aa. lumbales)
b) rückläufige Äste der A. vertebralis.

Die Zuflüsse versorgen eine A. spinalis anterior und zwei Aa. spinales posteriores, von denen noch je eine A. posterolateralis abgeht. Von der A. spinalis anterior dringen Aa. sulcocommissurales durch die Fissura mediana ventralis ins Rückenmark und verzweigen sich im Gebiet der grauen Substanz zu einem engmaschigen Capillarnetz. Ventrale Abzweigungen ziehen zur vorderen Oberfläche des Rückenmarks. Die Aa. spinales posteriores und posterolaterales speisen ein Geflecht kleiner Arterien an der seitlichen und hinteren Rückenmarkoberfläche.

## 5.3.2.2 Venen des Rückenmarks (Venae spinales)

Die venösen Abflüsse des Rückenmarks **(Vv. spinales)** ergießen sich über seitlich wegziehende **Vv. radiculares** in mächtige klappenlose Venengeflechte des Epiduralraums: **Plexus venosi vertebrales interni.** Diese stehen in Verbindung:

a) mit den Blutleitern im Schädelinneren durch das Foramen magnum,
b) mit dem Plexus venosus vertebralis externus anterior durch Vv. basivertebrales,
c) mit den segmentalen Venen (intercostal, lumbal) durch Vv. intervertebrales,
d) mit dem Plexus venosus vertebralis externus posterior und dessen Fortsetzung, dem Plexus suboccipitalis durch Anastomosen, die die Ligamenta flava durchtreten.

# Allgemeine Literatur

Ariëns Kappers CU, Huber GC, Crosby EC (1936/1960) The comparative anatomy of the nervous system of vertebrates, including man. Hafner, New York
Barr ML (1974) The human nervous system, 2nd edn. Harper & Row, New York Hagerstown London
Barr ML (1979) The human nervous system – An anatomic viewpoit 3rd edn. Harper & Row, New York Hagerstown London
Bowsher D (1975) Introduction to the anatomy and physiology of the nervous system. Blackwell Scientific, Oxford
Brodal A (1969) Neurological anatomy in relation to clinical medicine. Oxford University Press, New York London Toronto
Bullock TH, Horridge GA (1955) Structure and function in the nervous system of invertebrates. University Chicago Press, Chicago
Carpenter MB (1976) Human neuroanatomy. Williams & Wilkins, Baltimore
Clara M (1959) Das Nervensystem des Menschen. Barth, Leipzig
Clarke E, Dewhurst K (1973) Die Funktionen des Gehirns. Moos, München
Crosby EC, Humphrey T, Lauer EW (1962) Correlative anatomy of the nervous system. Macmillan, New York
Doty RW (1970) The brain. In: Britannica yearbook of science and the future, encyclopedia britannica. Benton, Chicago
Dunkerley GB (1975) A basic atlas of the human nervous system. Davis, Philadelphia
Eccles JC (1970) Facing reality: Philosophical adventures by a brain scientist. Springer, Berlin Heidelberg New York
Eccles JC (1973) The understanding of the brain. McGraw-Hill, New York
Eccles JC (1973) Das Gehirn des Menschen. Piper, München
Ferner H (1970) Anatomie des Nervensystems und der Sinnesorgane des Menschen, 4. Aufl. Reinhardt, München Basel
Hamilton WJ, Boyd JD, Mossmann HW (1962) Human embryology, 3rd edn. Heffer, Cambridge
Hassler R (1967) Funktionelle Neuroanatomie und Psychiatrie. In: Gruhle HW, Jung R, Mayer-Gross W, Müller M (Hrsg) Psychiatrie der Gegenwart. Springer, Berlin Heidelberg New York
Heimer L (1983) The human brain and spinal cord. Springer, Berlin Heidelberg New York Tokyo
House L, Pansky B (1967) A functional approach to neuroanatomy, 2nd edn. McGraw-Hill, New York Toronto Sydney London
Ingram WR (1976) A review of anatomical neurology. University Park Press, Baltimore
Jelgersma G (1931) Atlas anatomicum cerebri humani. Scheltema & Holkema, Amsterdam
Kahle W (1976) Nervensystem und Sinnesorgane. In: Kahle W, Leonhardt H, Platzer W (Hrsg) Taschenatlas der Anatomie, Bd 3. Thieme, Stuttgart
Kuffler SW, Nicholls JG (1976) From neuron to brain. A cellular approach to the function of the nervous system. Sinauer, Sunderland

Liebman M (1979) Neuroanatomy made easy and understandable. University Park Press, Baltimore
Lockard I (1977) Desk reference for neuroanatomy. A guide to essential terms. Springer, Berlin Heidelberg New York
Moyer KE (1980) Neuroanatomy. Harper & Row, New York Hagerstown London
New PFJ, Scott WR (1975) Computed tomography of the brain and orbit. Williams & Wilkins, Baltimore
Noback ChR, Demarest RJ (1975) The human nervous system, 2nd edn. McGraw-Hill, New York
Poeck K (1974) Neurologie, 3. Aufl. Springer, Berlin Heidelberg New York
Rasmussen AT (1957) The principal nervous pathways. Macmillan, New York
Riley HA (1960) An atlas of the basal ganglia, brain stem and spinal cord. Hafner, New York
Rohen JW (1975) Funktionelle Anatomie des Nervensystems. Schattauer, Stuttgart
Sidman RL, Sidman M (1971) Neuroanatomie programmiert. Springer, Berlin Heidelberg New York
Singer M, Yakovlev PI (1954) The human brain in sagittal section. Thomas, Springfield
Stevens CF, Keynes RD, Iversen LL, Schwartz JH, Patterson PH, Potter DD, Furshpan EJ, Levi-Montalcini R, Calissano P, Morell P, Norton WT, Kandel ER (1980) Die Nervenzelle. In: Gehirn und Nervensystem: woraus sie bestehen; wie sie funktionieren; was sie leisten. Spektrum-der-Wissenschaft, Weinheim, Abschnitt I:2-76
Stephan H (1975) Handbuch der mikroskopischen Anatomie des Menschen, Bd 4, Teil 9: Allocortex. Springer, Berlin Heidelberg New York
Stumpf WE, Grant LD (1975) Anatomical neuroendocrinology. Karger, Basel
Tobias PV (1971) The brain in hominid evolution. Columbia University Press, New York
Truex RC, Carpenter MB (1969) Human neuroanatomy. Williams & Wilkins, Baltimore
Young JZ (1970) What can we know about memory? Br Med J I:647-652
Zuleger S, Staubesand J (1976) Schnittbilder des Zentralnervensystems. Urban & Schwarzenberg, München Wien Baltimore

# Weiterführende Literatur

## Kapitel 1

Akert K, Waser PG (1969) Mechanisms of synaptic transmission. Elsevier, Amsterdam
Causey G (1960) The cell of Schwann. Livingstone, Edinburgh
Cowan WM, Cuenod M (1975) The use of axonal transport for studies of neuronal connectivity. Elsevier, Amsterdam
Cragg BG (1970) What is the signal for chromatolysis? Brain Res 23:1-21
Da Costa AC (1947) Origem e formacâo do sistema nervoso. Lisboa
Eames RA, Gamble HJ (1970) Schwann cell relationships in normal human cutaneous nerves. J Anat 106:417-435
Falck B (1962) Observations on the possibilities of the cellular localization of monoamines by a fluorescence method. Acta Physiol Scand [Suppl 197] 56:1-25
Eränkö O (1969) Histochemistry of nervous transmission. Elsevier, Amsterdam
Gabe M (1966) Neurosecretion. Translated by R. Crawford. Pergamon Press, Oxford, pp 427-736
Heym C, Forssmann WG (1981) Techniques in neuroanatomical research. Springer, Berlin Heidelberg New York
Hild W (1959) Das Neuron. In: Bargmann W (Hrsg) Nervensystem. Springer, Berlin Heidelberg New York (Handbuch der mikroskopischen Anatomie, Ergänzung zu Bd IV/1)
Jacobson M (1970) Developmental neurobiology. Holt, Rinehart & Winston, New York Chicago San Francisco
Komuro T, Baluk P, Burnstock G (1982) An ultrastrucal study of nerve profiles in the myenteric plexus of the rabbit colon. Neuroscience 7:295-305
Lundberg JM, Hökfelt T (1983) Coexistence of peptides and classical neurotransmitters. TINS 8:325-333
Meller K (1979) Scanning electron microscope studies on the development of the nervous system in vivo and in vitro. Int Rev Cytol 56:23-56
Palay SL (1967) Principles of cellular organization in the nervous system. In: Quarton GC, Melnechuk T, Schmitt FO (eds) The neurosciences. Rockefeller University Press, New York, pp 24-31
Pappas GD, Purpura DP (1972) Structure and function of synapses. Raven, New York
Peters A, Palay SL, Webster HF (1970) The fine structure of the nervous system. Harper & Row, New York Hagerstown London
Ramon y Cajal S (1894) Die Retina der Wirbeltiere. In: Ramon y Cajal S, Greeff R (Hrsg) Untersuchungen mit der Golgi-Cajal'schen Chromsilbermethode und der Ehrlich'schen Methylenblaufärbung. Bergmann, Wiesbaden
Schadé JP (1973) Anatomischer Atlas des Menschen. Fischer, Stuttgart
Schaffer J (1933) Lehrbuch der Histologie und Histogenese. Engelmann, Leipzig

Shantha TR, Bourne GH (1968) The perineural epithetium: A new concept. In: Bourne GF (ed) The structure and function of nervous tissue, vol 1. Academic Press, New York, pp 379-495

Weiss P (1950) Genetic neurology. University of Chicago Press, Chicago

## Kapitel 2

Adata AK, Gehring EN (1971) Proprioceptive innervation of the tongue. J Anat 110:215-220

Ades HW, Engström H (1974) Anatomy of the inner ear. In: Autrum H, Jung R, Loewenstein WR, MacKay DM, Teuber HL (eds) Auditory System. Anatomy, physiology (ear). (Handbook of sensory physiology, vol V/1) Springer, Berlin Heidelberg New York

Adey WR, Tokizane T (1967) Structure and function of the limbic system. Elsevier, Amsterdam

Ajmone Marsan C (1965) The thalamus: Data on its functional anatomy and on some aspects of thalamo-cortical integration. Arch Ital Biol 103:847-882

Akert K (1959) Die Physiologie und Pathophysiologie des Hypothalamus. In: Schaltenbrand G, Bailey P (Hrsg) Einführung in die stereotaktischen Operationen mit einem Atlas des menschlichen Gehirns. Thieme, Stuttgart

Allison AC (1953) The morphology of the olfactory system in the vertebrate. Biol Rev 28:195-244

Angevine JB Jr, Mancall EL, Yakovlev PI (1961) The human cerebellum. An atlas of gross topography in serial sections. Little & Brown, Boston

Angevine JB, Locke S, Yakovlev PT (1962) Limbic nuclei of thalamus and connections of limbic cortex: IV Thalamocortical projection of the ventral auterior nucleus in man. Arch Neurol 7:518-528

Bailey P, Von Bonin G (1951) The isocortex of man. Illinois monographs in the medical sciences, Vol 6. University of Illinois Press, Urbana

Bargmann W, Schadé JP (1964) Lectures on the diencephalon. Elsevier, Amsterdam

Barson AJ (1970) The vertebral level of termination of the spinal cord during normal and abnormal development. J Anat 106:489-497

Beck C (1965) Anatomie des Ohres. In: Berendes J, Link R, Zöllner F (Hrsg) Hals-Nasen-Ohren-Heilkunde, Bd III/1. Thieme, Stuttgart

Benjamin RM, Burton H (1968) Projection of taste nerve afferents to anterior opercular-insular cortex in squirrel monkey. Brain Res 7:221-231

Berke JJ (1960) The claustrum, the external capsule and the extreme capsule of Macaca mulatta. J Comp Neurol 115:297-331

Bertrand G (1966) Stimulation during stereotactic operations for dyskinesias. J Neurosurg 24:419-423

Blechschmidt E (1961) Die vorgeburtlichen Entwicklungsstadien des Menschen. Karger, Basel

Bloomfield S, Marr D (1970) How the cerebellum may be used. Nature 227:1224-1228

Boll ST (1928) Das Rückenmark. In: Möllendorf von W (Hrsg) Handbuch der mikroskopischen Anatomie des Menschen. Bd 4/1: Das periphere Nervensystem. Das Zentralnervensystem. Springer, Berlin

Boyd IA (1962) The structure and innervation of the nuclear bag muscle fibre system and the nuclear chain muscle fibre system in mammalian muscle spindles. Philos Trans R Soc (Lond) 245:81-136

Braak H (1970) Über die Kerngebiete des menschlichen Hirnstammes. II. Die Raphekerne. Z Zellforsch 107:123-141
Brain WR (1961) Speech disorders: Aphasia, apraxia, and agnosia. Butterworth, London
Braitenberg V, Atwood RP (1958) Morphological observations on the cerebellar cortex. J Camp Neurol 109:1-27
Bridgman CF (1970) Comparisons in structure of tendon organs in the rat, cat and man. J Comp Neurol 138:369-372
Broca P (1878) Anatomie comparée circonvolutious cérébrales. Le grand lobe limbique et la seissure limbique dans la série des mammifères. Rev Anthropol 2:384-498
Brodal A (1957) The reticular formation of the brain stem. Anatomical aspects and functional correlations. Oliver & Boyd, Edinburgh
Brodmann K (1925) Vergleichende Lokalisationslehre der Großhirnrinde. Barth, Leipzig
Calne DB, Sandler M (1970) L-dopa and Parkinsonism. Nature 226:21-24
Carpenter MB (1971) Central oculomotor pathways. In: Bach-y-Rita P, Hirschberg, (eds) The control of eye movements. Academic Press, New York, pp 67-103
Carpenter MB, Pierson RJ (1973) Pretectal region and the pupillary light reflex. An anatomical analysis in the monkey. J Comp Neurol 149:271-300
Carpenter MB, Strominger NL (1965) The medial longitudinal fasciculus and disturbances of conjugate horizontal eye movements in the monkey. J Comp Neurol 125:41-65
Chan-Palay V (1977) Cerebellar dentate nucleus. Springer, Berlin Heidelberg New York
Cooke JD, Larson B, Oscarsson O, Sjölund B (1971) Origin and termination of cuneocerebellar tract. Exp Brain Res 13:339-358
Couteaux R (1973) Motor and plate structure. In: Bourne GH (ed) The structure and function of muscle. Academic Press, New York
Cowan WM (1980) Die Entwicklung des Gehirns. In: Gehirn und Nervensystem. Spektrum der Wissenschaft, Weinheim, S 100-111
Cowan WM, Raisman G, Powell TPS (1965) The connexions of the amygdala. J Neurol Neurosurg H Psychiatry 28:137-151
Crowe SJ (1935) Symposium on tone localization in the cochlea. Anh Otol Rhinol Laryngol 44:737-837
Dahlström A (1971) Regional distribution of brain catecholamines and serotonin. Neurosci Res Program Bull 9:197-205
Dallos P, Billone MC, Durrant JD, Wong C-y, Raynor S (1972) Cochlear inner and outer hair cells: Functional differences. Science 177:356-358
Damasio H, Damasio AR (1980) The anatomical basis of conduction aphasia. Brain 103:337-350
Denny-Brown D (1962) The basal ganglia and their relation to disorders of movement. Oxford University Press, London
Dewulf A (1971) Anatomy of the normal human thalamus. Elsevier, Amsterdam
Diamond IT, Hall WC (1969) Evolution of neocortex. Science 164:251-262
Diepen R (1962) Der Hypothalamus. In: Bargmann W (Hrsg) Nervensystem. Springer, Berlin Göttingen Heidelberg (Handbuch der mikroskopischen Anatomie, Bd IV/7)
Eccles JC (1962) Functional organization of the spinal cord. Anesthesiology 28:31-45
Eccles JC (1969) The dynamic loop hypothesis of movement control. In: Leibovic KN (ed) Information processing in the nervous system. Springer, Berlin Heidelberg New York, pp 245-269
Eccles JC, Llinás R, Sasahi K (1966) The inhibitory interneurons within the cerebellar cortex. Exp Brain Res 1:1-16

Eccles JC, Ito M, Szentágothai J (1967) The cerebellum as a neuronal machine. Springer, Berlin Heidelberg New York

Edwards SB (1972) The ascending and descending projections of the red nucleus in the cat: An experimental study using an autoradiographic tracing method. Brain Res 48:45-63

Eleftheriou BE (1972) The neurobiology of the amygdala. Plenum Press, New York

Emmers R, Tasker RR (1975) The human somesthetic thalamus. Raven, New York

Ettlinger EG, De Reuck AVS, Porter R (eds) (1965) Functions of the corpus callosum. Churchill, London

Feremutsch K (1961) Basalganglien. In: Hofer H, Schultz AH, Starck D (Hrsg) Primatologia, Bd II/2. Karger, Basel

Fields WS, Willis WD (1970) The cerebellum in health and disease. Green, St. Louis

Flumerfelt BA, Otabe S, Courville J (1973) Distinct projections to the red nucleus from the dentate and interposed nuclei in the monkey. Brain Res 50:408-414

Foerster O (1936) Symptomatologie der Erkrankungen des Rückenmarks und seiner Wurzeln. In: Bumke O, Foerster O (Hrsg) Rückenmark. Hirnstamm. Kleinhirn. Springer, Berlin (Handbuch der Neurologie, Bd V)

Fox CA, Andrade AN, Lu Qui IJ, Rafols JA (1974) The primate globus paleidus: A golgi and electron microscopic study. J Hirnforsch 15:75-93

Frigyesi TL, Rinvik E, Yahr MD (1972) Thalamus. Raven, New York

Garver DL, Sladek JR Jr (1975) Monoamine distribution in primate brain. I. Catecholamine-containing perikarya in the brain stem of Macaca speciosa. J Comp Neurol 159:289-304

Gazzaniga MS (1967) The split brain in man. Sci Am 217/2:24-29

Gazzaniga MS (1970) The bisected brain. Appleton, New York

Gazzaniga MS, Sperry RW (1967) Language after section of the cerebral commissures. Brain 90:131-148

Gerhard L, Olszewski J (1969) Medulla oblongata and Pons. In: Hofer H, Schultz AH, Starck D (Hrsg) Primatologia, Bd II/2. Karger, Basel

Geschwind N (1972) Language and the Brain. Sci Am 226:76-83

Geschwind N (1980) Die Großhirnrinde in Gehirn und Nervensystem. Spektrum d Wissenschaft, Weinheim, S 112-121

Geschwind N, Levitsky W (1968) Human brain: Leftright asymmetries in temporal speech region. Science 161:186-187

Giolli RA, Tigges J (1970) The primary optic pathways and nuclei of primates. In: Noback CR, Mantagua W (eds) The primate brain. Advances in primatology, Vol I. Appleton-Century-Crofts, New York, pp 29-54

Hassler R (1959) Anatomie des Thalamus. In: Schaltenbrand G, Bailey P (Hrsg) Einführung in die stereotaktischen Operationen mit einem Atlas des menschlichen Gehirns. Thieme, Stuttgart, S 230-290

Haymaker W, Anderson E, Nauta WJH (eds) (1969) The hypothalamus. Thomas, Springfield, pp 136-209

Heimer L (1975) Olfactory projections to the diencephalon. In: Stumpf WE, Grant LD (eds) Anatomical neuroendocrinology. Int Conf Neurobiology of CNS-Hormone Interactions, Chapel Hill 1974. Karger, Basel, pp 30-39

Henkin RI, Graziadei PPG, Bradley DF (1969) The molecular basis of taste and its disorders. Ann Intern Med 71:791-821

Hochstetter F (1929) Beiträge zur Entwicklungsgeschichte des menschlichen Gehirns. Deutike, Wien

Hofer H (1965) Circumventrikuläre Organe des Zwischenhirns. In: Hofer H, Schultz AH, Starck D (Hrsg) Primatologia, Bd II/2. Karger, Basel
Hubel DH (1967) The visual cortex of the brain. From cell to organism. Freeman, San Francisco, pp 54-62
Isaacson RL (1974) The limbic system. Plenum Press, New York
Jansen J, Brodal A (1958) Das Kleinhirn. In: Bargmann W (Hrsg) Nervensystem. Springer, Berlin Göttingen Heidelberg (Handbuch der mikroskopischen Anatomie, Erg zu Bd IV/1)
Janzen R, Keidel WD, Herz A, Steichele C (1973) Schmerz, 3. Aufl. Thieme, Stuttgart
Jasper HH, Procton LD (eds) (1958) Reticular Formation of the brain. Little & Brown, Toronto, pp 3-31
Jung R, Hassler R (1960) The extrapyramidal motor system. Am Physiol Soc 2:863-927
Kahle W (1969) Die Entwicklung der menschlichen Großhirnhemisphäre. Springer, Berlin Heidelberg New York
Keidel WD (1966) Anatomie und Elektrophysiologie der zentralen akustischen Bahnen. In: Berendes J, Link R, Zöllner F (Hrsg) Hals-Nasen-Ohren-Heilkunde, Bd III/3. Thieme, Stuttgart
Kemp JM, Powell TPS (1971) The connections of the striatum and globus pallidus: Synthesis and speculation. Philos Trans R Soc Lond [Biol] 262:441-457
Kemper TL (1976) The organization and connections of the human septum and septal area. Anat Rec 184:444
Kennedy WR (1970) Innervation of normal human muscle spindles. Neurology (Minneap) 20:463-475
Kerr FWL (1975) Neuroanatomical substrates of nociception in the spinal cord. Pain 1:325-356
Kerr FWL, Lippmann HH (1974) The primate spinothalamic tract as demonstrated by anterolateral cordotomy and commissural myelotomy. Adv Neurol 4:147-156
Kety SS (1970) The biogenic amines in the central nervous system: Their possible roles in arousal, emotion and learning. In: Schmitt FO (ed) Neurosciences. Rockefeller University Press, New York, pp 324-336
Kimura RS, Schuknecht HF, Sando I (1965) Fine morphology of the sensory cells in the organ of Corti of man. Acta Otolaryngol (Stockh) 58:390-408
Kinsbourne M, Smith WL (1974) Hemispheric disconnection and cerebral function. Thomas, Springfield
Knight J (1970) Mechanisms of taste and smell in vertebrates. Ciba Symposium. Churchill, London
Koikegami H (1963) Amygdala and other related limbic structures; experimental studies on the anatomy and function. I. Anatomical researches with some neurophysiological observations. Acta Med Biol 10:161-277
Kuypers HGJM (1973) The anatomical organization of the descending pathways and their contributions to motor control especially in primates. In: Desmedt JE (ed) New developments in EMG and clinical neurophysiology, vol 3. Karger, Basel, pp 38-68
LaMotte C (1977) Distribution of the tract of Lissauer and the dorsal root fibers in the primate spinal cord. J Comp Neurol 172:529-561
Lange W (1972) Über regionale Unterschiede in der Myeloarchitektonik der Kleinhirnrinde. Z Zellforsch 134:129
Larsell O, Jansen J (1972) The comparative anatomy and histology of the cerebellum. III. The human cerebellum, cerebellar connections and cerebellar cortex. University of Minnesota Press, Minneapolis

Levitt P, Moore RY (1979) Origin and organization of brainstem catecholamine innervation in the rat. J Comp Neurol 186:505-528
Livingston KE, Escobar A (1971) Anatomical basis of the limbic system concept: A proposed reorientation. Arch Neurol 24:17-21
Lorente de Nó R (1949) Cerebral cortex: Archicture, intracortical connections, motor projections. In: Fulton JF (ed) Physiology of the nervous system, 3rd edn. Oxford University Press, New York, p 288
Manni E, Palmieri G, Marini R (1971) Peripheral pathway of the proprioceptive afferents from the lateral rectus muscle of the eye. Exp Neurol 30:46-53
Mehler WR (1962) The anatomy of the socalled „pain tract" in man: An analysis of the course and distribution of the ascending fibers of the fasciculus anterolateralis. In: French JD, Porter RW (eds) Thomas, Springfield (Ill.), pp 26-55 Basic research in paraplegia
Mehler WR (1971) Idea of a new anatomy of the thalamus. J Psychiatr Res 8:203-217
Mehler WR, Nauta WJH (1974) Connections of the basal ganglia and of the cerebellum. Confin Psychiatr 36:205-222
Missotten L (1965) The ultrastructure of the human retina. ARSCIA, Brussels
Morgane PJ (1966) The role of the limbic-midbrain circuit, reticular formation and hypothalamus in regulating food and water intake. Proc. 7th Int Congr Nutrition Hamburg 1966, vol II. Vieweg, Braunschweig
Morgane PJ (1969) The function of the limbic and rhinic forebrain-limbic midbrain systems and reticular formation in the regulation of food and water intake. Ann NY Acad Sci 157:806-848
Morgane PJ (1975) Anatomical and neurobiochemical bases of the central nervous control of physiological regulations and behaviour. In: Mogenson G, Calaresu F (eds) Neural integration of physiologic. Mechanisms and behaviour. University of Toronto Press, Toronto, pp 24-67
Morgane PJ, Panksepp J (1979) (eds). In: Handbook of the Hypothalamus, vol 1: Anatomy of the hypothalamus. Dekker, New York Basel (Handbook of the hypothalamus, vol I)
Mountcastle VB (ed) (1962) Interhemispheric relations and cerebral dominance. Hopkins, Baltimore
Mugnaini E, Osen KK, Dahl AL, Friedrich VL Jr, Korte G (1980) Fine structure of granule cells and related interneurons (termed Golgi cells) in the cochlear nuclear complex of cat, rat and mouse. J Neurocytol 9:537-570
Nathan PW, Smith MC (1959) Fasciculi proprii of the spinal cord in man: Review of present knowledge. Brain 82:610-668
Nieuwenhuys R (1974) Topological analysis of the brain stem: a general introduction. J Comp Neurol 156:255-276
Nieuwenhuys R (1977) Aspects of the morphology of the striatum. In: Cools AR, Lohman AHM, van den Bercken JHL (eds) Psychobiology of the Striatum. Elsevier, Amsterdam, pp 1-19
Nieuwenhuys R, Voogd J, van Huijzen C (1980) Das Zentralnervensystem des Menschen. Springer, Berlin Heidelberg New York
Nishi K, Oura C, Pallie W (1969) Fine structure of Pacinian corpuscles in the mesentery of the cat. J Cell Biol 43:539-552
Noback Ch, Harting J (1971) Spinal cord. In: Hofer M, Schultz AH, Starck D (Hrsg) Primatologie, Bd II/1. Karger, Basel
Nobin A, Björklund A (1973) Topography of the monoamine neuron systems in the human brain as revealed in fetuses. Acta Physiol Scand [Suppl] 388:1-40

Norgren RE (1976) Taste pathways to hypothalamus and amygdala. J Comp Neurol 166:17-30
Olszewski J, Baxter D (1954) Cytoarchitecture of the human brain stem. Karger, Basel
Palay SL, Chan-Palay V (1974) Cerebellar cortex. Cytology and organization. Springer, Berlin Heidelberg New York
Pasquier DA (1976) Evidence of direct projections from the centralis superior, dorsalis raphe and locus coeruleus nuclei to dorsal and ventral hippocampus in the cat. Anat Rec 184:498
Penfield W, Milner B (1958) Memory deficit produced by bilateral lesions in the hippocampal zone. Arch Neurol Psychiatry 79:475-497
Penfield W, Rasmussen T (1950) The cerebral cortex of man: A clinical study of localization of function. Macmillan, New York
Poirier LJ, Sourkes TL (1965) Influence of the substantia nigra on catecholamine content of the striatum. Brain 88:181-192
Purpura DP, Yahr MD (eds) (1966) The thalamus. Columbia University Press, New York
Reiter RJ, Fraschini F (1969) Endocrine aspects of the mammalian pineal gland: A review. Neuroendocrinology 5:219-255
Renshaw B (1946) Central effects of centripetal impulses in axons of spinal ventral root. J Neurophysiol 9:191-204
Réthelyi M, Szentágothai J (1969) The large synaptic complexes of the substantia gelatinosa. Exp Brain Res 7:258-274
Rexed BA (1954) Cytoarchitectonic atlas of the spinal cord in the cat. J Comp Neurol 100:297-379
Rexed BA (1964) Some aspects of the cytoarchitectonic and synaptology of the spinal cord. Prog Brain Res 2:58-90
Richter E (1965) Die Entwicklung des Globus pallidus und des Corpus subthalamicum. Springer, Berlin Heidelberg New York
Rohen JW (1964) Das Auge und seine Hilfsorgane. In: Bargmann W (Hrsg) Haut- und Sinnesorgane. Springer, Berlin Göttingen Heidelberg New York (Handbuch der mikroskopischen Anatomie, Ergänzung zu Bd III/2)
Schaltenbrand G, Bailey P (1959) Einführung in die stereotaktischen Operationen mit einem Atlas des menschlichen Gehirns. 3 Bände. Thieme, Stuttgart
Scheibel ME, Scheibel AB (1966) Spinal motoneurons, interneurons and Renshaw cells: A Golgi study. Arch Ital Biol 104:328-353
Schliack H (1969) Segmental innervation and the clinical aspects of spinal nerve root syndromes. In: Vinken PJ, Bruyn GW (eds) North-Holland, Amsterdam (Handbook of clinical neurology, vol II: Localization in clinical neurology pp 157-177
Siegel JM (1979) Behavioral functions of the reticular formation. Brain Res 1:69-105
Sinclair D (1967) Cutaneous sensation. Oxford University Press, London
Smith MC (1957) Observations on the topography of the lateral column of the human cervical spinal cord. Brain 80:263-272
Smith MC (1967) Stereotactic operations for Parkinson's disease: Anatomical observations. In: Williams D (ed) Modern trends in Neurology. Butterworth, London, pp 21-52
Spatz H (1935) Anatomie des Mittelhirns. In: Bumke O, Foerster O (Hrsg) Allgemeine Neurologie. Springer, Berlin (Handbuch der Neurologie, Bd I)
Sperry RW (1964) The great cerebral commissure. Sci Am 210:42-52
Sperry RW (1969) A modified concept of consciousness. Psychol Rev 76:532-536
Sperry RW (1970) Cerebral dominance in perception. Natl Acad Sci

Starck D (1965) Die Neencephalisation. In: Heberer G (Hrsg) Menschliche Abstammungslehre. Fischer, Stuttgart
Stephan H (1964) Die kortikalen Anteile des limbischen Systems. Nervenarzt 35:396
Stephan H (1975) Allocortex. In: Bargmann W (Hrsg) Nervensystem. Springer, Berlin Heidelberg New York (Handbuch der mikroskopischen Anatomie, Bd IV/9)
Straatsma BR, Hall MO, Allen RA, Crescitelli F (1969) The retina, morphology, function and clinical characteristics. University California Press, Berkeley
Straile WE (1969) Encapsulated nerve end-organs in the rabbit, mouse, sheep and man. J Comp Neurol 136:317-335
Symonds C (1966) Disorders of memory. Brain 89:625-644
Szentagothai J (1969) Architecture of the cerebral cortex. In: Jasper HH, Ward AA, Pope A (eds) Basic mechanisms of the epilepsies. Little & Brown, Boston, pp 13-28
Taber E, Brodal A, Walberg F (1960) The raphe nuclei of the brain stem in the cat. I. Normal topography and cytoarchitecture and general discussion. J Comp Neurol 114:161-187
Terzian H, Dalle Ore G (1955) Syndrome of Klüver and Bucy: Reproduced in man by bilateral removal of the temporal lobes. Neurology (Minneap) 5:373-380
Tower DB, Schadé JP (eds) (1960) Structure and function of the cerebral cortex. Elsevier, Amsterdam
Truex RC, Taylor M (1968) Gray matter lamination of the human spinal cord. Anat Rec 160:502
Von Bouin G, Shariff GA (1951) Extrapyramidal nuclei among mammals. J Comp Neurol 94:427-438
Van Buren JM, Borke RC (1972) Variations and connections of the human thalamus. 2 vols. Springer, Berlin Heidelberg New York
Voogd J (1967) Comparative aspects of the structure and fibre connexions of the mammalian cerebellum. Prog Brain Res 25:94-135
Voorhoeve PE (1970) Some neurophysiological aspects of Parkinson's disease. Psychiatr Neurol Neurochir 73:329-338
Walker AE (1938) The primate thalamus. University Press, Chicago
Wall PD (1970) The sensory and motor role of impulses travelling in the dorsal columns towards cerebral cortex. Brain 93:505-524
Warwick R (1955) The so-called nucleus of convergence. Brain 78:92-114
Webster KE (1965) The cortico-striatal projection in the cat. J Anat 99:329-337
Whitfield IC (1967) The auditory pathway. Monographs of the physiological society, No 17. Arnold, London
Wiesendanger M (1969) The pyramidal tract. In: Ergebnisse der Physiologie, Bd 61. Springer, Berlin Heidelberg New York
Wurtman RJ, Axelrod JA, Kelly DE (1968) The pineal. Academic Press, New York
Zotterman Y (1963) Olfaction and taste. Pergamon Press, Oxford

## *Kapitel 3*

Berry CM, Anderson FD, Brooks DC (1956) Ascending pathways of the trigeminal nerve in cat. J Neurophysiol 19:144-153
Clara M (1959) Das Nervensystem des Menschen. 3. Aufl. Barth-Verlag, Leipzig
Coúrvilee J (1966) The nucleus of the facial nerve; the relation between cellular groups and peripheral branches of the nerve. Brain Res 1:338-354

Literatur  261

Darian-Smith J, Mayday G (1960) Somatotopic organization within the brain stem trigeminal complex of the cat. Exp Neurol 2:290-309
Gaskell WH (1889) On the relation between the structure, function, distribution and origin of the cranial nerves; together with a theory of the origin of the nervous system of vertebrata. J Physiol 10:153-211
Keegan JJ, Garrett FD (1948) The segmental distribution of the cutaneous nerves in the limbs of man. Anat Rec 102:409-437
Kune Z (1965) Treatment of essential neuralgia of the 9th nerve by selected tractotomy. J Neurosurg 23:494-500
Lang J, Wachsmuth W (1972) Praktische Anatomie. 2. Aufl Bd I. Springer, Berlin Heidelberg New York
Lanz von T, Wachsmuth W (Hrsg) (1935) Praktische Anatomie. Bd 1, Teil 3: Arm. Springer, Berlin
Mumenthaler M, Schliack H (1977) Läsionen peripherer Nerven. Thieme, Stuttgart
Rhoton AL Jr, O'Leary JL, Ferguson JP (1966) The trigeminal, facial, vagal and glossopharyngeal nerves in the monkey. Arch Neurol 14:530-540
Villinger E (1964) Die periphere Innervation. Schwabe, Basel
Warwick R, Williams PM (1973) Gray's Anatomy. 35th Brit ed. Saunders, Philadelphia
Weber EMW (1960) Schemata der Leitungsbahnen des Menschen. 12. Aufl. J. F. Lehmanns, München

## Kapitel 4

Appenzeller O (1970) The autonomic nervous system: An introduction to basic and clinical concepts. Elsevier, New York
Burnstock G (1981) Review lecture: neurotransmitters and trophic factors in the autonomic nervous system J Physiol 313:1-35
Coupland RE, Forssmann WG (1978) Peripheral neuroendocrine interaction. Springer, Berlin Heidelberg New York
Coupland RE, Fujita T (eds) (1976) Chromaffin, enterochromaffin and related cells. Elsevier, Amsterdam Oxford New York
Eränkö O (ed) (1976) SIF cells. Structure and function of the small, intensely fluorescent sympathetic cells. Fogarty International Center Proceedings No. 30 DHEW Publication No. (NIH) 76-942 U.S. Dept Health, Education and Welfare. U.S. Government Printing Office, Washington D.C.
Furness JB, Costa M (1980) Types of nerves in the enteric nervous system. Neuroscience 5:1-20
Kalsner S (1982) Trends in autonomic pharmacology. Urban & Schwarzenberg, Baltimore München
Kobayashi S, Chiba T (1977) Paraneurons. New concepts on neuroendocrine relatives. Japan Society of Histological Documentation, Niigata, Japan
Kuo DC, Krauthamer GM (1981) Paravertebral origin of postganglionic sympathetic fibers in the major splanchnic and distal coeliac nerves as demonstrated by horseradish peroxidase (HRP) retrograde transport method. J Autonom Nerv Syst 4:25-32
Levi-Montalcini R, Angeletti PU (1961) Growth control of the sympathetic system by a specific protein factor. Q Rev Biol 36:99-108
Mitchell GAG (1953) Anatomy of the autonomic nervous system. Livingstone, Edinburgh
Nilsson S (1983) Autonomic nerve function in the vertebrates. Zoophysiology, Vol 13. Springer, Berlin, Heidelberg, New York

Paton DM (1976) The mechanism of neuronal and extraneuronal transport of catecholamines. Raven, New York
Pick J (1970) The autonomic nervous system: Morphological, comparative, clinical and surgical aspects. Lippincott, Philadelphia
Szentagothai J (1966) Pathways and subcortical relay mechanisms of visceral afferents. Acta Neuroveg (Wien) 28:103-120

## Kapitel 5

Alksne JF, Lovings ET (1972) Functional ultrastructure of the arachnoid villus. Arch Neurol 27:371-377
Bakay L (1956) The blood-brain barrier. Thomas, Springfield, pp 1-30
Baptista AP (1963) Studies on the arteries of the brain. II. The anterior cerebral artery: Some anatomic features and their clinical implication. Neurology (Minneap) 13:825-835
Boltan B (1939) The blood supply of the human spinal cord. J Neurol H Psychiatry 2:137-148
Bull JWD (1961) The volume of the cerebral ventricles. Neurology (Minneap) 11:1-9
Carpenter MB, Noback CR, Moss ML (1954) The anterior choroidal artery. Its origins, course, distribution and variations. AMA Arch Neurol 71:714-722
Dohrmann GJ, Bucy PC (1970) Human choroid plexus: A light and electron microscopic study. J Neurosurg 33:506-516
Galloway JR, Greitz T (1960) The medial and lateral choroid arteries: An anatomic and roentgenographic study. Acta Radiol 53:353-356
Gillilan L (1958) The arterial blood supply of the human spinal cord. J Comp Neurol 110:75-103
Jones EG (1970) On the mode of entry of blood vessels into the cerebral cortex. J Anat 106:507-520
Kimmel DL (1961) Innervation of spinal dura mater and dura mater of the posterior cranial fossa. Neurology (Minneap) 11:800-809
Krayenbühl H, Yasargil MG (1965) Die zerebrale Angiographie. 2. Aufl. Thieme, Stuttgart
Luyendijk W (1968) Cerebral circulation. Elsevier, Amsterdam
Millen JW, Woollam DHM (1961) On the nature of the pia mater. Brain 84:514-520
Millen JWM, Woollam DHM (1962) The anatomy of the cerebrospinal fluid. Oxford University Press, London
Pappas GD (1970) Some morphological considerations of the blood-brain barrier. J Neurol Sci 10:241-246
Shaw Dunn J, Wyburn GM (1972) The anatomy of the blood-brain barrier: A review Scott Med J 17:21-36
Sobotta J, Becher H (1973) ZNS, autonomes Nervensystem, Sinnesorgane und Haut, periphere Leitungsbahnen. In: Ferner H, Staubesand J (Hrsg) Atlas der Anatomie des Menschen, Bd III. Urban & Schwarzenberg, München
Stephens RB, Stilwell DL (1969) Arteries and veins of the human brain. Thomas, Springfield
Woollam DHM, Millen JW (1955) The perivascular spaces of the mammalian central nervous system and their relation to the perineuronal and subarachnoid spaces. J Anat 89:193-200

# Sachverzeichnis

A-Alpha-Motoneurone 49, 122, 123, 131, 132, 133
Accessoriuskern, cranialer 182
-, spinaler 178, 182
Acervulus cerebri 91
Acetylcholin 27, 28, 219
Acetylcholin-Esterase-Reaktion 24
ACTH 82
Adenohypophyse 82, 84
Adenohypophysenhormone 82
Adergeflechte 33, 37, 54, 93, 238, 239, 240
ADH 81, 84
Adhesio interthalamica 85, 93, 113, 237
Adiadochokinese 121
Adiuretin 81, 83, 84
Adrenalin 27, 29
adrenocorticotropes Hormon 82
A-Fasern 21, 49
Afferenz 10
A-Gamma-Motoneurone 49, 124, 131
Aggressionsverhalten 142
Agnosie 108
Agraphie 108
Akkomodation 154, 226
Akkomodationsreflex 154
Alexie 108
Allocortex 109, 144
Alterspigmente 15
Alveus 95, 110, 143, 237
Ammonshorn 143
Anencephalie 6
Angioarchitektonik 110
Angstzustände 148
Ansa cervicalis 168, 170, 186, 187, 188
- - superficialis 188
- hypoglossi 188
- lenticularis 85, 93, 134
- lumbalis 205
- sacrococcygea 212
Antrum mastoideum 177
Anulus tendineus 169

Aperturae laterales ventriculi quarti 55, 67, 234, 236, 238
Apertura mediana ventriculi quarti 55, 67, 234, 236, 238
Aphasie, motorische 108, 244
-, sensorische 108, 244
Apoplexie 114, 134, 245
Apraxie 108
APUD-Zellen 8
Aqueductus mesencephali 57, 70, 71, 96, 238
Arachnoidea encephali 37, 152, 231, 232, 233
- spinalis 234
Arbor vitae 116
Archeocerebellum 56
Archeocortex 56, 61, 108
Archeopallium 61, 142
Area hypothalamica lateralis 81, 150
- postrema 70
- preoptica 150
- prepiriformis 61, 103, 107, 150
- pretectalis 90, 154
- striata 111, 152
- subcallosa 103, 143, 146
- vestibularis 137
Armgeflecht 185, 189 ff.
Arteria (Arteriae) basilaris 242, 244
- callosomarginalis 243
- carotis externa 241
- - interna 241, 242, 243
- centrales anterolaterales 114, 243, 244
- - anteromediales 114, 243
- - posterolaterales 244
- - posteromediales 244
- centralis brevis 243, 245
- - longa 243, 245
- cerebelli inferior anterior 242
- - - posterior 242
- - superior 242
- cerebri anterior 241, 242, 243
- - media 114, 243
- - posterior 242, 243, 244

# Sachverzeichnis

Arteria choroidea anterior 243
- communicans anterior 242, 244
- - posterior 242, 244
- durae matris 241
- encephali 241 ff.
- frontobasalis lateralis 244
- - medialis 243
- gyri angularis 244
- hypophysealis superior 82
- inferior anterior cerebelli 244
- - posterior cerebelli 244
- insulares 244
- labyrinthi 242, 244
- lacrimalis 241
- maxillaris 241
- meningea anterior 241
- - media 235, 241
- - posterior 241
- mesencephalicae 244
- occipitalis lateralis 244
- - medialis 244
- ophthalmica 241
- paracentralis 243
- parietalis anterior 243, 244
- - posterior 243, 244
- parietooccipitalis 243
- pharyngea ascendens 241
- pontis 242, 244
- posterolateralis 248
- precunealis 243
- radiculares 248
- spinalis anterior 242, 244, 248
- - posterior 244, 248
- spinales 248
- sulci centralis 244
- - postcentralis 244
- - precentralis 244
- sulcocommissuralis 248
- superior cerebelli 244
- temporalis anterior 243, 244
- - media 243, 244
- - posterior 244
- vertebralis 242, 244, 248
Assoziationsbahnen 61, 112, 113
Assoziationsfelder 86, 105, 157
Assoziationskerne 89
Assoziationszellen 49, 125
Astrocyten 33, 37
-, faserige 34
-, protoplasmatische 34

Ataxie 121
Atemzentren 75, 227
Atmungsstörungen 189
Auerbach-Geflecht 218
Augenbläschen 52, 53
Außenliquor 238
Automatentier 125
Axillarisparese 192
Axon 19, 22, 50
Axonabschnitt, präsynaptischer 26
Axonkegel 10, 14
A-Zellgruppen 75, 183

Baillarger-Streifen, äußerer 111, 112
-, innerer 111, 112
Balken 93
Balkenknie 94
Basalganglion 59, 62, 91, 243
Basilarmembran 155
Bechterew-Kern 137, 162
Begleitbewegungen 134
Bergmann-Zellen 35
Berührungssensibilität 131
Beta-Receptoren 230
Betz-Zellen 131
Bewegungskoordination 115
Bewußtseinsdämpfung 226
B-Fasern 21, 216
Binnenliquor 238
Binnenzellen 49
Biologische Uhr 91
Bleiintoxikation 193
Blickrichtung 107
Blutdruckregulation 228
Blut-Hirnschranke 34
Blut-Liquor-Schranke 236, 240
Bochdalek-Blumenkörbchen 236, 240
Bodenplatte 7, 39
Bogengänge 137
Boutons (Synapsenknöpfe) 24
Brachium colliculi caudalis 67, 71, 72, 86
- - cranialis 67, 72, 86, 154
Broca-Band 103, 107, 144
Bronchoconstriction 226
Bronchodilatation 226
Brown-Sequard Symptomkomplex 130
Brücke 68, 93, 94, 104, 161, 244
Brückenbeuge 52, 53
Brückenfuß 56, 57, 58, 68, 69
Brückenhaube 53, 68, 69

## Sachverzeichnis

Brückenkerne 69, 71
Brustgrenzstrang 220
Brustmark 41
Büschelzellen 149
Bulbus dendriticus 149
- oculi 152
- olfactorius 60, 94, 103, 107, 149, 150, 160
- spinalis 65, 66
- venae jugularis 246
Burdach-Strang 46, 130
B-Zellgruppen 75

Cajal-Kern 73, 78
Calcar avis 237
Calcarinalippen 153
Calcarinarinde 152
calorischer Nystagmus 139
Canaliculus tympanicus 179
Canalis caroticus 241
- centralis 39, 45, 71, 238
- facialis 161
- hypoglossi 163, 170
- mandibulae 175
- opticus 160
- pudendalis 211
Cannon-Böhm-Feld 163, 225
Capsula externa 62, 93, 97, 114
- extrema 62, 93, 97
- interna 59, 60, 93, 94, 96, 113, 114, 132, 243
Caput nuclei caudati 92
Carotisgabel 163
Carotissinusreflex 228
Carotissyphon 241
Carpaltunnelsyndrom 197
Catecholamine 28, 29, 230
Cauda equina 43, 240
- nuclei caudati 92, 93
Cavitas subarachnoidalis 232, 233, 234
Cavum epidurale 232, 234
- septi pellucidi 93
- subarachnoidale 37
- trigeminale 233
Centriolen 13
Centrum ciliospinale 154
Cerebellum 56, 64, 65, 115 ff., 244
Cerebrum 64, 91 ff.
Cervicalganglien 179
C-Fasern 21, 216

Chemoarchitektonik 110
Chemoreceptoren 162, 179, 228
Chiasma opticum 66, 80, 81, 82, 94, 104, 147, 152, 153
Cholecystokinin 30
Cholinesterase 28
Chorda dorsalis 4, 5
- tympani 160, 175, 176, 177, 224
Chromatolyse 14
Cingulum 112, 113, 144
Circulus arteriosus cerebri 242, 244
Cisterna ambiens 236, 239
- cerebellomedullaris 236, 238, 239
- chiasmatis 239
- fossae lateralis 236, 239
- interpeduncularis 236, 238, 239, 240
- magna 239
Cisternae subarachnoidales 234, 239
Claustrum 62, 92, 93, 96, 97
Coccygealmark 41, 42
Cochlea 137
Colliculi caudales 72, 156, 157
- craniales 57, 71, 72, 154, 160
Colliculus facialis 67, 70, 169, 175
- ganglionaris 59, 62, 91
Columna dorsalis 45
- fornicis 96
- lateralis 45, 46
- ventralis 45
Columnae 39
- fornicis 145
Commissura alba 46, 49, 128
- caudalis 90, 112, 113, 140
- colliculorum caudalium 73
- - cranialium 73
- fornicis 112, 145
- grisea dorsalis 45, 49
- - ventralis 45
- habenularum 90, 112
- rostralis 81, 94, 96, 112, 147, 150
Commissurenbahnen 61, 112, 113
Commissurenzellen 48, 49
Confluens sinuum 247
Conus medullaris 41
Cornu ammonis 143
- dorsale substantiae griseae spinalis 39, 45
- frontale ventriculi lateralis 237
- laterale substantiae griseae medullae spinalis 39, 45

Cornu occipitale ventriculi lateralis 237
- temporale ventriculi laterales 237
- ventrale substantiae griseae medullae spinalis 39, 45
Corona radiata 90, 114
Corpus amygdaloideum 92, 93, 95, 97, 107, 142, 144, 146, 150
- callosum 94, 112, 113
- fornicis 93, 145
- geniculatum laterale 67, 86, 152, 160
- - mediale 67, 86, 156, 157
- mamillare 66, 80, 81, 82, 104, 146
- pineale 67, 90
- striatum 62, 91, 92, 134, 241
- trapezoideum 68, 155
Cortex cerebelli 56, 117
- cerebri 60, 108
- entorhinalis 108, 144, 149, 150
Corticosteroide 82
Corticotropin 82
Corti-Organ 155, 162
$CO_2$-Spannung 229
Co-Transmitter 218, 219
Cranialganglien 166
C-RH 82
Cristae ampullares 137, 162
Crista neuralis cranialis 55
Crura cerebri 57, 58, 70, 79, 104
Crus anterius capsulae internae 113, 114, 141
- fornicis 94, 145
- posterius capsulae internae 113, 114, 141
Culmen vermis 117
Cuneus 101
Cytoarchitektonik 110
C-Zellgruppen 76

Darkewitsch-Kern 73, 78, 140
Deckelchen 61, 101
Deckplatte 7, 39
Declive vermis 117
Decussatio lemniscorum medialium 68, 71, 78
- pedunculorum cerebellarium cranialium 77
- pyramidum 66, 67, 104, 132
- tegmenti dorsalis 79
- - ventralis 71, 77, 79

Defäkation 148, 226
Dehnungsreceptoren 180
Deiters-Kern 137, 162
Deiters-Zelltyp 13
Dendriten 10, 14
„dense core" Vesikel 29
Depressornerv 181
Depressorreflex 229
Dermatom 183, 213
diagonales Band 103, 144, 150
Diaphragma 189
- sellae 231
Diencephalon 51, 52, 53, 54, 79 ff.
Diffusionsbarriere 34
Diktyosomen 15
Divergenz 216
Divisiones dorsales plexus brachialis 191
Dopamin 27, 29
Drillingsnerv 172
Ductus semicirculares 137
Dura-Arachnoidea-Sack 44
- mater encephali 152, 231, 232
- - spinalis 232, 234
Dysmetrie 121
Dyssynergie 121
D-Zellen 183, 216

Effektoren 122
Effektorfortsätze 10
Effektorgewebe 219
Effektorhormone 83
Effektorneuron 31
Effektorpol 10
Effektorsynapsen 25, 31
Efferenz 10
Eigenapparat 44, 49
Eigenreflexe 122, 123
Eingeweidegehirn 217
Ejakulation 226
Eminentia collateralis 237
- medialis 67, 70
- mediana 80, 81, 82
Encephalographie 238
Endfädchen 44
Endhirn 53, 54, 60, 62, 64, 91, 94
Endhirnbläschen 51, 60, 61, 62
Endhirnkerne 91, 92
Endknöpfe 24
Endoneurium 18, 19
Endokrinium 83, 91, 215

Endplatte, motorische 24, 25, 29, 31, 216
Endplattenpotential 29
Energieumsatz 228
Enkephalin 30
Enophthalmus 222
En-passant-Synapsen 217
Enteroceptoren 122
Ependym 37, 51, 239
-, primäres 39
Ependymoblasten 7
Ependymzellen 7, 33
Epineurium 18, 19
Epiphysis cerebri 90
Epithalamus 60, 79, 90
Erektion 148, 226
Ergotropie 226
Erinnerungsfeld, akustisches 108, 157
- optisches 108, 154
Erregungsausbreitung, elektrotonische 26
-, saltatorische 19
Exocytose 28
Exophtalmus 226
Exteroceptoren 122
Extracellularraum 16, 36
extrapyramidal-motorische Bahnen 134, 135
- motorisches System 131, 134, 136

Facialisknie, äußeres 176
-, inneres 176
Facialislähmung, periphere 175
-, zentrale 175
Facies inferior cerebri 97
- medialis cerebri 97
- superolateralis cerebri 97, 99
Fallhand 193, 194
Falx cerebelli 231, 247
- cerebri 231
Fasciculi proprii 49
Fasciculus arcuatus 112
- cuneatus 46, 71, 130, 138
- frontooccipitalis inferior 112
- - superior 112
- gracilis 46, 71, 130
- interfascicularis 51, 125
- interstitiospinalis 140
- lateralis 190, 191, 195, 197
- longitudinalis dorsalis 79, 146, 229
- - inferior 112

- - medialis 71, 73, 78, 139
- - superior 112
- mamillotegmentalis 147
- mamillothalamicus 93, 96, 148
- medialis 190, 191, 194
- opticus 152
- posterior plexus brachialis 190, 191, 192
- proprius dorsalis 44, 50
- - ventrolateralis 44, 50
- septomarginalis 51, 125
- striatonigralis 78
- telencephalicus medialis 146
- temporooccipitalis 112
- triangularis 51, 125
- uncinatus 112
Faserarchitektonik 110
Faserglia 34
Fasern, I a 21, 123
-, I b 21
-, II 21
-, III 21
-, IV 21
-, afferente 113
-, efferente 113
-, markhaltige 19
-, marklose 50
-, präganglionäre 167
-, proprioceptive 188
-, reticulospinale 79
-, rubrospinale 79
-, somatomotorische 41, 184
-, somatosensible 41, 183
-, tectobulbäre 79
-, tectospinale 79
-, visceromotorische 41, 183
-, viscerosensible 41, 183
-, zentrifugale 41, 113
-, zentripetale 41, 113
„feed back" Kopplung 50
Fibrae arcuatae 112
- - externae 140
- - internae 141
- corticonigrales 78
- corticonucleares 69, 71, 79, 133
- corticopontinae 69
- corticospinales 71
- dentatae rubrales 77
- frontopontinae 71, 79, 141
- nigrostriatales 78
- parietooccipitopontinae 141

## Sachverzeichnis

Fibrae pontis transversae 69, 94, 141
- pontocerebellares 69
- temporopontinae 71, 79, 141

Fila olfactoria 149
Filum terminale 44
Fimbria hippocampi 95, 96, 145, 237
Firstkern 115
Fissura longitudinalis cerebri 97, 100, 241
- mediana ventralis 40, 44, 66, 248
- orbitalis superior 160, 161, 168, 169, 172, 247
- petrotympanica 162, 177
- sphenopetrosa 179

Flechsig-Feld 44, 51, 125
Flechsig-Bahn 121, 139
Flügelplatte 7, 40, 41, 54, 57, 183
Folia cerebelli 116
Folium vermis 117
Foramen ethmoidale anterius 172, 241
- interventriculare 62, 237, 245
- jugulare 162, 163, 178, 179, 182, 241
- lacerum 161
- magnum 182
- mentale 175
- ovale 161, 173, 174
- rotundum 161, 173, 247
- spinosum 174, 241
- stylomastoideum 161, 177

Foramina intervertebralia 248
Forceps frontalis 112
- occipitalis 112
Forel-Kreuzung 79
Formatio reticularis 44, 45, 56, 58, 65, 73, 74, 142, 144, 167, 180, 228, 229
Fornix 145
Fortpflanzung 142
Fossa infratemporalis 174
- interpeduncularis 66, 73, 104, 160
- pterygopalatina 173
- rhomboidea 65, 68, 69, 238
Fovea caudalis 67, 70
Fovea cranialis 67, 70
Foveolae granulares 233
Frankenhäuser-Plexus 221
Fremdreflex 125
Frontalpol 95
FSH 82
Funiculus dorsalis 40, 44, 46
- lateralis 40, 44, 46
- ventralis 40, 44, 46
- ventrolateralis 46

GABA 28, 29, 30
GABA-erge Synapsen 118
Gamma-Aminobuttersäure 27, 29, 30
Ganglia nervi vagi 224
- pelvici 222
Ganglien, autonome 183, 216, 218
-, enterale 218
-, extracraniale 218
-, intramurale 163, 225, 229
-, parasympathische 225
-, paravertebrale 219, 221
-, periarterielle 219
-, prävertebrale 221, 227
-, sensible 49, 128
-, sympathische 183, 230
Ganglienhügel 59, 62, 91
Ganglienleiste 55, 219, 230
Ganglienzellen, apolare 12, 47
-, autonome 219
-, bipolare 12, 47, 146, 153
-, multipolare 13, 47
-, pseudounipolare 12, 170, 183
-, sensible 12
-, unipolare 12
Ganglienzellschicht der Kleinhirnrinde 117, 118
Ganglioblast 8
Ganglion caudalis nervi glossopharyngei 157, 162, 163, 166, 178, 179
- - - vagi 163, 166, 178, 180
- cervicale inferius 220
- - medius 220
- - superius 154, 170, 220, 223
- cervicothoracicum 220
- ciliare 154, 168, 173, 223, 224
- cochleare 12, 155, 162
- coeliacum 223
- geniculi 157, 161, 166, 177, 224
- impar 220
- mesentericum inferius 223
- - superius 223
- oticum 178, 179, 224, 225
- paracervicale uteri 222
- pterygopalatinum 161, 173, 176, 177, 224
- rostralis nervi glossopharyngei 162, 163, 166, 178, 179

## Sachverzeichnis 269

– – – vagi 163, 166, 178, 180
– semilunare 171
– spinale 184
– stellatum 223
– submandibulare 173, 175, 176, 177, 224
– trigeminale 161, 166, 171, 247
– trunci sympathici 184
– vestibulare 12, 137, 162
„gap-junction" 26
Gefäßgliascheide 34
Gehirnabschnitte 53
Geniculum nervi facialis 70, 176
Genu capsulae internae 113, 114
– corporis callosi 112
– nervi facialis 70, 176
Geruchsassoziationen 108
Geschmacksbahn 157, 158
Geschmacksfasern 180
Geschmacksknospen 157, 181
Geschmacksporus 157
Geschmacksqualitäten 157
Geschmacksreceptoren 157
Geschmackssinn 108
Gesichtsfelder 152, 153
GH 82
GH-IH 82
GH-RH 82
Glandula lacrimalis 161
– parotis 163, 175, 179, 225
– pituitaria 84
– sublingualis 162, 175, 177, 225
– submandibularis 162, 175, 177, 225
Glandulae apicis linguae 225
Glanzstreifen des Herzmuskels 26
Gleichgewicht 115
Glia, periphere 19, 32
–, perivasculäre 35
–, zentrale 32, 33
Gliafüßchen 34, 233
Gliafüßchenmembran 34, 233
Gliagefäßscheide 34
Glianarben 36
Gliascheide, perivasculäre 33
Gliastammzellen 39
Glioarchitektonik 110
Glioblasten 39
Globus pallidus 62, 85, 91, 93, 94, 95, 96
Glomeruli olfactorii 150, 160
Glomus aorticum 229

– caroticum 179, 229, 230
– choroideum 95, 240
Glukoneogenese 226
Glycin 27
Glykogenolyse 226
Golgi-Apparat 15
Golgi-Organe 21
Golgi-Trichter 19
Golgi-Zelltyp 13, 117, 119
Goll-Strang 46, 130
Gowers-Bahn 119, 139
Granulationes arachnoidales 232, 233, 240
Grenzstrang 217, 219, 223
Grenzstrangganglien 232
growth hormone 82
Großhirn 64, 91, 97
Großhirnbrückenbahn, frontale 79, 114
–, parietotemporale 79, 114
Großhirnbrückenkleinhirnbahn 133, 137
Großhirnmantel 60, 63, 64, 97
Großhirnoberfläche 97 ff.
Großhirnrinde 108, 109, 110, 111, 112, 113
Großhirnrindenzentren 104
Großhirnschenkel 70, 93
Großhirnsichel 231
Grundbündel 49, 50, 125
Grundplatte 7, 40, 54, 183
Grundplexus, präterminaler 218
Gudden-Kern 75, 144
Gyrus (Gyri) ambiens 103, 150
– angularis 99, 100, 108
– breves insulae 101
– cinguli 101, 105, 142, 144
– dentatus 95, 102, 143
– fasciolaris 143
– frontalis inferior 99, 100
– – medius 99, 100, 107
– – superior 99, 100, 101, 102, 107
– longus insulae 101
– occipitales inferiores 101
– – mediales 101
– – superolaterales 100
– occipito-temporalis lateralis 102, 103
– – medialis 102, 103
– orbitales 102, 103
– parahippocampalis 102, 103, 108, 142, 143, 144
– paraterminalis 102, 103, 144

Gyrus postcentralis 99, 100, 107
- precentralis 99, 100, 107, 131, 132, 134
- rectus 102, 103
- semilunaris 103, 150
- supramarginalis 99, 100, 108
- temporalis inferior 100, 101
- - medius 100, 101
- - superior 100, 101, 108
- temporales transversi 101, 156, 157

Haarzellen 155
Habenulae 90
Hämatom, epidurales 235, 241
-, subarachnoidales 235
-, subdurales 235
Hakenfuß 209
Halbseitenlähmung 134
Halsgeflecht 185, 187 ff.
Halsgrenzstrang 219
Halsmark 41, 42
Haltereflexe 124
Harnentleerung 226
Harnverhaltung 226
Haube 53
Haubenbahn, zentrale 77, 79
Haubenkerne, motorische 73
Haubenkreuzung, dorsale 73, 79
-, ventrale 77
Head-Zonen 214
Hemianopsie, bitemporale 155
-, homonyme 155
Hemiplegie 114, 134
Hemisphäre, dominante 108, 153, 244
Hemispheria cerebelli 56, 116
- cerebri 60, 97
Hemmung, rückgekoppelte 50
Herring-Körper 84
Herzinfarkt 194
Herzschlagbeschleunigung 226, 229
Herzschlagverlangsamung 226, 229
Heschl-Querwindungen 101, 107, 157
Hiatus esophageus 181
Hinterhauptlappen 61, 98, 101
Hinterhirn 53, 54, 65, 68
Hinterhorn der grauen Substanz 39, 41, 45
- des Seitenventrikels 96
Hinterstränge 40, 44, 46
Hinterstrangbahnen 128, 129

Hippocampus 95, 96, 143, 237
Hippocampusformation 61, 109, 142, 143
Hirnanhangsdrüse 84
Hirnbläschen, primäre 51, 52, 54, 236
-, sekundäre 51, 52, 54
Hirnhaut, harte 37, 152, 231, 232, 233
-, weiche 37, 152, 231, 232, 233
Hirnlappen 98
Hirnmantel 63, 64
Hirnnervenbahn, motorische 58, 79, 114, 133, 134
Hirnnervenkerne 68, 71, 165, 166
Hirnödem 36
Hirnsand 91
Hirnschenkel 93, 94
Hirnstamm 63, 64, 94
Hirnstiele 57, 58, 79
Hörbahn 155, 156, 157
Hörstrahlung 114, 157
Hörzentrum, primäres 107
-, sekundäres 107
-, subcorticales 88
Homöostase 215
Hormon, adrenocorticotropes 82
-, follikelstimulierendes 82
-, luteinisierendes 82
-, luteotropes 82
-, Melanocyten-stimulierendes 82
-, somatotropes 82
-, thyreotropes 82
hormones, inhibiting 81, 82
-, releasing 81, 82
Horner-Syndrom 222
Hortega-Glia 35
Hüllzellen 19, 32
Hydrocephalus communicans 238
- internus 238
5-Hydroxytryptamin 27
Hyperästhesie 131
Hyperkinese 136
Hyperpolarisation 30
Hypertonus 136
Hypersexualität 148
Hypokinese 136
Hypophysenhormone 82
Hypophysenstiel 80, 81, 84
Hypophysis 84, 231
Hypothalamo-infundibuläres System 81
- -neurohypophysäres System 81
Hypothalamus 60, 79, 80

-, markarmer 80
-, markreicher 80
Hypotonus 136

ICSH 82
idiotrop 215
Incisura tentorii 231
Indolamine 230
Indusium griseum 143, 146
Infarkt, roter 245
-, weißer 245
Infundibulum 80, 81, 84, 104
inhibiting hormones 81, 82
Innervation, periphere 214
- -, vegetative 223
-, radiculäre 214
-, segmentale 213
Inselschwelle 101
Insula 61, 93, 101, 105
Intercostalnerven 198
interneuronale Kontaktregion 10
Interneurone 49, 122, 132, 230
Internodium 19
interstitial cell stimulating hormone 82
Intumescentia cervicalis 46
- lumbosacralis 46
Ischias 207
Ischiasnerv 206
Isocortex 109, 110

Jacobson-Anastomose 179, 225

Kadaverstellung des Stimmbandes 182
Kanälchenprinzip 28
Kapsel, äußere 62, 93, 97
-, innere 60, 93, 94, 96, 113
Kern, roter 57, 58, 73
-, schwarzer 57, 58, 73, 75, 77, 93, 94
Kerne, catecholaminhaltige 76
-, hypothalamische 220
-, palliothalamische 87, 89
-, paramediane der Formatio reticularis 144
-, parasympathische 165
-, sensorische 159
-, serotoninhaltige 74
-, somatomotorische 165
-, somatosensible 159
-, truncothalamische 87, 89
-, vegetative 220

-, visceromotorische 165
Kerngruppe, dorsal-laterale des Thalamus 87
-, intermediäre des Thalamus 167
-, intralaminäre des Thalamus 87, 89
-, ventral-laterale des Thalamus 87
Kiemenbogennerven 165, 166
kinästhetisches Zentrum 108
Kleinhirn 56, 64, 65, 96, 115, 116
Kleinhirnbahnen, afferente 119, 120, 121, 137
-, direkte sensorische 119, 139
-, direkte vestibuläre 137
-, efferente 120, 121, 137
-, indirekte sensorische 119, 137
-, indirekte vestibuläre 137
Kleinhirnbrückenwinkel 69, 161, 162
Kleinhirnhemisphären 56, 121
Kleinhirnhinterstrangbahn 138
Kleinhirnkerne 56, 121
Kleinhirnrinde 56, 117, 120
Kleinhirnseitenstrangbahn, hintere 138, 139
-, vordere 138, 139
Kleinhirnsichel 231
Kleinhirnstiel, mittlerer 68, 94, 120
-, oberer 120
-, unterer 94, 120
Kleinhirnwulst 56
Kleinhirnwurm 56, 116, 117, 121
Kleinhirnzelt 231
Kletterfasern 118, 119
Knie, äußeres des Nervus facialis 70, 176
-, inneres des Nervus facialis 70, 176
Kniehöcker, lateraler 86, 88, 95, 96
-, medialer 86, 88, 96
Körnchenzellen 35, 36
Körnerschicht, äußere 110
-, innere 111
- der Kleinhirnrinde 117, 118
Körnerzellen 118, 149
Körperfühlsphäre 107
Körpertastbild 108
konsensuelle Verengung der Pupille 154
Konvergenz 11, 154, 217
Konvergenzreflex 154
Konvergenzschaltung 11, 151, 217
Kopfganglienleiste 55, 166
Korbzellen 117, 118, 119
Kotverhaltung 226

# Sachverzeichnis

Krallenhand 195, 196
Kreislaufzentren 75, 228
Kreuzbeingeflecht 186, 205 ff.
Kugelkerne 115
Kurzstrahler 34
Kurzzeitgedächtnis 148

Labyrinth 137, 156, 244
Labyrinthbläschen 53, 55
Lähmung, kontralaterale 244
-, periphere 185
-, segmentale 185
Längsbündel, dorsales 79, 146, 147
-, mediales 78, 139, 140
Lageempfindung 131
Lamina affixa 59, 60, 86, 93
- cribrosa 160
- epithelialis 54, 86, 237, 238
- granularis 110
- - externa 110
- - interna 111
- marginalis 44, 45
- medullaris externa thalami 86, 87
- - interna thalami 87
- molecularis 109, 110
- multiformis 110, 111
- pyramidalis 110
- - externa 110
- - interna 111
- tecti 67, 72
- terminalis 51, 60, 79
Laminae medullares globi pallidi 85
Langstrahler 34
Lasègue-Zeichen 207
Lautverständnis 157
Leitungsbogen, somatischer 216
-, visceraler 216
Leitungsgeschwindigkeit 21
Leitungsrichtung 20
Lemniscus lateralis 71, 78, 156
- medialis 68, 71, 78, 128, 129, 130
- spinalis 78, 130
- trigeminalis 78, 129, 130
Lemniscussystem 126, 130, 158
Lendengeflecht 186, 199, 202 ff.
Lendenkreuzbeingeflecht 199 ff.
Lendenmark 41
Leptomeninx encephali 233
- spinalis 234
Leukotomie, prefrontale 90

LH 82
LH-RH 82
Liberine 81, 83
Lichtempfindlichkeit 151
Lichtreflex 154
Ligamentum denticulatum 44, 232, 235
limbisches System 142
limbischer Cortex 144
Limen insulae 101, 108, 158
Lingula vermis 117
Linsenbrechkraft 154
Linsenkern 62, 92
Liquor cerebri externus 235, 238
- - internus 235, 238
- cerebrospinalis 235
Liquorfiltration 233
Liquorproduktion 238, 240
Liquorräume 235
Liquorresorption 240
Liquorstauung 238
Lissauer-Bahn 45
Lobuli cerebelli 116
Lobulus centralis vermis 117
- flocculatris 240
- paracentralis 101
- parietalis inferior 99, 100, 108
- - superior 99, 100, 108
Lobus anterior 115
- cranialis cerebelli 115, 116, 117, 119, 121
- caudalis cerebelli 115, 116, 117, 119, 121
- flocculonodularis 115, 116, 117, 119, 121, 137
- frontalis 61, 98, 99, 101
- insularis 101
- medius cerebelli 115, 116, 117, 121
- occipitalis 61, 98, 99, 101, 108
- parietalis 61, 98, 99, 101
- piriformis 150
- temporalis 61, 98, 99, 101
Locus coeruleus 70, 75, 151
LTH 82
Lumbalpunktion 44
Luteinisierungshormon 82
Lysosome 15

Macula lutea 151, 152, 154
- sacculi 137, 162
- utriculi 137, 162

Makroglia 33
Makrosmatiker 150
Mamillarkörper 93
Mandelkern 92, 97
Mantelkante 241
Mantelzellen 19, 32
Mantelzone 39
Marklager 60, 61, 95
Marklamelle, äußere 87
–, innere 87
Markreifung 61
Markscheide 16, 19, 20, 35
Marksegel, hinteres 69, 238
–, vorderes 69, 140, 238
Meatus acusticus internus 162
Mechanoreceptoren 162, 179
Meckel-Raum 233
Medianusgabel 190, 195
Medianuslähmung 197
Medulla cerebri 60
– oblongata 65, 66
– spinalis 39 ff.
Meissner-Plexus 218
Melanin 15
Melaninkörnchen 15
Melanoblasten 8
Melanocyten 91
– -stimulierendes Hormon 82
Melatonin 91
Membrana intima piae 38, 233
– limitans gliae externa 37, 51, 233
– – – perivascularis 34, 37, 233
– tectoria 155
Membranhyperpolarisation 30
Membran, postsynaptische 27
–, präsynaptische 26, 27
Merkel-Scheibe 25
Merkel-Zelle 8, 25
Mesaxon 21, 22, 23
Mesektoderm 55
Mesencephalon 51, 52, 53, 54, 70
Mesocortex 109, 144
Mesoderm 9
Mesoglia 9, 33, 35, 36
Metathalamus 60, 79, 86, 152
Metencephalon 53, 54, 65, 68
Meynert-Kreuzung 79
Mikrofilamente 15
Mikroglia 35
Mikrosmatiker 149

Mikrotubuli 15
Miniaturendplattenpotentiale 28, 29
Miosis 154, 222, 226
Mitosen, ventriculär 7
Mitralzellen 149
Mittelhirn 53, 54, 57 ff., 70, 94, 244
Mittelhirnbläschen 51
Mittelhirndach 57, 70, 72, 73
Mittelhirnhaube 57, 70, 73
Molekularschicht der Großhirnrinde 109, 110
– – Kleinhirnrinde 117, 118
Monoamine 230
Monroi-Gang 62, 237, 245
Moosfasern 118
Motilin 30
Motoneuron, A-Alpha- 49, 122, 123, 131, 132, 133
–, A-Gamma- 49, 124, 131
Motorik, corticale 131, 133
–, subcorticale 134
–, unwillkürliche 134
–, willkürliche 131, 133
MSH 82
MSH-IH 82
MSH-RH 82
multiforme Schicht der Großhirnrinde 110
Musculi arrectores pilorum 219
Musculus ciliaris 154, 160, 222
– dilatator pupillae 154
– erector spinae 184
– obliquus inferior 168
– – superior 168, 169
– orbitalis
– rectus inferior 168
– – lateralis 169
– – medialis 168
– – superior 168
– sphincter pupillae 168, 169, 222, 226
– stapedius 155, 161
– tensor tympani 155, 161
Muskelfasern, extrafusale 49, 122
–, intrafusale 49, 124
Muskelspindel 49, 123, 139
Muskeltonus 115
Mydriasis 154, 226
Myelencephalon 53, 54, 65, 66
Myelinlamellen 23
Myelinscheide 17, 22, 32

Myeloarchitektonik 110
Myotom 185, 214

Nachhirn 53, 54, 65, 66
Nackenbeuge 52, 53
Nebennierenmark 223, 230
Neocerebellum 56
Neocortex 61, 108
neoencephale Fasersysteme 58
– Zellgruppen 58
Neopallium 61
Neostriatum 97
Nervendurchtrennung 15
Nervenendigungen, multiple 31
Nervenfasern, adrenerge 218
–, cholinerge 218
–, extrinsische 218
–, intrinsische 218
–, markarme 19, 21
–, markhaltige 18, 19, 20, 22, 23, 35
–, marklose 18, 19, 20, 21
–, markreiche 19, 21
–, periphere 17
–, präganglionäre 227
–, zentrale 16
Nervenfasertypen 21
Nervenstammzellen 39
Nervensystem, animalisches 215
–, autonomes 215 ff.
–, somatisches 215
–, vegetatives 215
–, viscerales 215
Nervenzellen, apolare 12
–, bipolare 12, 160
–, multipolare 9, 13
–, pseudounipolare 12
–, unipolare 9, 12
Nervenzelltypen 11
Nervi alveolares superiores 173
– anococcygei 201, 212
– auriculares anteriores 175
– branchiales 170
– cardiaci 221, 229
– caroticothympanici 179
– ciliares breves 222
– – longi 172, 173
– clunium inferiores 201, 206
– – medii 185
– – superiores 185
– digitales dorsales 190, 192, 201
– – palmares communes 190, 197
– – – proprii 190, 197
– – plantares communes 201, 208
– – – proprii 201, 209
– dorsales pedis 210
– intercostales 185, 198, 199
– labiales anteriores 202
– – posteriores 212
– olfactorii 149, 159, 160, 240
– palatini 173, 174
– perineales 201, 212
– phrenici accessorii 189
– pterygopalatini 174
– rectales 201, 212
– scrotales 201, 202, 212
– spinales 41, 183 ff.
– splanchnici lumbales 221
– – pelvini 212, 225
– – sacrales 221
– supraclaviculares 186, 187, 188
– temporales profundi 174
– vesicales inferiores 212
Nervus abducens 159, 161, 166, 169, 247
– accessorius 159, 163, 166, 188
– alveolaris inferior 173, 175
– auricularis magnus 174, 187, 188
– – posterior 176, 177
– auriculotemporalis 173, 175, 179, 224, 225
– axillaris 187, 190
– buccalis 173, 174
– cuteaneus antebrachii lateralis 190, 198
– – antebrachii medialis 187, 190, 191, 193, 194
– – – posterior 190, 192
– – brachii lateralis inferior 190
– – – – superior 192
– – – medialis 187, 193, 194, 199
– – – posterior 190
– – dorsalis intermedius 201, 210
– – – lateralis 201, 210
– – – medialis 201, 210
– – femoris lateralis 200, 201, 203
– – – posterior 201, 206
– – surae lateralis 201, 208, 210
– – – medialis 201, 208
– dorsalis clitoridis 212
– – penis 201, 212
– – scapulae 187

## Sachverzeichnis

- ethmoidalis anterior 172, 173
- - posterior 172, 173
- facialis 159, 161, 166, 175, 222
- femoralis 200, 201, 203
- frontalis 172, 173
- genitofemoralis 200, 201, 202
- glossopharyngeus 159, 162, 166, 178, 222, 225, 228
- gluteus inferior 201, 205
- - superior 201, 205, 206
- hypoglossus 159, 163, 166, 169, 170, 188
- infraorbitalis 173
- infratrochlearis 172, 173
- iliohypogastricus 200, 201, 202
- ilio-inguinalis 200, 201, 202
- intercostobrachialis 193, 199
- intermedius 157, 161, 172, 175, 176, 224
- interosseus anterior 190, 196
- - cruris 201, 207
- - posterior 190, 193
- ischiadicus 200, 201, 206
- lacrimalis 172, 173, 224
- laryngeus inferior 178, 181
- - recurrens 178, 180, 181
- - superior 178, 182
- lingualis 157, 173, 175, 224
- mandibularis 161, 172, 174
- massetericus 174
- masticatorius 174
- maxillaris 161, 172, 173, 247
- meatus acustici externi 175
- medianus 187, 190, 195
- mentalis 173
- musculocutaneus 187, 190, 191, 197, 198
- mylohyoideus 173, 175
- nasociliaris 172, 173
- obturatorius 200, 201, 204
- - accessorius 204
- occipitalis major 174, 185
- - minor 174, 186, 187, 188
- oculomotorius 73, 159, 160, 166, 167, 222, 224, 247
- ophthalmicus 161, 172, 247
- opticus 104, 152, 153, 159, 160
- - medialis 187
- peroneus communis 201, 207, 210
- - profundus 201, 210, 211
- - superficialis 201, 210
- petrosus major 161, 172, 176, 177, 224
- - minor 163, 179, 224, 225
- phrenicus 186, 187, 188, 189
- piriformis 205
- plantaris lateralis 201, 208, 209
- - medialis 201, 208
- pterygoideus lateralis 174
- - medialis 174
- pudendus 200, 201, 211
- quadratus femoris 205
- radialis 187, 190, 192, 197
- saphenus 201, 204
- splanchnicus major 221
- - minor 221
- stapedius 176, 177
- statoacusticus 137, 155, 159
- stylopharyngeus 178
- subclavius 191
- subcostalis 198, 200, 201
- sublingualis 173, 175
- suboccipitalis 185
- supraorbitalis 172, 173
- suprascapularis 187
- supratrochlearis 172, 173
- suralis 208
- thoracicus longus 187
- thoracodorsalis 187
- tibialis 201, 207, 209
- transversus colli 186, 187, 188
- trigeminus 159, 161, 166, 170, 173
- trochlearis 73, 159, 160, 165, 166, 169, 247
- tympanicus 178, 179, 225
- ulnaris 187, 190, 194
- vaginalis 212
- vagus 159, 163, 166, 180, 181, 222, 225, 229
- vestibularis 115
- vestibulocochlearis 137, 155, 159, 162, 166, 244
- zygomaticus 172, 173, 224
- zygomatico-facialis 173
- zygomatico-temporalis 173

Netzhaut 151
Netzkörper 45, 56, 65, 74
Netzwerk, subsynaptisches 27
Neuralleiste 5, 6, 8, 166, 183
Neuralplatte 4
Neuralrinne 4, 5, 6
Neuralrohr 4, 5, 6, 38

# 276 Sachverzeichnis

Neuralwülste 4, 5, 6
Neurit 10, 14
Neuroblasten 8, 9, 12, 39, 219
Neurocyten 9
Neuroeffektorgebiet 218
Neuroektoderm 4, 5
Neurofibrillen 15
neurogenes Gewebe 6, 8
Neuroglia 7, 32
Neurohistogenese 4
neurohumorale Kontakte 31
Neurohypophyse 82, 84
Neurone, aminerge 81
-, intrinsische 118
-, postganglionäre 167, 217
-, präganglionäre 217
-, visceroeffektorische 216
-, viscerosensible 216
Neuronensysteme, monoaminerge 75
Neuronentheorie 23
Neuronentypen 12
Neuropeptid Y 30
Neuropeptide 81
Neuropeptidtransmitter 81
Neuroporus anterior 4
- posterior 4, 6
Neurosekrete 83
Neurosekretgranula 15
Neurosekretion 83
Neurotensin 50
neurovasculäre Kette 25, 32
Nexus 26
nigrostriatales System 75, 78, 135
Nissl-Färbung 13
Nissl-Schollen 13
Nissl-Substanz 14
Nodulus 117
Noradrenalin 27, 29, 219
Nuclei anteriores thalami 87, 89, 93, 146
- cerebelli 56
- cochleares 56
- corporis geniculati lateralis thalami 87, 88
- globosi 115, 121
- intralaminares 87, 89
- mediales thalami 87, 89
- olivares accessorii 71
- originis 166
- paraventriculares 81, 82, 84
- pontis 69, 71

- preoptici 81, 82
- terminationis 166
- tuberales 81
- ventrales posteriores thalami 87
- vestibulares 56, 71, 115, 135, 137, 140, 162, 165
Nucleus accessorius 160, 165, 168
- ambiguus 71, 162, 163, 178, 180, 182
- arcuatus 67, 141
- caudatus 62, 91, 92, 94, 96, 114
- centralis lateralis thalami 87, 90
- - medialis thalami 87, 90
- - superior 144, 147
- centromedianus 87, 89, 135
- cochlearis dorsalis 156, 162, 165
- - ventralis 155, 156, 162, 165
- colliculi caudalis 71, 73
- corporis geniculati medialis 87, 88
- corporis trapezoidei 155, 156
- cuneatus 68, 71, 130
- - accessorius 138, 140
- Darkewitsch 73, 78, 140
- dentatus 77, 94, 115, 121, 136
- dorsalis nervi vagi 163, 165, 178, 180, 222, 225, 229
- dorsomedialis hypothalami 81
- emboliformis 115, 121
- fastigii 115, 121
- gracilis 68, 71, 130
- gustatorius 158
- habenularum 90
- hypothalamicus posterior 81, 83
- infundibularis 81
- interpeduncularis 75, 144, 147
- interstitialis 73, 78, 140
- lateralis dorsalis thalami 87, 89
- lentiformis 62, 92, 114
- masticatorius 171
- mesencephalicus nervi trigemini 71, 161, 165, 171, 173
- motorius nervi trigemini 71, 161, 165, 171, 173
- - tegmenti 76
- nervi abducentis 161, 169, 176
- - facialis 161, 165, 176
- - hypoglossi 163, 170
- - oculomotorii 160, 167
- - trochlearis 160, 169
- oculomotorius accessorius 71, 154, 165, 166, 168, 222

Sachverzeichnis 277

- olivaris accessorius dorsalis 67
- – – medialis 67
- – – caudalis 67, 71
- – – cranialis 68, 155, 156
- pontinus nervi trigemini 71, 161, 162, 163, 165, 171, 173, 179, 180
- posterior thalami 87, 89
- proprius columnae dorsalis 48, 49, 50
- raphes dorsalis 75, 136, 144, 147, 151
- reticularis 86, 87, 90
- ruber 57, 58, 71, 73, 77, 135, 136
- salivatorius caudalis 163, 178, 179, 222
- – – cranialis 161, 165, 176, 222, 224
- – – inferior 225
- solitarius 71, 130, 158, 161, 162, 163, 165, 176, 178, 179, 180, 228, 229
- spinalis nervi accessorii 165, 182
- – – – trigemini 128, 161, 162, 163, 165, 171, 173, 179, 180
- subthalamicus 85, 93, 94, 135
- supraopticus 81, 82, 84
- tegmentalis dorsalis 75, 144, 147
- thoracicus 48, 49, 50, 140
- ventralis anterior thalami 87, 88, 134
- – – intermedius thalami 89
- – – lateralis thalami 87, 88, 134
- – – posterolateralis 87, 90, 128, 130
- – – posteromedialis thalami 87, 90
- ventromedialis hypothalami 81
Nucleus-pulposus-Hernien 207

Oberflächensensibilität 108, 126
Oberlippenfurunkel 248
Occipitalpol 95
Oligodendroglia 16, 17, 33, 35
Oliva 56, 57, 66, 67, 94, 104, 119, 156
Olivenkerne 68, 154, 155
oikotrop 215
Opercula 61, 101
Operculum fronto-parietale 101, 108, 158
- temporale 101
Opticuszellen 151, 160
optisches Auflösungsvermögen 151
Orthosympathicus 218, 219
Ortsgedächtnis 108
ovales Feld 44, 51, 125
Oxytocin 81, 83, 84

Pacchioni-Granulationen 233
Pachymenix 152, 231, 232

Paleocerebellum 56
Paleocortex 56, 61, 108
Paleopallium 61, 142
Paleostriatum 97
Pallidum 62, 85, 93, 94, 95, 96, 135
Pallium cerebri 60, 63, 64, 97
Papez-Neuronenkreis 145, 148
Paraganglion aorticum abdominum 230
- supracardiale 230
Parallelfasern 118, 119
Parasympathicus, cranialer 167, 222, 224, 226
-, sacraler 225, 226
Parietalauge 91
Parkinson-Syndrom 90, 136
Pars centralis ventriculi lateralis 237
- cervicalis medullae spinalis 41
- coccygea medullae spinalis 41
- compacta substantiae nigrae 78
- distalis adenohypophysis 84
- dorsalis pedunculi cerebri 57, 70, 73
- – pontis 53, 68, 69
- infraclavicularis plexus brachialis 191
- infundibularis adenohypophysis 84
- intermedia adenohypophysis 84
- libera columnae fornicis 145
- lumbalis medullae spinalis 41
- opercularis gyri frontalis inferioris 99, 107
- orbitalis gyri frontalis inferioris 99
- reticulata substantiae nigrae 78
- sacralis medullae spinalis 41
- supraclavicularis plexus brachialis 189
- tecta columnae fornicis 80, 145
- thoracica medullae spinalis 41
- triangularis gyri frontalis inferioris 99, 107
- ventralis pedunculi cerebri 57, 58, 70, 79
- – pontis 56, 57, 58, 66, 68
Pedunculi cerebellares 57, 67, 69, 119, 120
Pedunculus cerebellaris caudalis 67, 68, 119, 138
- – cranialis 67, 69, 119
- – medius 67, 69, 71, 119
- corporis mamillaris 145
Perikaryon 10, 13, 14
Perineuralepithel 18
perineurales Bindegewebe 19

Perineuralscheide 17, 234, 240
Perineurium 18
peripheres Segment 212
Peristaltikförderung 226
Peristaltikhemmung 226
Pes hippocampi 93, 95
Pferdeschweif 43
Pfortadersystem der Hypophyse 82
Pfropfkern 115
phaenotypische Plastizität 219
Philippe-Gombault-Triangel 44, 51, 125
Photoreceptoren 151
Phrenicusexhairese 189
Phrenicusparesen 189
Pia mater encephali 37, 152, 231, 232, 233
– – spinalis 235
Pigmenteinschlüsse 15
Pigmentepithel 151
Piloarrektion 226
Pinealocyten 90
Pinealzellen 90
Pinselzellen 149
Pituicyten 84
Plexus aorticus abdominalis 221, 229
– – thoracicus 221, 229
– brachialis 185, 187, 189 ff.
– cardiacus 221, 229
– caroticus externus 221
– – internus 221, 222
– coeliacus 221
– cervicalis 185, 186
– choroidei 33, 37, 54, 93, 238, 239, 240
– – Epithel 37, 38, 239
– coccygeus 186, 212
– dentalis inferior 175
– – superior 173
– esophageus 181
– hypogastricus inferior 221, 225
– – superior 221, 225
– jugularis 221
– lumbalis 186, 199, 202 ff.
– lumbosacralis 186, 199 ff.
– mesentericus inferior 221
– – superior 221
– myentericus 218
– parotideus 177, 179, 225
– pharyngeus 180, 181
– pterygoideus 246, 247
– pulmonalis 221
– sacralis 186, 205 ff.

– solaris 221
– submucosus 218
– suboccipitalis 249
– tympanicus 179, 225
– uterovaginalis 221, 225
– venosi vertebrales externi 249
– – – interni 249
– vesicoprostaticus 221, 225
Plexusbildung 185
Pol, postsynaptischer 26, 27
–, präsynaptischer 26, 27
Polus frontalis 97, 102, 103
– occipitalis 97, 102, 103
– temporalis 97
Polypeptid, vasoaktives intestinales 30
Polypeptide 27, 29, 30, 31, 218
Pons 68, 93, 104
Pontocerebellum 56, 115, 116
Portalkreislauf, hypothalamisch-hypophysärer 83
Porus acusticus internus 176
präoptische Region 144
Precuneus 101
Pressoreceptoren 229
PRL 82
PRL-IH 82
PRL-RH 82
Projektionsbahnen 61, 113
Projektionsfelder 86, 104, 130
Progesteron 82
Prolactin 82
Proprioceptoren 122
Proprioceptionsreflex 123
Prosencephalon 51, 52, 54, 239
Proteinsynthese 15
Ptosis 222
Pubertas praecox 91
Pulvinar thalami 85, 94, 95, 153, 154
Punctum nervosum 188
Pupillenerweitung 154, 226
Pupillenverengung 154, 226
Purkinje-Zellen 13, 117, 118
Putamen 62, 91, 92, 93, 94, 95, 96
Pyramide 62, 66, 67, 104, 117, 132, 161
Pyramidenbahn 54, 58, 79, 114, 131 ff.
Pyramidenbahnkollaterale 133
Pyramidenkreuzung 132
Pyramidenschicht, äußere 110
–, innere 111
Pyramidenseitenstrang 132

Pyramidenvorderstrang 132
Pyramidenzellen 13

Rachischisis 6
Radialislähmung 193, 194
Radiatio acustica 157
- optica 96, 114, 152
Radiationes thalamicae 90, 114
Radix caudalis ansae cervicalis 170
- cranialis ansae cervicalis 170
- - nervi accessorii 182
- dorsalis nervi spinalis 40, 41, 44, 183, 184, 190, 232
- lateralis nervi mediani 152, 190, 195
- medialis nervi mediani 154, 190, 195
- motoria nervi trigemini 170, 184
- sensoria nervi trigemini 170, 184
- spinalis nervi accessorii 182
- - ansae cervicalis 170
- ventralis nervi spinalis 40, 41, 44, 183, 184, 232
Rami cardiaci 178, 181, 229
- esophagei 178, 182
- interganglionares 219
- meningei 168, 170, 173, 178, 184
Ramus communicans albus 184, 219
- - cum nervo auriculotemporalis 179
- - - - lacrimalis 173
- - - - laryngeus inferior 181
- - - ganglio ciliari 172
- - griseus 184, 219
- - peroneus 208, 210
- - ulnaris 190, 192
- dorsalis nervi spinalis 184, 185, 190, 213
- ventralis nervi spinalis 184, 185
Randschleier 39
Ranvier-Schnürringe 19, 23, 32, 35
Raphekerne 74, 75
Rautengrube 69, 238
Rautenhirn 53, 54, 63, 65, 94
Rautenhirnbläschen 51, 53
Rautenlippe 56
Receptoren 122
-, postsynaptisch 30
-, präsynaptisch 30
Receptorfortsätze 10
Receptorneuron 31
Receptorpol 10

Receptorsynapsen 25
Receptorzellen 8, 12
Recessus infundibuli 82, 96, 237
- laterales ventriculi quarti 70, 238
- opticus 237
- pinealis 90, 237
- suprapinealis 237
Recurrenslähmung 182
Reflexe, chemoreceptive 229
-, cuto-visceromotorische 214
-, exteroceptive 125
-, monosynaptische 122
-, polysynaptische 125
-, spinale 122
-, viscerosensibel-cutane 214
-, viscerosensibel-somatomotorische 214
Reflexbogen, spinaler 123
-, visceraler 216, 228
Regelkreis, myostatischer 124
Regio hypothalamica anterior 80, 81, 152
- - intermedia 80, 81
- - posterior 80, 83
- olfactoria 149, 160
- preoptica 142, 147
- pretectalis 72
- septalis 142, 147
Relaiskerne des Thalamus 87
releasing hormones 81, 82
Renshaw-Zellen 48, 49
Residuallysosome 15
Reticularissystem, aszendierendes 75
-, deszendierendes 74
Reticulumtheorie 23
Retina 12, 160
Rexed-Laminae 48
Rhinencephalon 150
Rhombencephalon 51, 52, 54, 65
Richtungshören 157
Riechbahn 148ff.
Riechepithel 160
Riechfäden 149
Riechkolben 60, 94, 103, 149, 150
Riechlappen 60
Riechrinde 109
Riechstrang 60, 66, 103, 150
Riechzellen 148
Riechzentrum 107
Rinde, heterotypische 111
-, homotypische 111
Rindenblindheit 155, 244

Rindenfelder, cytoarchitektonische 106
-, primäre 105, 154
-, sekundäre 105
-, tertiäre 105
Rindentaubheit 157
Rindentyp, agranulärer 111
-, granulärer 111
Rindenzentren, motorisch 107
-, sensorisch 107
Rindenschicht, molekulare 109, 110
-, multiforme 109, 110
Rindenzone, intermediäre des Kleinhirns 117
-, laterale des Kleinhirns 117
-, mediale des Kleinhirns 116, 117
Roller-Kern 137, 162
Rollnerv 169
Rostrum corporis callosi 112
Rückenmarkhäute 232, 234, 235
Rückenmarkquerschnitt 44, 47
Rückenmarksegmente 40, 42, 43
Rumpfganglienleiste 55

Sacculus 137
Saccus endolymphathicus 233
Sacralmark 41
Salz-Wasser-Haushalt 83
Satellitenzellen 20, 21, 32
Schalenkörper 62, 91, 92, 93, 94, 95, 96
Schaltzellen 48, 49, 151
Scheitelbeuge 52, 53
Scheitellappen 61, 98, 99
Scheuklappenphänomen 155
Schilddrüsenhormone 82
Schläfenlappen 61, 98, 99, 101, 107
Schlafregulation 75
Schlaganfall 134
Schleife, laterale 78, 156
-, mediale 68, 71, 78, 130
Schluckzentren 75, 228
Schlundmuskulatur 166
Schmerzempfindung 131, 148
Schmerzfasern 171
Schmetterlingsfigur des Rückenmarks 47
Schmidt-Lantermann-Einkerbungen 19, 23, 35
Schnecke 137
Schreibzentrum 107, 108
Schütz-Bündel 79, 146, 229
Schultze-Komma 44, 51, 125

Schwann-Zellen 19, 20, 32, 35
Schwalbe-Kern 137, 162
Schweifkern 62, 91, 92
Schweißsekretion 226
Schwurhand 197
Seelenblindheit 155
Seelentaubheit 157
Segmente, nervöse 42
-, vertebrale 42
Sehbahn 80, 151
Sehnenorgane 139
Sehnerv 152
Sehnervenkreuzung 80, 152
Sehstrahlung 96, 114, 152
Sehzentrum, subcorticales 88
Seitenhörner 39, 45
Seitenstrang 46
Seitenventrikel 94, 237
Sella turcica 231
Sensibilität, epikritische 128, 171
-, protopathische 127, 171
Sensibilitätsstörung, dissoziierte 131
septale Region 144
Septum intermedium 46
- medianum dorsale 44, 46, 51
- pellucidum 93, 144
- precommissurale 144
Serotonin 27, 28, 29, 30, 91
SGC-Zellen (small granule containing cells) 230
SIF-Zellen (small intensely fluorescent cells) 230
Silberimprägnation 11, 24
Sinneszellen, primäre 148, 149
-, sekundäre 148, 149
Sinus caroticus 179, 228
- cavernosus 246, 247
- cavernosus-Thrombose 248
- durae matris 231, 233, 246 ff.
- occipitalis 246, 247
- petrosus inferior 247
- - superior 247
- rectus 246, 247
- sagittalis inferior 246, 247
- - superior 232, 246, 247
- sigmoideus 246, 247
- sphenoparietalis 247
- transversus 246, 247
slow-fibers 31
Somatostatin 30, 50

somatotopische Gliederung 88, 104, 128, 130, 131
Spaltdüsentheorie 155
Spatium epidurale 241
- subdurale 231, 232, 233, 234
Speichelkerne 176, 179
Speichelproduktion 217
Spina bifida aperta 6
Spinalganglien 40, 122, 183
Spinalnerven 41, 42, 183, 184
Spinalnervenentwicklung 183
Spindelmotorik 21
Spindelzellschicht 111
Spinnwebhaut 37, 152, 231, 232, 233
Spinocerebellum 56, 115, 116
Splenium corporis callosi 94, 112
Sprachverständnis 157
Sprachzentrum, akustisches 107, 108
-, motorisches 107
-, optisches 107, 108
-, sensorisches 108
Stabkranz des Thalamus 90, 114
Stäbchen 12, 151
Stammganglien 244
Stammhirn 64, 65
Stammzellen, neuroektodermale 6, 8
Statine 81, 83
statisches Organ 137
Steißbeingeflecht 186, 212
Stelle des schärfsten Sehens 151
Stellreflexe 125
Steppergang 211
Sternzellen 13, 117, 118, 119
stereotaktische Operation 90
Steuerhormone 82, 83
Steuerungsmechanismen, humorale 83
Steuerungszentren, autonome 220, 227
STH 82
Stilling-Clarke-Säule 49, 138
Stirnlappen 61, 98, 99, 101
Strangzellen 48, 49
Strata grisea colliculi cranialis 72
Stratum ganglionare nervi optici 151
- - retinae 151
- granulosum 117
- meningeale durae matris spinalis 234
- moleculare 35, 117
- neuronorum piriformium 117
- periostale durae matris spinalis 234
- photosensorium 151

Streckreflexe 124
Streifenkörper 62, 91, 92, 96, 241
Stria longitudinalis lateralis 146
- - medialis 146
- medullaris externa 111
- - interna 111
- - thalami 86, 90, 93, 149
- olfactoria intermedia 150
- - lateralis 66, 103, 146, 150
- - medialis 66, 103, 150
- terminalis 86, 93, 146, 149
Striae medullares ventriculi quarti 67, 70, 141
- - corticis 111
Subarachnoidalraum 233, 234
Subiculum 144
Subnucleus caudalis nuclei spinalis 171
- interpolaris nuclei spinalis 171
- oralis nuclei spinalis 171
Suboccipitalpunktion 239
Substantia alba 16, 40, 45
- gelatinosa 44, 45, 50, 51, 127
- - centralis 51
- grisea 16, 39, 45
- - centralis 57, 70, 71, 73, 80
- - intermedia centralis 45, 48, 49, 50, 225
- - lateralis 45, 48, 49, 50, 219, 225
- nigra 57, 58, 71, 73, 75, 78, 93, 94, 135
- perforata interpeduncularis 66, 73, 104, 150, 244
- - rostralis 61, 103, 107, 150, 241
Substanz, graue 16, 39, 45, 48
-, weiße 16, 40, 45, 50
- P 30, 50
Subthalamus 79
Sulci occipitales inferiores 100, 101, 102
- - mediales 101
- - superolaterales 100, 101
Sulcus basilaris 69
- bulbopontinus 68, 69
- calcarinus 94, 95, 96, 101, 102, 107, 152
- centralis 95, 98, 99, 100, 102
- cinguli 101, 102
- circularis 101
- collateralis 102, 103
- corporis callosi 101, 102
- dorsolateralis 40, 44, 45, 180
- frontalis inferior 99, 100
- - superior 99, 100
- hippocampi 102, 103, 143

## Sachverzeichnis

Sulcus hypothalamicus 59, 80
- intermedius dorsalis 44, 45, 46
- intraparietalis 99, 100
- lateralis 93, 98, 99, 100, 243, 245
- limitans 7, 39, 53, 67, 70
- medianus 67, 70
- - dorsalis 40, 44, 66
- nervi radialis 192
- - ulnaris 194
- occipito-temporalis 102, 103
- olfactorius 102, 103
- orbitalis 102, 103
- parieto-occipitalis 94, 95, 98, 99, 101, 102, 241
- postcentralis 99, 100
- precentralis 100
- retroolivaris 68, 162, 163, 179
- temporalis inferior 100, 101
- - superior 100, 101
- terminalis 59
- ventrolateralis 40, 44, 45, 68, 163, 170
Supplementfelder 105
Sympathicus 49, 218, 219 ff., 226
Sympathoblasten 8
Synapsen auf Distanz 25, 216
-, axoaxonale 25
-, axodendritische 25
-, axosomatische 14, 25
-, catecholaminerge 27, 28, 29
-, chemische 26
-, cholinerge 27, 28, 29
-, elektrische 26
-, excitatorische 27, 29
-, Funktionstypen von 24, 26
-, GABA-erge 27, 28, 29, 118
-, glycinerge 27
-, inhibitorische 29, 118
-, interneuronale 24, 25
-, neuroglanduläre 25, 32
-, peptiderge 27
-, serotoninerge 27, 29
-, spezifische 27
-, Verbindungstypen von 24
Synapsenknöpfe 24
Synapsenspalt 27
Synapsenvesikel 28
synaptic ribbons 91
System, cholinerges parasympathisches 219
-, enterales 217, 218
-, limbisches 83
-, nigrostriatales 78
-, noradrenerges sympathisches 219
-, parasympathisches 217
-, spinotegmentales 218, 219
-, sympathisches 217

Tag-Nacht-Rhythmus 91
Tangentialfasern 109
Tarsaltunnelsyndrom 209
Tectum mesencephali 57, 70, 72
Tegmentum mesencephali 57, 70, 73
- pontis 53, 68
Tegmen ventriculi quarti 238
Tela choroidea ventriculi tertii 86, 238, 239, 245
- - - quarti 54, 238
Telencephalon 51, 52, 53, 54, 60, 61, 62, 63, 91
Telodendron 10, 25
Teloreceptoren 122
Temperaturempfindung 131
Temperaturfasern 171
Temperaturregulation 75
Temporalpol 95
Tenia choroidea 93, 239
- fornicis 93, 239
- thalami 86, 93, 239, 240
- ventriculi quarti 69
Tentoriumabriß 235
Tentorium cerebelli 231
Territorium anterius thalami 87
- dorsolaterale thalami 87
- mediale thalami 87
- ventrolaterale thalami 87
Testosteron 82
Terminalfilm 149
Thalamencephalon 80
Thalamus dorsalis 60, 79, 85, 94, 96, 114
- ventralis 60, 79, 85
Thalamuskerne, mediale 89
-, unspezifische 87, 89
-, spezifische 87, 88
Thalamusstiele 90, 114
Thyrotropin 82
Tibialisparese 209
Tiefensensibilität 108, 115, 126
Tractus arcuatocerebellaris 70, 121, 137, 141
- bulbothalamicus 129, 130

- cerebellonuclearis 121, 142
- cerebelloolivaris 121, 142
- cerebelloreticularis 121, 142
- cerebellorubralis 121, 142
- cerebellothalamicus 121, 142
- corticonuclearis 167
- corticopontinus 141
- corticopontocerebellaris 141
- corticospinalis 69, 131
- - lateralis 126, 132, 133
- - ventralis 126, 133
- cuneocerebellaris 121, 126, 140
- dorsolateralis 44, 45
- hypothalamo-hypophysealis 81, 84
- longitudinalis medialis 167
- mesencephalicus nervi trigemini 173
- nucleocerebellaris 119, 137, 140
- olfactorius 60, 66, 103, 150
- olivocerebellaris 121, 137, 141
- opticus 80, 86, 104, 152, 153
- pontocerebellaris 121, 141
- reticulocerebellaris 121, 137, 141
- reticulospinalis 77, 126, 135, 136
- retinohypothalamicus 152
- rubroolivaris 78
- rubrospinalis 77, 126, 135, 136
- solitarius 176
- spinalis nervi trigemini 173
- spinobulbaris lateralis 126, 128, 129, 140
- - medialis 126, 128, 129
- spinocerebellaris dorsalis 71, 121, 126, 138, 139, 140
- - ventralis 71, 119, 126, 138, 139
- spinoolivaris 126, 127, 128
- spinoreticularis 126, 127, 128
- spinotectalis 73, 126, 127, 128
- spinothalamicus lateralis 126, 127, 128
- - ventralis 126, 127, 128
- spinovestibularis 126, 137, 138, 139, 140
- tectobulbaris 73
- tectospinalis 73, 126, 135, 136
- tegmentalis centralis 71, 77
- vestibulocerebellaris 119, 137, 139
- vestibulospinalis 126, 135, 136, 139
Tränenanastomose 172, 173, 224
Transmitter 30, 31
Transmittervesikel 26, 27, 28, 29
Trendelenburgzeichen 205

T-RH 82
Trichter 80
Trigeminuskerne 129
Trigeminusneuralgie 171
Trigeminuszisterne 172
Trigonum habenulae 90
- lemnisci 72
- nervi vagi 70, 180, 225
- - hypoglossi 70, 170
- olfactorium 60, 66, 103, 107, 150
- pontocerebellare 66, 69
Trunci plexus brachialis 189, 190
- vagales 180, 181, 229
Truncus cerebri 63, 64
- corporis callosi 112
- encephalicus 63
- sympathicus 217
Tryptamin 29
TSH 82
Tuber cinereum 80, 82, 104
- vermis 117
Tuberculum anterius thalami 85, 89
- cuneatum 67, 68, 130
- gracile 67, 68, 130
„twitch-fibers" 31

Ulnarislähmung 195, 196
Uncus 102, 103, 143, 144, 150
Uncusbändchen 95
Unterhorn des Seitenventrikels 95
Ursprungskerne, sympathische 219
-, vegetative 220
Utriculus 137
Uvula vermis 117

Vagina nervi optici 152
- radicularis 234
Vagusstämme 180, 229
Vasoconstriction 226
Vasodilatation 226
Vasopressin 84
Veitstanz 136
Velum medullare caudale 67, 69, 238
- - craniale 67, 69, 72, 138, 140, 238
Vena (Venae) anastomotica inferior 246
- - magna 246
- - parva 246
- - superior 246
- angularis 248
- basalis 243, 245

## Sachverzeichnis

Vena basivertebrales 249
- cerebri anteriores 245
- - inferiores 245
- - interna 245
- - magna 245
- - media profunda 245
- - - superficialis 246
- - superior 243, 245
- choroidea 245
- corporis callosi 245
- directae 245
- emissariae 232, 247, 248
- facialis 248
- intervertebralis 249
- jugularis 246
- occipitalis 248
- ophthalmicae 246, 247, 248
- pedunculares 245
- radiculares 249
- retromandibularis 247
- septi pellucidi 245
- spinales 249
- temporalis 247
- thalamostriata inferior 243, 245
- - superior 86, 93, 243, 245
Ventriculi laterales 237
Ventriculographie 238
Ventriculus quartus 54, 79, 238
- tertius 79, 80, 237, 238
I. Ventrikel 237
II. Ventrikel 237
III. Ventrikel 79, 80, 237, 238
IV. Ventrikel 54, 79, 238
Ventrikeldach 237
Verdauung 142
Verkörnelung der Großhirnrinde 111
verlängertes Mark 65, 66, 94
Vermis cerebelli 56, 116, 117, 121
Verpyramidisierung der Großhirnrinde 111
Versilberungstechniken 11
Vesikel, granulierte 28
-, leere 28, 31
vestibuläre Bahnen 137
- kompensatorische Augenbewegung 139
Vestibularorgan 137
Vestibulocerebellum 56, 115, 116
Vestibulum 137
VICQ-D'Azyr-Streifen 94, 95, 111, 152

Vierhügelplatte 57, 70, 72, 96, 160, 169
VIP 30
Virchow-Robin-Räume 37, 234
Visceralbogenabkömmlinge 166
Visceromotorik 49
Vorderhirn 51, 52, 54, 239
Vorderhirnbläschen 51, 52, 54, 239
Vorderhirnbündel, mediales 146, 148
Vorderhörner des Rückenmarks 39, 45
Vorderhorn des Seitenventrikels 96
Vorderhornzellen, große 49
-, kleine 49
-, motorische 13, 14, 24
Vorderseitenstränge 46
Vorderseitenstrangbahnen 127
Vorderstränge des Rückenmarks 40, 46
Vormauer 62, 92, 97

Wärmehaushalt 83
Wasserscheide 63
Westphal-Edinger Kern 160, 168
Wurzel, hintere des Spinalnerven 41, 44
-, vordere des Spinalnerven 41, 44
Wurzelzellen 48, 49
-, parasympathische 49
-, somatomotorische 49, 184
-, sympathische 49, 219

Zahnkern 115
Zapfen 12, 151
Zellarchitektonik 110
Zellen, bipolare 151
-, chromaffine 230
-, interstitielle 91
-, multipolare 9
-, unipolare 9, 151
Zellgruppen, adrenerge 76
-, dopaminerge 75, 76
-, intralaminäre 88
-, magnocelluläre 55
-, monoaminerge 146
-, noradrenerge 75, 76
-, parvocelluläre 56
-, serotonerge 75
-, somatomotorische 159
-, somatosensible 159
-, visceromotorische 159
-, viscerosensible 159
Zellkern 13

zentrales Höhlengrau 57, 70, 71, 73, 80, 96
Zentralkanal 39, 45, 71, 238
Zentrum, kinästhetisches 108
-, motorisches 107
-, sensibles 107
Zirbeldrüse 90
Zisternen 234, 238

Zona incerta 74, 85, 86, 134
- marginalis 39
- nuclearis 39
Zonen der Kleinhirnrinde 117
Zuckerkandl-Organ 230
Zungenschlundnerv 178
Zwischenhirn 51, 53, 54, 79, 94

W. Buselmaier, Universität Heidelberg

# Biologie für Mediziner

**Begleittext zum Gegenstandskatalog**

6., völlig neubearb. u. erw. Aufl.
1990. X, 325 S. 156 Abb. 78 Übersichten.
Brosch. DM 28,– ISBN 3-540-52466-5

Abgestimmt auf den neuen Gegenstandskatalog, mit einer Vielzahl von Fotos und größtenteils farbigen Schemazeichnungen, optimal didaktisch aufbereitet mit Merksätzen und tabellarischen Textübersichten, mit neuem zweifarbigen Layout und einem Glossar, das dem Fachchinesisch jeden Schrecken nimmt.
Kurz: Der neue Buselmaier bietet viel Buch fürs Geld.

Springer-Lehrbuch

H. P. Latscha, Universität Heidelberg;
H. A. Klein, Bonn

# Chemie für Mediziner

**Begleittext zum Gegenstandskatalog
für die Fächer der Ärztlichen Vorprüfung**

7., völlig neubearb. u. erw. Aufl. 1991. XV, 499 S.
136 Abb. 50 Tab. 1 Falttafel. Brosch. DM 32,–
ISBN 3-540-52188-7

Eng am neuen Gegenstandskatalog orientiert, gibt
dieses beliebte Lehrbuch einen knappen, aber vollständigen Überblick über die im Physikum geforderten Grundkenntnisse der anorganischen und organischen Chemie. Die Wissensinhalte werden durch
zahlreiche speziell gekennzeichnete Beispiele veranschaulicht, die das Lernen erleichtern. Auch die neu
konzipierte und besonders übersichtliche Didaktik,
die Systematik der Gliederung und der leicht
verständliche Stil machen dieses Lehrbuch
zum zuverlässigen Begleiter während
des Studiums und vor der Prüfung.

Preisänderungen
vorbehalten.

Springer-Lehrbuch

MIX
Papier aus verantwortungsvollen Quellen
Paper from responsible sources
FSC® C105338

If you have any concerns about our products,
you can contact us on
**ProductSafety@springernature.com**

In case Publisher is established outside the EU,
the EU authorized representative is:
**Springer Nature Customer Service Center GmbH
Europaplatz 3, 69115 Heidelberg, Germany**

Printed by Libri Plureos GmbH
in Hamburg, Germany